New Advances in Maxwell's Equations and Applications

麦克斯韦方程新拓展和应用

李尔平　王中林　等 著

科 学 出 版 社

北　京

内 容 简 介

本书从电磁物理理论出发，重点阐述了在量子效应、尺寸效应和介质运动效应作用下的麦克斯韦方程最新拓展与应用，以及这些效应在纳米尺度电子和光学器件中的影响。这是迄今为止系统地介绍在此环境下麦克斯韦方程理论、实验和应用研究的最新拓展的首部专著。首先，讨论了麦克斯韦方程组与量子场论结合及其量子化，为量子电磁场技术前沿应用奠定了理论基础，进而阐述了麦克斯韦方程组与薛定谔方程的耦合以及极小尺度下的量子隧穿效应，为极小特征尺寸的电子光子器件及系统工程提供非经典的微观电磁场理论设计实用性框架。其次，介绍了在低速近似条件(远小于光速)下，从机械激励介质系统出发推导出动生麦克斯韦方程组，实现了在电–磁–力三场耦合情况下电磁理论的系统描述。最后，对于固定局域运动的介质，通过定义等效的电场和磁场，讨论了简化的动生麦克斯韦方程组解析解及其实际工程应用。

本书旨在为物理学、电子信息及通信领域特别是从事电子–光子器件研发的研究人员和工程师提供参考。

图书在版编目(CIP)数据

麦克斯韦方程新拓展和应用 / 李尔平等著. -- 北京 : 科学出版社, 2025. 6. -- ISBN 978-7-03-082169-0

Ⅰ. O175.27

中国国家版本馆 CIP 数据核字第 2025MF6528 号

责任编辑: 李明楠 崔慧娴 / 责任校对: 杜子昂

责任印制: 吴兆东 / 封面设计: 润一文化

科学出版社 出版

北京东黄城根北街 16 号

邮政编码: 100717

http://www.sciencep.com

北京中科印刷有限公司印刷

科学出版社发行 各地新华书店经销

*

2025 年 6 月第 一 版 开本: 720×1000 1/16

2025 年 8 月第二次印刷 印张: 18 3/4

字数: 375 000

定价: 198.00 元

(如有印装质量问题, 我社负责调换)

作者简介

李尔平　浙江大学“求是讲席”教授，浙江大学伊利诺伊大学厄巴纳香槟校区联合学院首任院长。首批国家特聘专家、长江学者讲座教授。新加坡工程院院士、电气电子工程师学会 (IEEE) 会士、美国麻省理工学院电磁科学院会士、中国光学工程学会会士、国家自然科学基金重大项目负责人。担任/曾任浙江省全省电磁智能感控与先进电子集成重点实验室主任、浙江大学–华为先进电磁信息联合实验室主任、IEEE 电磁兼容学会常务理事、中国电工技术学会电工技术专业委员会主任委员、中国电子学会空天信息专业委员会委员、*Electromagnetics Science* 创刊执行主编、多个 IEEE 会刊副主编或编委。

聚焦高性能芯片及通信系统电磁兼容理论、关键技术及工程应用研究，在微纳尺度电磁量子效应理论、集成电路系统及封装电磁设计与防护和多物理完整性领域取得了许多原创性和突破性的成果，其中多项成果得到广泛应用并实现产业化。在国际著名期刊发表论文 400 余篇，在英国剑桥大学出版社、Wiley-IEEE 出版社、Spinger Nature 出版社出版 3 部英文专著和 2 部中文译文专著。

获 IEEE 电磁兼容领域三大国际奖，包括 IEEE EMC 技术成就奖、IEEE Laurence Cumming 卓越贡献奖和电磁兼容技术领域国际最高奖-IEEE 理查德 • 斯托达特奖。此外，还荣获新加坡杰出工程成就奖、中国发明协会发明创业奖 • 人物奖、浙江省自然科学奖一等奖，并获 20 余项最佳论文奖。

王中林 中国科学院北京纳米能源与系统研究所所长、美国佐治亚理工学院原终身讲席教授。作为2023年全球能源奖(Global Energy Prize)、2019年爱因斯坦世界科学奖(Albert Einstein World Award of Science)和2018年埃尼奖(Eni Award，被誉为“能源界诺贝尔奖”)三大国际顶级奖项的获得者，其科学成就得到了全球学术界的高度认可。

纳米能源研究领域奠基人，开创了基于纳米发电机的自驱动系统和蓝色能源宏大领域，为高熵能源体系的发展提供了全新的方向。发明了摩擦纳米发电机(TENG)，为自驱动传感器、人工智能、可穿戴电子设备和物联网设备等提供了可持续的能源解决方案。开创了压电电子学与压电光电子学效应的第三代半导体研究领域，建立了压电电子学、压电光电子学与摩擦电子学学科，并发现了六个新物理效应。同时，对运动介质的电动力学和高能电子的非弹性散射也做出了突出的理论贡献。其学术影响力遍及全球。根据美国斯坦福大学与爱思唯尔的综合评估报告，他是全球全科顶尖科学家终身影响力排名前二的科学家，并在2019～2023年连续五年单年影响力排名第一。Google Scholar 总引用次数超过48万次，h 指数高达330。

他是中国科学院外籍院士、美国国家发明家科学院院士、欧洲科学院院士、欧洲工程院院士、加拿大工程院国际院士以及韩国科学技术院外籍院士。国际纳米能源领域著名期刊 *Nano Energy* 的创刊主编，为全球纳米能源研究的发展提供了重要的学术平台。

前言

麦克斯韦方程组是物理学、技术和工程领域中最为重要的方程组之一，它不仅统一了电和磁，还奠定了信息技术、量子光学、相对论、场论等众多学科的理论基础。因此，麦克斯韦方程组对当今社会和人类文明产生了巨大的影响，对先进技术的贡献不可估量。

人们对电磁关系的研究始于 19 世纪初。丹麦科学家奥斯特 (Christian Ørsted) 通过实验研究了电流产生的磁场特性，这些发现被称为奥斯特定律。在此基础上，安培 (Ampère) 确立了闭合回路中磁场的环路积分与回路电流之间的关系，称为安培环路定理，该定理奠定了麦克斯韦方程组中第四个方程的理论基础。1831 年，法拉第 (Faraday) 发现了电磁感应现象，感应电流的方向可以根据楞次定律确定。电磁感应现象是推导麦克斯韦方程组中第三个方程的实验基础；楞次定律最主要的贡献在于引入了磁通量的概念，这一概念是麦克斯韦方程组的物理核心。1861 ~ 1865 年，麦克斯韦 (Maxwell) 系统总结并完善了前人发现的物理定律，并创造性地在安培环路定律中引入了位移电流的概念，以确保电荷守恒定律成立。这一改进后来被称为安培–麦克斯韦定律，这是麦克斯韦最具革命性的贡献之一，奠定了电磁波理论的基础。

1864 年，麦克斯韦首次推导出了一个包含 20 个方程的方程组，当时的方程组的形式比较复杂。麦克斯韦于 1879 年去世，其后，他提出的方程组经历了两次重要变化。1885 年，英国科学家赫维赛德 (Oliver Heaviside) 利用矢量理论，将麦克斯韦推导的方程组简化为四个简洁的方程，即我们今天所熟知的形式。赫维赛德对麦克斯韦方程组的彻底改进使得方程组以优美的方式展示了电与磁之间的对称性。第二次重大进展是由英国科学家拉莫尔 (Joseph Larmor) 推动的，他从物质的原子结构出发，阐述了电位移矢量与电场之间的关系。然而在早期，麦克斯韦方程组的有效性和实用性受到二十多年的质疑，直到 1888 年赫兹首次通过实验观测到电磁辐射才得以验证。事实上，赫兹当时并未意识到发现电磁波的重要性，他曾表示：“这 (电磁波) 毫无实际用途，该实验仅仅证明了麦克斯韦是正确的，这些电磁辐射确实存在，我们只是发现了这些肉眼看不见的神秘电磁波而已。”

遗憾的是，赫兹在 1894 年去世之前未能见证电磁波的实际应用。与此同时，洛奇 (Oliver Joseph Lodge) 在 1888 年通过电容器放电实验再次验证了电磁辐射。至此，麦克斯韦方程组的形式最终确定下来并沿用至今。

事实上，传统的麦克斯韦方程组是针对处于静止状态的宏观物体推导出来的。随着电子信息器件趋于纳米、亚纳米尺度，当电磁学中经典麦克斯韦方程在纳米尺度 (如 10nm 以下)，甚至小于 1nm 并接近原子尺度时，是否呈现量子效应、时间效应和振幅尺度效应，经典麦克斯韦方程是否需要修正，以及在何种状态和尺度下需要修正，这些问题需要进行深入探究。在近几十年中，麦克斯韦方程组的应用取得了若干重要进展，尤其是在量子效应、尺度效应以及介质和物体运动效应等方面。比如，当介质的尺寸缩小到纳米尺度时，边界的定义并不是一个截然分明的几何面，传统意义上的边界实际上是一个过渡区域。因此，边界条件中必须考虑表面附近电荷的梯度分布。此外，当电子学或光子学器件的尺寸降至纳米尺度，在处理原子级的电磁行为时，局域电荷密度和电流密度可能依赖于电子的波函数，此时需要考虑将麦克斯韦方程组与量子薛定谔方程相结合进行研究。在纳米颗粒相关的等离子体研究中，电磁场与纳米尺度介质的散射有关。这些纳米颗粒由数量非常有限的原子构成，其介电常数可能不符合统计定义下的一般表达式。在这种情况下，如何使用麦克斯韦方程组进行计算？因为麦克斯韦方程组的边界条件是在假设所有介质或物体处于静止状态，且介质或物体的体积和边界不随时间变化的前提下推导的，所以在研究加速运动物体的电磁规律时，有必要对麦克斯韦方程组进行扩展。比如摩擦电纳米发电机，当它利用接触起电效应和静电感应效应将机械能转化为电能时，存在介质的加速运动和电磁波辐射行为。对于带电粒子，洛伦兹力的引入可以弥补麦克斯韦方程组假设条件的不足之处。然而，当考虑运动介质/物体具有一定的尺寸和边界时，情况变得复杂起来，这导致了费曼所描述的“反通量”现象。该现象出现的原因是经典麦克斯韦方程组的假设条件未考虑介质的相对运动。

大多数现有教科书及专著专注于研究宏观尺度介质的电磁行为，且假设条件未考虑上述现象，因此有必要系统地撰写一部涵盖麦克斯韦方程组适用于各种新情境下研究进展的书籍。为此我们在 2023 年初开始与同行科学家着手筹划撰写这部《麦克斯韦方程新拓展和应用》，其英文版于 2024 年在瑞士 Spinger Nature 出版社出版。本书涵盖所有参与撰写的作者以及相关领域科学家近年在麦克斯韦方程组及其应用方面的最新研究进展，它不仅包括基础理论，还涉及电磁仿真模拟、纳米尺度电子和光学器件的仿真设计等方面，可以作为未来研究方向的指导。本书分为 8 章，从讨论基本物理现象出发，重点阐述了在量子效应、尺度效应和介质运动效应作用下麦克斯韦方程的最新拓展与应用，以及这些效应在纳米尺度电子学和光子学器件中的影响。

第 1 章由中国科学院北京纳米能源与系统研究所邵佳佳和王中林撰写，专注于讨论推导麦克斯韦方程组所依据的物理现象，并详细阐述了如何从麦克斯韦方程组的积分形式推导出微分形式。第 2 章由天津大学任群和浙江大学沙威撰写，重点讨论了麦克斯韦方程组与量子场论的结合及其量子化，为量子技术前沿应用奠定了理论基础。该章从麦克斯韦方程组的哈密顿形式入手，将经典电磁场的谐振子模型引入量子化过程；进而讨论基于朗之万噪声源的量子化策略，克服色散介质中的困境，并强调涨落耗散定理的关键作用；最后介绍方程组在量子领域的相关应用，如自发辐射与拉比劈裂、卡西米尔 (Casimir) 力、单光子及纠缠光子的散射行为，突显了麦克斯韦方程组在量子技术中的核心地位与独特价值。第 3 章由安徽大学黄志祥、方明和谢国大，东南大学游检卫以及浙江大学沙威共同撰写，详细阐述了麦克斯韦方程组在纳米尺度物体系统中的应用，其中考虑了麦克斯韦方程组与薛定谔方程的结合情况。第 4 章由浙江大学陈文超、李尔平、刘峰和鄢军勇撰写，重点说明麦克斯韦方程组在计算纳米尺度电子器件和量子光子器件物理属性方面的应用。第 5 章由新加坡科研局高性能计算研究院白平、新加坡科技设计大学吴琳和浙江大学李尔平撰写，展示了麦克斯韦方程组在具有量子效应的纳米级器件中的应用，并描述了实验研究结果。第 6 章由邵佳佳和王中林撰写，阐述了洛伦兹变换和狭义相对论的基本原理以及麦克斯韦方程组的协变性，并重点探讨了在惯性参考系中运动观察者在自由空间中观察到的电磁现象。第 7 章由王中林撰写，主要介绍了在低速近似条件 (运动速度远小于光速) 下，从机械激励介质系统出发推导出动生麦克斯韦方程组的基本物理机制，实现了在电场–磁场–机械力场三场耦合的情况下电磁理论的系统描述。动生麦克斯韦方程组可以用来描述兼具加速平移运动和旋转运动的介质/物体内部的电动力学现象。该章把传统麦克斯韦方程组拓展到了具有运动介质 (物体) 情况下的多界面系统，在能源、传感和虚拟现实等工程技术中具有一定的应用场景。第 8 章由王中林撰写，主要描述了只有转动运动的介质的动生麦克斯韦方程组，通过定义等效的电场和磁场的新场函数，动生麦克斯韦方程组和经典麦克斯韦方程组具有统一的格式。该章不仅提出了相关的理论推导及方程组的求解，还给出了在相关领域中的应用，并对支持动生麦克斯韦方程组理论的相关实验也进行了综述；最后利用洛伦兹变换，将动生麦克斯韦方程组和相对论耦合起来，来描述高速运动且旋转物体的电磁现象。这种方法把动生麦克斯韦方程组拓展到了具有相对论效应的情况。

感谢鹏城实验室余少华院士对本书撰写提出宝贵的建议，北京航空航天大学苏东林院士及东南大学崔铁军院士对本书内容进行审阅。本书的完成离不开众多同事和研究生的支持，对他们的帮助深表感激。

本书旨在为物理学家、电子信息及通信研究人员和工程师，特别是从事电子–光子器件应用开发的研究人员提供参考。鉴于涉及的领域广泛以及我们知识的局限性，书中不妥之处在所难免，因此我们热忱欢迎读者提出宝贵意见或建议。

李尔平　讲席教授
浙江大学
邮箱: liep@zju.edu.cn

王中林　讲席教授，所长
中国科学院北京纳米能源与系统研究所
中国科学院大学
佐治亚理工学院 (美国)
邮箱: wangzhonglin@binn.cas.cn; zlwang@gatech.edu

2025 年 1 月

中–英名称对照表

英文全称	缩写	中文全称
Artifical Intelligence	AI	人工智能
Artificial Neural Network	ANN	人工神经网络
Benzenedithiolates	BDT	苯二硫醇
Charge Transfer Plasmon	CTP	电荷转移等离激元
Chiplet		芯粒
Computational Electromagnetics	CEM	计算电磁学
Convolutional Neural Network	CNN	卷积神经网络
Deep Neural Network	DNN	深度神经网络
Diffractive Deep Neural Network	D2NN	衍射深度神经网络
Density Function Theory	DFT	密度泛函理论
Electron Beam Lithography	EBL	电子束光刻
Electromagnetic Compatibility	EMC	电磁兼容
Electromagnetics	EM	电磁学
Electron Energy-loss Spectroscopy	EELS	电子能量损失光谱
Electronic Design Automation	EDA	电子设计自动化
Ethanedithiol	EDT	乙二硫醇
Field-Programmable Gate Array	FPGA	现场可编程门阵列
Finite Difference Time Domain	FDTD	时域有限差分
Finite Difference Method	FDM	有限差分法
Finite Element Method	FEM	有限元法
Free Electron Laser	FEL	自由电子激光
Graphene Nanoflake	GNF	石墨烯纳米片
Gate-All-Around Si Nanowire Transistor	GAA	围栅极–硅纳米线晶体管
Hamilton Equation		哈密顿方程
Heisenberg-Langevin		海森伯–朗之万
Hexagonal Boron Nitride	hBN	六方氮化硼
Highest Occupied Molecular Orbital	HOMO	最高占据分子轨道
Integrated Circuit approximation	IC	集成电路
Indium Tin Oxide	ITO	掺锡氧化铟
Kronig-Penney approximation		克勒尼希–彭尼近似

Localized Surface Plasmon	LSP	局域表面等离激元
Lowest Unoccupied Molecular Orbital	LUMO	最低未占据分子轨道
Maxwell's Equation		麦克斯韦方程
Maxwell-Time-Dependent Schrödinger Equation	MTDSE	麦克斯韦–含时薛定谔方程
Maxwell's Equations for a Mechano-driven Media System	MEs-f-MDMS	动生麦克斯韦方程
Metal Oxide Semiconductor Field Effect Transistor	MOSFET	金属氧化物半导体场效应晶体管
Non-Equilibrium Green's Function	NEGF	非平衡格林函数
Photonic Chip		光子芯片
Physics-Informed Neural Network	PINN	物理信息神经网络
Pauli Exclusion Principle		泡利不相容原理
Quantum Chip		量子芯片
Quantum Corrected Model	QCM	量子修正模型
Quantum Dot	QD	量子点
Quantum Electrodynamics	QED	量子电动力学
Quantum Hall Effect	QH	量子霍尔效应
Quantum Spin Hall Effect	QSH	量子自旋霍尔效应
Quantum Valley Hall Effect	QVH	量子谷霍尔效应
Resistance–Inductance–Capacitance–Conductance	RICG	电阻–电感–电容–电导
Reconfigurable Intelligent Surface	RIS	重构智能表面
Rabi Split		拉比劈裂
Scanning Electron Microscope	SEM	扫描电子显微镜
Scanning Transmission Electron Microscopy	STEM	扫描透射电子显微镜
Semiconductor Optical Amplifer	SOA	半导体光放大器
Schrödinger Equation	SE	薛定谔方程
Self-Assembled Monolayer	SAM	自组装单层
Signal Integrity	SI	信号完整性
Software Defined System on Wafer	SDSoW	软件定义晶上系统
Spacetime Quantum Metasurface	STQM	时空量子超表面
Surface Plasmon	SP	表面等离激元
Triboelectric Nanogenerator	TENG	摩擦纳米发电机
Time-dependent Schrödinger Equation	TDSE	含时薛定谔方程
Transmission Electron Microscope	TEM	透射电子显微镜
Tunneling Effect		隧穿效应

目录

前言
中–英名称对照表

第 1 章 经典麦克斯韦方程组 …… 1
1.1 电场的高斯定理 …… 1
1.2 磁场的高斯定理 …… 3
1.3 安培定律 …… 4
1.4 法拉第电磁感应定律 …… 7
1.4.1 动生电动势 …… 9
1.4.2 感生电动势 …… 10
1.5 电荷守恒定律 …… 13
1.6 麦克斯韦位移电流 …… 14
1.7 安培–麦克斯韦定律 …… 15
1.8 电位移矢量 …… 17
1.9 麦克斯韦方程组的微分形式 …… 19
1.9.1 基本形式 …… 19
1.9.2 存在介质时的情形 …… 20
1.10 麦克斯韦方程组的积分形式 …… 20
1.11 麦克斯韦方程组的发展历史 …… 22
1.12 总结 …… 24
参考文献 …… 25

第 2 章 麦克斯韦方程组的量子效应 …… 27
2.1 麦克斯韦方程量子化的条件及意义 …… 27
2.2 麦克斯韦方程的哈密顿量 …… 27
2.2.1 电磁势的引入 …… 29
2.2.2 矢量磁位与横向电场 …… 29
2.2.3 哈密顿量与哈密顿方程 …… 33

2.3 电磁场哈密顿量的本征模分解 ······ 35
2.3.1 自由空间 ······ 37
2.3.2 非均质介质 ······ 39
2.4 基于模式分解的量子化方法 ······ 40
2.4.1 经典谐振子的量子化及对易关系 ······ 40
2.4.2 湮灭与产生算符 ······ 40
2.4.3 电磁场的量子化形式及物理意义 ······ 42
2.5 基于朗之万源的量子化方法 ······ 43
2.5.1 模式分解方法的困境 ······ 43
2.5.2 色散介质哈密顿量的建立 ······ 44
2.5.3 朗之万噪声源的引入 ······ 45
2.5.4 涨落耗散定理 ······ 49
2.6 量子化麦克斯韦方程的应用 ······ 53
2.6.1 自发辐射与拉比劈裂 ······ 53
2.6.2 卡西米尔力 ······ 57
2.6.3 单光子与纠缠光子散射 ······ 59
2.7 总结 ······ 61
参考文献 ······ 62

第 3 章 麦克斯韦方程的尺度效应 ······ 65
3.1 麦克斯韦方程的本构关系与不适用条件 ······ 65
3.2 非线性效应和介观模型的主导方程 ······ 66
3.2.1 玻尔兹曼方程 ······ 66
3.2.2 流体动力学模型与太赫兹源 ······ 70
3.2.3 非线性效应和高阶谐波产生的现象描述 ······ 74
3.3 电磁场与微观粒子相互作用 ······ 75
3.3.1 外电磁场作用下的薛定谔方程 ······ 75
3.3.2 规范不变性 ······ 77
3.3.3 偶极近似 ······ 78
3.3.3.1 电偶极近似 ······ 78
3.3.3.2 偶极近似下的含时薛定谔方程 ······ 79
3.3.4 麦克斯韦–薛定谔耦合方程框架 ······ 79
3.3.4.1 偶极近似下的麦克斯韦–薛定谔耦合方程框架 ······ 79
3.3.4.2 非偶极近似下的麦克斯韦–薛定谔耦合方程框架 ······ 80
3.3.5 FDTD 仿真求解麦克斯韦–薛定谔耦合方程 ······ 81

3.3.5.1 基于时域有限差分的数值差分策略 ······ 81
3.3.5.2 电磁场控制纳米管中量子态转换的数值模拟 ······ 85
3.3.6 外加电磁场作用下的光学布洛赫方程 ······ 89
3.3.6.1 光学布洛赫方程的相互作用哈密顿算子 ······ 89
3.3.6.2 基于势函数和光布洛赫方程的电磁–量子耦合系统 ······ 90
3.3.6.3 势函数和光学布洛赫方程的数值解法 ······ 91
3.3.6.4 量子态跃迁问题的数值模拟 ······ 92
3.4 微观物质的波动效应 ······ 93
3.4.1 时域密度泛函理论 ······ 93
3.4.1.1 Hohenberg-Kohn 定理 ······ 93
3.4.1.2 Runge-Gross 定理 ······ 94
3.4.1.3 随时间变化的 Kohn-Sham 方程 ······ 95
3.4.1.4 随时间密度泛函理论 ······ 96
3.4.2 紧束缚模型与 Kane-Parry 近似 ······ 97
3.4.2.1 紧束缚模型 ······ 97
3.4.2.2 Kane-Parry 近似 ······ 98
3.5 经典和量子等离激元相互作用的混合模型 ······ 99
3.5.1 石墨烯纳米片的量子等离激元 ······ 101
3.5.2 领结型纳米天线的经典等离激元 ······ 103
3.5.3 经典等离激元与量子等离激元之间的相互作用 ······ 105
3.6 总结 ······ 107
参考文献 ······ 107

第 4 章 麦克斯韦方程于微纳尺度的电子与光电子器件分析 ······ 111
4.1 纳米尺度级电子器件的麦克斯韦方程 ······ 111
4.1.1 准静态电磁近似和纳米电子器件中的量子输运 ······ 111
4.1.2 泊松方程与定态量子输运方程的数值求解方法 ······ 111
4.1.2.1 非平衡格林函数理论 ······ 112
4.1.2.2 $\boldsymbol{k}\cdot\boldsymbol{p}$ 哈密顿量 ······ 113
4.1.3 泊松方程和含时量子输运方程的数值解法 ······ 116
4.1.3.1 建模仿真方法 ······ 116
4.1.3.2 含时量子输运时域有限差分数值方法 ······ 118
4.1.3.3 数值结果和讨论 ······ 120
4.2 用于纳米光电子器件的麦克斯韦方程 ······ 125
4.2.1 麦克斯韦方程和含时量子输运方程 ······ 125

4.2.2　麦克斯韦方程和含时量子输运方程的数值解法 …… 126
4.3　量子光学器件 …… 130
4.3.1　半导体量子点 …… 130
4.3.2　基本原理 …… 131
4.3.3　二能级系统–微腔相互作用 …… 134
4.4　小结 …… 138
参考文献 …… 139

第 5 章　纳米尺度麦克斯韦方程量子修正及实验验证 …… 143
5.1　引言 …… 143
5.2　量子电荷转移等离激元纳米器件的经典电磁特性分析 …… 144
5.3　亚纳米间隙二聚体中量子效应的解决方法 …… 145
5.4　空间电荷量子修正模型 …… 147
5.5　纳米金属–真空–金属二聚体中的隧穿电荷转移等离激元 …… 152
5.5.1　直接隧穿和 Fowler-Nordheim 隧穿 …… 152
5.5.2　隧穿电荷转移等离激元的可调特性 …… 154
5.6　纳米金属–分子–金属二聚体建模 …… 155
5.6.1　通过量子力学模型进行正向计算 …… 156
5.6.2　使用电容模型进行反向计算 …… 157
5.7　Ag-SAM-Ag 二聚体隧穿电荷转移等离激元 …… 157
5.7.1　Ag-SAM-Ag 二聚体的制备 …… 158
5.7.2　隧穿间隙 …… 159
5.7.3　隧穿电荷转移等离激元的测量 …… 159
5.7.4　隧穿电荷转移等离激元的模拟 …… 161
5.8　仿真和实验结果 …… 163
5.8.1　Ag-SAM-Ag 二聚体的等离激元模式 …… 163
5.8.2　贯穿空间隧穿与贯穿键隧穿 …… 165
5.8.3　穿过大间隙二聚体的隧穿 …… 166
5.9　任意分子结隧穿电荷转移等离激元的预测 …… 167
5.9.1　任意 Ag-SAM-Ag 二聚体的隧穿电荷转移等离激元 …… 167
5.9.2　用不同分子结绘制等离激元共振能量图 …… 169
5.9.3　绘制制备的 Ag-EDT-Ag 和 Ag-BDT-Ag 二聚体的图谱 …… 170
5.10　总结 …… 171
参考文献 …… 172

第 6 章　自由空间中运动观测者的电动力学 …… 175
6.1　狭义相对论原理 …… 175
6.2　洛伦兹变换 …… 177
6.2.1　自由空间中的洛伦兹变换 …… 177
6.2.2　洛伦兹变换中的光速不变性 …… 181
6.2.3　洛伦兹变换的四维形式 …… 183
6.3　惯性运动参考系中电磁场的关系 …… 185
6.4　协变形式的麦克斯韦方程组 …… 187
6.4.1　麦克斯韦方程组的协变性 …… 189
6.4.2　本构关系 …… 198
6.4.3　介质的各种色散关系 …… 199
6.5　各向异性空间中的狭义相对论 …… 201
6.6　总结 …… 202
参考文献 …… 203

第 7 章　运动物体系统的动生麦克斯韦方程组理论体系 …… 206
7.1　引言 …… 206
7.2　伽利略时空 …… 207
7.3　伽利略电磁学 …… 210
7.3.1　电极限 …… 210
7.3.2　磁极限 …… 211
7.4　运动物体的法拉第定律 …… 212
7.5　运动物体的安培–麦克斯韦定律 …… 218
7.6　动生麦克斯韦方程组 …… 218
7.7　多运动物体的位移矢量 …… 219
7.7.1　动生极化 …… 219
7.7.2　P_s 的计算 …… 220
7.7.3　多物体系统的动生麦克斯韦方程组 …… 221
7.8　边界条件 …… 222
7.9　能量守恒 …… 223
7.10　动生麦克斯韦方程组的数学求解 …… 223
7.10.1　时域空间中的微扰理论 …… 225
7.10.2　频域空间中的微扰理论 …… 228
7.10.3　矢量势方法 …… 230
7.10.3.1　假设 …… 230

7.10.3.2 求解 ······ 231
7.10.3.3 扩展的四维空间 ······ 231
7.10.3.4 拉格朗日函数 ······ 232
7.10.4 近似方法 ······ 233
7.11 动生麦克斯韦方程组在时域空间的形式解 ······ 235
7.11.1 本构关系的一般方法 ······ 235
7.11.2 忽略介质色散时在时域空间的求解 ······ 237
7.11.3 在时域空间的边界条件 ······ 239
7.12 动生麦克斯韦方程组在频域空间的解 ······ 241
7.12.1 包含本构关系和介质色散的一般方法 ······ 241
7.12.2 一般求解 ······ 243
7.12.3 在频域空间的边界条件 ······ 244
7.13 与狭义相对论的关系 ······ 246
7.13.1 真空中的运动和运动物体 ······ 246
7.13.2 麦克斯韦方程组在运动介质中是协变的吗 ······ 246
7.13.3 关于洛伦兹变换 ······ 248
7.14 与现有理论的比较 ······ 249
7.14.1 闵可夫斯基公式 ······ 249
7.14.2 Chu 公式 ······ 250
7.14.3 王氏公式 ······ 251
7.15 动生麦克斯韦方程组的创新贡献 ······ 252
7.16 总结 ······ 254
参考文献 ······ 254

第 8 章 工程技术中动生麦克斯韦方程组的等效电磁场理论 ······ 256
8.1 引言 ······ 256
8.2 等效电磁场理论 ······ 256
8.3 等效电磁场理论在时间空间的特解 ······ 258
8.4 等效电磁场理论在频率空间的特解 ······ 259
8.5 等效电磁场的亥姆霍兹方程理论 ······ 261
8.5.1 时间空间求解 ······ 261
8.5.1.1 一般情况 ······ 261
8.5.1.2 柱坐标系中围绕 z 轴旋转的情况 ······ 263
8.5.2 频率空间求解 ······ 263
8.6 动生麦克斯韦方程组在工程电磁学中的应用 ······ 264

8.6.1 关于经典电动力学对于转动物体的电磁学现象的处理 ······ 264
8.6.2 纳米发电机输出功率的计算 ······ 265
8.6.3 应用：平面波在转动界面的反射和透射 ······ 266
8.7 拓展动生麦克斯韦方程组到高速运动物体——相对论效应 ······ 269
8.8 验证动生麦克斯韦方程组的相关实验 ······ 271
8.8.1 伦琴和艾肯瓦尔德实验的解释 ······ 271
8.8.2 恒定磁场中转动介质盘的电磁辐射 ······ 272
8.8.3 声音触发的摩擦纳米发电机产生的水下电磁波传输 ······ 274
8.8.4 利用摩擦纳米发电机产生的位移电流实现的无线功率传输 ······ 274
8.9 总结与潜在应用 ······ 276
参考文献 ······ 277

附录 A 基本向量计算 ······ 278

附录 B ······ 280

第 1 章　经典麦克斯韦方程组

麦克斯韦方程组一般由四个方程组成，描述了电磁场的基本运动规律，这些方程反映了电场和磁场如何传播、相互激发，以及如何受到物体或介质的影响。本章从物理图像和核心物理思想出发，旨在由物理规律推导出微分型麦克斯韦方程组。同时，我们重点强调了它在构建狭义相对论过程中起到的基础作用。麦克斯韦方程组的起源可以追溯到大约 150 年前，它的发展跨越了一个多世纪，汇集了诸多科学家的贡献，在实验定律的基础上总结得到。在 1861 ~ 1865 年间，麦克斯韦为了将前人的实验观察和理论研究综合为一个统一的数学框架，推导了 20 个方程，涉及 20 个物理变量。后来，赫维赛德用矢量法将这些方程简化为今天常见的形式。20 世纪及以后，麦克斯韦方程组被进一步完善和扩展，用以解释更为复杂的物理现象。时至今日，麦克斯韦方程组仍然是现代物理学的基石，在电磁理论中扮演着极为重要的角色，并广泛应用于通信、光学、天线、雷达和微波工程等领域。

1.1　电场的高斯定理

麦克斯韦方程组中涉及两种不同的电场：空间中分布的电荷产生的静电场和随时间变化的磁场引起的感应电场 [1]。下文所描述的电场是包含了这两种不同类型电场的总电场。高斯定理是经典电磁学中的一个基本定律，它通过简洁的数学表达式描述了空间中的电荷与其产生的总电场之间的关系。一般来说，高斯定理可以用积分和微分两种形式来表达。它指出，穿过一个闭合曲面的电通量等于该闭合曲面包含的总电荷量除以真空介电常数。高斯定理在真空中的积分形式可表示为 [2]

$$\oiint_S \boldsymbol{E} \cdot \mathrm{d}\boldsymbol{s} = \frac{1}{\varepsilon_0} \iiint_V \rho \mathrm{d}\boldsymbol{r} = \frac{Q}{\varepsilon_0} \tag{1.1}$$

其中，左侧的积分表示通过封闭曲面 S 的电通量 $\varPhi_E$；ρ 表示曲面所包围体积 V 中的电荷密度；Q 表示闭合曲面内包含的总电荷；ε_0 表示真空介电常数。高斯定理的积分形式表明，通过闭合曲面 S 的电通量与该曲面内包含的总电荷成正比。如果封闭曲面内没有电荷，则通过闭合曲面的电通量必为零，即当 $Q = 0$ 时，进入体积 V 内的每一条电场线也必将离开 V。当闭合曲面 S 内包含正电荷时，通过 S 的电通量为正。需要注意的是，闭合曲面 S 所包围的电荷指的是净电荷，电通量则与电场强度、电场方向和闭曲面 S 的形状相关 (图 1.1)。通过高斯定理的积分形式，可以解决两个问题：① 如果给定电荷分布，就可以求得通过包围电荷封闭曲面的电通量；② 如果给定通过封闭曲面的电通量，就可以确定闭合曲面内的总电荷 [1]。因此，高斯定理常用于具有高度对称性的情况，从而简化复杂电场的计算。

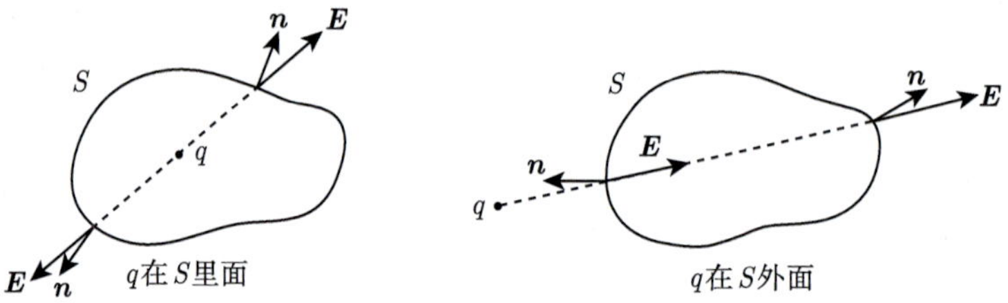

图 1.1　高斯定理示例：电场的法向分量在闭合曲面 S 上进行积分 [2]

高斯定理的微分形式通过散度定理导出，散度定理将矢量场的曲面积分与体积分联系起来。微分形式表达了电场 $\boldsymbol{E}$ 与空间中某一点的电荷密度 ρ 之间的时空变化关系。利用散度定理, 电场高斯定理微分表达式 (1.1) 的积分形式变为

$$\oiint_S \boldsymbol{E} \cdot \mathrm{d}\boldsymbol{s} = \iiint_V \nabla \cdot \boldsymbol{E} \mathrm{d}\boldsymbol{r} \tag{1.2}$$

进一步变形得到

$$\iiint_V \nabla \cdot \boldsymbol{E} \mathrm{d}\boldsymbol{r} = \frac{1}{\varepsilon_0} \iiint_V \rho \mathrm{d}\boldsymbol{r} \tag{1.3}$$

式 (1.3) 对于任意闭合曲面围成的体积都成立，因此该积分的内在函数必须相同，

$$\nabla \cdot \boldsymbol{E} = \rho / \varepsilon_0 \tag{1.4}$$

此方程的左侧描述了电场的散度，也就是电场从某一特定位置“流出”的趋势。这里的散度指的是电场线从空间中某点流出或汇聚到该点的速率；方程的右侧表示电荷密度除以真空介电常数。高斯定理的微分形式表明，电荷产生的电场从正电荷流出并汇聚于负电荷。换句话说，存在电荷的地方，电场的散度不为零。当存在正电荷时，散度为正，说明电场有流出该点的趋势。相反，电场有流向存在负电荷位置的趋势，相关的散度为负。

高斯定理的微分形式说明了局部电荷密度与电场之间的关系，是一种局部的、针对特定位置的表述。高斯定理的两种基本形式之间存在根本区别：微分形式描述了关于电场和空间中特定点电荷分布的信息，而积分形式是基本定律的数学表达。该定律为理解和预测由电荷 (源) 产生的电场提供了强有力的工具，是解决静电问题或研究经典电磁学的基本定律。

1.2 磁场的高斯定理

磁场的高斯定理 (式 (1.5)) 表明穿过任意闭合曲面 S 的磁通量恒等于零。虽然式 (1.5) 的形式与电场的高斯定理类似，但它的基本组成部分有所不同。这是因为电荷可以独立存在，而磁极总是成对出现，且不能被分离。磁场高斯定理的积分形式为

$$\oiint_S \boldsymbol{B} \cdot \mathrm{d}\boldsymbol{s} = 0 \tag{1.5}$$

其中，左侧表示通过闭合曲面 S 的磁通量。式 (1.5) 意味着通过闭合曲面的总磁通量始终为零，说明不存在磁单极子。磁场线没有孤立的起点或终点, 它们总是形成闭合回路 (图 1.2)。但这并不意味着磁场线不会穿透曲面 S，而是说明每条进入曲面所包围的体积 V 的磁场线也必将离开。此外，磁场线永远不会交叉；若磁场线互相交叉，则意味着在同一位置的磁场有两个不同的方向。类似于电场高斯定理的推导过程，利用散度定理，将式 (1.5) 改写为

$$\iiint_V \nabla \cdot \boldsymbol{B} \mathrm{d}\boldsymbol{r} = 0 \tag{1.6}$$

结果表明，磁场的散度在任何空间点或任意体积 V 中均为零。因此，磁场高斯定理的微分形式为

$$\nabla \cdot \boldsymbol{B} = 0 \tag{1.7}$$

与电场不同，电场在存在电荷的情况下有非零散度。为验证上述结果，我们需要重新审视散度和磁单极子的物理图像。

散度是一种数学运算，用于测量矢量场在某一点“流入”或“流出”的速率。它的定义为，当曲面包围的体积趋近于 0 时，穿过曲面的通量与曲面所包围的体积的比值。即散度是一个标量，提供了空间区域内矢量场的行为信息。散度定理可以表述为矢量场穿过封闭曲面的通量等于曲面所包围的体积中矢量场的散度的积分。对于磁场而言，尚未发现“点源”或“点汇”，每一点“发散”的磁场线总数与“汇入”的磁场线总数完全一致 [3]。因此，磁场的散度始终为零，表明磁通量守恒。磁场线既不从特定某一点开始，也不会终止于特定点，这进一步强调了在任何封闭区域内磁通量守恒。总之，电场的高斯定理阐明了电场由闭合曲面内的自由电荷产生，而磁场的高斯定理则表明不存在磁单极子，通过任何闭合曲面的总磁通量恒为零。高斯定理揭示了电场和磁场的不同性质以及两者不同的来源。

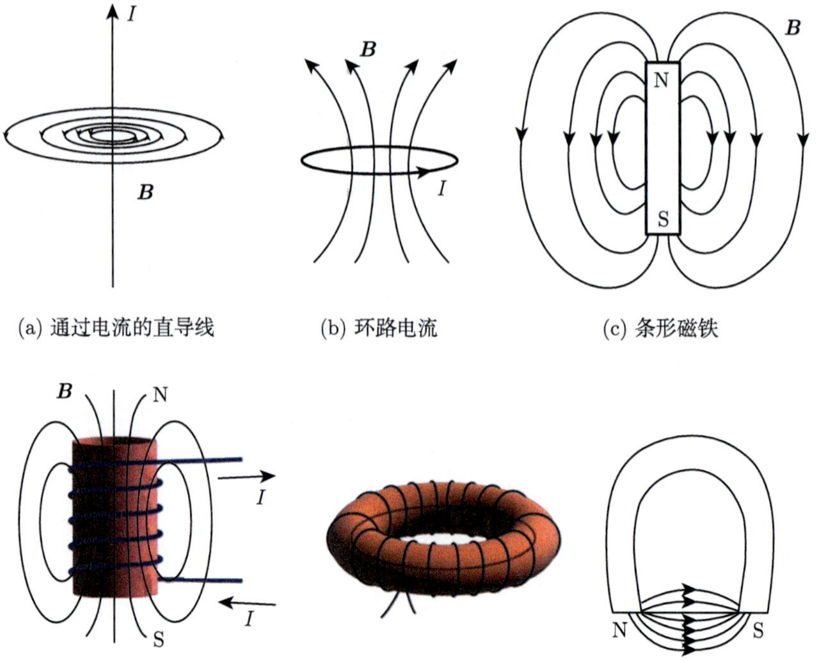

(a) 通过电流的直导线　(b) 环路电流　(c) 条形磁铁

(d) 螺线形导线　(e) 环形导线　(f) 马蹄形磁铁

图 1.2　不同类型磁场线空间分布举例 [1]

1.3 安 培 定 律

前面讨论了磁场的散度，接下来我们结合安培定律探讨磁场的旋度。如前文所述，静止电荷产生的是随时间不变的电场，这属于静电学范畴。稳恒电流产生的是随时间不变的磁场，用静磁学理论描述。毕奥–萨伐尔 (Biot-Savart) 于 1820 年建立了描述稳恒电流产生磁场的实验定律，即毕奥–萨伐尔定律。安培定律则用于描述电流与其产生的磁场之间的关系 [4]。一个稳恒线电流产生的磁场由毕奥–萨伐尔定律给出

$$\boldsymbol{B}(\boldsymbol{r})=\frac{\mu_0 \boldsymbol{I}}{4\pi}\int\frac{\mathrm{d}\boldsymbol{l}\times(\boldsymbol{r}-\boldsymbol{l})}{|\boldsymbol{r}-\boldsymbol{l}|^3} \tag{1.8}$$

其中，$\boldsymbol{I}$ 是沿导线流动的稳恒电流；$\boldsymbol{l}$ 是指向导线线元 $\mathrm{d}\boldsymbol{l}$ 的位置矢量 (图 1.3)；μ_0 是真空中的磁导率。为了计算观测点处的总磁场，需要对线电流的长度进行积分。如果导线不是直线，可以将其分割成若干小段，分别对每一段进行积分。此外，对于面电流和体电流，毕奥–萨伐尔定律改写为

$$\boldsymbol{B}(\boldsymbol{r})=\frac{\mu_0}{4\pi}\iiint_V\frac{\boldsymbol{J}(\boldsymbol{r}')\times(\boldsymbol{r}-\boldsymbol{r}')}{|\boldsymbol{r}-\boldsymbol{r}'|^3}\mathrm{d}\boldsymbol{r}' \tag{1.9}$$

其中，$\boldsymbol{J}(\boldsymbol{r}')$ 是电流密度矢量，是 (x',y',z') 的函数。式 (1.9) 表示在点 $\boldsymbol{r}=(x,y,z)$ 处的磁场，通过对电流密度 $\boldsymbol{J}(x',y',z')$ 进行积分计算得到。对于某些具有对称性的几何结构 (如载流直导线、圆形线圈等)，可以根据几何对称性简化积分过程。注意，毕奥–萨伐尔定律仅适用于稳恒定电流。若电流随时间变化，则需要更为一般的公式，如安培定律。

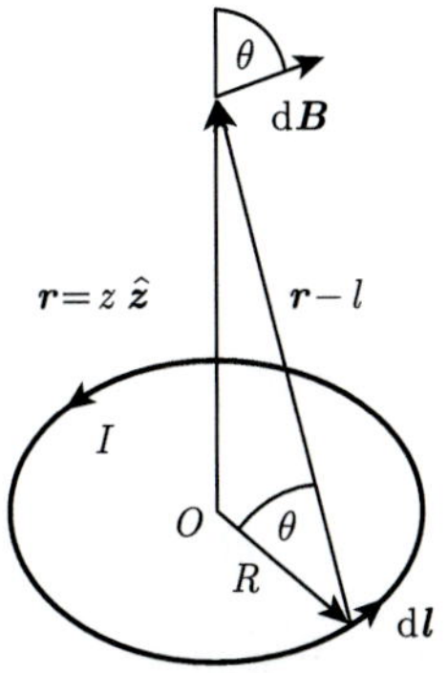

图 1.3 用毕奥–萨伐尔定律计算圆形电流环的磁场几何示意图

下面通过毕奥–萨伐尔定律探究磁场的旋度。将旋度作用于式 (1.9) 得到

$$\nabla\times\boldsymbol{B}=\frac{\mu_0}{4\pi}\iiint_V\nabla\times\frac{\boldsymbol{J}\left(\boldsymbol{r}'\right)\times\left(\boldsymbol{r}-\boldsymbol{r}'\right)}{\left|\boldsymbol{r}-\boldsymbol{r}'\right|^3}\mathrm{d}\boldsymbol{r}' \tag{1.10}$$

利用矢量恒等式，

$$\nabla\times(\boldsymbol{a}\times\boldsymbol{b})=\boldsymbol{a}(\nabla\cdot\boldsymbol{b})-\boldsymbol{b}(\nabla\cdot\boldsymbol{a})+(\boldsymbol{b}\cdot\nabla)\boldsymbol{a}-(\boldsymbol{a}\cdot\nabla)\boldsymbol{b} \tag{1.11}$$

在上述例子中，由于 $\boldsymbol{a}=\boldsymbol{J}(\boldsymbol{r}')$ 和 $\boldsymbol{b}=\dfrac{\boldsymbol{r}-\boldsymbol{r}'}{|\boldsymbol{r}-\boldsymbol{r}'|^3}$ ，因此

$$\begin{aligned}\nabla\times\boldsymbol{B}&=\frac{\mu_0}{4\pi}\iiint_V\left\{\boldsymbol{J}\left(\boldsymbol{r}'\right)\nabla\cdot\frac{\boldsymbol{r}-\boldsymbol{r}'}{\left|\boldsymbol{r}-\boldsymbol{r}'\right|^3}-\left[\boldsymbol{J}\left(\boldsymbol{r}'\right)\cdot\nabla\right]\frac{\boldsymbol{r}-\boldsymbol{r}'}{\left|\boldsymbol{r}-\boldsymbol{r}'\right|^3}\right\}\mathrm{d}\boldsymbol{r}'\\&=\frac{\mu_0}{4\pi}\iiint_V\left\{4\pi\boldsymbol{J}\left(\boldsymbol{r}'\right)\delta\left(\boldsymbol{r}-\boldsymbol{r}'\right)+\left[\boldsymbol{J}\left(\boldsymbol{r}'\right)\cdot\nabla'\right]\frac{\boldsymbol{r}-\boldsymbol{r}'}{\left|\boldsymbol{r}-\boldsymbol{r}'\right|^3}\right\}\mathrm{d}\boldsymbol{r}'\\&=\frac{\mu_0}{4\pi}\left(4\pi\boldsymbol{J}(\boldsymbol{r})+\iiint_V\left\{\left[\boldsymbol{J}\left(\boldsymbol{r}'\right)\cdot\nabla'\right]\frac{\boldsymbol{r}-\boldsymbol{r}'}{\left|\boldsymbol{r}-\boldsymbol{r}'\right|^3}\right\}\right)\mathrm{d}\boldsymbol{r}'\\&=\frac{\mu_0}{4\pi}\left(4\pi\boldsymbol{J}(\boldsymbol{r})+\iiint_V\left\{\left[\boldsymbol{J}\left(\boldsymbol{r}'\right)\cdot\nabla'\right]\boldsymbol{b}\left(\boldsymbol{r}'\right)\right\}\right)\mathrm{d}\boldsymbol{r}'\end{aligned} \tag{1.12}$$

考虑

$$
\begin{aligned}
&\iiint_V (\boldsymbol{J}\cdot\nabla')\,\boldsymbol{b}\mathrm{d}\boldsymbol{r}' \\
&= \iiint_V \left(J_{x'}\frac{\partial}{\partial x'} + J_{y'}\frac{\partial}{\partial y'} + J_{z'}\frac{\partial}{\partial z'}\right)\boldsymbol{b}\mathrm{d}\boldsymbol{r}' \\
&= \iiint_V \left[\frac{\partial}{\partial x'}(J_{x'}\boldsymbol{b}) + \frac{\partial}{\partial y'}(J_{y'}\boldsymbol{b}) + \frac{\partial}{\partial z'}(J_{z'}\boldsymbol{b}) - \boldsymbol{b}(\nabla'\cdot\boldsymbol{J})\right]\mathrm{d}\boldsymbol{r}'
\end{aligned}
\tag{1.13}
$$

对上述方程的前三项进行积分时，考虑到当 $x=\pm\infty$ 时，$(J_{x'}\boldsymbol{b})\big|_{x=-\infty}^{x=\infty}=0$，因此该积分为零。对于最后一项，由于稳定电流情况下电荷守恒 $\nabla'\cdot\boldsymbol{J}=0$，因此该积分也为零。所以，对于静电学和静磁学：$\iiint_V (\boldsymbol{J}\cdot\nabla')\,\boldsymbol{b}\mathrm{d}\boldsymbol{r}'=0$。从而我们得到

$$
\nabla\times\boldsymbol{B}=\mu_0\boldsymbol{J} \tag{1.14}
$$

该方程是安培定律的微分表达式，它表明了磁场 $\boldsymbol{B}$ 的旋度与电流密度 $\boldsymbol{J}$ 之间的关系。电流密度矢量 $\boldsymbol{J}$ 的方向是电流的流动方向，其大小为单位面积内的电流量。如果 $\boldsymbol{J}\neq 0$，则磁场的旋度非零。旋度描述的是矢量场在某一点周围的旋转程度和方向，是对场绕某一点旋转趋势的度量。它的定义是根据在某点处一个路径包围的封闭曲面趋近于 0 时的环流变化得到的。旋度的方向是环流最大曲面的法向量方向。无论是电流流动或电场变化引起的磁场，都会形成闭合环路。式 (1.14) 实际上是说明磁场的旋度在有电流流动的位置不为 0；在这个位置之外，磁场弯曲，旋度为 0。磁场的旋度是位置的矢量函数。事实上，如果矢量场在某一区域的旋度非零，则意味着该区域内存在局部旋转，矢量场在该点附近有类似涡流的行为。

利用斯托克斯定理，我们将安培定律的微分形式转换为积分形式。斯托克斯定理将矢量场沿闭合曲线的环量与该矢量场旋度在由曲线围成的任意曲面上的面积分联系起来，

$$
\oint_C \boldsymbol{A}\cdot\mathrm{d}\boldsymbol{l}=\iint_S(\nabla\times\boldsymbol{A})\cdot\mathrm{d}\boldsymbol{s} \tag{1.15}
$$

将安培定律的微分形式代入斯托克斯定理，可得

$$
\iint_S(\boldsymbol{\nabla}\times\boldsymbol{B})\mathrm{d}\boldsymbol{s}=\oint_C\boldsymbol{B}\cdot\mathrm{d}\boldsymbol{l}=\mu_0\iint_S\boldsymbol{J}\cdot\mathrm{d}\boldsymbol{s} \tag{1.16}
$$

上式左边的积分在闭合环路 C 所围成的任意曲面 S 上进行。表面微元 $\mathrm{d}\boldsymbol{s}$ 是垂直于表面的矢量，其大小等于微分面积。积分 $\int_S \boldsymbol{J}\cdot\mathrm{d}\boldsymbol{s}$ 表示穿过曲面 S 的总电

流。在轴对称性的情况下，该积分可以进一步简化为

$$\oint_C \boldsymbol{B} \cdot \mathrm{d}\boldsymbol{l} = \mu_0 \boldsymbol{I}_{\mathrm{enc}} \tag{1.17}$$

其中，$\boldsymbol{I}_{\mathrm{enc}}$ 表示穿过安培环路所包围的任意曲面的净电流 (图 1.4)。这是安培定律的积分形式，它揭示了任意稳恒电流与其产生的磁场之间的关系。方程 (1.17) 左侧表示磁场沿闭合环路的线积分，用于量化磁场在环路周围的环绕程度；右侧中 $\mu_0\boldsymbol{I}_{\mathrm{enc}}$ 与通过闭合环路包围的任意曲面的总电流成正比，表明磁场的环量与电流的大小直接相关。注意，闭合环路和其包围的曲面的选择至关重要。在轴对称的情形下，例如长直导线或同轴电缆，上述积分形式可以进一步简化，在计算中更加方便。

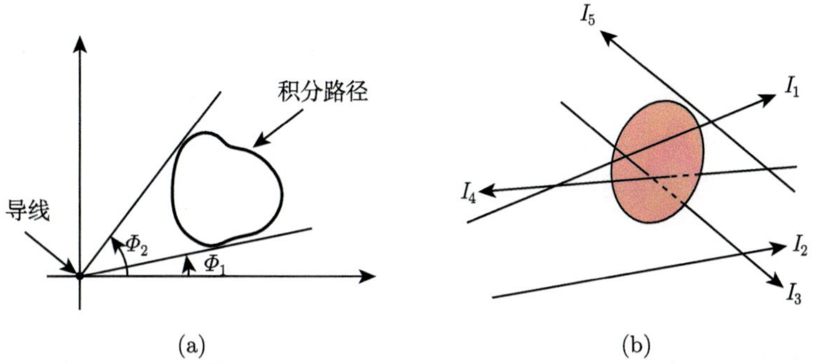

图 1.4 (a) 穿过闭合环路的电流有贡献 $\mu_0\boldsymbol{I}$，(b) 闭合环路外部的电流没有贡献 [3]

此外，如何确定穿过闭合环路所围曲面净电流的方向？答案是右手定则。传统上右手定则用来确定两个向量叉积所产生的新向量方向。当已知磁场和闭合环路的方向时，可以利用右手定则来确定净电流的正或负方向。方法是：用右手的手指卷起并指向积分路径的方向，那么大拇指的指向就是正电流的方向 [5]。安培定律的积分形式表明，电流产生的磁场围绕着电流形成闭合环路，这正是旋度的物理意义所在。安培定律在静磁学中的作用与高斯定理在静电学中的作用类似。然而，安培定律仅适用于稳恒电流的静态情况。为了将安培定律的适用性扩展到动态情况并满足电荷守恒定律，麦克斯韦在方程中添加了一个新的源项——变化的电通量 [6]，这在后面的章节中将详细论述。

1.4 法拉第电磁感应定律

1831 年，法拉第设计了一系列实验，他发现当磁场发生变化时，闭合线圈中会产生电流，由此总结出电磁感应定律来描述闭合回路中的感应电动势 (emf) 与

磁通量变化之间的关系。其核心物理思想是：变化的磁场产生电场。法拉第定律的积分形式一般为

$$\oint_C \boldsymbol{E} \cdot \mathrm{d}\boldsymbol{l} = -\frac{\mathrm{d}}{\mathrm{d}t} \iint_S \boldsymbol{B} \cdot \mathrm{d}\boldsymbol{s} \tag{1.18}$$

方程左侧的线积分表示沿闭合回路 C 的感应电动势，经散度计算得到电场 $\boldsymbol{E}$ 平行于路径 $\mathrm{d}\boldsymbol{l}$ 上的分量 (沿路径 C)；方程右侧表示穿过闭合回路 C 所围绕的曲面 S 上磁通量的变化率，负号表明感应电动势反对磁通量的变化。法拉第电磁感应定律的积分形式表明，闭合回路中的感应电动势与通过回路所围绕曲面上的磁通量变化率成正比。注意，公式中的感生电场 $\boldsymbol{E}$ 代表积分路径中每一段的分量 $\mathrm{d}\boldsymbol{l}$ 在实验室静止坐标系中测得的电场。

法拉第电磁感应定律实际上包含了两种不同的现象：① 导线在磁场中运动时产生的动生电动势；② 通过曲面的磁通量发生变化时，在曲面的边界回路中产生的感生电动势。前者涉及物体在磁场 (磁场不变) 中的运动，后者涉及磁场的变化。虽然在这两种情况下都会产生电动势，但只有在实验室的静止参考系中，通过磁感应形成的电场是环绕电场。另一种形式的法拉第电磁感应定律将这两种现象进行了区分。当磁场随时间变化时，

$$\mathrm{emf} = -\frac{\mathrm{d}}{\mathrm{d}t} \iint_S \boldsymbol{B} \cdot \mathrm{d}\boldsymbol{s} \tag{1.19}$$

如果在静态边界和体积的系统中，回路静止不动，曲面随时间不变，则可以直接对磁场进行微分，进而得到

$$\oint_C \boldsymbol{E} \cdot \mathrm{d}\boldsymbol{l} = -\iint_S \frac{\partial}{\partial t}\boldsymbol{B} \cdot \mathrm{d}\boldsymbol{s} \tag{1.20}$$

因为曲面边界静止不动，可以将对时间的微分变换到积分号内部；又因为 $\boldsymbol{B}$ 与位置有关，故全微分变换为偏微分。注意，$\boldsymbol{E}$ 和 $\boldsymbol{B}$ 均在实验室坐标系中测量得到。

上式中的负号与楞次定律有关。楞次定律是电磁学中的基本原理，它描述了由于磁场变化在导体中产生的感应电动势 (emf) 或电流的方向。该定律以俄国物理学家楞次 (Heinrich Lenz) 命名，他在 1834 年首次系统地阐述了这一定律 [7]。楞次定律指出，感应电流或感应电动势的方向总是与引起它的磁通量变化方向相反。换句话说，感应电动势或电流会产生一个相反方向的磁场，该磁场试图抵消原始磁场的变化。需要明确的是，无论是否存在使电流流动的导体回路，变化的磁通量都会在空间中感应出一个电场，楞次定律仍能提供关于感应电场在指定路径周围的环流方向。此外，楞次定律与能量守恒原理相互联系。建立感应电流所需的能量是从引起磁通量变化的外部源中提取的。这就解释了为什么一般的电磁

发电机需要外部激励来产生感应电动势，从而产生电能。楞次定律表示为

$$\varepsilon = -\frac{\mathrm{d}\Phi}{\mathrm{d}t} \tag{1.21}$$

其中，Φ 是通过回路的磁通量，

$$\boldsymbol{\Phi} = \iint_S \boldsymbol{B} \cdot \mathrm{d}\boldsymbol{s} \tag{1.22}$$

1.4.1 动生电动势

法拉第电磁感应定律中的感应电动势包含了两种情况，即动生电动势和感生电动势。接下来我们首先详细讨论动生电动势。实际上，电动势并没有一个统一的定义。某些书籍中认为电源电动势源自非静电力做功，并将非静电能转换为电能 [3,8]。不同源的物理机制各不相同，例如，在电池中，电动势来源于化学作用；在压电晶体中，机械压力被转换为电信号；在光电池中，光能被转化为电能；在摩擦电纳发电机中，外部机械能被转化为电能。那么，电动势究竟是什么？它实际上并不是一种真正意义上的力，而是外部源对单位电荷所做的功 [3]。

以图 1.5(a) 所示的一个简单模型为例，说明动生电动势的产生过程。整个回路包括导线和电阻 R，以速度 $\boldsymbol{v}$ 向右移动；回路的一部分穿过阴影区域，该区域存在一个均匀磁场 $\boldsymbol{B}$，磁场方向垂直于纸面向里。线段 ab 中的电荷在洛伦兹力 (此处为磁力) 的作用下在回路中流动 [3]。动生电动势可以通过式 (1.18) 或式 (1.21) 计算得到：

$$\varepsilon = \oint_C \boldsymbol{f}_{\mathrm{mag}} \cdot \mathrm{d}\boldsymbol{l} = vBh \tag{1.23}$$

其中，h 是回路的宽度。注意，线段 bc 和 ad 不贡献电动势，因为这些线段中的磁力与导线垂直。当电流在回路中流动时，线段 ab 中的电荷有两个速度分量：水平速度 $\boldsymbol{v}$ 和垂直速度 $\boldsymbol{u}$。所以，磁力在水平方向上产生了一个分量 $qu\boldsymbol{B}$，指向左侧。因此，在导线上施加的拉力应为

$$\boldsymbol{f}_{\mathrm{pull}} = u\boldsymbol{B} \tag{1.24}$$

拉力通过导线的结构传递到电荷上。最终，外部力对单位电荷所做的功通过下式计算：

$$\oint_C \boldsymbol{f}_{\mathrm{pull}} \cdot \mathrm{d}\boldsymbol{l} = uB\frac{h}{\cos\theta}\sin\theta = vBh = \varepsilon \tag{1.25}$$

其中，$\tan\theta = v/u$。实际上，电荷沿速度的合成方向运动，运动距离为 $h/\cos\theta$ (图 1.5)。因此，单位电荷所做的功与电动势完全相等。对于这个简单模型，有三

个关键点要注意：① 要获得动生电动势，需要在某一瞬间对回路进行积分，而计算单位电荷做的功则需要跟踪电荷在回路中的运动；② 磁力 $\boldsymbol{f}_{\rm mag}$ 负责产生电动势，它与电荷的运动方向垂直，但不做功；③ 拉力 $\boldsymbol{f}_{\rm pull}$ 对动生电动势没有直接贡献，因为它与导线垂直 [3]。

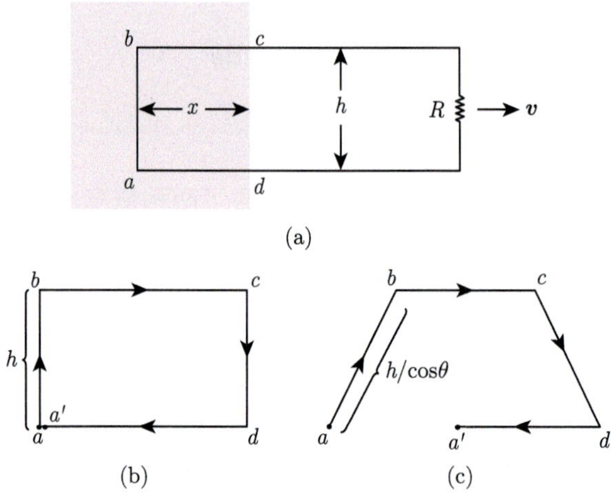

图 1.5　(a) d$\boldsymbol{I}$ 在 ab 段沿着竖直方向，尽管回路向右移动；(b) 某时刻计算电动势的积分路径；(c) 随电荷沿回路计算做功的实际积分路径 [3]

注意，电源电动势来自非静电力做功，但洛伦兹力不做功如何产生电动势？如上所述，当导线 ab 有电流通过时，电子除了向右的运动速度 $\boldsymbol{v}$，还有沿着导线运动的垂直速度 $\boldsymbol{u}$，则电子所受到的洛伦兹力为 $\boldsymbol{F}=-q(\boldsymbol{v}+\boldsymbol{u})\times\boldsymbol{B}$，其方向与电子的合速度方向 $(\boldsymbol{v}+\boldsymbol{u})$ 垂直，不做功。但 $\boldsymbol{F}_1$ 的一个分量 $-q\boldsymbol{v}\times\boldsymbol{B}$，即磁力 $\boldsymbol{f}_{\rm mag}$ 对电子做功，引起动生电动势。$\boldsymbol{F}_2$ 的另一个分量 $-q\boldsymbol{u}\times\boldsymbol{B}$ 阻碍导体运动，需要施加一个外力即拉力 $\boldsymbol{f}_{\rm pull}$，以保持导体匀速运动。可以看到，施加的拉力为电路提供非静电能，为克服 $\boldsymbol{F}_2$ 而做功；非静电能通过 $\boldsymbol{F}_1$ 对电子做功则全部转换为电能。所以，动生电动势根源于磁场对随导线运动的自由电荷的洛伦兹力；洛伦兹力从微观上揭示了动生电动势的物理本质，在动生电动势的形成过程中起着传递能量的作用 [3,8]。

1.4.2　感生电动势

除了闭合回路运动的情况，法拉第还进行了一系列其他实验，这些实验可以总结为两种类型 (图 1.6)：① 保持闭合回路静止，移动磁铁；② 保持闭合回路和磁铁静止，磁场强度随时间变化。在上述任何情况下，闭合回路都处于静止状态，静止的电荷不会感受到磁力作用，但闭合回路中仍会产生电动势。这是为什么？法拉第发现，变化的磁场会产生电场。即使闭合回路静止，感应的电场也会在回路中产生电动势，即感生电动势。描述上述情形的方程如下：

$$\nabla \times \boldsymbol{E} = -\frac{\partial}{\partial t}\boldsymbol{B} \tag{1.26}$$

这是法拉第定律的微分形式，反映了变化的磁场 $\boldsymbol{B}$ 和产生的电场 $\boldsymbol{E}$ 之间的关系。其核心物理思想为：随时间变化的磁场产生环绕的电场。通过斯托克斯定理可以得到积分形式 (式 (1.20))。注意，在静态情况下，法拉第定律简化为一般形式 $\nabla \times \boldsymbol{E} = 0$ (在积分形式下为 $\oint_C \boldsymbol{E} \cdot \mathrm{d}\boldsymbol{l} = 0$)。接下来，我们详细探讨感应电场 $\boldsymbol{E}$ 及其在回路中的积分 $\oint_C \boldsymbol{E} \cdot \mathrm{d}\boldsymbol{l}$ 的物理意义。

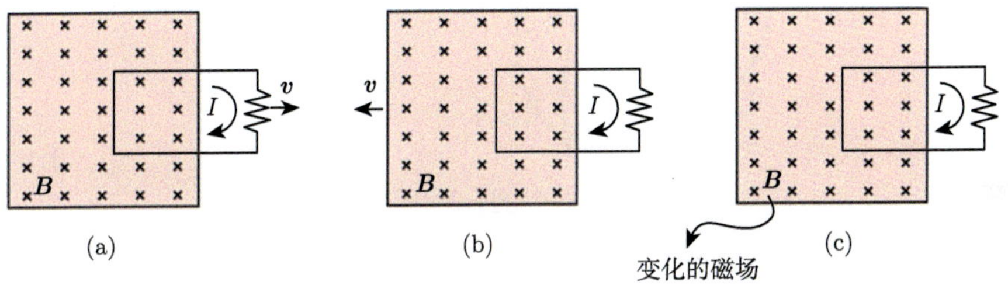

图 1.6　法拉第设计的一系列实验，包括三种不同情形：(a) 移动导线、(b) 移动磁铁、(c) 磁场强度变化 [3]

首先，法拉第电磁感应定律中的感应电场与静电场在结构形式上存在显著差异。虽然它们都使用 N/C 或者 V/m 作为单位，并且用场线表示，但电荷产生的电场始于正电荷并终止于负电荷，没有旋度；而感应电场没有起始点，形成完整的闭合环路，旋度不为零 (图 1.7)。比如，若穿过任意曲面的 $\boldsymbol{B}$ 发生变化，则沿着曲面边界 C 对 $\boldsymbol{E} \cdot \mathrm{d}\boldsymbol{l}$ 积分得到的结果不为零。注意，感应电场驱动的电流会产生与磁场变化相反的磁通量，从而抵消磁场变化的影响。感应电场基本特征如下 [1]：① 变化的磁场产生的感应电场线必须形成闭合环路；② 任何一点的净电场是该点所有电场的矢量和；③ 电场线不交叉，否则同一位置的电场指向两个不同方向。总之，感应电场在路径 C 上的每一点都有分布，该路径是磁场穿过的曲面边界，且该路径可以穿过任何自由空间或介质。

那么导致感生电动势的非静电力是什么？麦克斯韦认为是感应电场产生的非静电力，即感生电动势起源于感应电场 (非静电场) 产生的非静电力。该解释揭示了电磁感应定律的核心物理思想：一个变化的磁场产生环绕的电场。感应电场的环流不等于零，称为非势场或涡旋场。环流等于零的场为势场；静电场是特殊的势场，是由于其不随时间发生变化。当然，感应电场和静电场都影响电荷的运动。如前所述，感应电场线形成闭合环路，表明它有驱动电荷在电路中连续运动的能力，即电动势。但感应电场的路径积分并不是力，而是单位电荷在该路径上移动时感应电场所做的功。当在积分中将 $\boldsymbol{F}/q$ 替换为 $\boldsymbol{E}$ 时得到 [1]

$$\oint_C \boldsymbol{E}\cdot \mathrm{d}\boldsymbol{l} = \oint_C \frac{\boldsymbol{F}\cdot \mathrm{d}\boldsymbol{l}}{q} = \frac{\oint_C \boldsymbol{F}\cdot \mathrm{d}\boldsymbol{l}}{q} = \frac{W}{q} \tag{1.27}$$

可以发现感应电场的积分等于每库仑电荷在电路中运动时所获得的能量。

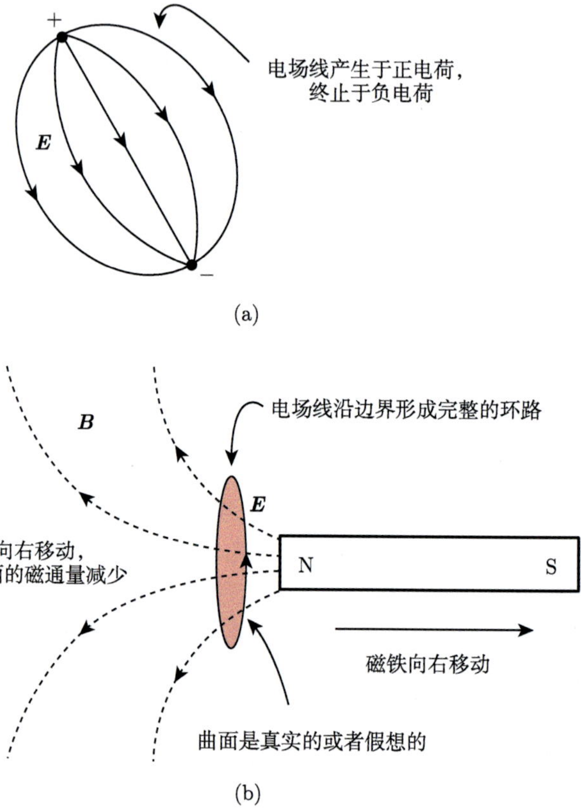

图 1.7 电荷产生的电场和磁场变化感应的电场 (注意电场和磁场实际存在于三维空间中)[1]

此外，式 (1.20) 中的积分 $\iint_S \boldsymbol{B}\cdot \mathrm{d}\boldsymbol{s}$ 表示穿过任意曲面 S 的磁通量。曲面 S 可以是开放的或闭合的。若 S 是开放的，则通过它的磁通量可以非零；而当 S 封闭时，穿过它的磁场线在一个方向上的数量必须等于在相反方向上的数量。磁通量的变化率也可分为两类：① 若磁场强度 $\boldsymbol{B}$ 的大小发生变化，则磁场强度的增减会改变穿过曲面 S 的磁场线的数量；② 若曲面 S 的表面积发生变化，则即使磁场强度 $\boldsymbol{B}$ 和磁场的方向及法向矢量 $\boldsymbol{n}$ 保持不变，移动磁铁也会改变曲面 S

的面积，从而影响磁通量。注意，改变磁场强度或移动磁铁都会引起磁通量的变化，因而产生感应电动势。在这两种情况下，回路都保持静止；感应电场驱动电荷运动导致感应电动势的产生。

然而，无论感生电动势还是动生电动势 (以及它们的任何组合)，都可以归纳为一种通用的普适法则：通量法则，其表达式如式 (1.21) 所示。通量法则的物理意义可概括为：穿过回路的通量发生变化，则在回路中产生电动势。两种不同的物理机制都可以使用同一个表达式进行描述，该现象引起了爱因斯坦的深入思考和理解，最终引导他建立了狭义相对论。比如，感应电动势的动生部分来源于洛伦兹力 (磁力)，感生部分来源于麦克斯韦感应电场引起的非静电力。事实上，变化的磁场产生感应电场是法拉第电磁感应定律对经典电磁理论的主要贡献。但该理论在解释具有相对运动的闭合回路和磁铁 (图 1.6(c)) 产生的电磁现象时发生了矛盾，即同一电磁现象不同的物理机制暴露出经典电磁理论的缺陷。为此，爱因斯坦于 1905 年发表了第一篇论文《论动体的电动力学》，来消除经典电磁理论解释运动物体的电磁感应现象时出现的矛盾，由此拉开了建立狭义相对论的序幕。该方面的详细论述可以参考文献 [8] 中“两种电动势引出的问题”一节。

1.5 电荷守恒定律

电荷守恒定律是物理学中的基本公理之一。实际上，在所有已知的物理过程中，无论是静止或者运动，电荷是不变的且是守恒的。电荷守恒定律在数学上用连续方程表示。考虑一个电荷密度为 ρ、电流密度矢量为 $\boldsymbol{J}$ 的体积 V，体积 V 内的净电荷 Q 表示为

$$Q(t)=\iiint_V \rho(\boldsymbol{r},t)\,\mathrm{d}\boldsymbol{r} \tag{1.28}$$

当有电流穿过体积 V 的表面 S 流出或流入该区域时，体积 V 内的电荷将按照等于电流的速率减小或者增加。通过表面 S 的电流表示为

$$I=\iiint_S \boldsymbol{J}\cdot\mathrm{d}\boldsymbol{s} \tag{1.29}$$

利用散度定理，将 $\boldsymbol{J}$ 的面积分转化为 $\nabla\cdot\boldsymbol{J}$ 体积分，则有

$$\iiint_V \nabla\cdot\boldsymbol{J}\mathrm{d}\boldsymbol{r}=\iint_S \boldsymbol{J}\cdot\mathrm{d}\boldsymbol{s} \tag{1.30}$$

左侧表示体积 V 内电流密度矢量的散度，右侧表示流出 V 的总电流。注意，由于电荷密度可以是时间和空间坐标的函数，当 ρ 的时间导数进入体积分时，需要

使用偏导数。最终得到

$$\iiint_V \left(\nabla\cdot\boldsymbol{J}+\frac{\partial\rho}{\partial t}\right)\mathrm{d}\boldsymbol{r}=0 \tag{1.31a}$$

该方程表示体积 V 内的电荷守恒。由于体积 V 是任意选择的，所以两边的被积函数必须相等。因此得到

$$\nabla\cdot\boldsymbol{J}+\frac{\partial\rho}{\partial t}=0 \tag{1.31b}$$

上式称为电流连续性方程。电荷守恒定律的微分形式提供了一种精确的解释，是分析不同情况下电荷动态行为的有力工具。它表明，在某一区域内，如果发生电荷的积聚或减少，必然伴随电流流入或流出该区域的行为。该概念强调了系统内电荷变化与相应电流之间的平衡关系，从而严格遵守电荷守恒定律。

1.6 麦克斯韦位移电流

位移电流 $\boldsymbol{I}_{\mathrm{d}}$ 是麦克斯韦在 1861 年引入到安培定律中的概念，已成为电磁理论的重要组成部分 [6]。位移电流主要用来说明变化的电场产生磁场，即使不存在物理电荷或者电流，变化的电场作为磁场的来源使得在时变情况下安培定律与连续性方程保持一致，将安培定律扩展至时变场。大多数文献采用下列三种方法之一来证明安培–麦克斯韦定律中增加时变电场项的必要性：电荷守恒、狭义相对论或电容器充放电时安培定律的内在矛盾。我们从电荷守恒的角度证明添加的时变电场如何从根本上解决问题。先总结之前论述的四个基本定律，即电场的高斯定理、磁场的高斯定理、法拉第电磁感应定律和安培定律，得到如下方程组：

$$\nabla\cdot\boldsymbol{E}=\rho/\varepsilon_0 \tag{1.32a}$$

$$\nabla\cdot\boldsymbol{B}=0 \tag{1.32b}$$

$$\nabla\times\boldsymbol{E}=-\frac{\partial}{\partial t}\boldsymbol{B} \tag{1.32c}$$

$$\nabla\times\boldsymbol{B}=\mu_0\boldsymbol{J} \tag{1.32d}$$

从数学上讲，对式 (1.32d) 两端取散度, 我们有

$$\nabla\cdot(\nabla\times\boldsymbol{B})=\mu_0\nabla\cdot\boldsymbol{J} \tag{1.33}$$

上述结果意味着，当 $\nabla\cdot\boldsymbol{J}(\boldsymbol{r})=0$ 时才成立！这显然与电荷守恒定律 (式 (1.31)) 相矛盾。为了使四个方程完全一致，克服内在矛盾问题，将安培定律修改为

$$\nabla\times\boldsymbol{B}=\mu_0\boldsymbol{J}+\varepsilon_0\frac{\mathrm{d}}{\mathrm{d}t}\boldsymbol{E} \tag{1.34}$$

该结果自动满足电荷守恒定律。因此，除了流经闭合回路的传导电流——真实电子流动形成的电流，麦克斯韦引入的另一种电流 $\varepsilon_0 \dfrac{\mathrm{d}\boldsymbol{E}}{\mathrm{d}t}$ 称为位移电流。这是麦克斯韦在电磁学领域最深远的贡献之一。

在数学上，真空中的位移电流定义为

$$\boldsymbol{I}_{\mathrm{d}} = \varepsilon_0 \frac{\mathrm{d}}{\mathrm{d}t} \iint_S \boldsymbol{E} \cdot \mathrm{d}\boldsymbol{s} \tag{1.35}$$

实际上，在麦克斯韦的贡献之前，对电磁学的理解主要基于安培定律，该定律将磁场 $\boldsymbol{B}$ 与传导电流 $\boldsymbol{I}$ 联系起来。然而，此时的安培定律仅适用于稳态电流情形，未能解释其他更为普通的情况，特别是时变电场 (如电容器) 充放电时出现的电场。麦克斯韦在安培定律中引入的修正项，解决了一系列矛盾，因此修改后的安培定律也被称为安培–麦克斯韦定律 (式 (1.34))。

麦克斯韦提出的位移电流在电磁理论的发展中起到了至关重要的作用。总结如下：① 位移电流项解决了经典电磁理论的内在缺陷，确保电磁学基本定律数学表达式内部的自洽性和一致性，因此，麦克斯韦建立起综合性的电磁理论，是第一个真正的场论，奠定了 20 世纪大多数物理学科的理论基础；② 位移电流保持了电路中电流的连续性，即使在没有物理电荷移动的区域也是如此，同时使得电荷守恒定律 (连续性方程) 在不同情况下具有相同的形式；③ 位移电流的提出从本质上发现了新的物理规律，即变化的电场产生磁场，即使没有物理电荷或电流分布；④ 认识到变化的电场和磁场可以在真空中进行传播，预测了电磁波的存在，发现了光的电磁本质。

1.7 安培–麦克斯韦定律

安培–麦克斯韦定律是 19 世纪至 20 世纪初期多位物理学家共同努力的结果，它阐明了电流、变化电通量与磁场之间的复杂关系。19 世纪 60 年代中期，麦克斯韦在安培环路定律中引入了位移电流项，以解释变化的电场生成磁场 [6]。这一修正改变了安培定律原来只是适用于稳恒电流的情况，将其应用范围扩展至时变情形，最终发展出综合性的电磁理论。

积分形式的安培–麦克斯韦定律表达式为

$$\iiint_V \nabla \cdot \boldsymbol{J} \mathrm{d}\boldsymbol{r} = \iint_S \boldsymbol{J} \cdot \mathrm{d}\boldsymbol{s} \tag{1.36}$$

$$\oint_C \boldsymbol{B} \cdot \mathrm{d}\boldsymbol{l} = \mu_0 \left(\iint_S \boldsymbol{J} \cdot \mathrm{d}\boldsymbol{s} + \varepsilon_0 \frac{\mathrm{d}}{\mathrm{d}t} \iint_S \boldsymbol{E} \cdot \mathrm{d}\boldsymbol{s} \right) \tag{1.37a}$$

或

$$\oint_C \boldsymbol{B}\cdot \mathrm{d}\boldsymbol{l} = \mu_0\left(\boldsymbol{I}_{\mathrm{enc}} + \varepsilon_0 \frac{\mathrm{d}}{\mathrm{d}t}\iint_S \boldsymbol{E}\cdot \mathrm{d}\boldsymbol{s}\right) \tag{1.37b}$$

方程左侧 $\oint_C \boldsymbol{B}\cdot \mathrm{d}\boldsymbol{l}$ 表示磁场 $\boldsymbol{B}$ 沿闭合路径 C 的环路积分 (环量)。方程右侧第一项表示闭合路径所围曲面 S 的面积分，代表穿过曲面的净电流 $\boldsymbol{I}_{\mathrm{enc}}$；第二项 $\frac{\mathrm{d}}{\mathrm{d}t}\iint_S \boldsymbol{E}\cdot \mathrm{d}\boldsymbol{s}$ 表示穿过所围曲面 S 的电场 $\boldsymbol{E}$ 对时间的偏导，代表电通量的变化率。其物理意义说明磁场有两个来源：稳恒电流 $\boldsymbol{I}_{\mathrm{enc}}$ 和穿过路径 C 所围的任意曲面 S 上变化的电通量。因此，安培–麦克斯韦定律的核心物理思想是：电流或穿过曲面的电通量变化在曲面边界产生环绕的磁场。

对于安培–麦克斯韦定律的积分表达式，有两个关键点需要注意。首先，安培回路通常用于分析或计算载流导体周围或电流分布附近的磁场。如何选择安培回路来计算磁场？实际上，对此并没有唯一答案，但确定载流导体的几何形状和路径或需要分析的电流分布区域是关键。其次，策略性地选取一个感兴趣区域的闭合回路或路径，从而简化磁场计算。例如，若需要计算某个位置的磁场，可以使安培回路经过该位置。最后，被包围的电流 $\boldsymbol{I}_{\mathrm{enc}}$ 仅指穿过曲面 S 的净电流。这里的“净”电流意味着要明确电流方向与积分方向之间的关系。根据右手定则，确定电流是正或负。如图 1.8 所示，哪些电流被路径 C_1、C_2 和 C_3 所包围，哪些电流没有被包围？想象一块薄膜穿过路径，如图 1.9 所示，可以发现 $\boldsymbol{I}_{\mathrm{enc}}$ 是穿透膜的净电流。使用右手法则，当沿路径 C_1 进行积分的方向如图 1.9(a) 所示时，图中的 $\boldsymbol{I}_1$ 为正。运用同样的方法，可以观察到图 1.9(b) 和 (c) 中的 $\boldsymbol{I}_{\mathrm{enc}}$ 均为零。

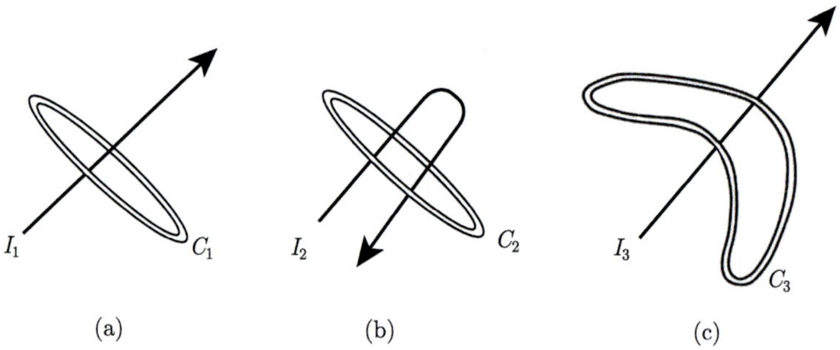

图 1.8 实际闭合路径包围 (及未包围) 的净电流 [1]

结合斯托克斯定理并进一步变形，安培–麦克斯韦定律的积分形式转换为微分形式：

$$\nabla \times \boldsymbol{B} = \mu_0\left(\boldsymbol{J} + \varepsilon_0 \frac{\partial \boldsymbol{E}}{\partial t}\right) \tag{1.38}$$

微分形式明确了磁场旋度 $\nabla\times\boldsymbol{B}$ 、电流密度矢量 $\boldsymbol{J}$ 和电场随时间变化率 $\dfrac{\partial\boldsymbol{E}}{\partial t}$ 之间的关系。方程左侧表示磁场的时空分布情况。通常，所有磁场，无论是由于电流还是变化的电场 (位移电流) 产生，都会绕回自身并形成连续的闭合环路 [1]。另外，$\boldsymbol{J}$ 表示电流密度矢量，代表单位面积上的电流分布。$\dfrac{\partial\boldsymbol{E}}{\partial t}$ 表示空间中每一点的电场 $\boldsymbol{E}$ 随时间的变化率。注意，$\mu_0\boldsymbol{J}$ 和 $\mu_0\varepsilon_0\dfrac{\partial\boldsymbol{E}}{\partial t}$ 是磁场的源项。微分形式的安培–麦克斯韦定律表明，在有电流流动或电场变化的位置，磁场的旋度不为零。

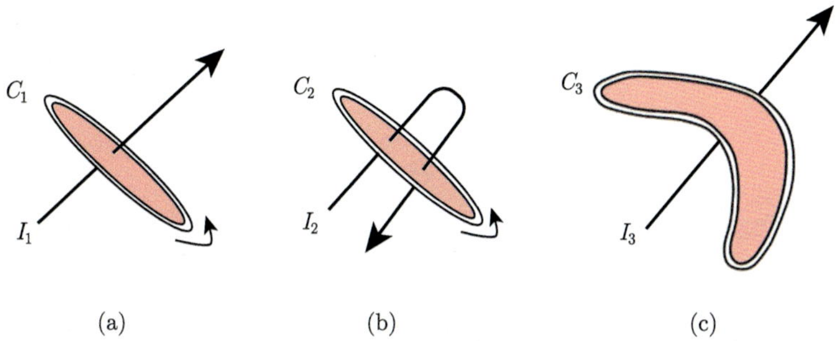

图 1.9 闭合路径实际围成的薄膜 [1]

1.8 电位移矢量

前面的讨论均为自由空间 (真空) 中的电磁行为。现在考虑介质对电磁波的响应。电位移矢量 $\boldsymbol{D}$ 是麦克斯韦方程组中研究材料极化 $\boldsymbol{P}$ 的一个重要物理量，一般用来描述介电材料对外部电场的响应。将介电体置于外部电场 $\boldsymbol{E}_{\text{ext}}$ 中，介质内部的分子 (包括极化分子和非极化分子) 被外电场诱导出现偶极矩，且偶极矩沿着外电场的方向排列，导致材料出现极化。单位体积内分子的偶极矩的矢量和用 $\boldsymbol{P}$ 表示，$\boldsymbol{P}$ 的大小代表电介质的极化强度。从宏观方面来讲，当电介质被外电场 $\boldsymbol{E}_{\text{ext}}$ 极化后，介质中出现极化电荷，极化电荷产生新的电场 $\boldsymbol{E}_{\text{self}}$ 来抵消外部电场的影响。空间中 (电介质外部) 的总电场 $\boldsymbol{E}_{\text{tot}}$ 是 $\boldsymbol{E}_{\text{ext}}$ 和 $\boldsymbol{E}_{\text{self}}$ 的矢量和 [4]，即

$$\boldsymbol{E}_{\text{tot}}=\boldsymbol{E}_{\text{self}}+\boldsymbol{E}_{\text{ext}}\neq 0 \tag{1.39}$$

与理想导体不同，介电体内部的总电场一般不为零。在介电体内部，极化电荷产生的电场总是与外部电场的方向相反，则介电体内部的总电场小于外部施加的电场 $\boldsymbol{E}_{\text{ext}}$，同时极化强度 $\boldsymbol{P}$ 也随之变小。极化效应的结果是在物体表面产生束缚电荷 σ_{b}；若极化不均匀，则介质内部同样有束缚电荷 (体电荷 ρ_{b}) 的积累。

一般情况下，在电介质内，总的电荷密度 ρ 包括两部分，即

$$\rho = \rho_{\mathrm{b}} + \rho_{\mathrm{f}} \tag{1.40}$$

其中，ρ_{f} 表示自由电荷密度；自由电荷是除了束缚电荷以外的所有电荷的统称，包括自由移动的电子、离子，或其他原因引入的电荷等。电介质在没有极化前是中性的，因此，极化电荷密度满足如下关系：

$$\iiint_V \rho_{\mathrm{b}} \mathrm{d}\boldsymbol{r} + \iint_S \sigma_{\mathrm{b}} \mathrm{d}\boldsymbol{s} = 0 \tag{1.41}$$

结合散度定理，使方程 (1.41) 左侧为零，得到

$$\rho_{\mathrm{b}} = -\nabla \cdot \boldsymbol{P}, \quad r \in V \tag{1.42a}$$

$$\sigma_{\mathrm{b}} = \boldsymbol{P} \cdot \boldsymbol{n}, \quad \boldsymbol{r}_{\mathrm{s}} \in \boldsymbol{S} \tag{1.42b}$$

$$\boldsymbol{P} = 0, \quad r \notin V \tag{1.42c}$$

将方程 (1.42) 代入高斯定理，可得

$$\varepsilon_0 \nabla \cdot \boldsymbol{E} = \rho = \rho_{\mathrm{b}} + \rho_{\mathrm{f}} = -\nabla \cdot \boldsymbol{P} + \rho_{\mathrm{f}} \tag{1.43}$$

此处电场强度 $\boldsymbol{E}$ 代表的是总电场强度，而不仅仅是外部施加的电场或极化产生的电场。定义一个辅助矢量场，即电位移矢量 $\boldsymbol{D}$，它将总电场强度 $\boldsymbol{E}$ 和极化强度矢量 $\boldsymbol{P}$ 联系起来，

$$\boldsymbol{D} = \varepsilon_0 \boldsymbol{E} + \boldsymbol{P} \tag{1.44}$$

注意，电介质中的静电条件仍然有效：$\nabla \cdot \boldsymbol{D} = 0$。此时，方程 (1.43) 变形为

$$\nabla \cdot \boldsymbol{D} = \rho_{\mathrm{f}} \tag{1.45}$$

如果自由电荷被封闭在曲面 S 内，方程 (1.45) 的积分形式为

$$\oint_S \boldsymbol{D} \cdot \mathrm{d}\boldsymbol{s} = Q_{\mathrm{f}} \tag{1.46}$$

其中，Q_{f} 表示封闭在体积 V 内的总自由电荷。

式 (1.46) 是通过自由电荷确定电位移矢量 $\boldsymbol{D}$ 的一种有用方法，因为自由电荷一般是已知的、可控制的电荷。式 (1.45) 和式 (1.46) 表明 $\boldsymbol{D}$ 穿过曲面 S 的通量或者散度由自由电荷分布决定，而不是其自身由自由电荷分布决定。对于非均匀极化的介质，电位移矢量 $\boldsymbol{D}$ 除了与自由电荷分布有关，还取决于介电常数、极化电荷等。

另外，考虑电位移矢量 $\boldsymbol{D}$ 的性质。根据式 (1.46)，可知 $\boldsymbol{D}$ 线起止于自由电荷或者无穷远处，而不是中性的电介质或者真空中。① 对于各向同性介质，$\boldsymbol{D}$ 线与 $\boldsymbol{E}$ 线方向相同，且处处平行；② $\boldsymbol{D}$ 线从高电势指向低电势；③ $\boldsymbol{D}$ 线不能与同一等势面交叉两次或多次。而且，对于静电场，$\boldsymbol{D}$ 的旋度不一定等于零。$\boldsymbol{D}$ 不符合“库仑定律”。

1.9 麦克斯韦方程组的微分形式

1.9.1 基本形式

将上述描述各种电磁现象的方程总结在一起，得到一个互相协调的方程集合，被称为麦克斯韦方程组。麦克斯韦方程组的微分形式通常写作

$$\nabla \cdot \boldsymbol{E} = \frac{\rho}{\varepsilon_0} \tag{1.47a}$$

$$\nabla \cdot \boldsymbol{B} = 0 \tag{1.47b}$$

$$\nabla \times \boldsymbol{E} = -\frac{\partial \boldsymbol{B}}{\partial t} \tag{1.47c}$$

$$\nabla \times \boldsymbol{B} = \mu_0 \boldsymbol{J} + \mu_0 \varepsilon_0 \frac{\partial \boldsymbol{E}}{\partial t} \tag{1.47d}$$

通过电荷密度 ρ、电流密度矢量 $\boldsymbol{J}$、电场 $\boldsymbol{E}$ 和磁场 $\boldsymbol{B}$ 这些基本物理量，反映了一般情况下电荷和电流产生的电磁场以及电磁场内部的演化规律。源 (ρ 和 $\boldsymbol{J}$) 和场 ($\boldsymbol{E}$ 和 $\boldsymbol{B}$) 之间的关系通过偏微分方程互相关联，反之亦然。麦克斯韦方程组结合洛伦兹力方程，

$$\boldsymbol{F} = q(\boldsymbol{E} + \boldsymbol{v} \times \boldsymbol{B}) \tag{1.48}$$

以及连续性方程一起构成了经典电动力学的理论基础。利用这些方程原则上可以解决任何宏观的电磁场演化问题。

麦克斯韦方程组的经典形式强调了电场由电荷 ρ 或者变化的磁场 $\partial \boldsymbol{B}/\partial t$ 产生；磁场由电流 $\boldsymbol{J}$ 或者变化的电场 $\partial \boldsymbol{E}/\partial t$ 产生。然而，部分研究人员认为该形式的麦克斯韦方程组并不适当，可能遗漏了一些重要的内容。例如，$\partial \boldsymbol{B}/\partial t$ 和 $\partial \boldsymbol{E}/\partial t$ 是电荷和电流的结果。因此，下面麦克斯韦方程组的微分形式在逻辑上更为可取 [3]：

$$\nabla \cdot \boldsymbol{E} = \frac{\rho}{\varepsilon_0} \tag{1.49a}$$

$$\nabla \cdot \boldsymbol{B} = 0 \tag{1.49b}$$

$$\nabla\times\boldsymbol{E}+\frac{\partial\boldsymbol{B}}{\partial t}=0 \tag{1.49c}$$

$$\nabla\times\boldsymbol{B}-\mu_0\varepsilon_0\frac{\partial\boldsymbol{E}}{\partial t}=\mu_0\boldsymbol{J} \tag{1.49d}$$

该形式中，场在等号左边，而源被放在等号右边。这种方程组的形式强调了电磁场与电荷和电流的特殊相关性。

1.9.2　存在介质时的情形

处理介质中的电场和磁场时，上述麦克斯韦方程组并不完备，需要加上描述介质物理特性的方程。一般情况下，对于各向同性介质，类似于电位移矢量 $\boldsymbol{D}$，用矢量场 $\boldsymbol{M}$ 表示磁性材料的磁化程度。矢量 $\boldsymbol{D}$ 和 $\boldsymbol{H}$ 的定义式如下：

$$\boldsymbol{D}=\varepsilon_0\boldsymbol{E}+\boldsymbol{P} \tag{1.50}$$

$$\boldsymbol{H}=\frac{\boldsymbol{B}}{\mu_0}-\boldsymbol{M} \tag{1.51}$$

则麦克斯韦方程组在介质中的微分形式为

$$\nabla\cdot\boldsymbol{D}=\rho \tag{1.52a}$$

$$\nabla\cdot\boldsymbol{B}=0 \tag{1.52b}$$

$$\nabla\times\boldsymbol{E}=-\frac{\partial\boldsymbol{B}}{\partial t} \tag{1.52c}$$

$$\nabla\times\boldsymbol{H}=\boldsymbol{J}+\frac{\partial\boldsymbol{D}}{\partial t} \tag{1.52d}$$

注意，上述方程组是描述介质中宏观电磁场的方程组，并不是麦克斯韦方程组的最基本形式。最基本的形式如式 (1.47) 所示。

1.10　麦克斯韦方程组的积分形式

麦克斯韦方程组的积分形式对于理解给定区域中电磁场的全局行为特别有用。场量 $\boldsymbol{E}$、$\boldsymbol{B}$、$\boldsymbol{D}$ 和 $\boldsymbol{H}$ 在两种不同介质间的边界处，或存在电荷密度或电流密度矢量 $\boldsymbol{K}$ 在表面处不连续。积分形式的麦克斯韦方程组总结如下。

在自由空间，麦克斯韦方程组的积分形式为

$$\oiint_S\boldsymbol{E}\cdot\mathrm{d}\boldsymbol{s}=\frac{1}{\varepsilon_0}\iiint_V\rho\,\mathrm{d}\boldsymbol{r} \tag{1.53a}$$

$$\oiint_S \boldsymbol{B} \cdot \mathrm{d}\boldsymbol{s} = 0 \tag{1.53b}$$

$$\oint_C \boldsymbol{E} \cdot \mathrm{d}\boldsymbol{l} = -\frac{\mathrm{d}}{\mathrm{d}t} \iint_S \boldsymbol{B} \cdot \mathrm{d}\boldsymbol{s} \tag{1.53c}$$

$$\oint_C \boldsymbol{B} \cdot \mathrm{d}\boldsymbol{l} = \mu_0 \iint_S \boldsymbol{J} \cdot \mathrm{d}\boldsymbol{s} + \varepsilon_0 \frac{\mathrm{d}}{\mathrm{d}t} \iint_S \boldsymbol{E} \cdot \mathrm{d}\boldsymbol{s} \tag{1.53d}$$

在介质中，

$$\oiint_S \boldsymbol{D} \cdot \mathrm{d}\boldsymbol{s} = \iiint_V \rho \mathrm{d}\boldsymbol{r} \tag{1.54a}$$

$$\oiint_S \boldsymbol{B} \cdot \mathrm{d}\boldsymbol{s} = 0 \tag{1.54b}$$

$$\oint_C \boldsymbol{E} \cdot \mathrm{d}\boldsymbol{l} = -\frac{\mathrm{d}}{\mathrm{d}t} \iint_S \boldsymbol{B} \cdot \mathrm{d}\boldsymbol{s} \tag{1.54c}$$

$$\oint_C \boldsymbol{H} \cdot \mathrm{d}\boldsymbol{l} = \iint_S \boldsymbol{J} \cdot \mathrm{d}\boldsymbol{s} + \frac{\mathrm{d}}{\mathrm{d}t} \iint_S \boldsymbol{D} \cdot \mathrm{d}\boldsymbol{s} \tag{1.54d}$$

麦克斯韦方程组的物理意义简要总结如下。① 麦克斯韦方程组阐明了电荷与电流激发的电磁场以及电磁场互相演化的运动规律。即使在不存在电荷和电流的区域，电磁场本身互相激发而在空间中向外辐射，形成电磁波，即电磁波可以独立于电荷和电流而单独存在，表明了电磁场的物质性。② 麦克斯韦方程组以其完美的数学形式对电磁场规律进行了概括和总结，深刻反映了电磁场的时空演化规律和全部特性。方程组是求解实际电磁问题的出发点。③ 无论是积分形式还是微分形式的麦克斯韦方程组，它们所表示的场源关系是相同的。积分形式表示在任意闭合曲线及其所围的面积内或者任意闭合曲面及其所围的体积内场与源的时空演化关系；微分形式表示空间中某点的场与源之间的时空演化关系，应用于介质的物理性质不发生突变的点 [9]。

关于麦克斯韦方程组边界条件 (边值关系) 的讨论：方程组中的场量 $\boldsymbol{E}$、$\boldsymbol{B}$、$\boldsymbol{D}$ 和 $\boldsymbol{H}$ 是平均值，即某点的场量指的是以该点为中心的物理无穷小体积内该场量的平均值。使用微分形式的麦克斯韦方程组时，场量 $\boldsymbol{E}$、$\boldsymbol{B}$、$\boldsymbol{D}$ 和 $\boldsymbol{H}$ 在空间中必须处处连续可微。若存在介质界面，则可能存在面电荷或面电流而导致连续性条件被破坏，微分形式不能解决。此时需要从积分形式出发，结合高斯定理或者积分环路无限逼近介质界面，得到场量在界面两侧需要满足的条件。边界条件反映了界面两侧的场量与分布的电荷或电流之间的关系 [3,8,9]。

1.11 麦克斯韦方程组的发展历史

麦克斯韦方程组是研究电动力学的基石，这些方程主要由麦克斯韦在前人研究的基础上，通过他在 19 世纪 50 年代至 70 年代发表的一系列论文总结而成。该方程组已有百年历史，随着新的实验进展，它仍然被不断研究并应用于解决一些新的物理问题。本节简要总结了麦克斯韦方程组的发展历史。

麦克斯韦方程组的实验基础是由多位科学家在电学和磁学领域的关键发现奠定的。在麦克斯韦之前，许多实验和理论工作已经完成，对电磁学的理解也在不断深化，各种电磁现象被认为是由不同的物理定律所支配。真正的开端是 1820 年，当时奥斯特发现, 导线中的电流会使罗盘针垂直于导线方向排列 [10]。这项研究首次表明电与磁之间具有一定的联系。在得知奥斯特的实验结果一周后，安培发现了平行电流相互吸引、反向电流相互排斥的现象。经过多年的努力，安培发表了关于电磁学的研究成果。我们现在称之为安培定律，积分形式如式 (1.17) 所示 [11−13]。注意，式 (1.17) 中的电流代表任意的恒定电流。麦克斯韦称这项工作为“科学史上最辉煌的成就之一。整个理论和实验，似乎是从‘电学的牛顿’的大脑中跳跃出来，已臻完美”[14]。

1831 年，法拉第发现一个电路中变化的电流会在邻近的电路中感应出电流。基于大量实验，他发现所有类似的现象都可以用变化的磁通量来解释，也就是说法拉第的实验证明变化的磁场会感生电场。这一过程中没有涉及数学模型，法拉第只是通过场线进行描述；在概念上，他强调了电磁感应中的力线 [15,16]。事实上，将这些想法构建为一个完整的理论超出了法拉第的数学能力，这就是当时麦克斯韦面临的主要情形。紧接着，楞次提出了确定感应电流方向的判断依据 [7]。然而，这些实验结果和判断并未得到很好的组织和理解，有些观点对当时的部分科学家来说是存在疑惑的。所以，急需对电动力学基本原理进行透彻梳理和总结。

1854 年，麦克斯韦从剑桥大学毕业后，对法拉第的一系列实验现象尤其是场线的概念表现出极大兴趣。1855 年，麦克斯韦发表了一篇名为“论法拉第的力线”的论文 [17]。在这项工作中，他首先构建了一个理论模型，利用描述不可压缩流体流动的方程来解决稳态电磁场问题。为了调和电学和磁学定律之间的差异，1861 年麦克斯韦发表了一种电磁场的机械模型 [6]。磁场对应旋转的涡流 (图 1.10)，涡流之间通过齿轮连接，而电场对应弹性位移，由此引入了位移电流。位移电流的概念源自变化的电场，在某些情况下是保持电通量连续性的关键。这一补充完善了麦克斯韦方程组，使他能够轻松地推导出波动方程，正如我们在电磁学教材中所看到的那样。尽管尚未构建出一个完整的电磁理论，但他在 1861 年和 1862 年以“论物理力线”为题发表的几篇论文奠定了麦克斯韦方程组的基础 [18−20]。

此外，他 1862 年发表的论文已经从电磁波的速度与真空常数的关系中推导出了光速 c。

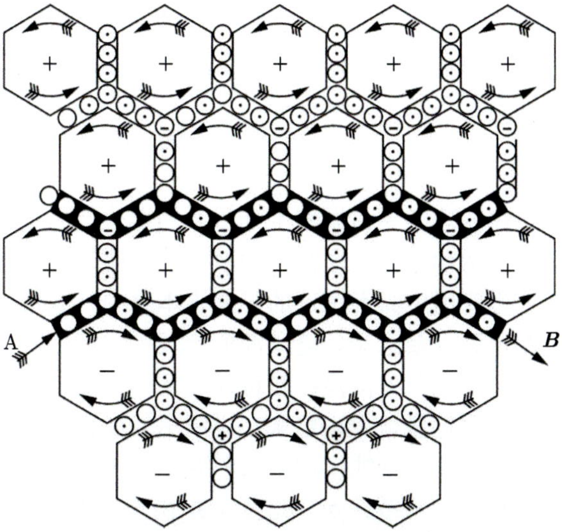

图 1.10 麦克斯韦设计的涡旋机械模型 [16]

在这些论文中，麦克斯韦认为存在一种充满整个自由空间的介质——以太；电磁波在以太中传播，即使这种以太无法被观察或感觉到。1864 年，麦克斯韦首次在他的论文“电磁场的动力学理论”中报道了完整的方程组形式 [21]；在该论文中，电磁理论用严格地数学形式描述，没有使用任何机械模型。麦克斯韦的贡献在很长的一段时间未被注意到。简单来说，导致这一结果的重要原因有两个：一是麦克斯韦采用了 20 个场变量的 20 个联立方程，即方程的形式非常复杂；二是缺乏完善的理论模型，使他的理论显得极度不完整。1873 年，麦克斯韦出版了著作《电学与磁学论》，试图引入四元数法来修改之前发表的方程组 [22]。与此同时，他利用法拉第的观点讨论了当时所有已知的关于电磁学的知识，并引入了电磁动量和电磁应力张量的概念。即便如此，几乎没有人注意到他，也几乎没有人重视他的著作。

这种情况一直持续了很多年，直到赫维赛德阅读了麦克斯韦的著作后开始发生变化。1885 年，赫维赛德将麦克斯韦的原始方程组简化为现在我们所熟知的四个矢量方程，即经典的麦克斯韦方程组 [23,24]。梯度、散度和旋度等数学工具的引入对于简化方程组至关重要。赫维赛德用矢量微积分重新简化了这些方程，并强调将电场和磁场作为矢量处理，从而使这些方程更易于理解和掌握。1888 年，赫兹通过一系列实验终于发现了电磁波，证明电磁波的速度等于光速 [25]。但麦克斯韦已于 1879 年去世，年仅 48 岁，他未能亲眼见到这些能够验证他的推测和预言的实验结果。随着科学家们长期持续地努力，麦克斯韦方程组和电磁理论最终被大家完全接受。在 1905 年，爱因斯坦提出了狭义相对论；从那时起，麦克斯韦方程组通常表达为四维矢量的形式 [26]。爱因斯坦盛赞麦克斯韦的工作是“自牛顿时代以来物理学所经历的最深刻和最富有成果的工作”。

1.12 总 结

麦克斯韦方程组在物理学中占据着十分重要的地位，它提供了一个统一的理论框架来理解电磁场的运动规律。这些方程概括了电磁理论的普遍原理，在理论物理、应用物理和工程应用中具有深远的影响。本章中，我们主要介绍了麦克斯韦方程组的物理现象及其重要意义。电场高斯定理提供了一种直观的描述，即电场线从正电荷发出并在负电荷处汇聚；它将通过闭合曲面的电通量与被曲面所包围的自由电荷之间的关系定量地表述出来，说明电场如何由电荷所产生。磁场高斯定理揭示了磁场的一个关键特性：即磁场没有孤立的源或汇。与电场线不同，磁场线形成闭合环路，没有起点或终点，这主要是由于自然界中不存在 (目前尚未发现) 磁单极子。法拉第电磁感应定律说明随时间变化的磁场如何感生电场。楞次定理指出感应电场 (和电流) 的方向总是抵抗磁通量的变化。值得注意的是，该原理是电磁感应的核心，电磁感应是发电机、变压器和许多现代新技术的物理基础。安培定律描述了稳恒电流如何产生磁场。麦克斯韦添加的位移电流项完善了该定律，因为该项确保了即使在没有物理电荷流动的情况下，电流的连续性仍然得以维持。安培–麦克斯韦定律与法拉第定律一起预言了电磁波的存在，表明变化的电场和磁场以光速在自由空间中传播。

麦克斯韦方程组不仅是经典电磁学的基石，还提供了深刻的理论洞见，这些见解对现代物理学、技术进步以及我们对宇宙的理解产生了深远影响。比如，这些方程在狭义相对论的构建过程中起到了关键作用。爱因斯坦认识到光速是一个对所有观察者都保持不变的常数，这一发现非常有利于他对空间和时间的概念进行重构。在量子学领域，麦克斯韦方程组演变为量子电动力学的框架，用于描述带电粒子与电磁场之间的相互作用。本节的最后部分聚焦于麦克斯韦方程组的发展简史。如前文所述，麦克斯韦方程组的起源可追溯至约 150 年前。在诸多科学家的努力下，麦克斯韦推导的原始方程组得到了进一步的精炼和扩展，以解释更复杂的物理现象，如应用到狭义相对论和量子领域。我们坚信，麦克斯韦方程组的重要性仍在跨学科领域中产生深远影响，推动创新，启迪未来的新发现。

参考文献

[1] Daniel F. A Student's Guide to Maxwell's Equations[M]. New York, Cambridge University Press, 2008.

[2] Jackson J D. Classical Electrodynamics[M]. 3rd ed. Danvers: Wiley, 1999.

[3] Griffiths D J. Introduction to Electrodynamics[M]. 3rd ed. New Jersey: Prentice Hall, 1999.

[4] Andrew Z. Modern Electrodynamics[M]. New York: Cambridge University Press, 2013.

[5] Feynman Z R, Leighton R B, Sands M. The Feynman Lectures on Physics: Volume II[M]. Boston: Addison Wesley, 2013.

[6] Maxwell J C. On physical lines of force. Part 3. The theory of electrical vortices applied to statical electricity[J]. Philosophical Magazine, 1862, 22: 12-24.

[7] Magie W M. A Source Book in Physics[M]. Harvard: Cambridge MA, 1963: 511-513.

[8] Hu Y Q, Cheng F Z. Electromagnetism and electrodynamics[M]. 2nd ed. Beijing: Science Press, 2014.

[9] Wang Y P. Engineering Electrodynamics[M]. Xi'an: Xidian University Press, 2007.

[10] Ørsted H C. Experiments on the effect of a current of electricity on the magnetic needle[J]. Annals of Philosophy, 1820, 16: 273-276.

[11] Ampere A M. Exposé des nouvelles découvertes sur l'électricité et le magnétisme[C]. (in French) Chez Méquignon-Marvis, 1822.

[12] Ampere A M. Description d'un appareil électro-dynamique[C]. (in French) Chez Crochard et Bachelie, 1824.

[13] Ampere A M. Théorie des phénomènes électro-dynamiques, uniquement déduite de l'expérience[C]. (in French) Méquignon-Marvis, 1824.

[14] Hall G. Maxwell's electromagnetic theory and special relativity[J]. Phil. Trans. R. Soc. A, 2008, 366: 1849-1860.

[15] David G, Trevor P, Simon S. The Uses of Experiment: Studies in the Natural Sciences[M]. Cambridge: Cambridge University Press, 1989: 212.

[16] Valkenburgh V. Basic Electricity[M]. Cambridge: Cengage Learning, 1995: 4-91.

[17] Maxwell J C. On physical lines of force[J]. Cambridge Philosophical Society Transactions, 1861, 1855-1856: 27-83.

[18] Maxwell J C. On physical lines of force. Part 1. The theory of electrical vortices applied to statical electricity[J]. Philosophical Magazine, 1861, 21: 161-175.

[19] Maxwell J C. On physical lines of force. Part 2. The theory of electrical vortices applied to statical electricity[J]. Philosophical Magazine, 1861, 21: 281-289.

[20] Maxwell J C. On physical lines of force. Part 4. The theory of electrical vortices applied to statical electricity[J]. Philosophical Magazine, 1862, 22: 85-95.

[21] Maxwell J C. A dynamical theory of the electromagnetic field[J]. Philosophical Magazine, 1865, 155: 459-512.

[22] Maxwell J C. A treatise on electricity and magnetism[J]. Nature, 1873, 182: 478-480.

[23] Heaviside O. On the forces, stresses and fluxes of energy in the electromagnetic field[J]. Philosophical Transactions of the Royal Society, 1892, 183A: 423.

[24] Wilson E B. Vector Analysis of Josiah Willard Gibbs–The History of a Great Mind[M]. New York: Charles Scribner's Sons, 1901.

[25] Hertz H. Electric waves[M]. New York: Macmillan, 1893.

[26] Reid J S, Wang L H T, Thompson J T. James Clerk Maxwell 150 years on[J]. Phil. Trans. R. Soc. A, 2008, 366: 1651-1659.

第 2 章　麦克斯韦方程组的量子效应

2.1　麦克斯韦方程量子化的条件及意义

麦克斯韦方程组是经典电磁学的基础，描述了电场和磁场的基本规律。20 世纪初，物理学家尝试用量子力学原理解释电磁辐射现象，进而推动了麦克斯韦方程的量子化，这对理解光和物质的基本性质产生了深远的影响。本节将探讨麦克斯韦方程组量子化所需的条件，并介绍这一理论进展对我们认识世界所产生的意义。

为了量子化自由空间中的电磁场，从本书第 1 章中经典场的麦克斯韦方程组 [1] 开始，推导出 $\boldsymbol{E}(\boldsymbol{r},t)$ 满足的波动方程：

$$\nabla^2\boldsymbol{E}-\frac{1}{c^2}\frac{\partial^2\boldsymbol{E}}{\partial t^2}=0 \tag{2.1}$$

在推导方程 (2.1) 时，运用了 $\nabla\times(\nabla\times\boldsymbol{E})=\nabla(\nabla\cdot\boldsymbol{E})-\nabla^2\boldsymbol{E}$ 的恒等式，并且量子化麦克斯韦方程组需要满足以下两个条件：

量子化麦克斯韦方程的首要条件是电磁场在量子水平上具有离散性质。这意味着电磁场的能量和属性只能取特定的量子化值，这个条件与量子力学的基本原理相一致，即物理量是量化的，只能以特定的离散状态存在。

量子化麦克斯韦方程的另一个关键条件是将量子力学算符和对易关系整合到麦克斯韦方程的量子化过程中，这些算符之间的对易关系体现了量子力学的非交换性质，强调了操作顺序的重要性。

通过引入普朗克常量、场算符的应用以及能级的量子化等条件，对麦克斯韦方程进行量子化，深化了对光和物质基本性质的理解，揭示了电磁辐射的波粒二象性，并为量子电动力学的发展奠定了基础。此外，这一进展在实际应用上也具有重要意义，不仅促进了量子光学领域的兴起，还推动了一系列变革性技术的发展。总而言之，麦克斯韦方程量子化不仅深化了我们对量子世界的理解，还对理论物理学的发展以及技术的进步产生了深远影响。

2.2　麦克斯韦方程的哈密顿量

麦克斯韦方程通常以微分形式呈现，但也可以利用哈密顿力学的原理对其进行重构。本节将探讨麦克斯韦方程的哈密顿形式，重点介绍其优势。

首先考虑长度为 L 的腔体谐振器内部的电场。假设电场在 x 方向上是线性极化的，并且可以用腔体的本征模展开 [2]，如图 2.1 所示。

$$E_x(z,t)=\sum_j A_j q_j(t)\sin(k_j z) \tag{2.2}$$

式中，q_j 是一个具有长度单位的简振模振幅；$k_j=j\pi/L$, 其中 $j=1,2,3,\cdots$, 且

$$A_j=\left(\frac{2v_j^2 m_j}{V\epsilon_0}\right)^{1/2} \tag{2.3}$$

这里，$v_j=j\pi c/L$ 是空腔本征频率；$V=LA$ (A 表示光学谐振器的横截面积) 是谐振器的体积；m_j 是一个在质量维度上的常数。该体积是一个在质量维度上的量，仅在建立电磁场单模式动力学与简谐振子之间的类比时才引入该常数 m_j。等效机械振动质量和笛卡儿坐标分别为 m_j 和 q_j。

通过方程 (2.4) 可以得到在腔内非零分量 H_y 的磁场 (在真空中对场进行量子化处理时，分别用 $\boldsymbol{E}(\boldsymbol{r},t)$ 和 $\boldsymbol{H}(\boldsymbol{r},t)$ 表示电场和磁场；而在材料介质中，则更倾向于使用 $\boldsymbol{D}(\boldsymbol{r},t)$ 和 $\boldsymbol{B}(\boldsymbol{r},t)$ 进行表示)：

$$H_y=\sum_j A_j\left(\frac{\dot{q}_j\epsilon_0}{k_j}\right)\cos(k_j z) \tag{2.4}$$

场的经典哈密顿量为

$$\mathcal{H}=\frac{1}{2}\int_V \mathrm{d}\tau\left(\epsilon_0 E_x^2+\mu_0 H_y^2\right) \tag{2.5}$$

其中的积分是针对空腔的体积区域。将方程 (2.2) 和 (2.4) 中的 E_x 和 H_y 分别代入方程 (2.5)，可得

$$\begin{aligned}\mathcal{H}&=\frac{1}{2}\sum_j\left(m_j\nu_j^2 q_j^2+m_j\dot{q}_j^2\right)\\&=\frac{1}{2}\sum_j\left(m_j v_j^2 q_j^2+\frac{p_j^2}{m_j}\right)\end{aligned} \tag{2.6}$$

其中 $p_j=m_j\dot{q}_j$ 是第 j 个模式的规范动量。方程 (2.6) 将辐射场的哈密顿量表示为独立振子能量的总和。因此，辐射场的每个模式在动力学上都等效于一个机械谐振子。

麦克斯韦方程的哈密顿形式提供了一个强大的理论框架，用于深入探索电场和磁场的动力学行为。通过引入广义坐标和动量，推导出哈密顿函数，深入理解

守恒定律和对称性，不仅为电磁场的量子化奠定了基础，也推动了量子电动力学 (QED) 的发展。总体而言，哈密顿形式丰富了麦克斯韦方程，并加深了其在各个物理学领域中的影响。

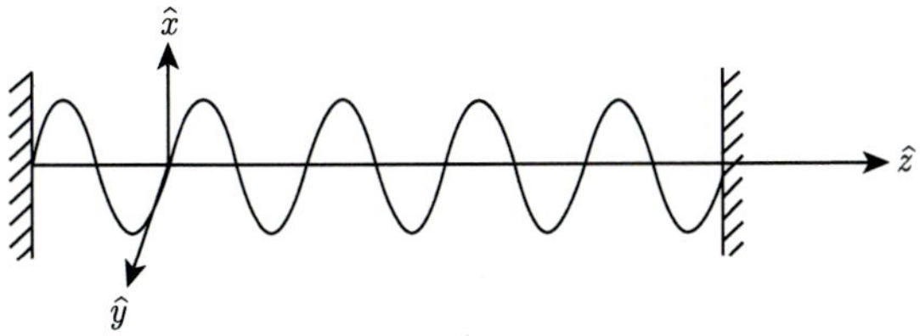

图 2.1 腔体内频率为 ν 的电磁场 (假定该场是横向的，其中电场极化方向为 x 轴方向)

2.2.1 电磁势的引入

麦克斯韦方程提供了电场和磁场如何相互作用及其与电荷和电流之间关系的完整描述，而电磁势的引入则提供了一个不同的视角，并且简化了对电磁现象的分析。在经典电磁学中，电磁势提供了一个数学框架，不仅简化了复杂电磁系统分析，还深入揭示了背后的物理机制。

电磁势理论的核心思想是：电场和磁场可分别由标量势和矢量势导出，这些势是描述空间和时间中电荷和电流分布的数学函数。标量势 (电势)，表示为 ϕ，与电场相关，它代表了给定空间点上单位电荷的静电势能。标量势是泊松方程或拉普拉斯方程的解，它的存在取决于是否存在静态电荷。矢量势 (矢量磁位)，表示为 $\boldsymbol{A}$，与磁场相关，它描述了系统中由电流引起的磁矢量势，其值通过求解从安培定律推导出来的矢量势方程获得 [3]。

电磁势的引入为电磁学的研究提供了一个独特视角。标量势和矢量势提供了描述电场和磁场的替代方法，简化了麦克斯韦方程组的数学表达。此外，电磁势在守恒定律中也具有重要意义，并在量子力学中起着关键作用。理解和应用电磁势不仅可以加深对电磁现象的理解，还可以激发物理学各领域理论创新发展的活力，推动科学研究的边界不断向前拓展。

2.2.2 矢量磁位与横向电场

在电磁学的研究中，引入矢量磁位和横向电场的概念可以更好地理解由麦克斯韦方程描述的电磁场现象。本部分将探讨矢量磁位的概念，讨论横向电场的重要性，并强调其与理解麦克斯韦方程描述的电磁现象的相关性。

矢量磁位 $\boldsymbol{A}$ 可用于描述以矢量势为基础的磁场。通过方程 $\boldsymbol{B} = \nabla \times \boldsymbol{A}$ 从矢量磁位 $\boldsymbol{A}$ 计算出磁场 $\boldsymbol{B}$，其中 ∇ 是梯度算子。在磁场空间分布复杂或由复杂电流配置产生的情况下，矢量磁位尤其有用。

矢量磁位的一个关键特性是它满足电磁学中的规范自由度，这表明不同选择的矢量磁位 $\boldsymbol{A}$ 可以对应于同一物理磁场 $\boldsymbol{B}$。在保持相同物理场的情况下选择不同矢量势的自由被称为规范不变性，这个属性类似于电动力学中与标量势相关联的规范自由度 [4]。

麦克斯韦方程可以用哈密顿形式来表达，这是经典物理的基本描述。在该形式中，重要的是要确定适当的规范变量对，以便在进行规范场量子化过程中将其转化为非交换算符，从而过渡到完整的量子力学理论。到目前为止，已知 $\boldsymbol{\Pi}_A(\boldsymbol{r})$ 是与矢量场 $\boldsymbol{A}(\boldsymbol{r})$ 相对应的规范“动量”，然而，麦克斯韦方程还包含具有零规范动量的标势 $\phi(\boldsymbol{r})$。因此，标势的量子化与矢势的量子化相比相对简单。

为了处理标量势，将其按经典方法处理，而矢量势则完全量子化。从麦克斯韦方程中确定 $\phi(\boldsymbol{r})$ 的精确结果，并将其代入经典哈密顿量中，在这个过程中，选择适当的规范非常重要。因此，本节将库仑规范与洛伦兹规范的结果进行比较。

这里不对标量势 $\phi(\boldsymbol{r})$ 进行量子化，而是将其作为独立变量从哈密顿量中消除掉。为此，可推导出麦克斯韦方程组解的明确表达式，并用其他真正独立变量(如粒子位置) 来表示它。显然，标量势出现在哈密顿量的两个位置，得到哈密顿量的简化形式，但仍然在 $\boldsymbol{A}(\boldsymbol{r})$ 项内隐含着对 $\phi(\boldsymbol{r})$ 的依赖，这里首先考虑 [5]

$$\mathcal{H}_{\text{last}} = -\int \mathrm{d}^3\boldsymbol{r}\boldsymbol{\Pi}_A(\boldsymbol{r}) \cdot \nabla\phi(\boldsymbol{r}) = \varepsilon_0 \int \mathrm{d}^3\boldsymbol{r}\boldsymbol{E}(\boldsymbol{r}) \cdot \nabla\phi(\boldsymbol{r}) \tag{2.7}$$

将 $\boldsymbol{\Pi}_A(\boldsymbol{r})$ 表示为 $\boldsymbol{E}(\boldsymbol{r})$ 的形式，通过分部积分和高斯定理可得

$$\begin{aligned}\mathcal{H}_{\text{last}} &= \varepsilon_0 \oint \mathrm{d}\boldsymbol{s} \cdot \boldsymbol{E}(\boldsymbol{r})\phi(\boldsymbol{r}) - \int \mathrm{d}^3\boldsymbol{r}[\nabla \cdot \boldsymbol{E}(\boldsymbol{r})]\phi(\boldsymbol{r}) \\ &= 0 - \int \mathrm{d}^3\boldsymbol{r} \sum_j Q_j \delta\left(\boldsymbol{r} - \boldsymbol{r}_j\right) \phi(\boldsymbol{r}) \\ &= -\sum_j Q_j \phi\left(\boldsymbol{r}_j\right)\end{aligned} \tag{2.8}$$

此处因为 $\boldsymbol{E}(\boldsymbol{r})$ 在系统边界处衰减为零，所以表面积分为零。此外，利用适当的麦克斯韦方程将 $\nabla \cdot \boldsymbol{E}(\boldsymbol{r})$ 表示为电荷密度。

将式 (2.7) 代入哈密顿量中可以看出，该项恰好抵消了粒子和 $\sum\limits_j$ 中的标量势，可以得到

$$\mathcal{H} = \sum_j \frac{\left[\boldsymbol{p}_j - Q_j \boldsymbol{A}\left(\boldsymbol{r}_j\right)\right]^2}{2m_j} + \int \mathrm{d}^3\boldsymbol{r} \left\{ \frac{\boldsymbol{\Pi}_A^2(\boldsymbol{r})}{2\varepsilon_0} + \frac{\varepsilon_0 c^2}{2}[\nabla \times \boldsymbol{A}(\boldsymbol{r})]^2 \right\} \tag{2.9}$$

尽管从形式上看比原始的哈密顿算符简单，但它仍然在 $\boldsymbol{\Pi}_A=\varepsilon_0(\dot{\boldsymbol{A}}+\nabla\phi)$ 项中隐含对 ϕ 的依赖性。因此，必须对该项进一步处理，

$$
\begin{aligned}
\mathcal{H}_{\boldsymbol{\Pi}} &\equiv \int \mathrm{d}^3\boldsymbol{r}\frac{\boldsymbol{\Pi}_A^2(\boldsymbol{r})}{2\varepsilon_0}=\frac{\varepsilon_0}{2}\int \mathrm{d}^3\boldsymbol{r}\boldsymbol{E}(\boldsymbol{r})\cdot\boldsymbol{E}(\boldsymbol{r}) \\
&=-\frac{\varepsilon_0}{2}\int \mathrm{d}^3\boldsymbol{r}\boldsymbol{E}(\boldsymbol{r})\cdot[\dot{\boldsymbol{A}}(\boldsymbol{r})+\nabla\phi(\boldsymbol{r})] \\
&=-\frac{\varepsilon_0}{2}\int \mathrm{d}^3\boldsymbol{r}\boldsymbol{E}(\boldsymbol{r})\cdot\dot{\boldsymbol{A}}(\boldsymbol{r})-\frac{\varepsilon_0}{2}\int \mathrm{d}^3\boldsymbol{r}\boldsymbol{E}(\boldsymbol{r})\cdot\nabla\phi(\boldsymbol{r})
\end{aligned}
\tag{2.10}
$$

在这里，前两步是代入了 $\boldsymbol{\Pi}_{\mathrm{A}}(\boldsymbol{r})=-\varepsilon_0\boldsymbol{E}(\boldsymbol{r})$ 和 $E(\boldsymbol{r})=-\dfrac{\partial}{\partial t}\boldsymbol{A}-\nabla\phi$ 所得。最后一项的形式如方程 (2.10) 所示，可以使用式 (2.8) 将其替换为 $\sum_j Q_j\phi(\boldsymbol{r}_j)$，即得

$$
\mathcal{H}_{\boldsymbol{\Pi}}=-\frac{\varepsilon_0}{2}\int \mathrm{d}^3\boldsymbol{r}\boldsymbol{E}(\boldsymbol{r})\cdot\dot{\boldsymbol{A}}(\boldsymbol{r})+\frac{1}{2}\sum_j Q_j\phi(\boldsymbol{r}_j) \tag{2.11}
$$

回到 $E=-\dot{\boldsymbol{A}}-\nabla\phi$，可得

$$
\begin{aligned}
\mathcal{H}_{\boldsymbol{\Pi}} &=\frac{1}{2}\sum_j Q_j\phi(\boldsymbol{r}_j)+\frac{\varepsilon_0}{2}\int \mathrm{d}^3\boldsymbol{r}\left[\nabla\phi(\boldsymbol{r})\cdot\dot{\boldsymbol{A}}(\boldsymbol{r})+\dot{\boldsymbol{A}}^2(\boldsymbol{r})\right] \\
&=\frac{1}{2}\sum_j Q_j\phi(\boldsymbol{r}_j)-\frac{\varepsilon_0}{2}\int \mathrm{d}^3\boldsymbol{r}\phi(\boldsymbol{r})\frac{\partial}{\partial t}[\nabla\cdot\boldsymbol{A}(\boldsymbol{r})]+\frac{\varepsilon_0}{2}\int \mathrm{d}^3\boldsymbol{r}\dot{\boldsymbol{A}}^2(\boldsymbol{r})
\end{aligned}
\tag{2.12}
$$

中间项通过部分积分转换后，将式 (2.12) 代入方程 (2.9) 中，得到系统的哈密顿量，呈现出如下形式：

$$
\begin{aligned}
\mathcal{H}=&\sum_j\frac{[\boldsymbol{p}_j-Q_j\boldsymbol{A}(\boldsymbol{r}_j)]^2}{2m_j}+\frac{1}{2}\sum_j Q_j\phi(\boldsymbol{r}_j)-\frac{\varepsilon_0}{2}\int \mathrm{d}^3\boldsymbol{r}\phi(\boldsymbol{r})\frac{\partial}{\partial t}[\nabla\cdot\boldsymbol{A}(\boldsymbol{r})] \\
&+\frac{\varepsilon_0}{2}\int \mathrm{d}^3\boldsymbol{r}\left[\dot{\boldsymbol{A}}^2(\boldsymbol{r})+c^2(\nabla\times\boldsymbol{A}(\boldsymbol{r}))^2\right]
\end{aligned}
\tag{2.13}
$$

但无论进行哪种形式的重新排列，目前都不能完全消除标量势，除非知道 ϕ 和 $\boldsymbol{A}$ 之间的关系。

为了尽可能简化分析，可以利用我们对电磁规范有自由选择的能力。为此，首先假设任意矢量和标量势 $\widetilde{\boldsymbol{A}}(\boldsymbol{r})$ 和 $\widetilde{\phi}(\boldsymbol{r})$；其次，为了找到更简单的 $\boldsymbol{A}(\boldsymbol{r})$ 和 $\phi(\boldsymbol{r})$，我们引入新的矢量和标量势 $\widetilde{\boldsymbol{A}}(\boldsymbol{r},t)=\boldsymbol{A}(\boldsymbol{r},t)+\nabla\mathbb{F}(\boldsymbol{r},t)$ 和 $\widetilde{\phi}(\boldsymbol{r},t)=\phi(\boldsymbol{r},t)-\dot{\mathbb{F}}(\boldsymbol{r},t)$，

且不改变基本物理学的客观规律。通常选择 $\mathbb{F}$ 使其满足

$$\nabla \cdot \widetilde{\boldsymbol{A}}(\boldsymbol{r},t) = \nabla^2 \mathbb{F}(\boldsymbol{r},t) \quad \Leftrightarrow \quad \nabla \cdot \boldsymbol{A}(\boldsymbol{r},t) = 0 \tag{2.14}$$

由上述推导可得，$\boldsymbol{A}$ 成为一个无散矢量场。这个选择被称为库仑规范。或者，可以从一般的联系开始进行处理，

$$\begin{cases} \nabla \cdot \widetilde{\boldsymbol{A}}(\boldsymbol{r},t) = \nabla \cdot \boldsymbol{A}(\boldsymbol{r},t) + \nabla^2 \mathbb{F}(\boldsymbol{r},t) \\ \dot{\widetilde{\phi}}(\boldsymbol{r},t) = \dot{\phi}(\boldsymbol{r},t) - \ddot{\mathbb{F}}(\boldsymbol{r},t) \end{cases}$$

$$\begin{aligned} &\Rightarrow \nabla \cdot \widetilde{\boldsymbol{A}}(\boldsymbol{r},t) + \frac{1}{c^2}\dot{\widetilde{\phi}}(\boldsymbol{r},t) \\ &= \nabla \cdot \boldsymbol{A}(\boldsymbol{r},t) + \frac{1}{c^2}\dot{\phi}(\boldsymbol{r},t) + \left(\nabla^2 - \frac{1}{c^2}\frac{\partial^2}{\partial t^2}\right)\mathbb{F}(\boldsymbol{r},t) \end{aligned} \tag{2.15}$$

现在可以选择 $\mathbb{F}$ 使其满足

$$\begin{aligned} \left(\nabla^2 - \frac{1}{c^2}\frac{\partial^2}{\partial t^2}\right)\mathbb{F}(\boldsymbol{r},t) &= \left[\nabla \cdot \widetilde{\boldsymbol{A}}(\boldsymbol{r},t) + \frac{1}{c^2}\widetilde{\phi}(\boldsymbol{r},t)\right] \\ &\Leftrightarrow \quad \nabla \cdot \boldsymbol{A}(\boldsymbol{r},t) + \frac{1}{c^2}\dot{\phi}(\boldsymbol{r},t) = 0 \end{aligned} \tag{2.16}$$

这个选择被称为洛伦兹规范。

根据方程 (2.14)，库仑规范要求矢量势是无散的，即 $\nabla \cdot \boldsymbol{A}(\boldsymbol{r}) = 0$。为了实现这一点，从矢量场的基本分解开始，

$$\boldsymbol{F}(\boldsymbol{r}) \equiv \boldsymbol{F}_{\mathrm{L}}(\boldsymbol{r}) + \boldsymbol{F}_{\mathrm{T}}(\boldsymbol{r}) \tag{2.17}$$

将其分解为纵向 $\boldsymbol{F}_{\mathrm{L}}$ 和横向 $\boldsymbol{F}_{\mathrm{T}}$ 两个分量。这些分量必须满足以下关系：

$$\nabla \times \boldsymbol{F}_{\mathrm{L}}(\boldsymbol{r}) = 0, \quad \nabla \cdot \boldsymbol{F}_{\mathrm{T}}(\boldsymbol{r}) = 0 \tag{2.18}$$

因此，库仑规范的条件 $\nabla \cdot \boldsymbol{A}(\boldsymbol{r}) = 0$ 要求矢势是一个横向场。当构造电场时，$\boldsymbol{E}(\boldsymbol{r}) = -\dot{\boldsymbol{A}}(\boldsymbol{r}) - \nabla\phi(\boldsymbol{r})$，我们发现其横向分量是 $\boldsymbol{E}_{\mathrm{T}}(\boldsymbol{r}) = -\dot{\boldsymbol{A}}(\boldsymbol{r})$，而其纵向分量是 $\boldsymbol{E}_{\mathrm{L}}(\boldsymbol{r}) = -\nabla\phi(\boldsymbol{r})$。

引入傅里叶变换后，横向和纵向分量的物理意义变得更加清晰：

$$\boldsymbol{F}(\boldsymbol{q}) \equiv \int \mathrm{d}^3\boldsymbol{r}\boldsymbol{F}(\boldsymbol{r})\mathrm{e}^{-\mathrm{i}\boldsymbol{q}\cdot\boldsymbol{r}}, \quad \boldsymbol{F}(\boldsymbol{r}) = \frac{1}{(2\pi)^3}\int \mathrm{d}^3\boldsymbol{q}\boldsymbol{F}(\boldsymbol{q})\mathrm{e}^{\mathrm{i}\boldsymbol{q}\cdot\boldsymbol{r}} \tag{2.19}$$

即可求出

$$\nabla \odot \boldsymbol{F}(\boldsymbol{r}) = \frac{1}{(2\pi)^3}\int \mathrm{d}^3\boldsymbol{q}\nabla \odot \mathrm{e}^{\mathrm{i}\boldsymbol{q}\cdot\boldsymbol{r}}\boldsymbol{F}(\boldsymbol{q}) = \frac{1}{(2\pi)^3}\int \mathrm{d}^3\boldsymbol{q}(\mathrm{i}\boldsymbol{q}) \odot \boldsymbol{F}(\boldsymbol{q})\mathrm{e}^{\mathrm{i}\boldsymbol{q}\cdot\boldsymbol{r}} \tag{2.20}$$

横向电场，通常表示为 $\boldsymbol{E}_{\mathrm{T}}$，指的是与电磁波传播方向垂直的电场分量。在没有任何电荷或电流存在时，横向电场由根据法拉第电磁感应定律变化的磁场引起，即时变的磁场会诱导出一个旋转的、垂直于磁场和波传播方向的电场。

麦克斯韦方程组建立了矢量磁位与横向电场之间的关系，这可以从麦克斯韦方程 $\nabla \times \boldsymbol{E} = -\partial \boldsymbol{B}/\partial t$ 中看出，其中 $\boldsymbol{E}$ 代表总电场，将 $\boldsymbol{B} = \nabla \times \boldsymbol{A}$ 代入后，该方程变为 $\nabla \times \boldsymbol{E} = -\partial(\nabla \times \boldsymbol{A})/\partial t$。该方程揭示了时变的矢量磁位能够引发横向电场的产生 [6] 这一物理规律。

矢量磁位和横向电场是电磁学研究中的关键概念。矢量磁位提供了磁场的另一种表示方法，而横向电场描述了与波传播方向垂直的电场分量。它们之间的相互作用不仅对于理解电磁波传播至关重要，而且在电磁波理论、麦克斯韦方程及其实际应用中也具有重要意义。通过深入理解矢量磁位和横向电场，可深化对电磁学的理解，并激发各个领域技术应用的潜力。

2.2.3 哈密顿量与哈密顿方程

场量子化的核心思想有经典和量子两种描述方式，如图 2.2 所示。在电磁学领域中，将麦克斯韦方程用哈密顿量表示并应用于哈密顿方程，可以深入了解电磁场的能量守恒和演化过程。本节将探讨麦克斯韦方程的哈密顿概念，并在这个背景下讨论哈密顿方程，强调其在电磁学中的意义 [8]。

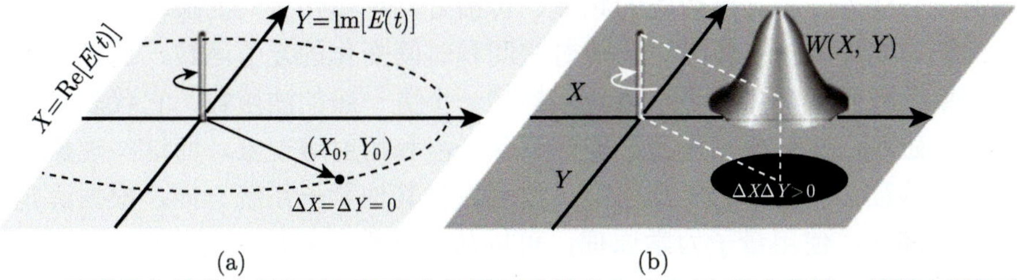

图 2.2 场量子化的核心思想涉及经典和量子两种描述方式：(a) 经典描述：单模电场的实部和虚部可以表示为复平面上 (XY 平面) 上顺时针移动的一个点 ($X_0 = \mathrm{Re}[E(t)], Y_0 = \mathrm{Im}[E(t)]$)，其轨迹为圆形路径 (虚线)。由于经典描述具有不确定性，即波动 ΔX 和 ΔY 消失，因此可以将相空间路径表示为旋转矢量 (箭头)。(b) 量子描述：规范量子化用一个随时间旋转的相空间分布 (3D 等高线) 取代了精确矢量。由于量子系统的固有模糊性，X 和 Y 方向都表现出受海森伯 (Heisenberg) 不确定原理限制的波动。波动范围通常由暗区域指示

可以通过一个类似于 (x_j, p_j) 的经典运动方程来描述电场强度的演化。类似于谐振子，预期系统的哈密顿量形式为 [9]

$$\mathcal{H} = \sum_j (T_j + U_j), \quad T_j = \frac{p_j^2}{2m}, \quad U_j \equiv \frac{1}{2} m\omega^2 x_j^2 \tag{2.21}$$

因此确定了动能和势能。相应的哈密顿方程为 [10]

$$\begin{cases} \dot{p}_j = -\dfrac{\partial H}{\partial x_j} \\ \dot{x}_j = \dfrac{\partial H}{\partial p_j} \end{cases} \Rightarrow \begin{cases} \dot{p}_j = -m\omega^2 x_j \\ \dot{x}_j = \dfrac{p_j}{m} \end{cases} \tag{2.22}$$

“粒子”质量的选择是完全任意的，可以设定为任何所需值。实际上，m 只是用来在 $\boldsymbol{E}$ 振幅空间中产生适当的 x 和 y 轴缩放。

在量子力学中，波粒二象性是一个基本概念，它表明光子等粒子既可以展现出波动性又可以展现出粒子性质。对规范对 (x_j, p_j) 的证明暗示了电磁场具有类似于粒子的行为 (其中 x_j 代表位置而 p_j 代表动量)。

然而，波粒二象性也意味着电磁场相关的波动特征。为了获得完全量子力学描述，需要考虑这些波动特质。我们不再仅仅用精确振幅来描述电磁场，而是用量子力学相空间分布或其他适当的量子力学表示来代替它们 [11]。

这意味着电磁场不仅可以用离散的粒子 (光子) 来描述，还可以用连续的波来描述。电磁场的波动特性包括干涉、衍射和叠加等与波现象相关的属性。通过将这些波动特性纳入量子力学描述中，我们可以更全面地理解量子级别下的电磁场。为了纳入这些波动特性，可以将电磁场的波函数表示为不同模式或状态的叠加，每种模式对应于一种特定配置的场，如特定的波长或传播方向。以单模电磁场为例，它代表一种具有明确的频率、传播方向和极化方向的振荡电磁波。这种模式的波函数可以被描述为一个随着空间和时间变化的复值函数，通过叠加具有不同频率、方向和极化的不同模式，构建一个更一般的波函数，它代表了一个更复杂的电磁场。这种叠加使我们能够解释干涉和衍射等现象，而这些现象正是类波行为的特征。在量子力学描述中，波函数与其他量子系统一样，根据薛定谔方程随时间演化。使用量子力学原理，可以从波函数计算出不同结果 (如光子探测或特定场配置的测量) 的概率。

进一步地，为了将离子作为介质背景系统地纳入粒子–光耦合的哈密顿形式中，我们需要对理论框架进行必要的调整。通过构建包含离子与电磁场相互作用的广义拉格朗日量，我们能够更准确地描述离子介质对光场行为的影响，进而推导出修正后的哈密顿量。首先引入广义拉格朗日量 [12]：

$$\begin{aligned} \mathcal{L} = & \sum_{j=1}^{N} \left[\frac{1}{2} m_j \dot{\boldsymbol{r}}_j^2 + Q_j \dot{\boldsymbol{r}}_j \cdot \boldsymbol{A}(\boldsymbol{r}_j) - Q_j \phi(\boldsymbol{r}_j) \right] \\ & + \frac{\varepsilon_0}{2} \int \mathrm{d}^3 \boldsymbol{r} \left[n^2(\boldsymbol{r}) \boldsymbol{E}^2(\boldsymbol{r}) - c^2 \boldsymbol{B}^2(\boldsymbol{r}) \right] \end{aligned} \tag{2.23}$$

$$\boldsymbol{E}(\boldsymbol{r}) = -\dot{\boldsymbol{A}}(\boldsymbol{r}) - \nabla \phi(\boldsymbol{r}), \quad \boldsymbol{B}(\boldsymbol{r}) = \nabla \times \boldsymbol{A}(\boldsymbol{r})$$

与 $\boldsymbol{E}^2$ 相关的能量受到折射率分布 $n^2(\boldsymbol{r})$ 的影响，该分布代表背景的极化效应。我们计算出规范动量：

$$\begin{aligned}\boldsymbol{\Pi}_A(\boldsymbol{r}) &= \frac{\delta\mathcal{L}}{\delta\dot{\boldsymbol{A}}(\boldsymbol{r})} = \varepsilon_0 n^2(\boldsymbol{r})[\dot{\boldsymbol{A}}(\boldsymbol{r}) + \nabla\phi(\boldsymbol{r})] = -\varepsilon_0 n^2(\boldsymbol{r})\boldsymbol{E}(\boldsymbol{r}) \\ \boldsymbol{\Pi}_\phi(\boldsymbol{r}) &= \frac{\delta\mathcal{L}}{\delta\dot{\phi}(\boldsymbol{r})} = 0\end{aligned} \tag{2.24}$$

其中，$\boldsymbol{\Pi}_A(\boldsymbol{r})$ 在其原始格式的基础上，引入 $n^2(\boldsymbol{r})$ 进行修改。由于规范粒子动量保持不变，因此，可以直接构建系统哈密顿量：

$$\begin{aligned}\mathcal{H} = &\sum_{j=1}^{N}\left\{\frac{[\boldsymbol{p}_j - Q_j\boldsymbol{A}(\boldsymbol{r}_j)]^2}{2m_j} + Q_j\phi(\boldsymbol{r}_j)\right\} \\ &+ \int \mathrm{d}^3\boldsymbol{r}\left(\frac{\dot{\boldsymbol{A}}^2(\boldsymbol{r})}{2\epsilon_0} + \frac{\epsilon_0 c^2}{2}\left\{[\nabla\times\boldsymbol{A}(\boldsymbol{r})]^2 - \Pi_A(\boldsymbol{r})\cdot\nabla\phi(\boldsymbol{r})\right\}\right)\end{aligned} \tag{2.25}$$

哈密顿量包含了经过修正的广义动量和由折射率分布修正的势能。通过引入这些修正，在粒子–光耦合的哈密顿形式中可以系统地考虑将离子近似为介质背景，更准确地描述光与离子介质之间的相互作用。

2.3 电磁场哈密顿量的本征模分解

在电磁学的研究中，电磁场哈密顿量的本征模分解为分析不同模式下的电磁场运动提供了有价值的框架。本部分将探讨本征模分解的概念，以及电磁场哈密顿量的重要性 [13]。

电磁场哈密顿量的本征模分解为理解电磁场基本模式提供了一个强有力的支撑点。通过将场分解为本征模，研究人员可以分析电场和磁场的空间和时间演变规律，研究它们之间的相互作用，并深入了解共振现象。这种分解不仅在各种应用中起着关键作用，为电磁设备的设计与分析提供了极大的帮助，也成为众多科学和技术领域利用电磁场不可或缺的工具。

图 2.3 显示了矢量场 $\boldsymbol{F}(\boldsymbol{q})$ 在三个不同的 $\boldsymbol{q}$ 值下分解为横向和纵向分量。在图 2.3 中，单位矢量由 ($[j] \equiv \boldsymbol{e}_{j,\boldsymbol{q}}$) 表示，其中 [3] 表示纵向分量，而 [1] 和 [2](指向纸面外) 表示线性无关的横向分量。基于基础知识，可构建一个关系式来识别纵向分量 [14]

$$\boldsymbol{F}_{\mathrm{L}}(\boldsymbol{q}) = (\hat{\boldsymbol{e}}_q\cdot\boldsymbol{F}(\boldsymbol{q}))\,\hat{\boldsymbol{e}}_q = \frac{\boldsymbol{q}\cdot\boldsymbol{F}(\boldsymbol{q})}{q^2}\boldsymbol{q} \equiv \frac{\boldsymbol{q}}{q^2}\boldsymbol{q}\cdot\boldsymbol{F}(\boldsymbol{q}) \tag{2.26}$$

其中，$\boldsymbol{q}$ 是波矢，$\boldsymbol{F}_{\mathrm{L}}(\boldsymbol{q})$ 是傅里叶空间中矢量场 $\boldsymbol{F}(\boldsymbol{q})$ 的纵向分量，其对应的实空间表示如下：

$$\boldsymbol{F}_{\mathrm{L}}(\boldsymbol{r})=\frac{1}{(2\pi)^3}\int \mathrm{d}^3\boldsymbol{q}\frac{\boldsymbol{q}}{q^2}\boldsymbol{q}\cdot\boldsymbol{F}(\boldsymbol{q})\mathrm{e}^{\mathrm{i}\boldsymbol{q}\cdot\boldsymbol{r}} \tag{2.27}$$

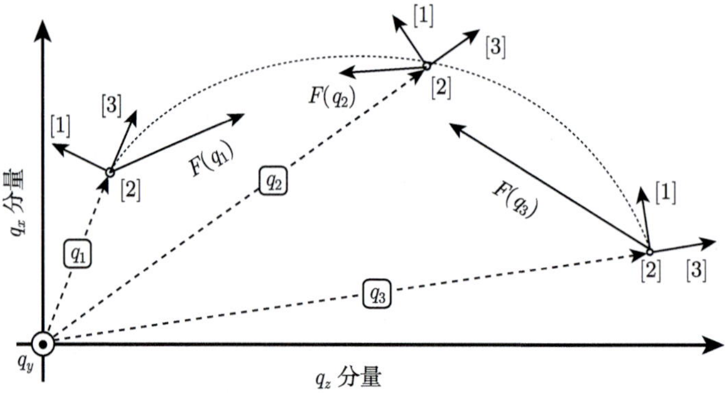

图 2.3 在傅里叶空间中将一个通用向量场分解为横向和纵向分量。图示中的三个箭头表示在三个不同的 $\boldsymbol{q}_j$ 值 (虚线箭头) 处评估的通用向量场 $\boldsymbol{F}(\boldsymbol{q}_j)$。与每个 $\boldsymbol{q}_j$ 相关的横向 ([1] 和 [2]) 和纵向 ([3]) 基矢量的相应方向如图所示。组件 [2] 的方向指向纸面外。阴影矩形区域表示 $\boldsymbol{F}(\boldsymbol{q}_j)$ 被分解为横向 (沿着 [1] 方向) 和纵向 (沿着 [3] 方向) 分量

这种提取基于简单的向量代数。同样，任何矢量场的横向部分都可以通过变换得到

$$\boldsymbol{F}_{\mathrm{T}}(\boldsymbol{q})=\boldsymbol{F}(\boldsymbol{q})-\boldsymbol{F}_{\mathrm{L}}(\boldsymbol{q})=\left(1-\frac{\boldsymbol{q}}{q^2}\boldsymbol{q}\cdot\boldsymbol{r}\right)\boldsymbol{F}(\boldsymbol{q}) \tag{2.28}$$

真实空间表示如下：

$$\boldsymbol{F}_{\mathrm{T}}(\boldsymbol{r})=\frac{1}{(2\pi)^3}\int \mathrm{d}^3\boldsymbol{q}\left(1-\frac{\boldsymbol{q}}{q^2}\boldsymbol{q}\cdot\boldsymbol{r}\right)\boldsymbol{F}(\boldsymbol{q})\mathrm{e}^{\mathrm{i}\boldsymbol{q}\cdot\boldsymbol{r}} \tag{2.29}$$

其中要注意的是，$\boldsymbol{F}(\boldsymbol{r})=\boldsymbol{F}_{\mathrm{T}}(\boldsymbol{r})+\boldsymbol{F}_{\mathrm{L}}(\boldsymbol{r})$ 的分解是唯一的。

在真实空间中，存在普遍正交条件：

$$\boldsymbol{F}_{\mathrm{T}}(\boldsymbol{q})\cdot\boldsymbol{F}_{\mathrm{L}}(\boldsymbol{q})=-\boldsymbol{F}_{\mathrm{T}}(\boldsymbol{q})\cdot\boldsymbol{F}_{\mathrm{L}}(-\boldsymbol{q})=0 \tag{2.30}$$

导致积分方程为零：

$$\int \mathrm{d}^3\boldsymbol{r}\boldsymbol{F}_{\mathrm{T}}(\boldsymbol{r})\cdot\boldsymbol{F}_{\mathrm{L}}(\boldsymbol{r})=\frac{1}{(2\pi)^3}\int \mathrm{d}^3\boldsymbol{q}\boldsymbol{F}_{\mathrm{T}}(\boldsymbol{q})\cdot\boldsymbol{F}_{\mathrm{L}}(-\boldsymbol{q})=0 \tag{2.31}$$

这个结果是由卷积定理推导出来的。重要的是，这种正交关系并不一定意味着 $\boldsymbol{F}_{\mathrm{T}}(\boldsymbol{r})\cdot\boldsymbol{F}_{\mathrm{L}}(\boldsymbol{r})$ 本身为零。

2.3.1 自由空间

在自由空间中，电磁场哈密顿量表示了真空环境中电磁场的总能量，它是从麦克斯韦方程推导出来的，并描述了在没有任何物质介质或边界的情况下电场和磁场的动态。

在库仑规范下，通过消除 $\nabla \cdot \boldsymbol{A}$ 相关项简化了电磁场的哈密顿量，剩下的任务是处理 $\sum_j Q_j \phi(\boldsymbol{r}_j)$。为了达到目的，我们选择库仑规范条件对麦克斯韦方程进行处理。

在库仑规范下，麦克斯韦方程组的表达式为 [15]

$$\nabla \times \boldsymbol{E}(\boldsymbol{r}) = -\frac{\partial}{\partial t}\boldsymbol{B}(\boldsymbol{r}), \quad \nabla \times \boldsymbol{B}(\boldsymbol{r}) = \frac{1}{c^2}\frac{\partial}{\partial t}\boldsymbol{E}(\boldsymbol{r}) + \mu_0 \sum_j Q_j \boldsymbol{v}_j \delta(\boldsymbol{r} - \boldsymbol{r}_j) \tag{2.32}$$

$$\nabla \times \boldsymbol{E}(\boldsymbol{r}) = \frac{1}{\varepsilon_0}\sum_j Q_j \delta(\boldsymbol{r} - \boldsymbol{r}_j), \quad \nabla \cdot \boldsymbol{B}(\boldsymbol{r}) = 0 \tag{2.33}$$

替换库仑规范条件

$$\nabla \cdot \boldsymbol{A}(\boldsymbol{r}) = 0 \tag{2.34}$$

即得泊松方程

$$\nabla^2 \phi(\boldsymbol{r}) = -\frac{1}{\varepsilon_0}\sum_j Q_j \delta(\boldsymbol{r} - \boldsymbol{r}_j) \tag{2.35}$$

这个方程确定了由一组点状电荷产生的标量势 $\phi(\boldsymbol{r})$ 。位于 $\boldsymbol{r}$ 处的一个点电荷 (Q) 对应的标量势如下：

$$\phi(\boldsymbol{r}) = \sum_k \frac{Q_k}{4\pi\varepsilon_0 |\boldsymbol{r} - \boldsymbol{r}_k|} \tag{2.36}$$

该方程建立了电荷分布和标量势之间的联系，从而可以处理哈密顿量中的 $\sum_j Q_j \phi(\boldsymbol{r}_j)$ 项。该推导的细节涉及求解标量势的泊松方程，并将其纳入哈密顿量中 [16,17]。标准库仑势由以下公式给出：

$$V_{j,k}(\boldsymbol{r}) = \frac{Q_j Q_k}{4\pi\varepsilon_0 |\boldsymbol{r}|} \tag{2.37}$$

这里，$\boldsymbol{r} = \boldsymbol{r}_j - \boldsymbol{r}_k$。库仑相互作用包括 $V_{j,j}(0)$ 项，表示自相互作用结果。然而，这些项只会给哈密顿量 $(\mathcal{H})$ 引入一个与位置无关的加法常数，因此 $(j = k)$ 的项不会对由哈密顿方程描述的粒子动力学产生影响。

尽管常数自相互作用具有发散性质，但可以通过适当调整能量零点来有效消除它。因此，可以放心地忽略 $(j=k)$ 的项。

这种处理简化了多体相互作用，可以更清晰地分析由哈密顿量所支配的粒子动力学。

接着可以应用向量关系：

$$\begin{aligned}\nabla\cdot\{\boldsymbol{A}(\boldsymbol{r})\times[\nabla\times\boldsymbol{A}(\boldsymbol{r})]\}&=[\nabla\times\boldsymbol{A}(\boldsymbol{r})]\cdot[\nabla\times\boldsymbol{A}(\boldsymbol{r})]-\boldsymbol{A}(\boldsymbol{r})\times\nabla\cdot[\nabla\times\boldsymbol{A}(\boldsymbol{r})]\\&=\boldsymbol{B}^2(\boldsymbol{r})-\boldsymbol{A}(\boldsymbol{r})\cdot\{\nabla\times[\nabla\times\boldsymbol{A}(\boldsymbol{r})]\}\\&=\boldsymbol{B}^2(\boldsymbol{r})-\boldsymbol{A}(\boldsymbol{r})\cdot\nabla[\nabla\cdot\boldsymbol{A}(\boldsymbol{r})]-\nabla^2\boldsymbol{A}(\boldsymbol{r})\end{aligned}\tag{2.38}$$

在库仑规范中，考虑磁场和矢势之间的关系 $\boldsymbol{B}=\nabla\times\boldsymbol{A}$，其中 ∇ 是规范参数，并施加了规范条件 $\nabla\cdot\boldsymbol{A}=0$。

接下来，将这个关系代入哈密顿量的表达式中，可得

$$\begin{aligned}\mathcal{H}=&\sum_j\frac{[\boldsymbol{p}_j-Q_j\boldsymbol{A}(\boldsymbol{r}_j)]^2}{2m_j}+\frac{1}{2}\sum_{j,k}\frac{Q_jQ_k}{4\pi\varepsilon_0|\boldsymbol{r}_j-\boldsymbol{r}_k|}\\&+\frac{\varepsilon_0}{2}\int\mathrm{d}^3\boldsymbol{r}\left[\boldsymbol{E}^2(\boldsymbol{r})+c^2\boldsymbol{B}^2(\boldsymbol{r})\right]\end{aligned}\tag{2.39}$$

其中，$\sum_j\frac{[\boldsymbol{p}_j-Q_j\boldsymbol{A}(\boldsymbol{r}_j)]^2}{2m_j}$ 是动能项，$\boldsymbol{p}_j$ 和 Q_j 分别是第 j 个粒子的动量和电荷，$\boldsymbol{A}(\boldsymbol{r}_j)$ 是第 j 个粒子位置处的矢势，m_j 是第 j 个粒子的质量。考虑到磁场在无穷远处为零，应用高斯定理可以推导出

$$\nabla\cdot[\boldsymbol{A}(\boldsymbol{r})\times\boldsymbol{B}(\boldsymbol{r})]=0\tag{2.40}$$

因此，得到该系统哈密顿量的最终形式，这也是在库仑规范下进行多粒子研究的起点。

哈密顿量的最终表达式如下 [18]：

$$\begin{aligned}\mathcal{H}=&\sum_j\frac{[\boldsymbol{p}_j-Q_j\boldsymbol{A}(\boldsymbol{r}_j)]^2}{2m_j}+\frac{1}{2}\sum_{j,k\neq j}V_{j,k}(\boldsymbol{r}_j-\boldsymbol{r}_k)\\&+\frac{\varepsilon_0}{2}\int\mathrm{d}^3\boldsymbol{r}\left[\boldsymbol{E}^2(\boldsymbol{r})+c^2\boldsymbol{B}^2(\boldsymbol{r})\right]\end{aligned}\tag{2.41}$$

这个表达式描述了库仑规范下的电磁场，由于消除了粒子 (j,k) 重复计数问题的 $\frac{1}{2}$ 这一因子，每对粒子间的相互作用只发生一次。该求和写成对下标 (j) 和 (k)

的双重求和，适用于存在 N 个粒子的系统，可以根据实际情况调整求和的上下限，表达式如下：

$$\frac{1}{2}\sum_{j,k\neq j} V_{j,k} = \sum_{j=1}^{N-1}\sum_{k=j+1}^{N} V_{j,k} = \sum_{k=1}^{N-1}\sum_{j=k+1}^{N} V_{j,k} \tag{2.42}$$

在自由空间中，电磁场哈密顿量的本征模分解为理解真空中电磁场的基本模式提供了一个强有力的框架。通过将场分解成本征模，研究人员可以分析电场和磁场的时空模式，研究它们的传播特性，并深入了解自由空间中与电磁波相关的各种现象。这种分解在波导分析、天线设计以及无任何介质情况下对电磁波传播进行研究等应用中都起着关键作用。

2.3.2 非均质介质

在非均匀介质中，电磁场的哈密顿量代表了在具有空间变化特性的材料中电磁场的总能量，它是由麦克斯韦方程推导出来的，描述了存在非均匀介质和磁性材料时电场和磁场的动态。

在非均匀介质中，电磁场的哈密顿量可以表示为 [19]

$$\mathcal{H} = \frac{1}{2}\int \left[\varepsilon(\boldsymbol{r})\boldsymbol{E}^2 + \frac{1}{\mu(\boldsymbol{r})}\boldsymbol{B}^2\right]\mathrm{d}^3\boldsymbol{r} \tag{2.43}$$

其中，介质的介电常数 $\varepsilon(\boldsymbol{r})$ 和磁导率 $\mu(\boldsymbol{r})$ 可能是空间位置的函数。为了进行量子化，引入电场和磁场的规范变量，即电场和磁场的共轭动量。在电磁场的正则化量子化中，通常使用规范场论，其中电磁场的正则化共轭变量是矢量势 $\boldsymbol{A}(\boldsymbol{r},t)$ 和电场的共轭变量 $\varPi(\boldsymbol{r},t)$ 。

矢量势 $\boldsymbol{A}(\boldsymbol{r},t)$ 可以被展开为一组基函数或本征模的叠加。然而，在非均匀介质中，这些基函数通常需要考虑介质性质的空间分布：

$$\boldsymbol{A}(\boldsymbol{r},t) = \sum_k \left[a_k(t)\boldsymbol{\mu}_k(\boldsymbol{r}) + a_k^*(t)\boldsymbol{\mu}_k^*(\boldsymbol{r})\right] \tag{2.44}$$

其中，$\boldsymbol{\mu}_k$ 代表电磁场的本征模，它考虑了介质的非均匀性；a_k 是相应的模式振幅。

通过将矢量势 $\boldsymbol{A}(\boldsymbol{r},t)$ 的展开代入哈密顿量，并结合规范化电场和磁场的量子化表达式，得到

$$\mathcal{H} = \sum_k \hbar\omega_k\left(\hat{a}_k^\dagger\hat{a}_k + \frac{1}{2}\right) \tag{2.45}$$

本征模的频率 ω_k 受到介质性质的影响，因为介质的介电常数和磁导率可能是空间位置的函数。

在非均匀介质中，本征模 $\boldsymbol{\mu}_k(\boldsymbol{r})$ 的选择需要满足麦克斯韦方程，并且还需要考虑介质非均匀性对这些模式的影响 [20]。

电磁场哈密顿量在非均匀介质中的本征模分解为理解具有空间变化特性材料中电磁场的基本模式提供了一个高效的框架。通过将场分解成本征模，研究人员可以分析电场和磁场的空间与时间模式，研究它们在非均质介质中的传播特性以及复杂材料中与电磁波相关的各种现象。这种分解在波导分析、光子结构设计、超材料研究以及具有介电和磁性属性空间变化的材料中的成像/感应技术等应用中起着关键作用。

2.4 基于模式分解的量子化方法

量子力学通过引入波粒二象性的概念，彻底改变了研究者们对微观世界的理解。在电磁学领域中，麦克斯韦方程的量子化为描述量子级别下电磁场的运动提供了一个框架。本部分将使用模式分解探讨麦克斯韦方程的量子化概念，讨论模式展开的重要性及其在理解电磁场的量子特性上的应用 [21]。

通过模式分解对麦克斯韦方程进行量子化，为理解电磁场的量子性提供了一个框架。通过将场扩展为量子化的模式和引入产生和湮灭算符，研究人员可以描述光子的行为并研究量子级别上的现象。这一方法不仅是量子电动力学、量子光学及量子场论的基石，还极大地拓宽了研究者探索电磁场与物质间微妙相互作用的视野。

2.4.1 经典谐振子的量子化及对易关系

经典谐振子是物理学中一个基本的系统，它展示了简谐运动的运动规律。通过应用量子力学的原理，对经典谐振子进行量子化，能够帮助研究者理解其在量子层面上的运动。本部分将探讨经典谐振子的量子化过程，并讨论在量子描述中出现的交换关系。

经典谐振子的量子化为理解其量子运动提供了一个思路。通过引入位置和动量算符以及产生和湮灭算符，可以描述振子的能级和激发态。与位置、动量和产生、湮灭算符相关的对易关系在量子系统的代数结构中起着基础性作用。谐振子的量子化技术在物理学 (包括量子力学、量子场论和量子光学 [22] 等领域) 中都有应用。

2.4.2 湮灭与产生算符

在量子力学中，湮灭和产生算符是用于描述量子系统中粒子的湮灭和产生的数学工具。这些算符在物理可观测量的量子化过程中起着基础性作用，并广泛应用于物理学的各个分支。本部分将探讨产生和湮灭算符的概念、性质以及它们在量子理论中的重要性。如图 2.4 所示，是产生和湮灭算符在量子态能级跃迁中的应用。

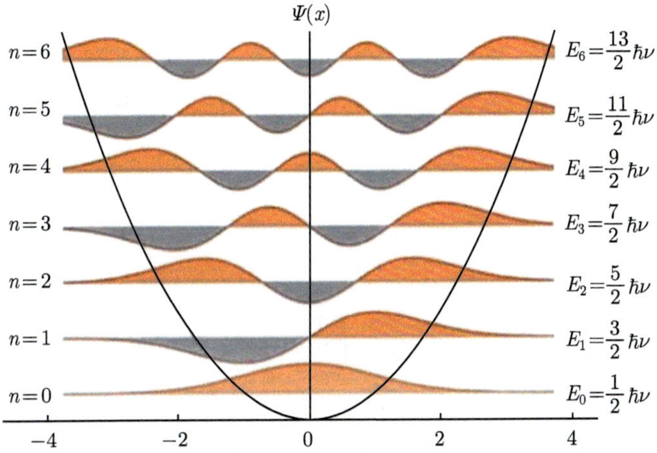

图 2.4 波函数的扩散现象：对于谐振子，其波函数在势能阱之外的区域，即所谓的经典禁区，仍然有一定的概率分布，这意味着波函数在势能阱外仍有非零值。相反，对于处于无限深势阱(盒中粒子) 中的粒子，其波函数在势阱边界之外的区域为零，表明粒子被完全限制在势阱内部

目前的动力学问题可以通过将 q_j 和 p_j 确定为满足对易关系的算符来量子化。

$$[\hat{q}_j, \hat{p}_{j'}] = \mathrm{i}\hbar\delta_{jj'} \tag{2.46}$$

$$[\hat{q}_j, \hat{q}_{j'}] = [\hat{p}_j, \hat{p}_{j'}] = 0 \tag{2.47}$$

对算符 a_j 和 $a_j^\dagger$ 进行规范变换较为方便：

$$\hat{a}_j \mathrm{e}^{-\mathrm{i}v_j t} = \frac{1}{\sqrt{2m_j\hbar v_j}}(m_j v_j \hat{q}_j + \mathrm{i}\hat{p}_j) \tag{2.48}$$

$$\hat{a}_j^\dagger \mathrm{e}^{\mathrm{i}v_j t} = \frac{1}{\sqrt{2m_j\hbar v_j}}(m_j v_j \hat{q}_j - \mathrm{i}\hat{p}_j) \tag{2.49}$$

关于 a_j 和 $a_j^\dagger$，哈密顿方程变为

$$\widehat{\mathcal{H}} = \hbar\sum_j v_j\left(\hat{a}_j^\dagger\hat{a}_j + \frac{1}{2}\right) \tag{2.50}$$

a_j 和 $a_j^\dagger$ 之间的对易关系可以从 q_j 和 p_j 之间的关系推导出来：

$$\left[\hat{a}_j, \hat{a}_j^\dagger\right] = \delta_{jj'} \tag{2.51}$$

$$[\hat{a}_j, \hat{a}_{j'}] = \left[\hat{a}_j^\dagger, \hat{a}_{j'}^\dagger\right] = 0 \tag{2.52}$$

其中，a_j 和 $a_j^\dagger$ 分别称为湮灭算符和产生算符。由 a_j 和 $a_j^\dagger$，电场和磁场可表示为如下形式：

$$E_x(z,t) = \sum_j \varepsilon_j \left(\hat{a}_j \mathrm{e}^{-\mathrm{i}v_j t} + \hat{a}_j^\dagger \mathrm{e}^{\mathrm{i}v_j t}\right) \sin k_j z \tag{2.53}$$

$$H_y(z,t) = -\mathrm{i}\varepsilon_0 c \sum_j \varepsilon_j \left(\hat{a}_j \mathrm{e}^{-\mathrm{i}v_j t} - \hat{a}_j^\dagger \mathrm{e}^{\mathrm{i}v_j t}\right) \cos k_j z \tag{2.54}$$

其中常量

$$\varepsilon_j = \left(\frac{\hbar v_j}{\varepsilon_0 V}\right)^{\frac{1}{2}} \tag{2.55}$$

具有电场的量纲。

目前为止，已经考虑了有限一维空腔中辐射场的量子化问题，现在可按照以下方式对无界自由空间中的场进行量子化。例如，一个边长为 L (L 值较大) 的有限立方体腔内的场，在这里，腔体仅视为没有具体边界的空间区域。与上面考虑过的驻波解不同，此处考虑运动波解，并施加周期性边界条件。

经典的电场和磁场可以用平面波展开：

$$\boldsymbol{E}(\boldsymbol{r},t) = \sum_k \hat{\boldsymbol{\varepsilon}}_k \varepsilon_k \alpha_k \mathrm{e}^{-\mathrm{i}v_k t + \mathrm{i}\boldsymbol{k}\cdot\boldsymbol{r}} + \mathrm{c.c.} \tag{2.56}$$

$$\boldsymbol{H}(\boldsymbol{r},t) = \frac{1}{\mu_0} \sum_k \frac{\boldsymbol{k} \times \hat{\boldsymbol{\varepsilon}}_k}{v_k} \varepsilon_k \alpha_k \mathrm{e}^{-\mathrm{i}v_k t + \mathrm{i}\boldsymbol{k}\cdot\boldsymbol{r}} + \mathrm{c.c.} \tag{2.57}$$

式中，求和是针对波矢 $\boldsymbol{k} \equiv (k_x, k_y, k_z)$ 的无限离散值集合进行的；$\hat{\boldsymbol{\varepsilon}}_k$ 是一个单位极化向量，α_k 是一个无量纲振幅 [23]。

湮灭和产生算符是量子力学中的基本工具，用于描述量子系统中粒子的湮灭和产生。这些算符之间的对易关系反映了系统的量子性质，并控制着它们的代数特性。湮灭和产生算符在物理学 (包括谐振子、量子场论和二次量子化等领域) 中都有应用。引入它们可以帮助我们更深入地理解粒子统计、相互作用以及量子系统的运动。

2.4.3 电磁场的量子化形式及物理意义

电磁场是物理学中的一个基本概念，描述了电场和磁场之间的相互作用，在量子力学框架下，对电磁场进行量子化可以辅助深入理解其在量子层面上的运动。本部分将探讨电磁场的量子形式，并讨论它在物理学各个领域中的实际意义。

如图 2.5 所示，电磁场量子化使场能量量子化，即量子涨落。

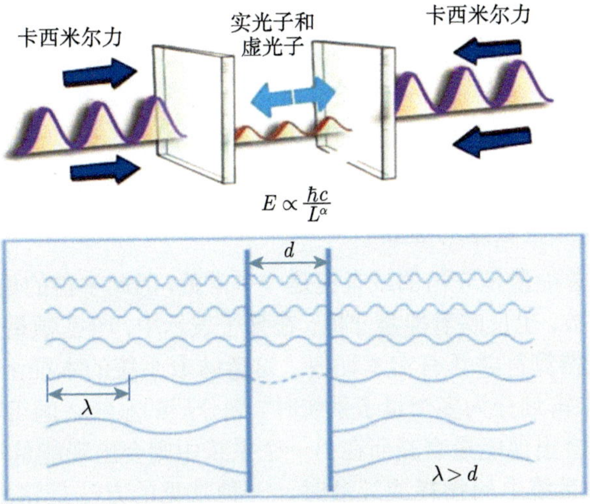

图 2.5 电磁场的量子涨落

在量子力学的框架下，电磁场的量子化提供了对其运动和相互作用在量子水平上的全面理解 [24]。通过将电场和磁场视为算符，并以光子态表示它们，可以深入了解光子的波粒二象性和能级离散性质。量子化的电磁场在物理学 (包括量子电动力学、量子光学和量子通信等领域) 中具有重要意义。其形式可用于描述粒子间相互作用、能级的量化，以及探索光与物质的基本特性。

2.5 基于朗之万源的量子化方法

本节基于海森伯–朗之万 (Heisenberg-Langevin) 方法提出了一种关于激光的理论。这是一种与密度算符方法不同但完全等价的方法。通常情况下，密度算符方法更适合研究辐射场的光子统计特性，而海森伯–朗之万方法在确定相位扩散系数以及激光线宽方面具有一定的计算优势 [25]。

2.5.1 模式分解方法的困境

基于模式分解的量化方法是一种用于量化数据的技术，在信号处理和数据压缩中使用较为频繁。这些方法旨在减少表示数据所需的位数的同时保持其基本特征。然而，平衡压缩效率和重建质量之间存在着矛盾。

基于模式分解的量化方法的主要思想是将输入数据分解为不同的模式或组件，然后单独对每个模式进行量化。通过利用每个模式的特性，相较于传统量化方法能够显著提升压缩比率。一些常见的模式分解技术，包括小波变换、离散余弦变换 (DCT) 和奇异值分解 (SVD)。

然而，基于模式分解的量化方法存在一个主要问题，即可能会导致重建质量的损失。由于每个模式都是独立进行量化的，整体重建过程中可能会引入伪影，其挑战在于找到减少比特数和保持可接受重建保真度之间的平衡。基于模式分解的量化方法通常涉及多个需要优化的参数，以获得压缩比率和重建质量最佳权衡，确定这些参数的最佳值不仅需要深厚的理论基础作为支撑，更需要进一步实验和数据分析加以验证 [26]。

2.5.2 色散介质哈密顿量的建立

由于宇宙的总能量是守恒的或者说是一个常数，因此宇宙的量子系统的哈密顿量是一个运动常数，也反映着能量守恒。在量子表示中，哈密顿量变成了一个算符，这个算符是厄米特算符并具有实本征值，这意味着系统的本征函数不能随时间衰减。然而，当将宇宙划分为多个量子系统时，划分后的系统之间可以相互传递能量，即在一个系统中会出现能量衰减而在另一个系统中则会出现能量增加 [27]。

在考虑量子系统中的损耗或耗散时，一种常见的方法是将其与热/噪声浴或振荡器浴相耦合。如图 2.6 所示，物质场模型与多种物质量子以及本书所采用的物质场-热浴模型是等效的。这种等效性直观地展示了量子系统 (如物质场) 与热浴耦合的核心概念。原则上，如果没有能量从这个耦合系统中逸出，总的量子系统仍然是厄米特的。然而，由于热浴具有无限自由度的特性，因此当能量从量子系统转移到热浴时，能量转移可逆性的可能性非常小。这也是热力学系统熵增加的根本原因。

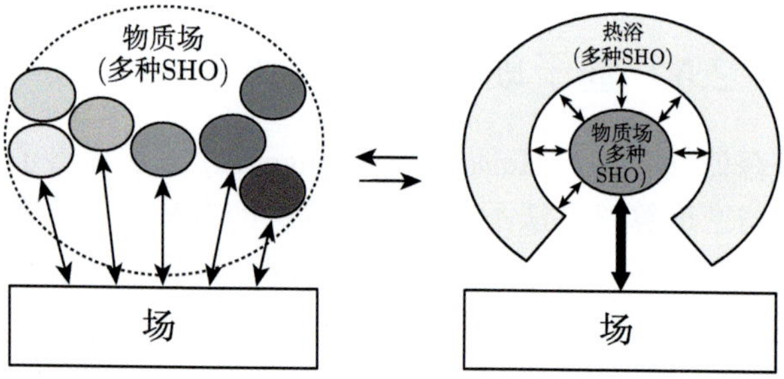

图 2.6 物质场模型与多种物质振子以及本书所采用的物质场–热浴模型等效

考虑一个由频率 ν 和湮灭算符 $\hat{a}(t)$ 组成的单模场与一个热浴相互作用的系统。这个热浴可以被看作是具有多自由度的大量系统的集合。假设该热浴由许多频率接近 $\hat{\nu}_k$ 且具有湮灭 (和产生) 算符 $\hat{b}_k$ (和 $\hat{b}_k^\dagger$) 的振子组成，因此，该系统描述了通过与许多其他简谐振子相互作用来阻尼谐振子的过程。在总哈密顿量的影响下，场–热浴系统随时间演化：

$$\widehat{\mathcal{H}} = \widehat{\mathcal{H}}_0 + \widehat{\mathcal{H}}_1 \tag{2.58}$$

$$\widehat{\mathcal{H}}_0 = \hbar\nu\hat{a}^\dagger\hat{a} + \sum_k \hbar\nu_k\hat{b}_k^\dagger\hat{b}_k \tag{2.59}$$

$$\widehat{\mathcal{H}}_1 = \hbar\sum_k g_k\left(\hat{b}_k^\dagger\hat{a} + \hat{a}^\dagger\hat{b}_k\right) \tag{2.60}$$

其中，与前文相同，$\widehat{\mathcal{H}}_0$ 由自由场和库模式的能量组成，而 $\widehat{\mathcal{H}}_1$ 是相互作用能。在给定时间点上，场算符与库算符是可交换的。

2.5.3 朗之万噪声源的引入

考虑算符后，海森伯运动方程可转化为 [28]

$$\dot{\hat{a}} = \frac{\mathrm{i}}{\hbar}[\widehat{\mathcal{H}}, \hat{a}] = -\mathrm{i}\nu\hat{a}(t) - \mathrm{i}\sum_k g_k\hat{b}_k(t) \tag{2.61}$$

$$\dot{\hat{b}}_k = -\mathrm{i}\nu_k\hat{b}_k(t) - \mathrm{i}g_k\hat{a}(t) \tag{2.62}$$

对谐振子算符 $\hat{a}(t)$ 的闭环方程进行处理。库算符 $\hat{b}_k(t)$ 的方程在形式上可以通过积分得到

$$\hat{b}_k(t) = \hat{b}_k(0)\mathrm{e}^{-\mathrm{i}\nu_k t} - \mathrm{i}g_k\int_0^t \mathrm{d}t'\hat{a}\left(t'\right)\mathrm{e}^{-\mathrm{i}\nu_k\left(t-t'\right)} \tag{2.63}$$

这里，第一项表示库模式的自由演化，而第二项则是它们与谐振子的相互作用产生的。将式 (2.63) 代入式 (2.61) 可以消除库算符 $\hat{b}_k(t)$，得到

$$\dot{\hat{a}} = -\mathrm{i}\nu\hat{a} - \sum_k g_k^2\int_0^t \mathrm{d}t'\hat{a}\left(t'\right)\mathrm{e}^{-\mathrm{i}\nu_k\left(t-t'\right)} + \hat{f}_a(t) \tag{2.64}$$

$$\hat{f}_a(t) = -\mathrm{i}\sum_k g_k\hat{b}_k(0)\mathrm{e}^{-\mathrm{i}\nu_k t} \tag{2.65}$$

在式 (2.64) 中，$\hat{f}_a(t)$ 是一个噪声算符，它依赖于库算符 $\hat{b}_k(0)$。涉及谐振子算符期望值的演化将因库中的波动而变化。由于存在所有库频率，噪声算符会快速变化，通过转换为缓慢变化的湮灭算符可以消除 $\hat{a}(t)$ 的快速频率依赖性，

$$\tilde{\hat{a}}(t) = \hat{a}(t)\mathrm{e}^{\mathrm{i}\nu t} \tag{2.66}$$

这是一种转化为缓慢变化的湮灭算符的方法，它有助于通过消除快速振荡部分来简化时间演化方程：

$$\left[\tilde{\hat{a}}(t), \tilde{\hat{a}}^\dagger(t)\right] = 1 \tag{2.67}$$

将方程 (2.64) 简化为

$$\dot{\tilde{\hat{a}}} = -\sum_k g_k^2 \int_0^t \mathrm{d}t' \tilde{\hat{a}}\,(t')\,\mathrm{e}^{-\mathrm{i}(\nu_k-\nu)\left(t-t'\right)} + \widehat{\mathcal{F}}_{\tilde{a}}(t) \tag{2.68}$$

$$\widehat{\mathcal{F}}_{\tilde{\hat{a}}}(t) = \mathrm{e}^{\mathrm{i}\nu t}\hat{f}_a(t) = -\mathrm{i}\sum_k g_k \hat{b}_k(0)\mathrm{e}^{-\mathrm{i}(\nu_k-\nu)t} \tag{2.69}$$

方程 (2.68) 中的时间积分类似于魏斯科普夫–维格纳 (Weisskopf-Wigner) 理论中遇到的情况。就像在魏斯科普夫–维格纳近似中一样，可以进行 $\delta\,(t-t')$ 函数和积分运算，得到

$$\sum_k g_k^2 \int_0^t \mathrm{d}t' \tilde{\hat{a}}\,(t')\,\mathrm{e}^{-\mathrm{i}(\nu_k-\nu)\left(t-t'\right)} \simeq \frac{1}{2}\mathcal{C}\tilde{\hat{a}}(t) \tag{2.70}$$

其中，$\mathcal{C}$ 是阻尼常数：

$$\mathcal{C} = 2\pi[g(\nu)]^2 D(\nu) \tag{2.71}$$

这里，$g(\nu)$ 是在 $k = v/c$ 处评估的耦合常数；$D(\nu) = Vv^2/\pi^2c^3$ (其中 V 是量子化体积) 是态密度。因此，可以用郎之万方程 [29] 替换方程 (2.68)。

$$\dot{\tilde{\hat{a}}} = -\frac{1}{2}\mathcal{C}\tilde{a} + \widehat{\mathcal{F}}_{\tilde{\hat{a}}}(t) \tag{2.72}$$

其中，$\widehat{\mathcal{F}}_{\tilde{\hat{a}}}(t)$ 是一个取决于库变量的噪声操作符。

需要注意的是，在方程 (2.72) 中引入噪声算符才能始终保持对易关系 (2.73)。如果没有噪声项 $\left(\widehat{\mathcal{F}}_{\tilde{\hat{a}}}(t) = 0\right)$，可以解出方程 (2.72) 并得到结果：

$$\tilde{\hat{a}}(t) = \tilde{\hat{a}}(0)\mathrm{e}^{-\frac{\mathcal{C}t}{2}} \tag{2.73}$$

该结果违反了对易关系。具有适当相关性质的噪声算符有助于始终保持对易关系 (2.67)。方程 (2.72) 中噪声项和阻尼项的存在是统计力学中涨落–耗散定理的体现，即耗散总是伴随着涨落。

各个场、原子和库变量的海森伯运动方程如下：

$$\dot{\hat{a}} = -\mathrm{i}g\sum_j \Theta\,(t-t_j)\,\hat{\sigma}_-^j - \mathrm{i}\sum_q g_q^{(1)}\hat{c}_q\mathrm{e}^{\mathrm{i}(\nu-\nu_q)t} \tag{2.74}$$

$$\begin{aligned}\dot{\hat{\sigma}}_-^{\sigma} = {} & \mathrm{i}g\Theta\,(t-t_j)\left(\hat{\sigma}_{aa}^j - \hat{\sigma}_{bb}^j\right)\hat{a} + \mathrm{i}\sum_k g_k^{(2)}\hat{b}_k^\dagger\hat{\sigma}_{ca}^j\mathrm{e}^{-\mathrm{i}(\omega_{bc}-\nu_k)t} \\ & -\mathrm{i}\sum_k g_k^{(2)}\hat{\sigma}_{bc}^j\hat{b}_k\mathrm{e}^{\mathrm{i}(\omega_{ac}-\nu_k)t}\end{aligned} \tag{2.75}$$

$$\dot{\hat{\sigma}}^j_{aa} = \mathrm{i}g\Theta\left(t-t_j\right)\left(\hat{a}^\dagger\hat{\sigma}^j_- - \widehat{\sigma}^j_+\hat{a}\right) - \mathrm{i}\sum_k g_k^{(2)}\hat{\sigma}^j_{ac}\hat{b}_k\mathrm{e}^{\mathrm{i}(\omega_{ac}-\nu_k)t} + \mathrm{i}\sum_k g_k^{(2)}\hat{b}^\dagger_k\hat{\sigma}^j_{ca}\mathrm{e}^{-\mathrm{i}(\omega_{ac}-\nu_k)t} \tag{2.76}$$

$$\dot{\hat{\sigma}}^j_{bb} = -\mathrm{i}g\Theta\left(t-t_j\right)\left(\hat{a}^\dagger\widehat{\sigma}^j_- - \widehat{\sigma}^j_+\hat{a}\right) - \mathrm{i}\sum_k g_k^{(2)}\widehat{\sigma}^j_{bc}\hat{b}_k\mathrm{e}^{\mathrm{i}(\omega_{bc}-\nu_k)t} + \mathrm{i}\sum_k g_k^{(2)}\hat{b}^{\dagger\dagger}_{k_k}\hat{\sigma}^j_{cb}\mathrm{e}^{-\mathrm{i}(\omega_{bc}-\nu_k)t} \tag{2.77}$$

$$\dot{\hat{c}}_q = -\mathrm{i}g_q^{(1)}\hat{a}\mathrm{e}^{-\mathrm{i}(\nu-\nu_q)t} \tag{2.78}$$

$$\dot{\hat{b}}_k = -\mathrm{i}\sum_j g_k^{(2)}\left[\hat{\sigma}^j_{cb}\mathrm{e}^{-\mathrm{i}(\omega_{bc}-\nu_k)t} + \widehat{\sigma}^j_{ca}\mathrm{e}^{-\mathrm{i}(\omega_{ac}-\nu_k)t}\right] \tag{2.79}$$

对方程 (2.78) 和方程 (2.79) 进行形式上的积分,并将方程 (2.74)~ 方程 (2.77) 中的 $\hat{c}_q$ 和 $\hat{b}_k$ 代入后，可以得到场和原子算符的量子朗之万方程 [30,31]：

$$\dot{\hat{a}} = -\frac{\mathcal{C}}{2}\hat{a} - \mathrm{i}g\sum_j\Theta\left(t-t_j\right)\hat{\sigma}^j_- + \widehat{\mathcal{F}}_{\mathcal{C}}(t) \tag{2.80}$$

$$\dot{\hat{\sigma}}^j_- = -\gamma\widehat{\sigma}^j_- + \mathrm{i}g\Theta\left(t-t_j\right)\left(\hat{\sigma}^j_{aa} - \widehat{\sigma}^j_{bb}\right)a + \widehat{\mathcal{F}}^j_{ba}(t) \tag{2.81}$$

$$\dot{\hat{\sigma}}^j_{aa} = -\gamma\widehat{\sigma}^j_{aa} + \mathrm{i}g\Theta\left(t-t_j\right)\left(\hat{a}^\dagger\hat{\sigma}^j_- - \widehat{\sigma}^j_+\hat{a}\right) + \widehat{\mathcal{F}}^j_{aa}(t) \tag{2.82}$$

$$\dot{\hat{\sigma}}^j_{bb} = -\gamma\hat{\sigma}^j_{bb} - \mathrm{i}g\Theta\left(t-t_j\right)\left(\hat{a}^\dagger\hat{\sigma}^j_- - \widehat{\sigma}^j_+\hat{a}\right) + \widehat{\mathcal{F}}^j_{bb}(t) \tag{2.83}$$

其中，$\mathcal{C}$ 是通常的腔衰减速率；γ 是原子衰减速率，为了简化情况，假设两个上层能级的衰变速率相同。这里采用了常用的魏斯科普夫–维格纳近似得到这些衰变常数。

方程 (2.80) ~ 方程 (2.83) 右侧的 $\mathcal{F}$ 算符是与热浴相互作用而产生的朗之万噪声算符, 可以表示如下：

$$\widehat{\mathcal{F}}_{\mathcal{C}}(t) = -\mathrm{i}\sum_q g_q^{(1)}\hat{c}_q(0)\mathrm{e}^{\mathrm{i}(\nu-\nu_q)t} \tag{2.84}$$

$$\widehat{\mathcal{F}}^j_{ba}(t) = \mathrm{i}\hat{\sigma}^j_{ca}(t)\sum_k g_k^{(2)}\hat{b}^\dagger_k(0)\mathrm{e}^{-\mathrm{i}(\omega_{bc}-\nu_k)t} - \mathrm{i}\hat{\sigma}^j_{bc}(t)\sum_k g_k^{(2)}\hat{b}_k(0)\mathrm{e}^{\mathrm{i}(\omega_{ac}-\nu_k)t} \tag{2.85}$$

$$\widehat{\mathcal{F}}^j_{aa}(t) = -\mathrm{i}\hat{\sigma}^j_{ac}(t)\sum_k g_k^{(2)}\hat{b}_k(0)\mathrm{e}^{\mathrm{i}(\omega_{ac}-\nu_k)t} + \mathrm{H.c.} \tag{2.86}$$

$$\widehat{\mathcal{F}}_{bb}^{j}(t) = -\mathrm{i}\hat{\sigma}_{bc}^{j}(t)\sum_{k} g_{k}^{(2)}\hat{b}_{k}(0)\mathrm{e}^{\mathrm{i}(\omega_{bc}-\nu_{k})t} + \mathrm{H.c.} \tag{2.87}$$

$\widehat{\mathcal{F}}_{\mathcal{C}}$ 的常规排序相关函数为

$$\begin{aligned}\left\langle \widehat{\mathcal{F}}_{\mathcal{C}}(t)\right\rangle &= 0\\ \left\langle \widehat{\mathcal{F}}_{\mathcal{C}}^{\dagger}(t)\widehat{\mathcal{F}}_{\mathcal{C}}(t')\right\rangle &= \overline{n_{\mathrm{th}}}\mathcal{C}\delta(t-t')\\ \left\langle \widehat{\mathcal{F}}_{\mathcal{C}}(t)\widehat{\mathcal{F}}_{\mathcal{C}}(t')\right\rangle &= \left\langle \widehat{\mathcal{F}}_{\mathcal{C}}^{\dagger}(t)\widehat{\mathcal{F}}_{\mathcal{C}}^{\dagger}(t)\right\rangle = 0\end{aligned} \tag{2.88}$$

算符特性如图 2.7 所示。接下来，从描述单个原子的算符转变为描述宏观原子性质的算符，这对于本节后面采用的近似技术是必要的。虽然单个原子算符不是很适合绝热近似，但其平均值、宏观量可以通过这种技术来处理。因此，定义这些算符 [32] 为

$$\widehat{M}(t) = -\mathrm{i}\sum_{j}\Theta(t-t_j)\,\hat{\sigma}_{-}^{j}(t) \tag{2.89}$$

$$\widehat{N}_a(t) = \sum_{j}\Theta(t-t_j)\,\hat{\sigma}_{aa}^{j}(t) \tag{2.90}$$

$$\widehat{N}_b(t) = \sum_{j}\Theta(t-t_j)\,\hat{\sigma}_{bb}^{j}(t) \tag{2.91}$$

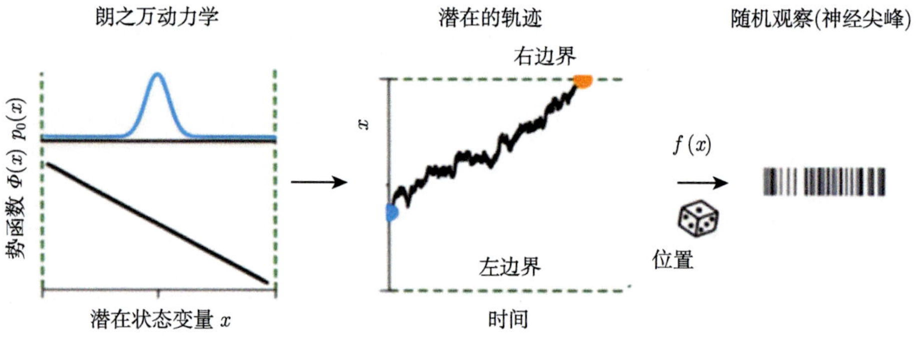

图 2.7 潜在非平稳朗之万动力学的推理框架

运算符 $\widehat{M}$ 代表宏观原子极化。方程 (2.89) 中的因子 $(-\mathrm{i})$ 的引入是为了数学上的便利。此外，$\widehat{N}_a$ 和 $\widehat{N}_b$ 分别指定了两个激发态原子能级 $|a\rangle$ 和 $|b\rangle$ 中的原子数量。根据这些定义，电磁场的方程 (2.80) 简化为

$$\dot{\hat{a}} = -\frac{\mathcal{C}}{2}\hat{a} + g\widehat{M} + \widehat{\mathcal{F}}_{\mathcal{C}}(t) \tag{2.92}$$

通过对方程 (2.89)~ 方程 (2.91) 进行微分，并分别代入方程 (2.81)~ 方程 (2.83) 可以求出原子算符的朗之万方程。

2.5.4 涨落耗散定理

利用噪声算符值 (2.68) 的关系，可以评估涉及 $\widehat{\mathcal{F}}_{\tilde{\hat{a}}}(t)$ 一阶和二阶的相关函数如下：

不难发现，$\widehat{\mathcal{F}}_{\tilde{\hat{a}}}(t)$ 及其共轭转置 $\widehat{\mathcal{F}}^{\dagger}_{\tilde{\hat{a}}}(t)$ 在库中平均为零，

$$\left\langle \widehat{\mathcal{F}}_{\tilde{\hat{a}}}(t) \right\rangle_R = \left\langle \widehat{\mathcal{F}}^{\dagger}_{\tilde{\hat{a}}}(t) \right\rangle_R = 0 \tag{2.93}$$

进而得到

$$\begin{aligned}
\left\langle \widehat{\mathcal{F}}^{\dagger}_{\tilde{\hat{a}}}(t)\widehat{\mathcal{F}}_{\tilde{\hat{a}}}\left(t'\right) \right\rangle_R &= \sum_k \sum_{k'} g_k g_{k'} \left\langle \hat{b}^{\dagger}_k \hat{b}_{k'} \right\rangle_R \exp\left[\mathrm{i}\left(\nu_k-\nu\right)t - \mathrm{i}\left(\nu_{k'}-\nu\right)t'\right] \\
&= \sum_k g_k^2 \overline{n_k} \exp\left[\mathrm{i}\left(\nu_k-\nu\right)\left(t-t'\right)\right] \\
&= \int_0^{\infty} D\left(v_k\right)\left[g\left(\nu_k\right)\right]^2 \bar{n}\left(\nu_k\right) \mathrm{e}^{\mathrm{i}\left(\nu_k-\nu\right)\left(t-t'\right)} \mathrm{d}\nu_k
\end{aligned} \tag{2.94}$$

最后一步，按照常见的方式从离散表示转换为连续表示，可以提取出变化的项 $D\left(v_k\right), g\left(v_k\right)$ 和 $\bar{n}\left(v_k\right)$，在 $\nu_k=\nu$ 处用 δ 函数替代积分，得到以下结果：

$$\left\langle \widehat{\mathcal{F}}^{\dagger}_{\tilde{\hat{a}}}(t)\widehat{\mathcal{F}}_{\tilde{\hat{a}}}\left(t'\right) \right\rangle_R = \mathcal{C}\overline{n_{\mathrm{th}}}\delta\left(t-t'\right) \tag{2.95}$$

类似于经典朗之万理论，通过方程定义了 $\widehat{D}_{\tilde{\hat{a}}^{\dagger}\tilde{\hat{a}}}$ 的扩散系数 $\tilde{\hat{a}}^{\dagger}\tilde{\hat{a}}$。其中 $\mathcal{C}$ 由方程 (2.70) 和 $\overline{n_{\mathrm{th}}} = \bar{n}\left(v_k\right)$ 给出，得到

$$\left\langle \widehat{\mathcal{F}}^{\dagger}_{\tilde{\hat{a}}}(t)\widehat{\mathcal{F}}_{\tilde{\hat{a}}}\left(t'\right) \right\rangle_R = 2\left\langle D_{\tilde{\hat{a}}^{\dagger}\tilde{\hat{a}}}\right\rangle_R \delta\left(t-t'\right) \tag{2.96}$$

再根据方程 (2.95)，扩散系数可以由下式得到：

$$2\left\langle D_{\tilde{\hat{a}}^{\dagger}\tilde{\hat{a}}}\right\rangle_R = \mathcal{C}\overline{n_{\mathrm{th}}} \tag{2.97}$$

现在可以推导出 $\tilde{\hat{a}}(t)$ 的平均运动和数算符 $\tilde{\hat{a}}^\dagger\tilde{\hat{a}}$ 的平均值。由于 $\left\langle\widehat{\mathcal{F}}_{\tilde{\hat{a}}}(t)\right\rangle_R=0$，根据方程 (2.71)，可得到以下结论：

$$\frac{\mathrm{d}}{\mathrm{d}t}\langle\tilde{\hat{a}}(t)\rangle_R=-\frac{1}{2}\mathcal{C}\langle\tilde{\hat{a}}(t)\rangle_R \tag{2.98}$$

在这里，可以看到系统算符的平均值随时间趋近于零。需要注意的是，方程 (2.98) 仅针对库坐标进行了平均处理，它仍然是场坐标中的一个算符。

场数算符的平均时间演化是

$$\begin{aligned}\frac{\mathrm{d}}{\mathrm{d}t}\left\langle\tilde{\hat{a}}^\dagger(t)\tilde{\hat{a}}(t)\right\rangle_R&=\left\langle\frac{\mathrm{d}\tilde{\hat{a}}^\dagger(t)}{\mathrm{d}t}\tilde{\hat{a}}(t)\right\rangle_R+\left\langle\tilde{\hat{a}}^\dagger(t)\frac{\mathrm{d}\tilde{\hat{a}}(t)}{\mathrm{d}t}\right\rangle_R\\&=-\mathcal{C}\left\langle\tilde{\hat{a}}^\dagger(t)\tilde{\hat{a}}(t)\right\rangle_R+\left\langle\widehat{\mathcal{F}}^\dagger_{\tilde{\hat{a}}}(t)\tilde{\hat{a}}(t)\right\rangle_R+\left\langle\tilde{\hat{a}}^\dagger(t)\widehat{\mathcal{F}}_{\tilde{\hat{a}}}(t)\right\rangle_R\\&=-\mathcal{C}\left\langle\tilde{\hat{a}}^\dagger(t)\tilde{\hat{a}}(t)\right\rangle_R+\mathcal{C}\overline{n_{\mathrm{th}}}\end{aligned} \tag{2.99}$$

因此，数算符 $\left\langle\tilde{\hat{a}}^\dagger(t)\tilde{\hat{a}}(t)\right\rangle_R$ 的稳态值为 $\overline{n_{\mathrm{th}}}$ (乘以场恒等算符)；与之相反，根据方程 (2.98)，$\langle\tilde{\hat{a}}(t)\rangle_R$ 和 $\left\langle\tilde{\hat{a}}^\dagger(t)\right\rangle_R$ 会随时间衰减至零。

将当前的量子朗之万方法与经典方法联系起来，可推导出朗之万噪声 $\widehat{\mathcal{F}}_{\tilde{\hat{a}}}(t)$ 的二阶相关函数：

$$\left\langle\widehat{\mathcal{F}}^\dagger_{\tilde{\hat{a}}}(t)\widehat{\mathcal{F}}_{\tilde{\hat{a}}}(t')\right\rangle_R=\mathcal{C}\overline{n_{\mathrm{th}}}\delta(t-t') \tag{2.100}$$

将两边整合后，可以得到

$$\mathcal{C}=\frac{1}{\overline{n_{\mathrm{th}}}}\int_{-\infty}^{\infty}\left\langle\widehat{\mathcal{F}}^\dagger_{\tilde{\hat{a}}}(t)\widehat{\mathcal{F}}_{\tilde{\hat{a}}}(t')\right\rangle_R\mathrm{d}t' \tag{2.101}$$

这表明系统的阻尼 $\mathcal{C}$ 是由库的波动力确定的。因此，库引起的波动会导致系统中的耗散。这是涨落–耗散定理的一种表述。

接下来，利用方程 (2.71) 和方程 (2.97) 将方程 (2.99) 重写为以下形式：

$$\begin{aligned}2\langle D_{\tilde{\hat{a}}^\dagger\tilde{\hat{a}}}\rangle_R=&\frac{\mathrm{d}}{\mathrm{d}t}\left\langle\tilde{\hat{a}}^\dagger(t)\tilde{\hat{a}}(t)\right\rangle_R-\left\langle\left[\frac{\mathrm{d}\tilde{\hat{a}}^\dagger}{\mathrm{d}t}-\widehat{\mathcal{F}}^\dagger_{\tilde{\hat{a}}}(t)\right]\tilde{\hat{a}}(t)\right\rangle_R\\&-\left\langle\tilde{\hat{a}}^\dagger(t)\left[\frac{\mathrm{d}\tilde{\hat{a}}}{\mathrm{d}t}-\widehat{\mathcal{F}}_{\tilde{\hat{a}}}(t)\right]\right\rangle_R\end{aligned} \tag{2.102}$$

这是确定扩散常数的爱因斯坦关系式，由阻尼谐振子问题导出。然而，可以证明这种关系对许多一般的系统–库问题都是有效的，同样可以证明：

$$2\langle D_{\tilde{a}^\dagger\tilde{a}}\rangle_R = \frac{\mathrm{d}}{\mathrm{d}t}\left\langle \tilde{a}(t)\tilde{a}^\dagger(t)\right\rangle_R - \left\langle \tilde{a}(t)\left[\frac{\mathrm{d}\tilde{a}^\dagger}{\mathrm{d}t} - \hat{\mathcal{F}}^\dagger_{\tilde{a}}(t)\right]\right\rangle_R - \left\langle\left[\frac{\mathrm{d}\tilde{a}}{\mathrm{d}t} - \hat{\mathcal{F}}_{\tilde{a}}(t)\right]\tilde{a}^\dagger(t)\right\rangle_R \tag{2.103}$$

爱因斯坦关系将漂移项 $\left[\mathrm{d}\tilde{a}/\mathrm{d}t - \hat{\mathcal{F}}_{\tilde{a}}(t)\right]$ 和 $\left[\mathrm{d}\tilde{a}^\dagger/\mathrm{d}t - \hat{\mathcal{F}}^\dagger_{\tilde{a}}(t)\right]$ 与扩散系数相关联。在许多相关问题中，这种关系提供了一种非常简单的计算扩散常数的方法 [33]，可以直接利用爱因斯坦关系从密度矩阵方程中确定扩散系数，如图 2.8 所示。

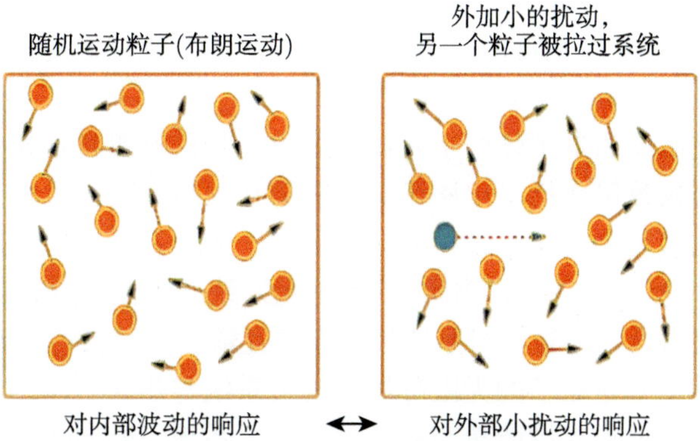

图 2.8 涨落–耗散定理图

由图 2.8 可见，随着光子数量的减少，光的波动逐渐减弱，而粒子性质变得更加显著。因此，在量子级别准确描述光运动时需要对麦克斯韦方程进行量子化。这对于基础物理学和相关应用领域尤其重要，如自发辐射、朗姆位移、单光子源、超导比特、腔量子电动力学、卡西米尔力、量子计算机、量子雷达和量子信息等。

最早对麦克斯韦方程进行量子化的尝试是基于模式分解的，格劳伯 (Roy Jay Glauber) 在其中做出了重要贡献。在自由空间电磁系统中，具有空间平移不变性，平面波是其本征模，电场和矢量磁位均可展开为平面波之和，并以乘以本征模的随时间变化的展开系数表示。利用平面波的正交性，自由空间电磁系统的总能量 (用哈密顿算符表示) 可以表示为所有平面波能量的叠加形式。在量子化过程中，每个模式相对应的展开系数都采取了量子谐振子的形式。

基于模式分解的量子化方法可以扩展到非均匀、无损和无色散介质，在这些介质中可以使用数值方法获得本征模。然而，在满足克拉默斯–克勒尼希 (Kramers

- Kronig) 关系的有耗和色散介质中，耗散系统中的本征模不是正交的，所以建立它们的完备性变得非常困难。在许多耗散系统 (如泄漏波结构) 中，甚至模式数量呈指数增长。因此，在这种情况下使用模式分解对麦克斯韦方程进行量子化，既不严谨也不可行。为了应对这些挑战，Huttner、Barnett、Welsch 等研究人员开展了在有耗介质中对麦克斯韦方程的研究。根据 Huttner 和 Barnett 的观点，一个有耗电磁系统的哈密顿算符可以被对角化，并且最终结果可以用极化子算符来表示。Welsch 在他 1996 年和 1998 年的论文中对麦克斯韦方程进行了频域重构，并引入了噪声电流算符 (也称为郎之万源) 概念。Welsch 的关键假设是，如果噪声电流算符满足一定的对易关系，则矢量磁位算符与电场算符之间规范场对易将被满足，这表明量子系统作为统计平均值具有能量守恒属性。研究表明，所假设噪声电流算符的对易关系确实是正确的。

总体而言，尽管模式分解在无损耗和无色散介质中是量化麦克斯韦方程的一种有用方法，但对于耗散系统，需要使用涉及对角化和噪声电流算符的替代方法。像 Huttner、Barnett 和 Welsch 这样的研究人员的贡献对于更全面地理解各种情况下的麦克斯韦方程量子化起了关键作用。

在色散电磁系统的量子化中引入耗散之前，哈密顿算符最初是在时间域中定义的。这个哈密顿算符包括了电磁场的总能量和材料系统的总能量。材料系统使用非耗散洛伦兹模型来描述，该模型捕捉了电子的动态运动。考虑耗散，引入热库或噪声库的概念 [34]，将场–物质–浴系统视为统一的能量守恒系统。电磁系统与材料系统相互耦合，并且材料系统与热库相互耦合。可以将热库理解为白噪声，其量子表示涉及量子谐振子的无限叠加。物质系统与热库之间的耦合遵循耦合模式理论的原则，该理论支撑能量交换过程。物质系统不断向热库传递能量，导致物质系统内部的耗散。同时，热库持续向物质系统返回能量，为系统提供增益。这两个系统之间的能量交换在统计平均意义上达到平衡，确保整个系统的能量守恒。在这个框架下，物质系统中的能量耗散与噪声电流或朗之万源相关联，它解释了材料和热库之间的能量流动。物质系统与热库之间持续的能量交换使整个系统中的能量守恒得以维持。通过将场–物质–浴系统作为一个整体，并引入热库概念，研究人员建立了一个理论框架，在考虑耗散和能量守恒的同时实现色散电磁系统的量子化。

综上所述，在时域中，麦克斯韦方程组的色散损耗系统的量子化形式如下：

$$
\begin{aligned}
\dot{\hat{\boldsymbol{B}}} &= -\nabla \times \hat{\boldsymbol{E}} \\
\dot{\hat{\boldsymbol{D}}} &= \nabla \times \widehat{\boldsymbol{H}} - \hat{\boldsymbol{J}} \\
\dot{\hat{\boldsymbol{\Pi}}} &= -\omega_0 \widehat{\boldsymbol{P}} - \eta \widehat{\boldsymbol{\Pi}} + \hat{\boldsymbol{F}}_I + \frac{\omega_p^2}{\omega_0} \widehat{\boldsymbol{E}}
\end{aligned}
\tag{2.104}
$$

$$\dot{\hat{\boldsymbol{P}}} = \omega_0 \widehat{\boldsymbol{\Pi}} - \eta \widehat{\boldsymbol{P}} + \hat{\boldsymbol{F}}_{\mathrm{R}}$$

$$\left\langle \hat{\boldsymbol{F}}_{\mathrm{R}}, \hat{\boldsymbol{F}}_{\mathrm{I}} \right\rangle = \mathrm{i}2\eta \frac{\omega_p^2 \hbar}{\omega_0} \delta(t-t') \hat{\bar{\boldsymbol{I}}}$$

在量子电动力学中，极化矢量 $\widehat{\boldsymbol{\Pi}}$ 描述了材料介质对电场的响应；$\widehat{\boldsymbol{P}}$ 是电极化强度，表示介质中电偶极矩的密度；复折射率 η 或复常数用于描述介质的色散和吸收特性。在量子化过程中引入随机力 ($\hat{\boldsymbol{F}}_{\mathrm{R}}$) 来表示电磁场与物质之间的随机相互作用，同时引入了虚部的随机力 ($\hat{\boldsymbol{F}}_{\mathrm{I}}$)。$\hbar$ 是约化普朗克常量，$\delta(t-t')$ 代表时间间隔 $t-t'$ 即时响应的狄拉克 δ 函数。

频域下麦克斯韦方程组色散损耗系统的麦克斯韦形式如下：

$$\begin{aligned}
&\nabla\times\nabla\times\widehat{\boldsymbol{E}}(\boldsymbol{r},\omega)-\omega^2\mu_{\mathrm{o}}\varepsilon(\boldsymbol{r},\omega)\widehat{\boldsymbol{E}}(\boldsymbol{r},\omega)=\mathrm{i}\omega\mu_{\mathrm{o}}\hat{\boldsymbol{j}}_n(\boldsymbol{r},\omega)\\
&\hat{\boldsymbol{j}}_n(\boldsymbol{r},\omega)=\frac{-\mathrm{i}\omega\omega_0\hat{\boldsymbol{F}}_I(\boldsymbol{r})-\mathrm{i}\omega[\eta(\boldsymbol{r},\omega)-\mathrm{i}\omega]\hat{\boldsymbol{F}}_{\mathrm{R}}(\boldsymbol{r})}{[\eta(\boldsymbol{r},\omega)-\mathrm{i}\omega]^2+\omega_0^2}\\
&\left\langle\hat{\boldsymbol{F}}_{\mathrm{R}}(\omega),\hat{\boldsymbol{F}}_{\mathrm{I}}^{\dagger}(\omega)\right\rangle=\mathrm{i}\frac{\eta}{\pi}\frac{\omega_{\mathrm{p}}^2\hbar}{\omega_0}\delta(\omega-\omega')\\
&\left\langle\hat{\boldsymbol{j}}_n(\boldsymbol{r},\omega),\hat{\boldsymbol{j}}_n\hat{\boldsymbol{j}}_n^{\dagger}(\boldsymbol{r},\omega)\right\rangle=\frac{\hbar\omega}{\pi}\sigma(\boldsymbol{r},\omega)\delta(\omega-\omega')
\end{aligned}\tag{2.105}$$

其中，F_{R} 和 F_{I} 是郎之万源。在频域中，复介电常数的表达式与洛伦兹模型的耗散系统不同。此外，在一系列推导之后，噪声电流算符 j 的统计对易关系与涨落耗散定理和韦尔斯奇的工作完全一致。这种量子化方案不需要对角化，并依赖于严格的时域哈密顿算符，更容易理解和使用。在这个量子化模型中，通过引入郎之万源或噪声电流源，耗散材料系统满足能量守恒的统计平均意义。

2.6 量子化麦克斯韦方程的应用

2.6.1 自发辐射与拉比劈裂

拉比劈裂 (Rabi split) 是微观世界中常见的一种量子现象，它源于单个光子与单个量子辐射体 (单个原子、分子或量子点) 之间的强相互作用。从内部看，这种现象反映了量子辐射中量子态的能级分裂；从外部看，它可以通过光致发光光谱、荧光光谱、散射光谱和吸收光谱中的光谱劈裂反映出来。一个有趣的基础科学问题油然而生：能否将实验者观察到的光谱劈裂等同于量子辐射体本征能级分裂，从而真正反映出量子辐射体的能态演化和劈裂现象？

真空拉比裂缝通常很小，处于 μeV 范围内。多年的研究表明，光学谐振腔可以用来增强拉比裂缝。最近研究表明，通过使用具有极小模块体积的等离子体纳米腔，可以增强拉比劈裂：将 J 分子聚集物放置在等离子体纳米间隙中可以与高度局域化的等离子体强耦合，从而产生数百甚至数千 meV 的巨大拉比劈裂 [35]。如图 2.9 所示，银核与掺杂有活性有机分子的介电壳层间强相互作用可产生显著的真空拉比劈裂，其劈裂特征与壳层消光系数 K 和折射率 n_b 密切相关。

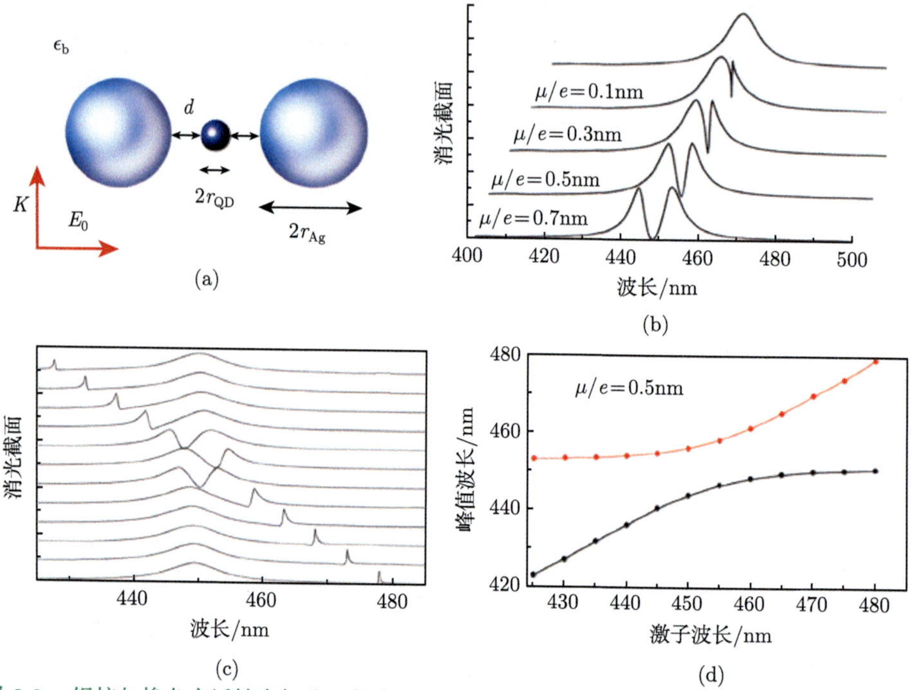

图 2.9 银核与掺杂有活性有机分子的介电壳层相互作用产生的真空拉比劈裂。(a) 表面等离子体 (SP) 与周围壳层中的活性有机分子之间的强烈相互作用示意图。输入光可以激发 SP 波或有机分子，无论哪种情况，在激发被散射出去之前，它们之间都会进行相干交换。(b) 计算得到不同掺杂壳层消光系数 K 下输入场波长的消光截面。当 $K > 3 \times 10^{-2}$ 时，显著的拉比劈裂出现。(c) 不同介质主壳层折射率下得到的消光截面谱。由于有机分子和局域表面等离子模式之间存在强耦合，观察到明显的反交叉现象。(d) 两个拉比峰波长随主壳层数值 n_b 变化的依赖关系

为了理解量子系统与其周围环境相互作用的过程，这里引入了自发辐射和拉比劈裂。首先考虑拉比频率的量子化形式：

$$\widehat{\Omega}^{(+)} \equiv 2g\widehat{\boldsymbol{B}}, \quad \widehat{\Omega}^{(-)} \equiv 2g\widehat{\boldsymbol{B}}^{\dagger} \tag{2.106}$$

组合后可得

$$\begin{aligned} \widehat{\Omega}_x &\equiv \frac{\widehat{\Omega}^{(+)} + \widehat{\Omega}^{(-)}}{2} = 2g\frac{\widehat{\boldsymbol{B}} + \widehat{\boldsymbol{B}}^{\dagger}}{2} \equiv 2g\hat{x} \\ \widehat{\Omega}_y &\equiv \frac{\widehat{\Omega}^{(+)} - \widehat{\Omega}^{(-)}}{2} = 2g\frac{\widehat{\boldsymbol{B}} - \widehat{\boldsymbol{B}}^{\dagger}}{2\mathrm{i}} \equiv 2g\hat{y} \end{aligned} \tag{2.107}$$

与量子化的单模光的 $\hat{x}$ 和 $\hat{y}$ 象限直接成正比。得到拉比频率分量的期望值为

$$\begin{aligned}\left\langle\widehat{\Omega}_x\right\rangle&=2g\mathrm{Re}[\langle\widehat{\boldsymbol{B}}\rangle]=2g\mathrm{Re}[\langle+,n,t|\widehat{\boldsymbol{B}}|+,n,t\rangle]=0\\\left\langle\widehat{\Omega}_y\right\rangle&=2g\mathrm{Im}[\langle\widehat{\boldsymbol{B}}\rangle]=2g\mathrm{Im}[\langle+,n,t|\widehat{\boldsymbol{B}}|+,n,t\rangle]=0\end{aligned}\tag{2.108}$$

上述结果表明，只要与经典振幅 $\left\langle\widehat{\Omega}_x\right\rangle$ 和 $\left\langle\widehat{\Omega}_y\right\rangle$ 相互作用，二能级系统 (TLS) 将永远保持激发状态。尽管电磁场中存在波动，零经典振幅并不等同于完全没有光强度。这是因为真空本身以真空场波动的形式包含了强度。这种波动在推动量子拉比振荡中起着关键作用。为了进一步证实这一点，计算得到

$$\begin{aligned}\left\langle{\widehat{\Omega}_x}^2\right\rangle&=g^2\left(1+2\left\langle\widehat{\boldsymbol{B}}^\dagger\widehat{\boldsymbol{B}}\right\rangle+2\mathrm{Re}[\langle\widehat{\boldsymbol{B}}\widehat{\boldsymbol{B}}\rangle]\right)\\\left\langle\widehat{\Omega}_y^2\right\rangle&=g^2\left(1+2\left\langle\widehat{\boldsymbol{B}}^\dagger\widehat{\boldsymbol{B}}\right\rangle-2\mathrm{Re}[\langle\widehat{\boldsymbol{B}}\widehat{\boldsymbol{B}}\rangle]\right)\end{aligned}\tag{2.109}$$

对于描述为 $|+,n,t\rangle$ 的演化过程，最终发现拉比频率有大小不等的波动：

$$\Delta\Omega^2\equiv\left\langle\widehat{\Omega}_x^2\right\rangle_n=\left\langle\widehat{\Omega}_y^2\right\rangle_n=2g^2\left[1+n-P_z(t)\right]\tag{2.110}$$

这个结果表明，波动受到初始福克 (Fock) 态数和任意给定时间的状态反转的影响。由于 $|P_z|$ 最大只能达到 1/2，式 (2.110) 表明 $\Delta\Omega^2$ 始终不为零。在量子拉比振荡过程中，对于初始真空态 $|+,n=0,t\rangle$ 来说，这些波动的幅度清楚地显示出 $\widehat{\Omega}_x$ 经历了非零波动 [36]。

由于任何单一的实现 j 都很可能有一个非零的 $\Omega_{x,j}$，它将沿着布洛赫 (Bloch) 球面产生一个“常规”的经典运动 $P_j(t)$。如果对所有轨迹 $P_j(t)$ 进行平均，无论是 P_x 还是 P_y 都会平均为零，因为 Ω_x 和 Ω_y 的平均值也会消失。然而，因为个体的实现将使二能级系统远离其激发态，所以 P_z 分量会随时间演变。这种情况是由驱动场中的 $\Delta\Omega$ 波动引起的。

尽管这种推理过于简单，但它表明半经典态系统确实能够解释布洛赫矢量动力学的定性特征。然而，量子拉比振荡的离散性质无法通过半经典方式理解，因为每个单独的 $\Omega_{x,j}$ 将产生不同且连续扩展的拉比频率。因此，量子拉比振荡是一个真正的量子效应。从物理上讲，这是由于量子化光的离散性质导致了离散且与 n 有关的 $\Delta\Omega$ 波动。

如图 2.10 所示，由于 $\Delta\Omega$ 的波动，处于激发态 ($R_z=+1/2$) 的材料开始向基态 ($R_z=-1/2$) 过渡。这个过程似乎是自发发生的，特别是当二能级系统 (TLS) 与真空态相互作用时。在半经典解释中，TLS 的衰变是由光的随机波动触

发的，导致材料激发能量转化为光能量，因此这个过程通常被称为自发辐射。在 Jayne-Cummings 模型中，自发辐射是一个完全可逆的过程，导致了量子拉比振荡的产生。自发辐射也会在具有多种模式的系统中出现。然而，在这些情况下，往往会丧失可逆性，因为一旦光发射出来，它可能会传播出系统而没有机会被重新吸收。

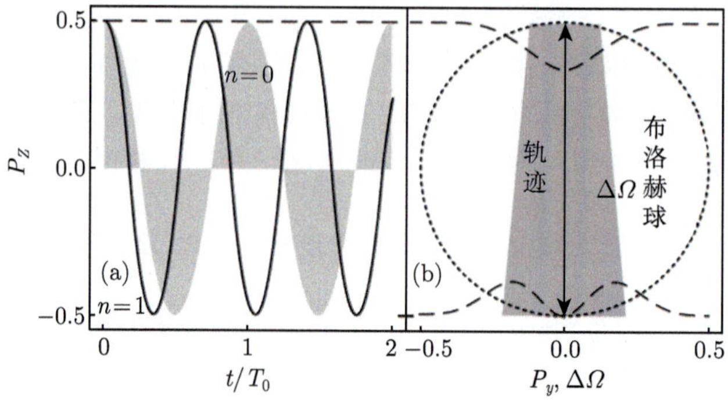

图 2.10 由 Fock 态激发引起的量子拉比振荡。二能级系统在初始时刻 ($t=0$) 处于激发态 $|+\rangle$，与光共振 ($\Delta=0$)。(a) 显示了使用真空态 $|0\rangle$ (阴影区域) 或单光子态 $|0\rangle$ (实线) 进行激发时的布居反转 P_z 动力学；时间 T_0 由方程 $T_n=\dfrac{2\pi}{\sqrt{\Delta^2+4g(n+1)}}$ ($n=0$) 给出。虚线代表完全经典分析结果，在 $t=0$ 时场强和拉比频率都为 0，即 $E=\Omega=0$。对于这种情况，麦克斯韦–布洛赫方程预测 P_z 将保持恒定。(b) 显示了真空态激发下布洛赫矢量 $\overline{\boldsymbol{P}}=(0,0,P_z)$ 的轨迹 (实线，并带有箭头)，以及在 P_z 演化过程中量子涨落 $\Delta\Omega$ 的范围 (阴影区域)。虚线表示 $|0\rangle$ 和 $|1\rangle$ 的边缘分布情况 (倒置、穿越北极点和穿越南极点)。虚线表示布洛赫球面的边界

为了解在 $|+,n=0,t\rangle$ 状态下光场的分布情况，这里研究了象限分布：

$$p_n(x,t)\equiv\langle x|\hat{\rho}_B|x\rangle=|Z_{n+1}(t)|^2|\langle x\mid n\rangle|^2+|S_{n+1}(t)|^2|\langle x\mid n+1\rangle|^2 \tag{2.111}$$

在初始时刻和 $t=T_0/2$ 时，这里的表达式表示 Fock 态 $|n\rangle$ 的概率分布。对于 $|+,n=0,t\rangle$ 态，最初只有真空态的波动。但是，当 TLS 到达南极点时，系统演化为 Fock 态 $|1\rangle$ 的波动。因此，可逆自发辐射过程对应于周期性单光子发射和重吸收的情况。

在考虑电荷场相互作用时，可以通过从规范动量 $\boldsymbol{P}$ 中减去场动量 $q\boldsymbol{A}$ 来获得自由带电粒子的机械动量。因此，相应的经典哈密顿量可以构建为

$$\widehat{\mathcal{H}}=\frac{\left[\widehat{\boldsymbol{P}}-q\widehat{\boldsymbol{A}}(\boldsymbol{r},t)\right]^2}{2m}+q\widehat{\phi}(\boldsymbol{r},t) \tag{2.112}$$

其中，m 是粒子的质量；第一项和第二项分别是自由带电粒子的动能和势能。此

外，规范动量将被量子化为上述经典哈密顿量的量子形式，用于模拟半经典原子场相互作用中的拉比振荡。

2.6.2 卡西米尔力

如图 2.11 所示，卡西米尔效应是一种在真空中通过吸力将两个中性 (无电荷) 金属板靠近的现象。理想情况下，需要使用无限大且无限薄的板。这种看似不可思议的吸引力，在经典理论中并不存在，但被视为量子场论的一个重要结果，因为它证实了零点能的存在。卡西米尔受研究胶体分子之间范德瓦耳斯力的过程启发开始计算卡西米尔力。卡西米尔与迪克 • 波特 (1919—2001) 合作考虑了胶体分子问题的相对论修正，并进一步考虑了两个宏观物体之间色散吸引力问题。当他向玻尔讲述这项工作时，玻尔暗想道：这肯定与零点能有关系。受到灵敏度的启发，卡西米尔完成了计算两个平板之间引力的工作，并得出了著名的卡西米尔力公式。假设两个平面之间的距离为 d，则两个平板之间只存在波长 λ 小于 $2d$ 的波动。或者从粒子角度来看，只有频率大于 $c/(2d)$ 的光子才能在平板之间容纳。由于这种限制，束缚在平面之间的虚拟光子数量要比外部虚拟光子数量少得多，因此涨落能量较小。内外平面之间真空涨落差异产生了向内推力 F(单位面积上的力)，导致它们展现出相互吸引的卡西米尔效应 [37]。

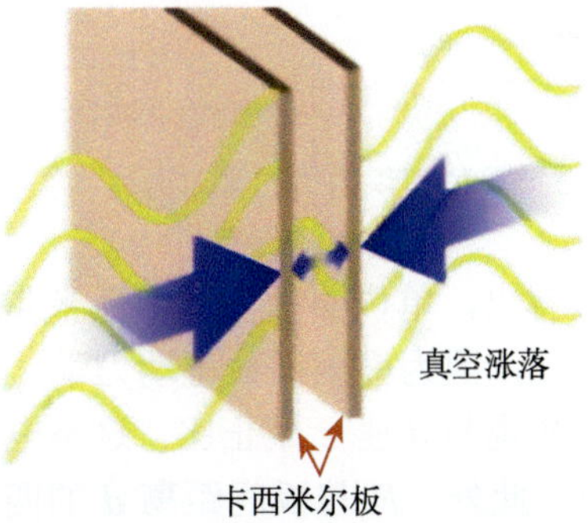

图 2.11 卡西米尔效应

根据量子场论，这种能量差导致了一种可观测的力——卡西米尔力，它试图将两个金属板拉近。以多模系统为例，每个模式产生零点能量 $\frac{1}{2}\hbar\omega_q$。总体而言，我们有

$$E_{\text{zero}} = \sum_q \frac{1}{2}\hbar\omega_q \tag{2.113}$$

作为集体的零点能量。

显然，E_{zero} 的值受系统几何形状的影响，因为几何形状会影响模式的能量分布和态密度。例如，在系统被金属壁包围的情况下，通过调整这些壁之间的距离 ΔL 可以改变态密度。E_{zero} 的这种变化随后在金属壁上产生一个力 $F=\Delta E_{\mathrm{zero}}/\Delta L$，导致了著名的卡西米尔效应。这一现象已经通过各种装置的实验得到证实，且表明卡西米尔力在纳米尺度上尤为显著。

计算真空零点能时，由于不确定性原理，需要考虑所有频率的量子涨落模式，并使用图 2.12 中的能量谱密度 ($\rho_0(\omega)$) 的计算公式来积分所有频率，这显然会带来无限大的零点能量，也是量子场论中紫外发散的体现。然而，计算卡西米尔板内外两个真空涨落之间的差异时，两个趋于无穷大的表达式被减去，并且许多项互相抵消。因此，在距离 d 之间变化的有限大小单位面积上存在一个卡西米尔力 F，如图 2.12 右侧灰色框所示。

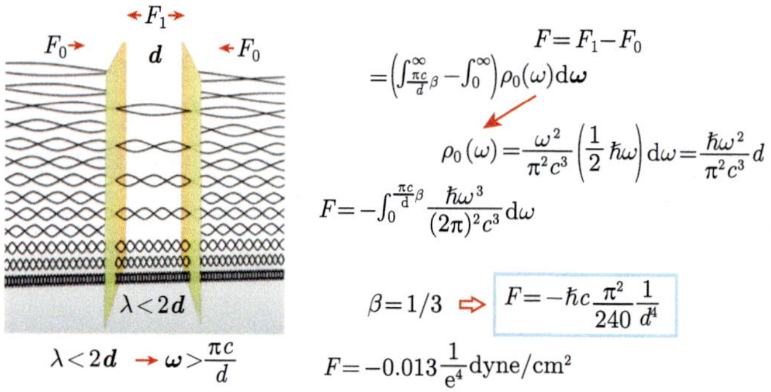

图 2.12　单位面积的卡西米尔力 F 的简单估计

从图中的表达式可以看出，单位面积上的卡西米尔力 F 与普朗克常数 $\hbar$ 成正比，这是量子效应的体现，因为根据经典电动力学，在两个中性导体板之间不可能存在经典力。同时，F 也与光速 c 成正比，这是电磁场的特征常数，反映了计算中相对论效应的考量。此外，F 与板间距离 d 的四次方成反比，说明随着距离减小，F 迅速增加，并且 F 的负号表示这是一种向内吸引的力。

卡西米尔力非常微小，只有当两个平板之间的距离非常接近时才能检测到，具有极端距离的敏感度。例如，考虑微小距离 $d=1\mu\mathrm{m}$ 时，卡西米尔压强约为 1.3mPa，已经是一个宏观值了。在距离 $d=10\mathrm{nm}$ (大约是原子尺度的 100 倍) 处，卡西米尔效应则可以产生 1 个大气压 (101.3kPa)。

卡西米尔力最重要的意义在于它是量子现象的宏观效应。近年来，卡西米尔力不仅在实验测试方面取得了突破，而且在理论研究方面也有所进展。有趣的事实是，卡西米尔的研究始于范德瓦耳斯力的计算，几十年后理论证明这两种看起来完全不同的力本质上是相同的。两者都源自真空涨落，因此两者之间界限开始模糊化，并可以说范德瓦耳斯力实际上是分子尺度上的卡西米尔效应。对范德瓦耳斯力和卡西米尔力之间的关系进行研究还引出了一个有趣的现象：壁虎能爬墙的原因，以前被范德瓦耳斯力所解释，现在可以被描述为卡西米尔力，这证实了“量子现象宏观效应”的说法。

2.6.3 单光子与纠缠光子散射

定义和描述单个光子并不是一个容易的任务，尽管对这个问题进行了几十年的研究，但光子的概念仍然令人困惑，这有时会使其在应用中变得相当棘手。

在最简单的定义中，光子是电磁辐射最基本的离散量，或者如爱因斯坦于 1905 年提出的那样，光子是光的一个量子。光子是一种无质量的玻色子，并且像任何量子物体一样，同时具有粒子和波动的性质。根据实验条件的不同，人们可以分别观察到光子的粒子行为和波动行为，但重要的是要记住，这两者始终同时存在。对于粒子属性，可以使用 Fokker 形式来描述，在该理论框架中，电磁场的模式 (麦克斯韦方程组的解) 的占据度被量化为光子数算符 H 的本征值 N。此时，单个光子就对应于该模式处于光子数 $N = 1$ 的本征态。

量子通信领域通常涉及在空间中不同点之间传输量子信息。光子已经通过光纤成为“经典”信息的载体。它们也适合编码量子比特，由于其速度、相干性和低传播损耗等有利特性，可以实现长距离的量子信息传输。产生、分发和存储纠缠是这些系统的核心，并且适当的单光子或纠缠光子对源是其中一种关键技术，如图 2.13 所示。

超越简单的点对点加密的量子通信应用大多需要某种形式的纠缠态分布。在量子中继链中，量子比特不断从一个中继站传输到另一个中继站，并且一个节点的预测贝尔态测量作为先兆事件，标志着下一个比特的到达。这有效地减少了主要由探测器暗计数引起的一些噪声，从而扩展了量子通信的传输距离。

纯光学量子中继器虽然具有一定的潜力，但是并不能解决由于光子损失而导致的可扩展性问题，因为个别量子比特仍然需要通过光纤进行物理传播。相比之下，量子存储辅助中继器有望通过在长距离上传输量子比特来解决这个问题，而之前的纠缠分布是在长距离上完成的。长距离纠缠是通过中间量子重复器节点之间的纠缠交换来创建的，如果量子重复器确实有助于确保更远距离上的安全通信，那么它们并不会增加数据速率，因为这仍然由光子量子源提供。

为了让单光子能够实现量子计算，必须确保它们具有高效、纯度和不可分割性等正确的特性。最主要的量子计算模型是基于门控制的量子计算，该模型将量子算法分解成作用于单个或多个量子比特的量子门进行处理。然而，在光学系统中，挑战在于光子不能直接相互作用，因此需要一些变通方法来实现基于光学的量子门。2001 年已经证明，使用分束器、相移器、单电子源 (SPS) 和光电探测器可以有效地利用线性光学进行量子计算。

实现线性光学量子门的两种方法是通过后选择或使用额外的辅助光子和前向测量，后者具有多个门可以连续应用的优势。只有一个特定的测量配置被选择，而前向测量则具有多个门可以连续应用的优势，如图 2.14 所示。

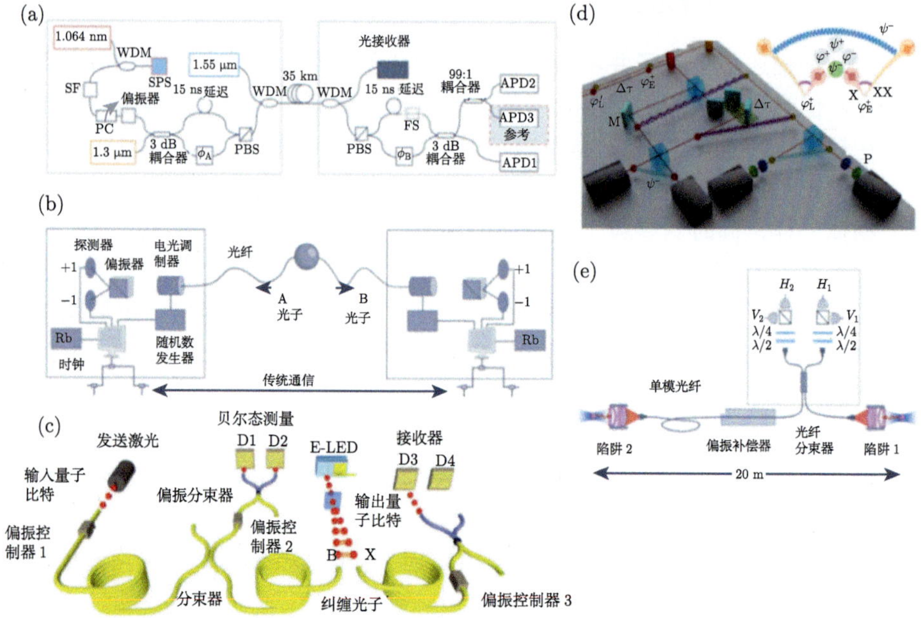

图 2.13 量子通信中的单光子应用。(a) 使用电信量子点 (QD) 单光子源 (SPS) 在 35km 纤维上进行时间槽量子密钥分发；(b) 使用自发参量下转换产生的偏振纠缠光子对进行量子密钥分发；(c) 使用电驱动的 QD-纠缠光子对源 (E-LED)，通过 350m 的光纤将发送器、贝尔态分析仪 (BSM) 和接收器相互连接起来的量子中继装置；(d) 基于量子点 (QD) 光源的相关光路搭建；(e) 通过对光子在光纤中传输的偏振态调控方法

另一种量子计算的方法是基于测量的模型，具体来说就是单向量子计算。首先生成高度纠缠态 (集群态)，然后通过单比特测量和前馈实现计算。在光子系统中，可以通过对单个光子应用 C-Phase 门来产生纠缠态，当使用纠缠光子源时，也可以通过施加纠缠门将预纠缠态连接成更大的纠缠态。

为了进行单向量子计算，必须按照特定的顺序和基准对群态中的光子进行测量。根据测量结果，采用前馈操作，即后续测量角度取决于先前的测量结果。通过使用集群态的纠缠来实现双比特门，并且由于大多数光子团簇态是利用偏振自由度证明的，因此测量等效于使用波片和偏振分束器来投影特定的偏振。

将光子量子技术扩展到更大的系统的关键在于集成源和信息处理元素。其中，一种整合光子源的有效方法是借助硅光子学，具体通过利用硅本身固有的非线性特性来实现。经过色散工程设计的硅波导产生具有谱–时间纯度预测能力的单光子，这些单光子非常适用于在芯片上建立高保真度的线性量子门。其中挑战在于如何在芯片上建立低损耗时延和快速切换，来对成功预测的光子进行门控。一旦实现了理想高效率的单光子芯片发生器，使用光子开发量子计算面临的最大问题是纠缠门的非确定性，这从本质上引入了另一个降低吞吐量效率的因素。该方法从理论上可扩展的量子计算方案设想了一种灵活簇态计算模式概念，将被预测的单光子组装成三光子格林伯格–霍恩–齐林格态 (GHZ 态)，然后融合成复杂的三维簇状状态，其成功率高于开发融合门的渗漏阈值。

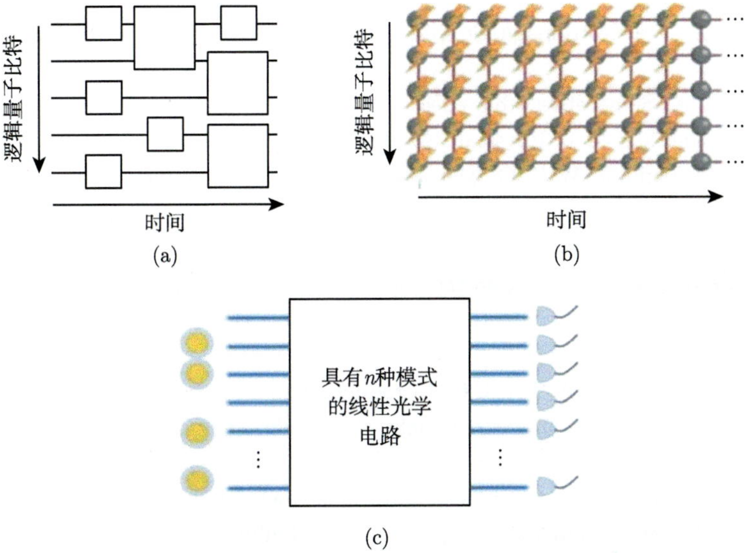

图 2.14　量子计算中的单光子应用。(a) 基于门模型，其中两个量子门需要使用辅助光子和后选择，并且 (b) 基于单比特测量大规模群态的一次性模型。节点表示物理比特，每一行代表一个逻辑比特。线 (连接) 指示 C-Phase 门被应用以生成集团态。首先，最左侧的比特被测量，然后结果反馈到第二列的测量指令中，然后是第三列，…… 直到只剩下一列为止。(c) 波色子采样基于将光子通过线性光学电路进行散射。虽然 A 和 B 部分是通用量子计算方案，但波色子采样在解决某些类型问题时非常有用

2.7　总　结

本章主要探讨了经典电磁学和量子力学的交叉融合理论，通过量子化的麦克斯韦方程组提供了对电磁场作为量子态的全面理解。首先，引入了量子原理和麦克斯韦方程的哈密顿形式，并且考虑自由空间和非均匀介质情况，将电磁场哈密顿分解为其本征模；其次，系统地探讨了经典谐振子的量子化、对易关系的建立、湮灭和产生算符以及基于拉莫尔源的量子化方法，并解决了模式分解所面临的挑

战；最后，进一步深入讨论了量子化麦克斯韦方程组在自发辐射、拉比劈裂、卡西米尔力以及单个和纠缠光子散射等方面的应用。总体而言，本章全面概述了麦克斯韦方程组及其量子效应在各种物理现象中的应用，揭示了微观层面上电磁场的量子运动规律，强调了量子效应在电磁学中的重要意义。

参 考 文 献

[1] Sargent M. Willis E. Lamb Jr (1913–2008) [J]. Nature, 2008, 453: 867.

[2] Greiner W. Classical Electrodynamics[M]. Berlin, Germany: Springer Science & Business Media, 2012.

[3] Bethe H A. The electromagnetic shift of energy levels[J]. Physical Review, 1947, 72(4): 339.

[4] Welton T A. Some observable effects of the quantum-mechanical fluctuations of the electromagnetic field[J]. Physical Review, 1948, 74(9): 1157.

[5] Kroll N M, Lamb Jr W E. On the self-energy of a bound electron[J]. Physical Review, 1949, 75(3): 388.

[6] Ren Q, Lang Y, Jia Y, et al. High-Q metasurface signal isolator for 1.5T surface coil magnetic resonance imaging on the go[J]. Optics Express, 2024, 32(6): 8751-8762.

[7] Bethe H A. The electromagnetic shift of energy levels[J]. Physical Review, 1947, 72(4): 339.

[8] Grynberg G, Aspect A, Fabre C. Introduction to Quantum Optics: From the Semi-Classical Approach to Quantized Light[M]. Cambridge: Cambridge University Press, 2010.

[9] Fang M, Du H, Liu C, et al. Computational methods and techniques for nonlinear optics[M]//Fundamentals and Applications of Nonlinear Nanophotonics. Amsterdam, Netherlands: Elsevier, 2024: 441-471.

[10] Huang Z, Xie G, Ren X, et al. Advances in Time-Domain Computational Electromagnetic Methods[M]//The symplectic FDTD method for Maxwell and Schrödinger equations. Chichester: John Wiley & Sons, 2022: 557-609.

[11] Bliokh K Y, Rodríguez-Fortuño F J, Nori F, et al. Spin–orbit interactions of light[J]. Nature Photonics, 2015, 9(12): 796-808.

[12] Milton K, Schwinger J. Classical electrodynamics [M]. London: CRC Press, 2024.

[13] Milonni P W. The Quantum Vacuum: An Introduction to Quantum Electrodynamics[M]. Cambridge, MA, USA: Academic Press, 2013.

[14] Perina J, Hradil Z, Jurco B. Quantum Optics and Fundamentals of Physics[M]. Berlin, Germany: Springer Science & Business Media, 2012.

[15] Bethe H A. The electromagnetic shift of energy levels[J]. Physical Review, 1947, 72(4): 339.

[16] Welton T A. Some observable effects of the quantum-mechanical fluctuations of the electromagnetic field[J]. Physical Review, 1948, 74(9): 1157.

[17] Kroll N M, Lamb Jr W E. On the self-energy of a bound electron[J]. Physical Review, 1949, 75(3): 388.
[18] Cook R J. Lorentz covariance of photon dynamics[J]. Physical Review A, 1982, 26(5): 2754.
[19] Power E A, Zienau S. Coulomb gauge in non-relativistic quantum electro-dynamics and the shape of spectral lines[J]. Philosophical Transactions of the Royal Society of London. Series A, Mathematical and Physical Sciences, 1959, 251(999): 427-454.
[20] Cohen-Tannoudji C, Dupont-Roc J, Grynberg G. Atom-Photon Interactions: Basic Processes and Applications[M]. Hoboken: John Wiley & Sons, 1992.
[21] Jaynes E T, Cummings F W. Comparison of quantum and semiclassical radiation theories with application to the beam maser[J]. Proceedings of the IEEE, 1963, 51(1): 89-109.
[22] Allen L, Eberly J H. Optical Resonance and Two-Level Atoms[M]. North Chelmsford, MA, USA: Courier Corporation, 2012.
[23] Stenholm S. Foundations of Laser Spectroscopy[M]. North Chelmsford, MA, USA: Courier Corporation, 2012.
[24] Lamb Jr W E. Theory of an optical maser[J]. Physical Review, 1964, 134(6A): A1429.
[25] Gelfand I M, Silverman R A. Calculus of Variations[M]. North Chelmsford, MA, USA: Courier Corporation, 2000.
[26] Grynberg G, Aspect A, Fabre C. Introduction to Quantum Optics: From the Semi-Classical Approach to Quantized Light[M]. Cambridge: Cambridge University Press, 2010.
[27] Ford G W, Lewis J T, O'Connell R F. Quantum langevin equation[J]. Physical Review A, 1988, 37(11): 4419.
[28] Brif C, Mann A. Quantum statistical properties of the radiation field in a cavity with a movable mirror[J]. Journal of Optics B: Quantum and Semiclassical Optics, 2000, 2(1): 53.
[29] Haken H, Wolf H C. The Physics of Atoms and Quanta: Introduction to Experiments and Theory[M]. Berlin, Germany: Springer Science & Business Media, 2006.
[30] Zaitsev O, Deych L. Diagrammatic semiclassical laser theory[J]. Physical Review A—Atomic, Molecular, and Optical Physics, 2010, 81(2): 023822.
[31] Haake F. Non-Markoffian effects in the laser[J]. Zeitschrift für Physik A Hadrons and nuclei, 1969, 227(2): 179-194.
[32] Scully M O, Süssmann G, Benkert C. Quantum noise reduction via maser memory effects: Theory and applications[J]. Physical Review Letters, 1988, 60(11): 1014.
[33] Yamamoto Y, Machida S, Nilsson O. Amplitude squeezing in a pump-noise-suppressed laser oscillator[J]. Physical Review A, 1986, 34(5): 4025.
[34] Mandel L. Optical Coherence and Quantum Optics[M]. Cambridge: Cambridge University Press, 1995.
[35] Carmichael H. An open systems approach to quantum optics: Lectures presented at the

Université Libre de Bruxelles, October 28 to November 4, 1991[M]. Berlin, Germany: Springer Science & Business Media, 1991.

[36] Barnett S M, Allen L, Cameron R P, et al. On the natures of the spin and orbital parts of optical angular momentum[J]. Journal of Optics, 2016, 18(6): 064004.

[37] Franke-Arnold S, Allen L, Padgett M. Advances in optical angular momentum[J]. Laser & Photonics Reviews, 2008, 2(4): 299-313.

第 3 章　麦克斯韦方程的尺度效应

3.1　麦克斯韦方程的本构关系与不适用条件

麦克斯韦方程组描述了电流和电荷如何产生的电磁场, 但是，这些方程并未阐述电流和电荷的起源。因此，为了求解电磁场问题，必须明确物质在场的作用下的行为，这些描述物质行为的方程被称为本构关系。

本构方程利用电场 $\boldsymbol{E}$ 和磁场 $\boldsymbol{H}$ 来表示源极化 $\boldsymbol{P}$ 与磁化 $\boldsymbol{M}$，即 $\boldsymbol{P}=f[\boldsymbol{E}]$ 和 $\boldsymbol{M}=f[\boldsymbol{H}]$, 这等同于电位移 $\boldsymbol{D}=f[\boldsymbol{E}]$ 和磁感应强度 $\boldsymbol{B}=f[\boldsymbol{E}]$。如果我们将这些关系以幂级数形式展开为

$$\boldsymbol{D}=\boldsymbol{D}_0+\left.\frac{\partial D}{\partial E}\right|_{D=0}\boldsymbol{E}+\frac{1}{2}\left.\frac{\partial^2 D}{\partial E^2}\right|_{D=0}\boldsymbol{E}^2+\cdots \tag{3.1}$$

在本节中，首先探讨最低阶项线性依赖于 $\boldsymbol{E}$。在大多数实际情况中，由于辐射场与物质的相互作用相对较弱，通常只需保留一次项来截断幂级数。然而，当作用于物质的场接近原子库仑势时，非线性效应在才会变得显著，这属于强场物理的研究范畴。

在线性材料中，电位移矢量 $\boldsymbol{D}$ 和电场强度 $\boldsymbol{E}$ 之间的最一般线性关系可以描述为

$$\boldsymbol{D}(\boldsymbol{r},t)=\varepsilon_0\int_{-\infty}^{\infty}\int_{-\infty}^{0}\tilde{\varepsilon}\left(\boldsymbol{r}-\boldsymbol{r}',t-t'\right)\boldsymbol{E}\left(\boldsymbol{r}',t'\right)\mathrm{d}^3\boldsymbol{r}'\mathrm{d}t' \tag{3.2}$$

这表明位置 $\boldsymbol{r}$ 和 t 处的响应 $\boldsymbol{D}$ 不仅依赖于该位置和 t 处的激发 $\boldsymbol{E}$，还依赖于所有其他位置 $\boldsymbol{r}'$ 和所有先前时间 t' 处的激发 $\boldsymbol{E}$。这些积分代表了对整个空间和所有过去时间的求和。出于因果性原因 (响应不能在激励源之前发生)，时间积分的范围被限制为 $t'=0$。响应函数 $\tilde{\varepsilon}$ 是一个二阶张量。它根据电场强度 $\boldsymbol{E}$ 将一个向量映射到一个向量 $\boldsymbol{D}$，具体表达为：$D_i=\sum_j\tilde{\varepsilon}_{ij}E_j$，其中 $\{i,j\}\in\{x,y,z\}$。如果材料的响应函数在时间 t 依赖于先前的时间，则该材料称为时间色散材料。类似地，当材料在位置 $\boldsymbol{r}$ 的响应受到其他位置影响时，这类材料被称为具有空间色散特性。这类介质亦被称为非局域介质。

请注意，方程 (3.2) 描述的是空间和时间上的卷积关系，通过应用时间和空

间的傅里叶变换来处理，即

$$\boldsymbol{D}(k_x,k_y,k_z,\omega)=\frac{1}{(2\pi)^4}\int_{-\infty}^{\infty}\int_{-\infty}^{\infty}\int_{-\infty}^{\infty}\int_{-\infty}^{\infty}\boldsymbol{D}(x,y,z,t)\mathrm{e}^{\mathrm{i}k_x x}\mathrm{e}^{\mathrm{i}k_y y}\mathrm{e}^{\mathrm{i}k_z z}\mathrm{e}^{\mathrm{i}\omega t}\mathrm{d}x\mathrm{d}y\mathrm{d}z\mathrm{d}t \tag{3.3}$$

将方程 (3.2) 改写为

$$\boldsymbol{D}(\boldsymbol{k},\omega)=\varepsilon_0\varepsilon(\boldsymbol{k},\omega)\boldsymbol{E}(\boldsymbol{k},\omega) \tag{3.4}$$

其中，ε 是 $\tilde{\varepsilon}$ 的傅里叶变换。请注意，$(\boldsymbol{k},\omega)$ 处的响应现在仅依赖于该点的激发，而不依赖于邻近点 $(\boldsymbol{k}',\omega')$ 的激发。因此，在傅里叶空间中，空间和时间上的非局域关系转变为局域关系，这也是在傅里叶空间中问题通常更简单的原因。

空间色散，即非局域响应，主要出现在材料表面附近或物体尺寸与电子平均围观量子效应的尺寸相当时。通常情况下，非局域效应非常难以处理，在大多数的情况下，这种效应非常微弱，可以安全地忽略它。另外，时间色散是一种普遍存在的现象，准确地考虑它至关重要，通常本构关系可表示为

$$\boldsymbol{D}(\boldsymbol{r},\omega)=\varepsilon_0\varepsilon(\omega)\boldsymbol{E}(\boldsymbol{r},\omega) \tag{3.5}$$

其中，$\varepsilon(\omega)$ 为介电函数，也称为相对电容率。同样地，对于磁场，

$$\boldsymbol{B}(\boldsymbol{r},\omega)=\mu_0\mu(\omega)\boldsymbol{H}(\boldsymbol{r},\omega) \tag{3.6}$$

其中，$\mu(\omega)$ 为相对磁导率。注意，麦克斯韦方程的频谱表示形式在形式上与用于时谐场的复数表示相同。因此，方程 (3.5) 和方程 (3.6) 也适用于时谐场的复振幅：

$$\boldsymbol{D}(\boldsymbol{r})=\varepsilon_0\varepsilon(\omega)\boldsymbol{E}(\boldsymbol{r}),\quad \boldsymbol{B}(\boldsymbol{r})=\mu_0\mu(\omega)\boldsymbol{H}(\boldsymbol{r}) \tag{3.7}$$

然而，这些方程通常不适用于时间依赖场 $\boldsymbol{E}(\boldsymbol{r},t)$，只有在可以忽略色散的情况下，才能将方程 (3.7) 用于时间依赖场，即 $\varepsilon(\omega)=\varepsilon$ 和 $\mu(\omega)=\mu$。

3.2　非线性效应和介观模型的主导方程

3.2.1　玻尔兹曼方程

从玻尔兹曼方程出发，该方程通常用于分析粒子在流体或气体中的位置和动量的概率分布，玻尔兹曼方程的一般形式可以表示为

$$\frac{\partial f}{\partial t}+v\cdot\nabla f+F\cdot\frac{\partial f}{\partial v}=\left(\frac{\partial f}{\partial t}\right)_{\text{collision}} \tag{3.8}$$

在电动力学领域，玻尔兹曼方程可以通过将电荷载体视为一种气体来确定电荷载体在外电磁场作用下的变化。当考虑金属中粒子与外部电磁波相互作用的动力学时，忽略离子的动力学，仅关注电子分布函数 $f_{\mathrm{e}}(\boldsymbol{r}, \boldsymbol{v}, \mathrm{t})$ 的变化，这个函数描述了在特定时间点，电子在位置空间和速度空间中的概率密度。电子的宏观密度和流速是速度分布的平均值：

$$n_{\mathrm{e}} = \int f_{\mathrm{e}}(\boldsymbol{r}, \boldsymbol{v}, t)\mathrm{d}^3 v \tag{3.9a}$$

$$u = \frac{\int_v f_{\mathrm{e}}(\boldsymbol{r}, \boldsymbol{v}, t)\mathrm{d}^3 v}{\int f_{\mathrm{e}}(\boldsymbol{r}, \boldsymbol{v}, t)\mathrm{d}^3 v} \tag{3.9b}$$

将金属中自由电子的玻尔兹曼方程与麦克斯韦方程通过宏观电荷密度 n_{e} 和流速 $\boldsymbol{v}$ 耦合，我们得到

$$\frac{\partial f_{\mathrm{e}}}{\partial t} + \boldsymbol{v}\cdot\nabla f_{\mathrm{e}} + \frac{q_{\mathrm{e}}}{m_{\mathrm{e}}}[(\boldsymbol{E}+\boldsymbol{v}\times\boldsymbol{B})\cdot\nabla]f_{\mathrm{e}} = \left(\frac{\partial f_{\mathrm{e}}}{\partial t}\right)_{\text{collision}} \tag{3.10a}$$

$$\nabla\times\boldsymbol{E} = -\frac{\partial}{\partial t}\boldsymbol{B} \tag{3.10b}$$

$$\nabla\times\boldsymbol{B} = -q_{\mathrm{e}}n_{\mathrm{e}}u + \varepsilon_0\frac{\partial}{\partial t}\boldsymbol{E} \tag{3.10c}$$

$$\nabla\cdot\boldsymbol{E} = \frac{q_{\mathrm{e}}(n_{\mathrm{e}}-n_{\mathrm{i}})}{\varepsilon_0} \tag{3.10d}$$

$$\nabla\times\boldsymbol{B} = 0 \tag{3.10e}$$

其中，q_{e} 和 m_{e} 分别是电子电荷和质量；n_{i} 是在金属中均匀分布的离子密度；$\frac{q_{\mathrm{e}}}{m_{\mathrm{e}}}(\boldsymbol{E}+\boldsymbol{v}\times\boldsymbol{B})$ 是洛伦兹力。方程 (3.10a)～方程 (3.10e) 提供了在有场情况下金属中自由电子气体动力学的非微扰和自洽解形式。接下来，我们将通过对玻尔兹曼方程进行推导，得到流体动力学模型。

1. 零阶方程：连续性方程

通过对方程 (3.8) 在速度空间上积分，我们得到

$$\int\frac{\partial f_{\mathrm{e}}}{\partial t}\mathrm{d}v + \int(\boldsymbol{v}\cdot\nabla_{\boldsymbol{r}})f_{\mathrm{e}}\mathrm{d}v + \frac{q_{\mathrm{e}}}{m_{\mathrm{e}}}\int[(\boldsymbol{E}+\boldsymbol{v}\times\boldsymbol{B})\cdot\nabla_{\boldsymbol{v}}]f_{\mathrm{e}}\mathrm{d}v = \int\left(\frac{\partial f_{\mathrm{e}}}{\partial t}\right)_{\text{collision}}\mathrm{d}v \tag{3.11}$$

第一项给出

$$\int\frac{\partial f_{\mathrm{e}}}{\partial t}\mathrm{d}v = \frac{\partial}{\partial t}\int f_{\mathrm{e}}\mathrm{d}v = \frac{\partial n_{\mathrm{e}}}{\partial t} \tag{3.12}$$

由于 $\boldsymbol{r}$ 和 $\boldsymbol{v}$ 是独立变量，第二项给出

$$\int(\boldsymbol{v}\cdot\nabla_{\boldsymbol{r}})f_{\mathrm{e}}\mathrm{d}v=\nabla\cdot\int\boldsymbol{u}f_{\mathrm{e}}\mathrm{d}v \tag{3.13}$$

其中，$\boldsymbol{u}(\boldsymbol{r},t)$ 是平均粒子速度。考虑第三项，

$$\begin{aligned}&\int[(\boldsymbol{E}+\boldsymbol{v}\times\boldsymbol{B})\cdot\nabla_{\boldsymbol{v}}]\mathrm{d}v\\&=\int\nabla_{\boldsymbol{v}}\cdot(f_{\mathrm{e}}\boldsymbol{E})\mathrm{d}v+\int\nabla_{\boldsymbol{v}}\cdot[f_{\mathrm{e}}(\boldsymbol{v}\times\boldsymbol{B})]\mathrm{d}v-\int f_{\mathrm{e}}\nabla_{\boldsymbol{v}}\cdot(\boldsymbol{v}\times\boldsymbol{B})\mathrm{d}v\\&=\int_{\boldsymbol{S}}[\boldsymbol{E}+f_{\mathrm{e}}(\boldsymbol{v}\times\boldsymbol{B})]\cdot\mathrm{d}\boldsymbol{S}-\int f_{\mathrm{e}}\nabla_{\boldsymbol{v}}\cdot(\boldsymbol{v}\times\boldsymbol{B})\mathrm{d}v\end{aligned} \tag{3.14}$$

这里，$\boldsymbol{S}$ 是体积 v 的封闭表面，对于右侧的前两项，利用速度空间中的高斯散度定理，表面积按 v^2 变化，而函数 f_{e} 则按 $1/v^2$ 的比例变化。因此，当 $v\to\infty$ 时，$f_{\mathrm{e}}\to 0$ 的速度比 $\boldsymbol{S}\to\infty$ 速度更快，这意味着两项积分趋于 0。由于 $\dfrac{\partial}{\partial v}$ 与 $(\boldsymbol{v}\times\boldsymbol{B})$ 垂直，第三项积分也为 0。随着碰撞过程的进行，总电子数保持不变，即

$$\int\left(\frac{\partial f_{\mathrm{e}}}{\partial t}\right)_{\text{collision}}\mathrm{d}v=0 \tag{3.15}$$

因此，我们得到电子连续性方程：

$$\frac{\partial n_{\mathrm{e}}}{\partial t}+\nabla\cdot(n_{\mathrm{e}}\boldsymbol{u})=0 \tag{3.16}$$

连续性方程可以通过将方程 (3.16) 分别乘以电荷 q_{e} 和质量 m_{e} 来作为电荷和质量守恒方程使用。

2. 一阶方程：动量方程

接下来，通过将方程 (3.9b) 乘以 $m_{\mathrm{e}}\boldsymbol{v}$ 并在速度空间上积分，可以得到玻尔兹曼方程的一阶矩：

$$\begin{aligned}&m_{\mathrm{e}}\int\frac{\partial f_{\mathrm{e}}}{\partial t}\mathrm{d}v+m_{\mathrm{e}}\int(\boldsymbol{v}\cdot\nabla_{\boldsymbol{r}})f_{\mathrm{e}}\mathrm{d}v+q_{\mathrm{e}}\int[(\boldsymbol{E}+\boldsymbol{v}\times\boldsymbol{B})\cdot\nabla_{\boldsymbol{v}}]f_{\mathrm{e}}\mathrm{d}v\\&=m_{\mathrm{e}}\int\left(\frac{\partial f_{\mathrm{e}}}{\partial t}\right)_{\text{collision}}\mathrm{d}v\end{aligned} \tag{3.17}$$

第一项给出

$$\int\frac{\partial f_{\mathrm{e}}}{\partial t}\mathrm{d}v=\frac{\partial}{\partial t}(n_{\mathrm{e}}\boldsymbol{u}) \tag{3.18}$$

由于 v 是独立变量，第二项积分可以计算为

$$\int(\boldsymbol{v}\cdot\nabla_{\boldsymbol{r}})f_{\mathrm{e}}\mathrm{d}v=\nabla_{\boldsymbol{r}}\cdot[n_{\mathrm{e}}\langle\boldsymbol{v}\rangle]=\nabla_{\boldsymbol{r}}\cdot[n_{\mathrm{e}}\boldsymbol{u}] \tag{3.19}$$

$\boldsymbol{u}$ 等于平均流速的和，然后我们得到

$$\nabla_{\boldsymbol{r}}\cdot[n_{\mathrm{e}}\langle\boldsymbol{v}\rangle]=\nabla_{\boldsymbol{r}}\cdot[n_{\mathrm{e}}\boldsymbol{u}] \tag{3.20}$$

第三项积分给出

$$\begin{aligned}&\int[(\boldsymbol{E}+\boldsymbol{v}\times\boldsymbol{B})\cdot\nabla_{\boldsymbol{v}}]f_{\mathrm{e}}\mathrm{d}v\\=&\int\nabla_{\boldsymbol{v}}\cdot[f_{\mathrm{e}}(\boldsymbol{E}+\boldsymbol{v}\times\boldsymbol{B})]\,\mathrm{d}v-\int f_{\mathrm{e}}\nabla_{\boldsymbol{v}}\cdot(\boldsymbol{E}+\boldsymbol{v}\times\boldsymbol{B})\mathrm{d}v\\=&\int_{\boldsymbol{S}}f_{\mathrm{e}}(\boldsymbol{E}+\boldsymbol{v}\times\boldsymbol{B})\cdot\mathrm{d}\boldsymbol{S}-\int f_{\mathrm{e}}\nabla_{\boldsymbol{v}}\cdot(\boldsymbol{E}+\boldsymbol{v}\times\boldsymbol{B})\mathrm{d}v\end{aligned} \tag{3.21}$$

右侧的前两项由于与方程 (3.10c) 中的原因相同，因此等于 0。由此，我们得到

$$\int[(\boldsymbol{E}+\boldsymbol{v}\times\boldsymbol{B})\cdot\nabla_{\boldsymbol{v}}]f_{\mathrm{e}}\mathrm{d}v=-n_{\mathrm{e}}(\boldsymbol{E}+\boldsymbol{u}\times\boldsymbol{B}) \tag{3.22}$$

碰撞项的积分使用了弛豫时间近似：

$$\int\left(\frac{\partial f_{\mathrm{e}}}{\partial t}\right)_{\text{collision}}\mathrm{d}v=-n_{\mathrm{e}}\gamma \tag{3.23}$$

结合之前的结果，得到动量方程为

$$m_{\mathrm{e}}n_{\mathrm{e}}\left[\frac{\partial}{\partial t}\boldsymbol{u}+(\boldsymbol{u}\cdot\nabla)\boldsymbol{u}\right]=q_{\mathrm{e}}n_{\mathrm{e}}(\boldsymbol{E}+\boldsymbol{u}\times\boldsymbol{B})-m_{\mathrm{e}}n_{\mathrm{e}}\gamma\boldsymbol{u} \tag{3.24}$$

从数学角度来看，方程 (3.24) 中的 $(\boldsymbol{u}\cdot\nabla)\boldsymbol{u}$ 和 $q_{\mathrm{e}}n_{\mathrm{e}}(\boldsymbol{E}+\boldsymbol{u}\times\boldsymbol{B})$ 是非线性项。

具有高浓度自由载流子 (电子或空穴) 的材料，如金属或高度掺杂的半导体，以及它们的薄膜和纳米结构的光学性质，主要由电磁场与自由载流子等离子体的相干运动的耦合所决定。通过将电子等离子体视为电荷流体，可以构建对载流子动力学的描述，采用一组类流体动力学方程 [1-4]：

$$m(\partial_t\boldsymbol{u}+\boldsymbol{u}\cdot\nabla\boldsymbol{u})+\gamma m\boldsymbol{u}=-e(\boldsymbol{E}+\boldsymbol{u}\times\boldsymbol{H})-\nabla p/n \tag{3.25a}$$

$$\partial_t n+\nabla\cdot(n\boldsymbol{u})=0 \tag{3.25b}$$

其中，n 和 $\boldsymbol{u}$ 分别表示载流子密度和速度的流体动力学变量；e 和 m 分别是电子的电荷和质量；γ 是电子散射率；$\boldsymbol{E}$ 和 $\boldsymbol{H}$ 分别是局域电场和磁场。特别地，流体动力学模型包括对流加速度 $\boldsymbol{u}\cdot\nabla\boldsymbol{u}$、洛伦兹力 $en\boldsymbol{u}\times\boldsymbol{B}$ 和量子压力 $\nabla p/n$，后者在材料线性和非线性响应中均引起非局域效应。流体动力学和电子动力学可以从玻尔兹曼方程 [5] 或密度泛函理论 [6] 中推导出来，其更高级的描述可以通过量子力学计算 [7] 获得。量子压力 $\nabla p/n$，可以在理想费米气体的托马斯–费米理论 [4] 中计算，其中 p 由以下公式给出：

$$p=(3\pi^3)^{2/3}\frac{h^2}{5m}n^{5/3} \tag{3.26}$$

在处理电子气体的线性行为时，方程 (3.25a) 中的非局域项 $\nabla p/n$ 经常在线性化后表示为 $m\beta^2\nabla n/n_0$，其中 β 是空间色散参数，n_0 是平衡电子密度。如何确定 β^2 的值是一个广泛讨论的话题。对于低频 ($\omega\ll\gamma$)，根据托马斯–费米理论，有 $\beta^2=\dfrac{(3\pi^3)^{2/3}}{3}\dfrac{h^2}{m^2}n_0^{2/3}=\dfrac{v_{\mathrm{F}}^2}{3}$，其中 v_{F} 是费米速度。在高频 ($\omega\gg\gamma$) 情况下，$\beta^2=\dfrac{3v_{\mathrm{F}}^2}{5}$ 表示动态压强。

流体动力学方程最初由 Ritchie 在其划时代的著作 [8] 中提出，他成功预测了表面等离子体的存在。在分析自由载流子气体在等离子体纳米结构中受电磁波照射时的行为时,可以利用方程 (3.25a) 和方程 (3.25b) 来计算光学响应。对于处于有限高度的势阱中的气体，电子气体在势垒中的溢出所涉及的量子效应变得至关重要 [9,10]。结合额外的洛伦兹共振项的流体动力学模型，能够精确地再现金属在全光谱范围内的磁化率 [11]。将介观流体动力学方法与电磁建模相结合，可以研究具有任意几何形状的大规模电磁系统。值得注意的是，尽管从微观 ab initio 模型可以获得更定量的结果 [12,13]，但由于计算复杂性，这些模型非常耗时 [14]，并且在许多情况下仅限于考虑的原子数目较少，涉及的系统远小于大多数实验可达到的规模。因此，流体动力学模型在这方面显得更为稳健，经常且成功地用于揭示涉及自由载流子材料的各种纳米尺度光学现象，这一点并不令人惊讶。

3.2.2 流体动力学模型与太赫兹源

在非线性光学领域，流体动力学描述扮演了关键角色，因为电子气体是非线性的主要来源。实际上，电磁场与由任意非磁性材料制成的纳米物体的相互作用是通过波动方程中的极化项强度 $\boldsymbol{P}(\boldsymbol{r},t)$ 来描述的 [15]：

$$\nabla\times\nabla\times\boldsymbol{E}(\boldsymbol{r},t)+\frac{1}{c^2}\partial_{tt}\boldsymbol{E}(\boldsymbol{r},t)+\mu_0\partial_{tt}\boldsymbol{P}(\boldsymbol{r},t)=0 \tag{3.27}$$

其中，$\boldsymbol{E}(\boldsymbol{r},t)$ 代表电场；c 是真空中的光速；μ_0 是真空磁导率。通常，极化率包含了材料的线性和非线性响应的所有信息，也包括其色散。等离子体结构的极化率可以通过流体动力学变量引入方程 (3.27) 中，这些与宏观位置相关的电子密度 $n(\boldsymbol{r},t)$ 和速度 $\boldsymbol{u}(\boldsymbol{r},t)$，随后与极化电流相关联，如下所示：

$$\frac{\partial}{\partial t}\boldsymbol{P}=\boldsymbol{J}=-en\boldsymbol{u} \tag{3.28}$$

关键在于完整的流体动力学描述会引发固有的非线性行为，正如方程 (3.25a) 和方程 (3.25b) 所示，它们涉及流体动力学变量 n 和 $\boldsymbol{u}$，自由电子气体的谐波激发导致极化电流 $\boldsymbol{J}$ 中高次谐波的生成，这些高次谐波由 n 和 $\boldsymbol{u}$ 描述。这些谐波进一步在生成的电子极化中混合 (方程 (3.28))，可作为产生非线性谐波场的源头 (方程 (3.37))。一组非线性流体动力学方程 (方程 (3.25a) 和方程 (3.25b)) 提供了一个自洽的非线性光学过程的框架，这些过程源自等离子体系统中的自由载流子。表面非线性和非局域性的影响通过施加在麦克斯韦方程上的边界条件和垂直于金属边界的消失电流来考虑。在光物质相互作用的微扰区 (弱泵浦场)，主要的非线性极化率是流体动力学变量的二阶结果，源自对流加速度项 $\boldsymbol{u}\cdot\nabla\boldsymbol{u}$、洛伦兹力的磁场分量 $-e\boldsymbol{u}\times\boldsymbol{B}$，以及方程 (3.25a) 中的量子压力项 $\nabla p/n$ 和方程 (3.28) 中的 $n\boldsymbol{u}$ 项 [16]。若超出微扰区，在极高的峰值激发功率下，必须考虑电子气体流体动力学描述中的高阶非线性项，这导致体积和表面非线性效应的结合。这些项的共同作用最终决定了在可见光和红外光照射下，金属及其他高自由载流子浓度的等离子体材料的非线性光学响应，这些响应远离了带间跃迁的光谱范围。特别是，基于流体动力学方法的二阶非线性光学性质和 Kerr 型非线性 [17] 的预测在定性上与实验结果吻合。

对自由电子的全面流体动力学分析揭示了非线性效应中的关键作用，这些效应源自费米气体的非线性响应与金属结构的任意几何形状之间的相互作用，进而促进了等离子体学中的非线性现象的研究。在本章中，我们首先探讨了源自等离子体超表面的高效宽带太赫兹产生。通过基于第一性原理计算中的数值研究，我们分析了由光学整流效应导致的太赫兹产生。这种效应源于对称性破缺的超原子的二阶非线性。随后，我们全面审视了非线性等离子体响应及其与等离子体纳米材料中连续体中的束缚态模式的内在联系，这些联系能够延长等离子体激发的寿命，从而增强二次谐波生成、三次谐波生成以及表面增强拉曼散射等非线性光学过程。最后，我们展示了在静态磁场诱导的时间反演对称性破缺下，周期性纳米结构石墨烯单层中可以实现的拓扑保护单向边缘非线性等离子体，其频率可达红外范围。

在最近的一项实验研究中，报道了一种基于金制开口谐振环单层超表面的新

型宽带太赫兹源 [18]。利用厚度仅为 40nm 的开口谐振环超表面设计，可以实现在 1550nm 光通信波长具有磁偶极子共振模式，通过用红外飞秒激光脉冲激发超表面，由于开口谐振环中的非线性光学整流效应，可以观察到高效的太赫兹发射，测得的超表面太赫兹转换效率与通常用于宽带太赫兹生成的碲化锌非线性晶体处于相同的量级。该单层超表面由金和玻璃制成，使其在太赫兹频率范围内的吸收不足。因此，这种超表面可以用来生成宽带太赫兹信号。在理论分析中，我们可以通过忽略超表面的厚度来预测从超表面生成的太赫兹波，波动方程可以描述在 z 轴传播的非线性介质 $\chi^{(2)}$ 中生成的太赫兹场，其具有二阶非线性波动方程特性：

$$\frac{\partial^2 E_{\mathrm{THz}}(z,t)}{\partial z^2}-\frac{n_{\mathrm{THz}}^2}{c^2}\frac{\partial^2 E_{\mathrm{THz}}(z,t)}{\partial t^2}=\frac{1}{\varepsilon_0 c^2}\frac{\partial^2 P_{\mathrm{THz}}^{(2)}(z,t)}{\partial t^2}=\frac{\chi^{(2)}}{c^2}\frac{\partial^2|E_0(z,t)|^2}{\partial t^2} \tag{3.29}$$

其中，n 代表介质在太赫兹频率下的折射率；c 是光速。太赫兹极化与泵浦激光的功率 $|E_0(z,t)|^2$ 成正比。泵浦激光是一个时间高斯脉冲 $E_0(t)=\cos(\omega_0 t+\phi)g_\sigma(t)$，$E(t)=\cos(\omega_0 t+\phi)g(t)$，其中 $g_\sigma(t)=\mathrm{e}^{-\frac{1}{2}\sigma^2t^2}\Leftrightarrow g_\sigma(\omega)=(\sqrt{2\pi}/\sigma)\mathrm{e}^{-\frac{\omega^2}{2\sigma^2}}$ 是高斯包络，ω_0 是泵浦脉冲的中心频率，ϕ 是相位延迟。泵浦脉冲的半高 (FWHM) 为 $\Delta f_{\mathrm{FWHM}}^{\mathrm{pump}}\approx 2.335\sigma$。从无穷薄非线性超表面产生的太赫兹场可以表示为

$$\begin{aligned}&P^{(2)}(t)\sim E^2(t)=\cos(2\omega_0 t+2\phi)g_\sigma^2(t)+g_\sigma^2(t)\\&\Leftrightarrow P^{(2)}(\omega)\sim \mathrm{e}^{2\mathrm{i}\phi}g_{\frac{1}{\sqrt{2}\sigma}}(\omega-2\omega_0)+\mathrm{e}^{-2\mathrm{i}\phi}g_{\frac{1}{\sqrt{2}\sigma}}(-\omega-2\omega_0)+g_{\frac{1}{\sqrt{2}\sigma}}(\omega)\end{aligned} \tag{3.30}$$

可以清楚看到，前两项是以中心频率 $2\omega_0$ 的二次谐波生成 (SHG)，最后一项是太赫兹发射的源头。因此，太赫兹发射主要依赖于时间高斯包络。基于此，太赫兹场的表达式可以写为

$$\begin{aligned}&E^{(\mathrm{THz})}(\omega)\sim\chi^{(2)}(-\mathrm{i}\omega)^2g_{\frac{1}{\sqrt{2}\sigma}}(\omega)=\chi^{(2)}\omega^2\mathrm{e}^{-\frac{\omega^2}{4\sigma^2}}\\&\Leftrightarrow E^{(\mathrm{THz})}(t)\sim-\chi^{(2)}\partial_t^2 g_{\sqrt{2}\sigma}(t)=\chi^{(2)}\sigma^2(1-2\sigma^2t^2)\mathrm{e}^{-\sigma^2t^2}\end{aligned} \tag{3.31}$$

从方程 (3.31) 可以看出，太赫兹发射的带宽主要受入射脉冲持续时间的限制，太赫兹发射具有一个峰值频率 $f_0^{\mathrm{THz}}=2\sigma$ 和一个带宽 $\Delta f_{\mathrm{FWHM}}^{\mathrm{THz}}\approx 2.31\sigma$。我们可以通过泵浦脉冲的带宽，即 $\Delta f_{\mathrm{FWHM}}^{\mathrm{THz}}\approx 0.98\Delta f_{\mathrm{FWHM}}^{\mathrm{pump}}$ 和 $f_0^{\mathrm{THz}}\approx 0.85\Delta f_{\mathrm{FWHM}}^{\mathrm{pump}}$ 来估算太赫兹发射的峰值频率和带宽。通过改变入射高斯脉冲的持续时间，可以调节生成的太赫兹光谱的带宽。显然，太赫兹发射的带宽和中心频率与泵浦脉冲的带宽呈线性关系。与非线性晶体相比，单层超表面发射器不受余辉带 (Restsrahlen band) 的限制 [19]。因此，通过调整泵浦脉冲的持续时间，可以实现可调的太赫兹带宽。此外，超表面太赫兹发射器的基本泵浦频率具有灵活性，通过优化开口谐振环单元的尺寸，可以轻松调整到任意操作频率。

尽管如此，由于实验中所用的无机晶体探测器的截止频率远小于发射的太赫兹信号，测得的太赫兹信号带宽远小于从分析解中预期的带宽。因此，采用第一性原理方法深入研究非线性超表面中的太赫兹发射机制显得尤为重要。当强电磁场作用于等离子体纳米结构时，它能与等离子体材料内的自由电子相互作用，引发固有的非线性效应。等离子体结构中导带电子的非线性响应可以通过同时求解麦克斯韦方程和流体动力学模型来建模。利用时域有限差分 (finite difference time domain，FDTD) 算法，可以一致地求解麦克斯韦–流体动力学方程，从而精确捕捉到线性、非局域和非线性响应 [20−25]。

图 3.1 (a) 展示了高效紧凑的超表面太赫兹发射器，其中金制的开口谐振环 s 在 x 和 y 方向上周期性排列，支撑于涂有掺锡氧化铟 (indium tin oxide，ITO) 的玻璃基板上。金膜、ITO 和 SiO_2 基板的厚度分别为 40nm、6nm 和 200nm，玻璃基板和 ITO 层被选为相对介电常数分别为 2.25 和 3.8 的非色散介质材料。金的参数为 $n_0 = 5.92\times10^{28}\text{m}^{-3}$ 和 $\gamma = 10.68\times10^{13}\text{rad/s}$。开口谐振环的尺寸与实验样品一致 [18], 在 200THz 频率下激发偶极子，如图 3.1 (a) 所示，一个 x 极化的红外激光脉冲沿 z 方向传播。我们用高斯脉冲形式描述泵浦激光，表达式为 $E(t) = E_0 \exp\left[-2\ln 2(t-t_0)^2/\tau^2\right]\cos(\omega t)$，其中，驱动频率、时间宽度和峰值幅度分别设定为 $\omega = 1.257\times10^{15}\text{rad/s}$, $\tau = 140\text{fs}$ 和 $E_0 = 2\times10^7\text{V/m}$。图 3.1(c) 描述了二阶非线性光谱，呈现出两个峰值：和频生成在约 400THz 处有一个峰值，而差频生成在太赫兹区域显示另一个峰值。图 3.1(d) 对比了超表面的太赫兹发射带宽

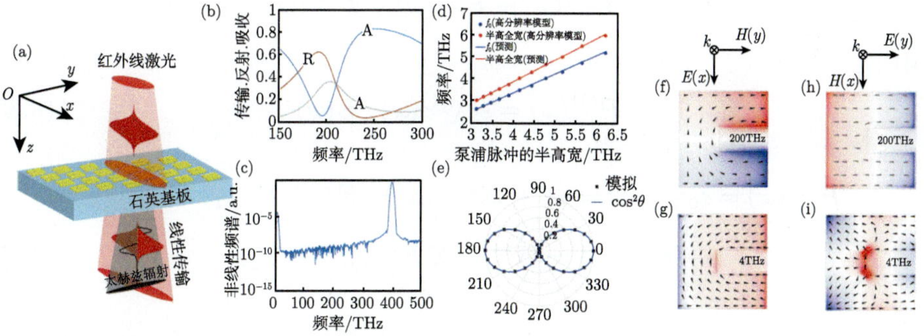

图 3.1 (a) 由周期性排列的开口谐振环组成的超表面结构；(b) 线性信号光谱响应；(c) 非线性信号光谱的半对数图；(d) 泵浦脉冲的半高宽 (FWHM) 与生成的太赫兹频谱带宽 (红点) 和峰值频率 (蓝点) 之间的关系，直线为预测的分析结果；(e) 太赫兹信号的峰峰幅值随极化角度变化的极坐标图；(f)～(i) 在线性响应频率 (200THz) 和太赫兹生成频率 (4THz) 下，两开口谐振环中的电流和电荷密度分布

Δf^{THz} 和中心频率 f_0^{THz} 与入射脉冲带宽 $\Delta f^{\text{inc}} \approx \dfrac{0.44}{\tau}$。第一性原理的 FDTD 计算结果与分析解高度吻合。相比之下，当极化方向与开口谐振环的缝隙垂直 (沿 x 轴) 时，由于对称性，圆形电流的激发被禁止，仅在开口谐振环的臂部激发直线电流。两臂中的非线性电流在 x 轴上表现出反向流动，导致远场辐射消失。因此，所提出的太赫兹发射器确实表现出极化依赖性。图 3.1 (e) 呈现了太赫兹信号峰峰幅值与极化角度的极坐标图。可以观察到，模拟结果与文献 [18] 中报告的开口谐振环超表面的极化控制相一致。

图 3.1(f) ~ (i) 揭示了在 4THz 和 200THz 频率下计算的电荷和电流分布。图 3.1(f) 和 (h) 揭示了开口谐振环正常入射的基本场分布。当入射波的极化方向与开口谐振环的缝隙平行 (沿 x 方向) 时，两臂中的非线性电流沿 y 方向平行，因此在远场中可以观察到强辐射场，如图 3.1(g) 所示。相反，当极化方向垂直于开口谐振环的缝隙时，非线性电流沿 y 方向显示出反向流动，导致远场辐射消失，如图 3.1(i) 所示。

3.2.3 非线性效应和高阶谐波产生的现象描述

非线性光学相互作用相对较弱，只有在高光强度照射下才能观测到。然而，当入射光场与具备共振电磁响应的材料结构相结合时，光场的增强效果会变得显著。特别是在金属–介电体界面附近的亚波长尺度上，等离子体激发的电磁场可以被局域化，这不仅提供了显著的场增强，而且还能增强非线性光学效应。通常情况下，非线性光学现象与驱动场的高次幂成正比 (例如，二次谐波生成 (SHG) 是二阶非线性过程，因此其强度与光场的平方成正比) ，由此诱导的极化可以表示为

$$\boldsymbol{P}(\omega) = \boldsymbol{P}^{(1)}(\omega) + \boldsymbol{P}^{(2)}(\omega) + \boldsymbol{P}^{(3)}(\omega) + \cdots \tag{3.32}$$

其中

$$\boldsymbol{P}^{(1)}(\omega) = \varepsilon_0 \chi^{(1)}(\omega) \cdot \boldsymbol{E}(\omega) \tag{3.33a}$$

$$\begin{aligned}\boldsymbol{P}^{(2)}(\omega) = &\varepsilon_0 \chi^{(2)}(\omega = \omega_1 + \omega_2; \omega_1, \omega_2) \cdot \boldsymbol{E}(\omega) : \boldsymbol{E}(\omega_1) \boldsymbol{E}(\omega_2) \\ &+ \boldsymbol{P}'^{(2)}(\omega) = (\nabla \chi^{(2)}, \nabla \boldsymbol{E}(\omega_1), \nabla \boldsymbol{E}(\omega_2)) + \cdots\end{aligned} \tag{3.33b}$$

$$\begin{aligned}&\boldsymbol{P}^{(3)}(\omega) \\ &= \varepsilon_0 \chi^{(3)}(\omega = \omega_1 + \omega_2 + \omega_3; \omega_1, \omega_2, \omega_3) \cdots \boldsymbol{E}(\omega_1) \boldsymbol{E}(\omega_2) \boldsymbol{E} \times (\omega_3) + \boldsymbol{P}'^{(3)}(\omega) \\ &= (\nabla \chi^{(3)}, \nabla \boldsymbol{E}(\omega_1), \nabla \boldsymbol{E}(\omega_2), \nabla \boldsymbol{E}(\omega_3)) + \cdots\end{aligned} \tag{3.33c}$$

其中，ε_0 代表真空的电容率；$\boldsymbol{E}(\omega_i)$ 是基频电场的单色分量及其对应的频率 ω_i；$\chi^{(n)}$ 是第 n 阶光学非线性极化率张量 (其中 $\chi^{(1)}$ 是线性光学极化率张量)。方程 (3.33b) 和方程 (3.33c) 中的第一项代表了在电偶极子近似下的体非线性响应，而第二项 ($\boldsymbol{P}'^{(2)}$ 和 $\boldsymbol{P}'^{(3)}$)) (包含场的空间导数和非线性极化率) 则体现了非局域的非线性响应。特别地，对于第二阶非线性极化 $\boldsymbol{P}^{(2)}(\omega)$，第二项涵盖了磁偶极子和电四极子的贡献。

Kerr-type 型非线性可以通过材料在控制光作用下的电容率 $\boldsymbol{E}_{\mathrm{c}}(\omega_{\mathrm{c}})$ 变化来描述，并且可以从方程 (3.32) 和方程 (3.33c) 中直接获得，保留主要的三阶非线性项：

$$\boldsymbol{P}(\omega) = \varepsilon_0(\chi^{(1)} + \chi^{(3)}\left|\boldsymbol{E}_{\mathrm{c}}(\omega_{\mathrm{c}})\right|^2)\boldsymbol{E}(\omega) \tag{3.34}$$

等离子体激发对材料中金属结构或周围材料的折射率变化非常敏感。这一特性可被用来确定光控制材料的光性能参数，当控制光束引发非线性变化时，改变等离子体共振，从而影响信号光在波导中的传播以及在等离子体纳米结构中的光传输或反射。

在控制光照射下，三阶 Kerr-type 型非线性导致强度依赖的折射率 $n(I) = n_0 + \gamma\left|E_{\mathrm{loc}}(\omega_{\mathrm{c}})\right|^2$ 和吸收 $\alpha(I)\alpha_0 + \beta\left|E_{\mathrm{loc}}(\omega_{\mathrm{c}})\right|^2$，其中 n_0 和 α_0 分别是线性折射率和吸收系数，$\left|E_{\mathrm{loc}}(\omega_{\mathrm{c}})\right|^2$ 是控制光的强度，γ 和 β 分别是非线性折射 (有时也称为 n_2) 和吸收系数。引入的 $n(I)$ 和 $\alpha(I)$ 的变化可以用于改变与纳米结构相互作用的不同频率信号光的相位或吸收 (即所谓的交叉调制)。强光束也可以通过相同的效应对自身产生影响，从而导致所谓的自调制。局域场可以与等离子体纳米结构的极化率相关联，并且可以引入有效的非线性折射和吸收系数。等离子体共振固有的场增强效应，促进了这种非线性效应，降低了所需的控制光强度。

3.3 电磁场与微观粒子相互作用

3.3.1 外电磁场作用下的薛定谔方程

研究外电磁场与微观粒子相互作用是现代物理学和材料科学的关键领域之一。该研究聚焦于探讨电磁场如何影响微观粒子，包括电子、原子、分子和纳米粒子，并研究这些粒子在电磁场作用下的行为表现 [26-28]。这些研究不仅加深了我们对基础物理现象的理解，而且在电子学、光学、材料科学和量子信息科学等多个应用领域中扮演着至关重要的角色。

在经典电动力学范畴中，我们了解到电磁场通常用电场强度 $\boldsymbol{E}$ 和磁感应强度 $\boldsymbol{B}$ 来描述，这两个量是可以直接测量的物理量。为便于操作和计算，电动力学还

引入了标量电势 φ 和矢量磁势 $\boldsymbol{A}$[29]。这些场量之间的关系可以用以下关系表示

$$\boldsymbol{E}=-\nabla\varphi-\frac{\partial}{\partial t}\boldsymbol{A} \tag{3.35}$$

$$\boldsymbol{B}=\nabla\times\boldsymbol{A} \tag{3.36}$$

电磁场的运动规律也可以写成哈密顿形式。由电动力学可知，质量为 m^{*}、电荷为 q 的粒子在电磁势 (φ，$\boldsymbol{A}$) 所描述的电磁场中运动，其运动方程可由下式所示哈密顿量导出 [30]

$$\begin{aligned}\hat{\boldsymbol{H}}&=\frac{1}{2\mu}(\hat{\boldsymbol{p}}-q\boldsymbol{A})^{2}+q\varphi=\frac{1}{2\mu}\hat{\boldsymbol{p}}^{2}-\frac{q}{2\mu}(\boldsymbol{A}\cdot\hat{\boldsymbol{p}}+\hat{\boldsymbol{p}}\cdot\boldsymbol{A})+\frac{q^{2}}{2\mu}\boldsymbol{A}^{2}+q\varphi\\&=-\frac{\hbar^{2}}{2\mu}\nabla^{2}+\frac{\mathrm{i}q\hbar}{\mu}\boldsymbol{A}\cdot\nabla+\frac{\mathrm{i}\hbar q}{2\mu}(\nabla\cdot\boldsymbol{A})+\frac{q^{2}}{2\mu}\boldsymbol{A}^{2}+q\varphi\end{aligned} \tag{3.37}$$

如果既有电磁场又有保守力场，则应在哈密顿量中加入一个非电磁势项:

$$\hat{\boldsymbol{H}}=\frac{1}{2\mu}(\hat{\boldsymbol{p}}-q\boldsymbol{A})^{2}+q\varphi+U(x) \tag{3.38}$$

带电粒子在电磁场中运动的薛定谔方程是

$$\mathrm{i}\hbar\frac{\partial}{\partial t}\psi=\boldsymbol{H}\psi \tag{3.39}$$

单个粒子在纯电磁场中运动的薛定谔方程为

$$\begin{aligned}\mathrm{i}\hbar\frac{\partial}{\partial t}\psi&=\left[\frac{1}{2\mu}\left(\hat{\boldsymbol{p}}-q\boldsymbol{A}\right)^{2}+q\varphi\right]\psi\\&=\left[-\frac{h^{2}}{2}\nabla^{2}+\frac{\mathrm{i}q\hbar}{\varphi}\boldsymbol{A}\cdot\nabla+\frac{\mathrm{i}q\hbar}{2\mu}\left(\nabla\cdot\boldsymbol{A}\right)+\frac{q^{2}}{2\mu}\boldsymbol{A}^{2}+q\varphi\right]\psi\end{aligned} \tag{3.40}$$

修正后的薛定谔方程完整地描述了在电磁辐射作用下带电粒子的时空演化过程。当带电粒子被激发时，它将处于叠加态。该粒子的概率密度函数 $|\psi|^{2}$ 必须遵循以下连续性方程，类似于电流的连续性方程:

$$\frac{\partial}{\partial t}|\psi|^{2}+\nabla\cdot\boldsymbol{J}_{\mathrm{p}}=0 \tag{3.41}$$

式中，$\boldsymbol{J}_{\mathrm{p}}$ 为概率电流。利用式 (3.41)，我们可以得到

$$\boldsymbol{J}_{\mathrm{p}}=\frac{1}{2}\left\{\left[\frac{-\mathrm{i}\hbar\nabla-q\boldsymbol{A}}{m}\psi\left(\boldsymbol{r},t\right)\right]^{*}\psi\left(\boldsymbol{r},t\right)+\psi^{*}\left(\boldsymbol{r},t\right)\left[\frac{-\mathrm{i}\hbar\nabla-q\boldsymbol{A}}{m}\psi\left(\boldsymbol{r},t\right)\right]\right\} \tag{3.42}$$

对 $\boldsymbol{A}$-φ 方程有贡献的粒子电流为

$$\boldsymbol{J}_q = q\boldsymbol{J}_{\mathrm{p}} \tag{3.43}$$

3.3.2 规范不变性

在经典电磁学理论中，基本物理量是电场强度 $\boldsymbol{E}$ 和磁感应强度 $\boldsymbol{B}$。引入电磁势 φ 和 $\boldsymbol{A}$ 时，它们之间的关系通过方程 (3.35) 和 (3.36) 来表达。然而，这两者并不是完全等价，因为对于特定的 $\boldsymbol{E}$ 和 $\boldsymbol{B}$ 来说，电磁势 φ 和 $\boldsymbol{A}$ 存在不确定性，并且具有规范自由度，这意味着存在另一组电磁势 φ' 和 $\boldsymbol{A}'$。它们与原电磁势 φ 和 $\boldsymbol{A}$ 之间存在以下关系:

$$\begin{cases} \varphi' = \varphi - \dfrac{\partial \chi}{\partial t} \\ \boldsymbol{A}' = \boldsymbol{A} + \nabla \chi \end{cases} \tag{3.44}$$

通过 φ' 和 $\boldsymbol{A}'$，我们同样可以得到相同的 $\boldsymbol{E}$ 和 $\boldsymbol{B}$，其中 χ 是某种在时间和空间上连续的函数，式 (3.44) 称为电磁场的规范变换。在经典电动力学中，电磁场 $\boldsymbol{E}$ 和 $\boldsymbol{B}$ 仅在麦克斯韦方程中出现，因此在电磁势的规范变换下保持不变。换句话说，在经典电动力学中，用电磁势来描述电磁场时，存在着多余的自由度。我们可以通过选择某些约束来确定电磁势，这种情况称为规范条件。常用的规范条件是洛伦兹规范

$$\nabla \cdot \boldsymbol{A} + \frac{1}{c^2}\frac{\partial \varphi}{\partial t} = 0 \tag{3.45}$$

和库仑规范

$$\nabla \cdot \boldsymbol{A} = 0 \tag{3.46}$$

在量子力学领域，规范条件的对象是哈密顿量中涉及的电磁势 (φ 和 $\boldsymbol{A}$)，而非直接涉及电磁场 ($\boldsymbol{E}$ 和 $\boldsymbol{B}$)。在这个系统中，不同规范变换是否会导致不同的结果？如果两组电磁势 (φ', $\boldsymbol{A}'$) 和 (φ, $\boldsymbol{A}$) 满足方程 (3.44) 所定义的关系，那么它们将对应两个不同的哈密顿量:

$$\begin{cases} \hat{\boldsymbol{H}} = \dfrac{1}{2\mu}(\boldsymbol{p} - q\boldsymbol{A})^2 + q\varphi \\ \hat{\boldsymbol{H}}' = \dfrac{1}{2\mu}\left(\boldsymbol{p} - q\boldsymbol{A}'\right)^2 + q\varphi' \end{cases} \tag{3.47}$$

从第一个哈密顿量的薛定谔方程开始入手，即

$$\mathrm{i}\hbar\frac{\partial}{\partial t}\psi = \hat{\boldsymbol{H}}\psi \tag{3.48}$$

对方程中波函数 ψ 进行如下变换：

$$\psi = \mathrm{e}^{-\mathrm{i}q\chi/\hbar}\psi' \tag{3.49}$$

将式 (3.48) 代入式 (3.49) 中，可得到如下薛定谔方程

$$\begin{aligned}\mathrm{i}\hbar\frac{\partial}{\partial t}\psi' &= \left\{\frac{1}{2\mu}[\hat{\boldsymbol{p}} - q(\boldsymbol{A} + \nabla\chi)]^2 + q\left(\varphi - \frac{\partial\chi}{\partial t}\right)\right\}\psi' \\ &= \left[\frac{1}{2\mu}\left(\hat{\boldsymbol{p}} - q\boldsymbol{A}'\right)^2 + q\varphi'\right]\psi' = \hat{\boldsymbol{H}}'\psi'\end{aligned} \tag{3.50}$$

比较式 (3.42) 和式 (3.50) 可以发现，这两个方程可以描述同一个量子问题，只是波函数有一个相应的变换，我们称之为波函数的正则变换。最后，可以总结出在外电磁场作用下的量子力学系统在以下规范变换下保持不变，这种不变性也称为规范不变性。

$$\begin{cases}\varphi \to \varphi' = \varphi - \dfrac{\partial\chi}{\partial t} \\ \boldsymbol{A} \to \boldsymbol{A}' = \boldsymbol{A} + \nabla\chi \\ \psi \to \psi' = \mathrm{e}^{\mathrm{i}q\chi/\hbar}\psi\end{cases} \tag{3.51}$$

3.3.3 偶极近似

偶极近似是量子力学和电磁理论中一个强大且广泛使用的工具，它简化了电磁波与物质之间复杂的相互作用，使我们能够更深入地了解原子和分子对光的吸收、发射和散射等现象。正确理解和应用偶极子近似对于推动光谱学、量子光学以及众多凝聚态物理领域的研究至关重要。

3.3.3.1 电偶极近似

当电磁波的波长 λ 远大于系统的空间范围 ($\lambda \gg a$) 时，系统内电磁场的空间变化可以忽略不计，电场 $\boldsymbol{E}(\boldsymbol{r}, t)$ 可近似为

$$\boldsymbol{E}(\boldsymbol{r}, t) \approx \boldsymbol{E}(t) \tag{3.52}$$

这表明在这个区域内电场是均匀的。

在偶极近似中，原子或分子在电磁场中的相互作用哈密顿量由下式给出:

$$\hat{\boldsymbol{H}}_{\text{int}} = -\hat{\boldsymbol{d}} \cdot \boldsymbol{E}(t) \tag{3.53}$$

其中，$\hat{\boldsymbol{d}}$ 为电偶极矩算子，$\boldsymbol{E}(t)$ 为随时间变化的电场。

对于与频率为 $\omega(\boldsymbol{E}\cos(\omega t))$ 的单色电磁波相互作用的原子或分子，偶极子近似下的相互作用哈密顿量为 $\hat{\boldsymbol{H}}_{\text{int}} = -\hat{\boldsymbol{d}} \cdot \boldsymbol{E}_0 \cos(\omega t)$。

3.3.3.2 偶极近似下的含时薛定谔方程

电磁耦合的含时薛定谔方程在处理一些具体问题时过于复杂，因此可以进行简化。为了简化外部电磁场作用下的薛定谔方程，我们假设磁矢量势 $\boldsymbol{A}$ 近似为仅与时间有关的函数，且电标势 φ 近似为 0。然后，令 $\chi = -\boldsymbol{A}(t) \cdot \boldsymbol{r}$，并进行如下规范变换:

$$\begin{cases} \varphi' = -\dfrac{\partial \chi}{\partial t} = \dfrac{\partial \boldsymbol{A}(t)}{\partial t} \cdot \boldsymbol{r} = -\boldsymbol{E}(t) \cdot \boldsymbol{r} \\ \boldsymbol{A}' = \boldsymbol{A} + \nabla \chi = \boldsymbol{A} - \nabla(\boldsymbol{A}(t) \cdot \boldsymbol{r}) = 0 \\ \psi' = \mathrm{e}^{\mathrm{i}e\chi/\hbar}\psi = \mathrm{e}^{-\mathrm{i}eA(t)r/\hbar}\psi \end{cases} \tag{3.54}$$

将式 (3.54) 代入式 (3.50) 可得

$$\mathrm{i}\hbar \frac{\partial}{\partial t}\psi(\boldsymbol{r}, t) = \left(-\frac{\hbar^2}{2m_0}\nabla^2 - q\boldsymbol{E} \cdot \boldsymbol{r}\right)\psi(\boldsymbol{r}, t) \tag{3.55}$$

若带电粒子处于固定势场，则式 (3.55) 需要写成

$$\mathrm{i}\hbar \frac{\partial}{\partial t}\psi(\boldsymbol{r}, t) = \left(-\frac{\hbar^2}{2m_0}\nabla^2 - q\boldsymbol{E} \cdot \boldsymbol{r} + V\right)\psi(\boldsymbol{r}, t) \tag{3.56}$$

式 (3.56) 是薛定谔方程的偶极近似表示，通过求解式 (3.56) 中的波函数可得到电流密度 $\boldsymbol{J}$。

假设电子密度近似为 N，根据公式 $\boldsymbol{J} = Ne\boldsymbol{v}$，则平均电流密度 $\boldsymbol{J}$ 可由下式求得

$$\boldsymbol{J}(\boldsymbol{r}, t) = \int_{-\infty}^{\infty} \psi^*(\boldsymbol{r}, t)\frac{Ne\hbar}{\mathrm{i}m}\nabla\psi(\boldsymbol{r}, t)\mathrm{d}v \tag{3.57}$$

若将波函数分为实部和虚部:

$$\psi(\boldsymbol{r}, t) = \psi_{\mathrm{R}}(\boldsymbol{r}, t) + \mathrm{i}\psi_{\mathrm{I}}(\boldsymbol{r}, t) \tag{3.58}$$

则式 (3.57) 重新表示为

$$\boldsymbol{J}(\boldsymbol{r}, t) = N\frac{e\hbar}{m}\int_{-\infty}^{\infty} \psi_{\mathrm{R}}(\boldsymbol{r}, t)\nabla\psi_{\mathrm{I}}(\boldsymbol{r}, t) - \psi_{\mathrm{I}}(\boldsymbol{r}, t)\nabla\psi_{\mathrm{R}}(\boldsymbol{r}, t)\mathrm{d}v \tag{3.59}$$

3.3.4 麦克斯韦–薛定谔耦合方程框架

3.3.4.1 偶极近似下的麦克斯韦–薛定谔耦合方程框架

通过结合经典麦克斯韦方程、薛定谔方程 (3.56) 和量子电流项式 (3.59)，我们可以构建出偶极近似下的麦克斯韦–薛定谔耦合方程

$$\mathrm{i}\hbar \frac{\partial}{\partial t}\psi(\boldsymbol{r}, t) = \left(-\frac{\hbar^2}{2m_0}\nabla^2 - q\boldsymbol{E} \cdot \boldsymbol{r} + V\right)\psi(\boldsymbol{r}, t) \tag{3.60a}$$

$$\boldsymbol{J}(\boldsymbol{r},t) = N\frac{e\hbar}{m}\int_{-\infty}^{\infty}\left[\psi_{\mathrm{R}}(\boldsymbol{r},t)\nabla\psi_{\mathrm{I}}(\boldsymbol{r},t) - \psi_{\mathrm{I}}(\boldsymbol{r},t)\nabla\psi_{\mathrm{R}}(\boldsymbol{r},t)\right]\mathrm{d}v \tag{3.60b}$$

这些耦合方程的计算过程如图 3.2 所示，电场强度 $\boldsymbol{E}$ 可通过求解麦克斯韦方程组获得，而波函数 $\psi(\boldsymbol{r}, t)$ 则由偶极近似下的薛定谔 (3.60a) 得到。随后，通过对波函数的求解，可以得到电流密度 $\boldsymbol{J}$ (式 (3.60b))，它作为电子产生的辐射场源，用于求解新的电场强度 $\boldsymbol{E}$。通过这种连续性迭代的过程，我们可以获得各物理量随时间和空间的演化结果。值得注意的是，除了由电子运动产生的极化电流外，辐照场还包括电流源 $\boldsymbol{J}_{\mathrm{e}}$ 和磁电流源 $\boldsymbol{J}_{\mathrm{m}}$，它们与极化电流密度 $\boldsymbol{J}$ 共同作为总场的源。

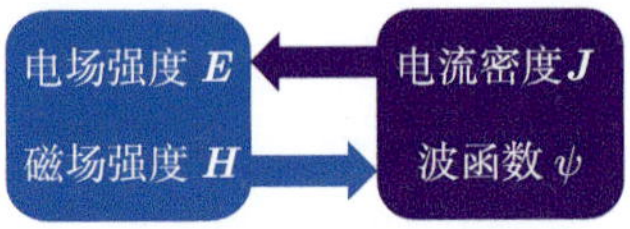

图 3.2 偶极近似下麦克斯韦–薛定谔耦合方程的计算过程

3.3.4.2 非偶极近似下的麦克斯韦–薛定谔耦合方程框架

同样，结合经典麦克斯韦方程、薛定谔方程 (3.40)、量子电流项式 (3.42) 和洛伦兹规范方程 (3.45)，可以构造非偶极近似下的麦克斯韦–薛定谔耦合方程

$$\begin{aligned}
\nabla\times\boldsymbol{E} &= -\frac{\partial}{\partial t}\boldsymbol{B}\\
\nabla\times\boldsymbol{H} &= \frac{\partial}{\partial t}\boldsymbol{D}+\boldsymbol{J}\\
\frac{\partial}{\partial t}\boldsymbol{A} &= -\boldsymbol{E}-\nabla\varphi\\
\frac{\partial}{\partial t}\varphi &= -c_0^2\nabla\cdot\boldsymbol{A}
\end{aligned}\tag{3.61}$$

$$\mathrm{i}\hbar\frac{\partial}{\partial t}\psi(\boldsymbol{r},t) = \left[-\frac{\hbar^2}{2m_0}\nabla^2 + \frac{\mathrm{i}e\hbar}{m_0}\boldsymbol{A}\cdot\nabla + \frac{\mathrm{i}e\hbar}{2m_0}(\nabla\cdot\boldsymbol{A}) + \frac{e^2}{2m_0}\boldsymbol{A}^2 + e\varphi + \boldsymbol{V}\right]\psi(\boldsymbol{r},t)$$

$$\boldsymbol{J}(\boldsymbol{r},t) = \frac{-\mathrm{i}e\hbar}{2m}\left[\psi^*(\boldsymbol{r},t)\nabla\psi(\boldsymbol{r},t) - \psi(\boldsymbol{r},t)\nabla\psi^*(\boldsymbol{r},t)\right] - \frac{e^2}{m}\psi^*(\boldsymbol{r},t)\boldsymbol{A}\psi(\boldsymbol{r},t)$$

式 (3.61) 代表了在非偶极近似下的麦克斯韦–薛定谔耦合方程，该方程的计算流程如图 3.3 所示。首先，通过求解薛定谔方程，我们可以得到作为电磁系统的源 (电流密度 $\boldsymbol{J}$)。接着，通过求解麦克斯韦方程，我们得到 $\boldsymbol{E}$ 和 $\boldsymbol{H}$。利用 $\boldsymbol{E}$ 和洛伦兹规范条件，我们可以求解矢量磁势 $\boldsymbol{A}$ 和标量电势 φ。最后，将 $\boldsymbol{A}$ 和 φ 作为动能项和势能项，耦合到薛定谔方程中。

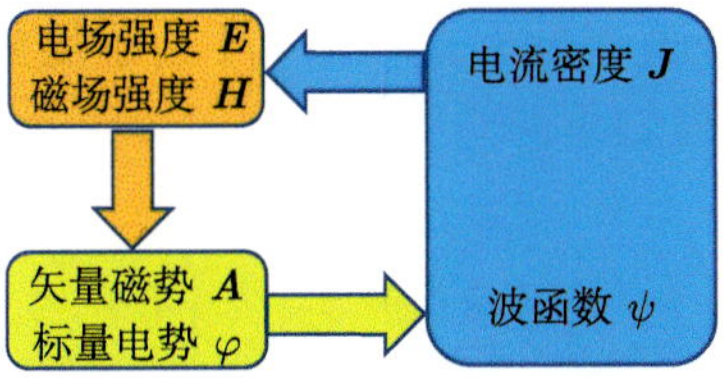

图 3.3 非偶极近似下麦克斯韦–薛定谔耦合方程的计算过程

3.3.5 FDTD 仿真求解麦克斯韦–薛定谔耦合方程

3.3.5.1 基于时域有限差分的数值差分策略

耦合的麦克斯韦–薛定谔方程可以通过 FDTD 方法进行数值求解 [31,32]。这种空间网格和时间步长的配置是基于方程 (3.61) 的微分形式。空间和时间域的网格点配置如图 3.4 所示。在空间域中，$\boldsymbol{E}$、$\boldsymbol{A}$ 和 $\boldsymbol{J}$ 位于元胞边缘的中心，$\boldsymbol{H}$ 位于元胞表面的中心，φ 和 $\boldsymbol{J}$ 位于元胞的角点。在时间域上，$\boldsymbol{E}$ 和 $\boldsymbol{A}$ 在整数时间步长节点上采样，$\boldsymbol{H}$、φ 和 $\boldsymbol{J}$ 在半整数时间步长节点上采样，波函数 ψ 在整数和半整数时间步长节点上采样。

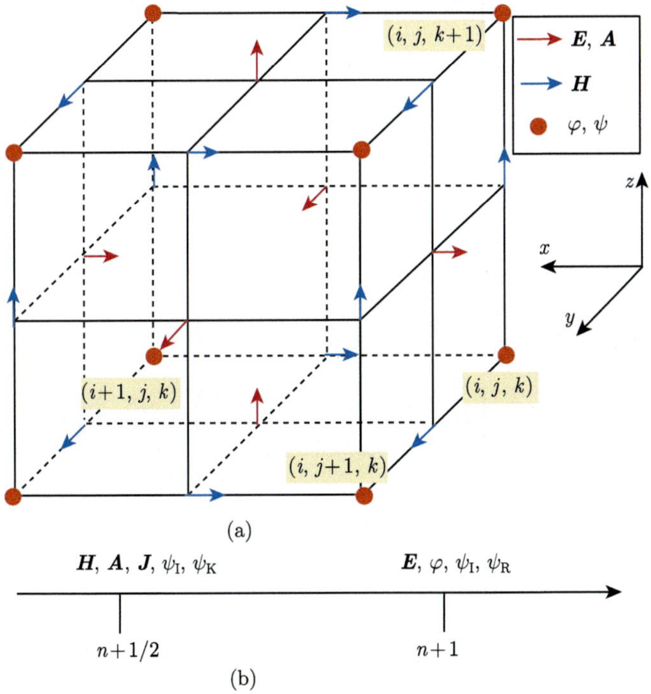

图 3.4 场分量 $(\boldsymbol{E}, \boldsymbol{H}, \boldsymbol{A}, \boldsymbol{J}, \varphi, \psi, \psi_{\mathrm{R}}, \psi_{\mathrm{I}})$ 在索引为 (i, j, k) 的 Yee 元胞上的时间和空间分布，$n+1/2$ 和 $n+1$ 表示时间轴上的点

根据 FDTD 方法的数值差分形式和图 3.4 所示场分量的时空构型，推导出式 (3.61) 中场分量的更新方程如下:

$$E_x^n\left(i+\frac{1}{2},j,k\right)=E_x^{n-1}\left(i+\frac{1}{2},j,k\right)-J_x^{n-\frac{1}{2}}\left(i+\frac{1}{2},j,k\right)+\frac{\Delta t}{\varepsilon}\left\{\begin{array}{l}\dfrac{H_z^{n-\frac{1}{2}}\left(i+\frac{1}{2},j+\frac{1}{2},k\right)-H_z^{n-\frac{1}{2}}\left(i+\frac{1}{2},j-\frac{1}{2},k\right)}{\Delta y}\\-\dfrac{H_y^{n-\frac{1}{2}}\left(i+\frac{1}{2},j,k+\frac{1}{2}\right)-H_y^{n-\frac{1}{2}}\left(i+\frac{1}{2},j,k-\frac{1}{2}\right)}{\Delta z}\end{array}\right\} \tag{3.62a}$$

$$E_y^n\left(i,j+\frac{1}{2},k\right)=E_y^{n-1}\left(i,j+\frac{1}{2},k\right)-J_y^{n-\frac{1}{2}}\left(i,j+\frac{1}{2},k\right)+\frac{\Delta t}{\varepsilon}\left\{\begin{array}{l}\dfrac{H_x^{n-\frac{1}{2}}\left(i,j+\frac{1}{2},k+\frac{1}{2}\right)-H_x^{n-\frac{1}{2}}\left(i,j+\frac{1}{2},k-\frac{1}{2}\right)}{\Delta z}\\-\dfrac{H_z^{n-\frac{1}{2}}\left(i+\frac{1}{2},j+\frac{1}{2},k\right)-H_z^{n-\frac{1}{2}}\left(i-\frac{1}{2},j+\frac{1}{2},k\right)}{\Delta x}\end{array}\right\} \tag{3.62b}$$

$$E_z^n\left(i,j,k+\frac{1}{2}\right)=E_z^{n-1}\left(i,j,k+\frac{1}{2}\right)-J_z^{n-\frac{1}{2}}\left(i,j,k+\frac{1}{2}\right)+\frac{\Delta t}{\varepsilon}\left\{\begin{array}{l}\dfrac{H_y^{n-\frac{1}{2}}\left(i+\frac{1}{2},j,k+\frac{1}{2}\right)-H_y^{n-\frac{1}{2}}\left(i-\frac{1}{2},j,k+\frac{1}{2}\right)}{\Delta x}\\-\dfrac{H_x^{n-\frac{1}{2}}\left(i,j+\frac{1}{2},k+\frac{1}{2}\right)-H_x^{n-\frac{1}{2}}\left(i,j-\frac{1}{2},k+\frac{1}{2}\right)}{\Delta y}\end{array}\right\} \tag{3.62c}$$

$$H_x^{n+\frac{1}{2}}\left(i,j+\frac{1}{2},k+\frac{1}{2}\right)=H_x^{n-\frac{1}{2}}\left(i,j+\frac{1}{2},k+\frac{1}{2}\right)$$

$$-\frac{\Delta t}{\mu}\left\{\begin{array}{l}\dfrac{E_z^n\left(i,j+1,k+\dfrac{1}{2}\right)-E_z^n\left(i,j,k+\dfrac{1}{2}\right)}{\Delta y}\\-\dfrac{E_y^n\left(i,j+\dfrac{1}{2},k+1\right)-E_y^n\left(i,j+\dfrac{1}{2},k\right)}{\Delta z}\end{array}\right\} \tag{3.63a}$$

$$H_y^{n+\frac{1}{2}}\left(i+\frac{1}{2},j,k+\frac{1}{2}\right)=H_y^{n-\frac{1}{2}}\left(i+\frac{1}{2},j,k+\frac{1}{2}\right)-\frac{\Delta t}{\mu}\left\{\begin{array}{l}\dfrac{E_x^n\left(i+\dfrac{1}{2},j,k+1\right)-E_x^n\left(i+\dfrac{1}{2},j,k\right)}{\Delta z}\\-\dfrac{E_z^n\left(i+1,j,k+\dfrac{1}{2}\right)-E_z^n\left(i,j,k+\dfrac{1}{2}\right)}{\Delta x}\end{array}\right\} \tag{3.63b}$$

$$H_z^{n+\frac{1}{2}}\left(i+\frac{1}{2},j+\frac{1}{2},k\right)=H_z^{n-\frac{1}{2}}\left(i+\frac{1}{2},j+\frac{1}{2},k\right)-\frac{\Delta t}{\mu}\left\{\begin{array}{l}\dfrac{E_y^n\left(i+1,j+\dfrac{1}{2},k\right)-E_y^n\left(i,j+\dfrac{1}{2},k\right)}{\Delta x}\\-\dfrac{E_x^n\left(i+\dfrac{1}{2},j+1,k\right)-E_x^n\left(i+\dfrac{1}{2},j,k\right)}{\Delta y}\end{array}\right\} \tag{3.63c}$$

$$A_x^{n+\frac{1}{2}}\left(i+\frac{1}{2},j,k\right)=A_x^{n-\frac{1}{2}}\left(i+\frac{1}{2},j,k\right)-\Delta t E_x^n\left(i+\frac{1}{2},j,k\right)-\frac{\Delta t}{\Delta x}[\varphi^n(i+1,j,k)-\varphi^n(i,j,k)] \tag{3.64a}$$

$$A_y^{n+\frac{1}{2}}\left(i,j+\frac{1}{2},k\right)=A_y^{n-\frac{1}{2}}\left(i,j+\frac{1}{2},k\right)-\Delta t E_y^n\left(i,j+\frac{1}{2},k\right)-\frac{\Delta t}{\Delta y}[\varphi^n(i,j+1,k)-\varphi^n(i,j,k)] \tag{3.64b}$$

$$A_z^{n+\frac{1}{2}}\left(i,j,k+\frac{1}{2}\right)=A_z^{n-\frac{1}{2}}\left(i,j,k+\frac{1}{2}\right)-\Delta t E_z^n\left(i,j,k+\frac{1}{2}\right)$$
$$-\frac{\Delta t}{\Delta z}[\varphi^n(i,j,k+1)-\varphi^n(i,j,k)] \tag{3.64c}$$

$$\varphi^{n+1}(i,j,k)=\varphi^n(i,j,k)-\frac{\Delta t}{c_0^2}\left\{\frac{1}{\Delta x}\left[A_x^{n+\frac{1}{2}}\left(i+\frac{1}{2},j,k\right)-A_x^{n+\frac{1}{2}}\left(i-\frac{1}{2},j,k\right)\right]\right.$$
$$+\frac{1}{\Delta y}\left[A_y^{n+\frac{1}{2}}\left(i,j+\frac{1}{2},k\right)-A_y^{n+\frac{1}{2}}\left(i,j-\frac{1}{2},k\right)\right]$$
$$\left.+\frac{1}{\Delta z}\left[A_z^{n+\frac{1}{2}}\left(i,j,k+\frac{1}{2}\right)-A_z^{n+\frac{1}{2}}\left(i,j,k-\frac{1}{2}\right)\right]\right\} \tag{3.65}$$

对于薛定谔方程，为了避免出现复数，我们可以将变量 $\psi(\boldsymbol{r},t)$ 分成实部和虚部:

$$\psi(\boldsymbol{r},t)=\psi_{\mathrm{R}}(\boldsymbol{r},t)+\mathrm{i}\psi_{\mathrm{I}}(\boldsymbol{r},t) \tag{3.66}$$

将式 (3.66) 代入式 (3.63) 中的薛定谔方程，可以得到如下耦合方程组:

$$\begin{aligned}\frac{\partial}{\partial t}\psi_{\mathrm{I}}(\boldsymbol{r},t)=&\frac{\hbar}{2m}\nabla^2\psi_{\mathrm{R}}(\boldsymbol{r},t)-\left(\frac{e^2}{2m\hbar}\boldsymbol{A}^2+\frac{e\varphi}{\hbar}+\frac{V}{\hbar}\right)\psi_{\mathrm{R}}(\boldsymbol{r},t)\\&+\frac{e}{m}\boldsymbol{A}\cdot\nabla\psi_{\mathrm{I}}(\boldsymbol{r},t)+\frac{e}{2m}(\nabla\cdot\boldsymbol{A})\psi_{\mathrm{I}}(\boldsymbol{r},t)\\\frac{\partial}{\partial t}\psi_{\mathrm{R}}(\boldsymbol{r},t)=&-\frac{\hbar}{2m}\nabla^2\psi_{\mathrm{I}}(\boldsymbol{r},t)-\left(\frac{e^2}{2m\hbar}\boldsymbol{A}^2+\frac{e\varphi}{\hbar}+\frac{V}{\hbar}\right)\psi_{\mathrm{I}}(\boldsymbol{r},t)\\&+\frac{e}{m}\boldsymbol{A}\cdot\nabla\psi_{\mathrm{R}}(\boldsymbol{r},t)+\frac{e}{2m}(\nabla\cdot\boldsymbol{A})\psi_{\mathrm{R}}(\boldsymbol{r},t)\end{aligned} \tag{3.67}$$

同样，式 (3.67) 可以用 FDTD 方法求解，递推公式如下:

$$\psi_{\mathrm{R}}^{n+1}(k)=\psi_{\mathrm{R}}^n(k)-\frac{\hbar\Delta t}{2m}\alpha_k\left[\psi_{\mathrm{I}}^{n+\frac{1}{2}}(k)\right]$$
$$+\frac{e\Delta t}{2m}\beta_k\left[\frac{1}{2}\left\{A_z^{n+\frac{1}{2}}\left(i,j,k+\frac{1}{2}\right)+A_z^{n+\frac{1}{2}}\left(i,j,k-\frac{1}{2}\right)\right\}\psi_{\mathrm{R}}^{n+\frac{1}{2}}(k)\right]$$
$$+\frac{e\Delta t}{4m}\left\{A_z^{n+\frac{1}{2}}\left(i,j,k+\frac{1}{2}\right)+A_z^{n+\frac{1}{2}}\left(i,j,k-\frac{1}{2}\right)\right\}\beta_k\left\{\psi_{\mathrm{R}}^{n+\frac{1}{2}}(k)\right\}$$
$$+\frac{\Delta t}{\hbar}\left[\frac{e^2}{8m}\left\{A_z^{n+\frac{1}{2}}\left(i,j,k+\frac{1}{2}\right)+A_z^{n+\frac{1}{2}}\left(i,j,k-\frac{1}{2}\right)\right\}^2\right.$$

$$+e\varphi^{n+\frac{1}{2}}(i,j,k)+V(k)\Big]\psi_I^{n+\frac{1}{2}}(k) \tag{3.68}$$

$$\begin{aligned}\psi_{\mathrm{I}}^{n+1}(k)=\psi_{\mathrm{I}}^{n}(k)+\frac{\hbar\Delta t}{2m}\alpha_k\left[\psi_{\mathrm{R}}^{n+\frac{1}{2}}(k)\right]\\
&+\frac{e\Delta t}{2m}\beta_k\left\{\frac{1}{2}\left[A_z^{n+\frac{1}{2}}\left(i,j,k+\frac{1}{2}\right)+A_z^{n+\frac{1}{2}}\left(i,j,k-\frac{1}{2}\right)\right]\psi_{\mathrm{I}}^{n+\frac{1}{2}}(k)\right\}\\
&+\frac{e\Delta t}{4m}\left[A_z^{n+\frac{1}{2}}\left(i,j,k+\frac{1}{2}\right)+A_z^{n+\frac{1}{2}}\left(i,j,k-\frac{1}{2}\right)\right]\beta_k\left[\psi_{\mathrm{I}}^{n+\frac{1}{2}}(k)\right]\\
&-\frac{\Delta t}{\hbar}\left\{\frac{e^2}{8m}\left[A_z^{n+\frac{1}{2}}\left(i,j,k+\frac{1}{2}\right)+A_z^{n+\frac{1}{2}}\left(i,j,k-\frac{1}{2}\right)\right]^2\right.\\
&\left.+e\varphi^{n+\frac{1}{2}}(i,j,k)+V(k)\right\}\psi_{\mathrm{R}}^{n+\frac{1}{2}}(k)\end{aligned} \tag{3.69}$$

这些方程中的算子 α 和 β 定义为如下所示的六阶精确差分公式，并用于分别计算任意函数 χ 对 $\partial^2/\partial z^2$ 和 $\partial/\partial z$ 的二阶和一阶导数:

$$\alpha\left[\chi(k)\right]=\frac{1}{90\Delta z^2}\left\{\begin{array}{l}\chi\left(k+3\right)-13.5\chi\left(k+2\right)+135\chi\left(k+1\right)-245\chi(k)\\+135\chi(k-1)-13.5\chi\left(k-2\right)+\chi\left(k-3\right)\end{array}\right\} \tag{3.70}$$

$$\beta\left[\chi(k)\right]=\frac{1}{60\Delta z}\left\{\begin{array}{l}\chi\left(k+3\right)-9\chi\left(k+2\right)+45\chi\left(k+1\right)\\-45\chi\left(k-1\right)+9\chi\left(k-2\right)-\chi\left(k-3\right)\end{array}\right\} \tag{3.71}$$

考虑 $\partial/\partial z$ 的一阶导数 (这里只考虑 A_z 分量)，式 (3.61) 中的量子电流密度 $\boldsymbol{J}$ 的计算公式为

$$\begin{aligned}J_z^{n+\frac{1}{2}}(k+1)=\frac{e\hbar}{m}\left\{\psi_{\text{real}}^{n+\frac{1}{2}}(k)\beta\left[\psi_{\text{imag}}^{n+\frac{1}{2}}(k)\right]-\psi_{\text{imag}}^{n+\frac{1}{2}}(k)\beta\left[\psi_{\text{real}}^{n+\frac{1}{2}}(k)\right]\right\}\\
-\frac{e^2}{2m}\left\{\left[\psi_{\text{real}}^{n+\frac{1}{2}}(k)\right]^2+\left[\psi_{\text{imag}}^{n+\frac{1}{2}}(k)\right]^2\right\}\left[A_z^{n+\frac{1}{2}}\left(i_{\mathrm{T}},j_{\mathrm{T}},k+\frac{1}{2}\right)+A_z^{n+\frac{1}{2}}\left(i_{\mathrm{T}},j_{\mathrm{T}},k-\frac{1}{2}\right)\right]\end{aligned} \tag{3.72}$$

3.3.5.2 电磁场控制纳米管中量子态转换的数值模拟

当前，量子态控制的主要技术手段是借助激光场来实现的。鉴于量子效应和电磁效应共存问题，电子与辐射场之间形成了复杂的相互作用。传统量子控制策略认为，在电子密度极低的情况下，量子电磁耦合效应可以被忽略，从而允许对微

观粒子的量子效应和辐射场的电磁效应分别独立求解。然而，在人工量子点结构中，若存在充足的电子或电子密度较高，则量子电磁耦合效应变得不容忽视。在这种情况下，构建一个精确的理论模型以解决这一问题变得至关重要。本部分将通过数值求解先前构建的麦克斯韦–薛定谔耦合方程，模拟实现量子态的精确跃迁。

根据量子态控制理论，控制脉冲发生器的设计旨在使电子从基态 ψ_0 激发到目标态 ψ_1。通过求解如下方程，可以产生控制脉冲 E^{s}，为

$$E^{\mathrm{s}} = -2\frac{E_0}{m_0}\mathrm{Im}\left\langle \psi' \left| Wez \right| \psi' \right\rangle \tag{3.73}$$

其中，W 表示目标态的投影算子 $|\psi_1\rangle\langle\psi_1|$，并且 $\psi' = \exp\left[-\mathrm{i}\frac{e}{\hbar}A_z(z,t)\cdot r\right]\psi$，这是波函数的一个幺正变换，式 (3.73) 的详细推导过程参考文献 [33]。最后，利用麦克斯韦–薛定谔方程 (3.61) 和控制脉冲 E^{s} 方程 (3.73)，搭建了一个涉及多物理场问题求解的量子–电磁耦合模型。如图 3.5 所示，在仿真系统中引入均匀平面波源并作用于纳米管上，处于纳米管中的电子在平面波的照射下 (吸收光子)，从低能级轨道跃迁到更高的能级轨道上。

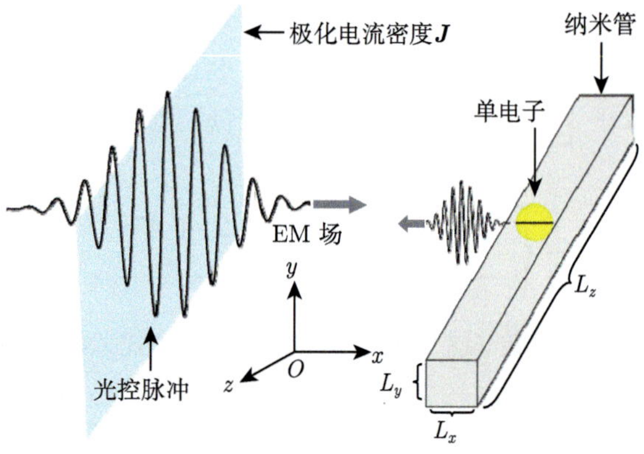

图 3.5 电磁脉冲控制纳米管中电子量子态的示意图

图 3.6 展示了前面所提出的麦克斯韦–薛定谔耦合系统中场分量更新方法的流程。首先，通过电子的波函数计算出控制脉冲 E^{s} (式 (3.73))，随后，电子运动产生的极化电流密度 J_z 驱动麦克斯韦方程，得到辐射场。接下来，将辐射场与控制脉冲 E^{s} 叠加，形成作用于薛定谔方程所描述的量子系统的总外部电磁场。具体来说，控制脉冲 E^{s} 被转换为 A^{s}，然后与 A_z 叠加，并整合进多物理场模拟。

最终，根据图 3.5 所示的仿真模型，执行数值多物理场仿真。对于电磁系统，计算区域由 50 ×50 ×120 个 Yee 元胞组成，其中卷积完美匹配层 (CPML) 区域设置为 10 层 [34]，元胞尺寸选定为 $\Delta x = \Delta y = 1\mathrm{nm}$，$\Delta z = 0.01\mathrm{nm}$。对于量子

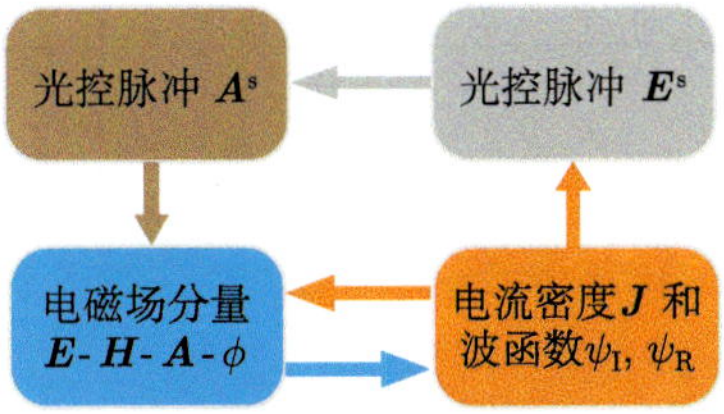

图 3.6 该方法对麦克斯韦–薛定谔耦合系统中场分量进行更新的流程

系统，由于电子被限制在沿 z 轴的准一维空间中，其波函数只依赖于 z 坐标。在其他方向上，波函数是均匀的，且仅在 Yee 元胞的一个单位 Δx 和 Δy 中取非零值。因此，波函数被归一化为

$$\Delta x\Delta y\int_{-\infty}^{\infty}D\left|\psi\left(z\right)\right|^{2}\mathrm{d}z=1 \tag{3.74}$$

选择沿 z 方向的纳米管长度为 1nm，则在量子体系中包含 100 个 Yee 元胞。

图 3.7 所示为限制势为 V (图 3.8) 的基态 ψ_0 和激发态 ψ_1 空间分布。进行数值仿真时，将波函数定义成如下叠加态形式:

$$\psi=\sqrt{0.9999}\psi_0+\sqrt{0.0001}\psi_1 \tag{3.75}$$

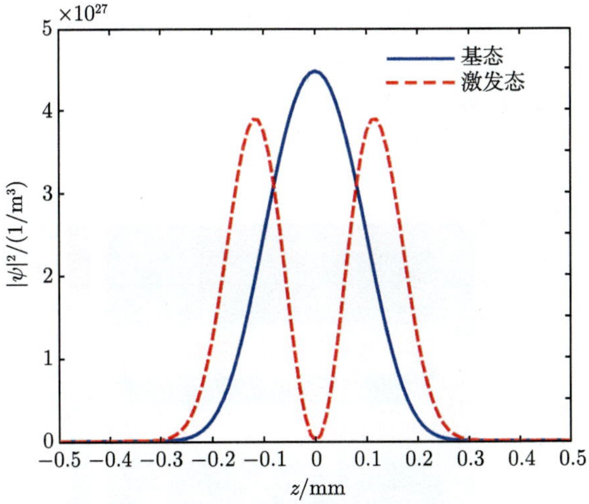

图 3.7 基态和激发态的电子波包分布 (对应的本征能量分别为 2.05eV 和 7.35eV)

如图 3.9 所示，电子波包 $|\psi|^2$ 最初以单峰形式存在，对应于电子的基态。随后，在大约 2fs 时，电子波包开始波动。在 2~10fs 的时间间隔内，电子波包在脉

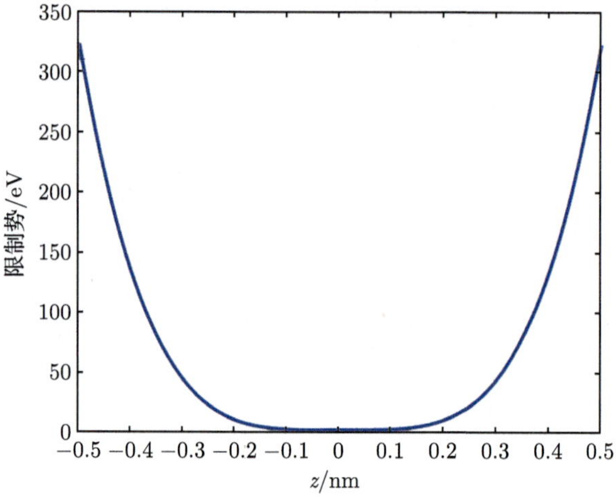

图 3.8 沿 z 方向的限制势 V

冲照射下快速振荡，并最终转化为双峰形式，对应于电子的第一激发态。为了更精确地量化量子态跃迁效率，我们定义了跃迁速率因子 Ω_k 为

$$\Omega_k = \langle\psi'|\,\psi_k\rangle\,\langle\psi_k\,|\psi'\rangle \tag{3.76}$$

其中，ψ_k 表示电子的量子态。跃迁速率因子的值随时间的演化过程如图 3.10 所示。随着仿真时间的增加 (脉冲逐渐增大期间 (3 ~10fs))，Ω_0 从 1 减小到 0，Ω_1 从 0 增大到 1。最终，当脉冲消失时，Ω_1 的值保持稳定，表明电子已从基态完美跃迁到激发态。上述仿真过程说明，微纳系统中存在量子效应，且不可忽略其对宏观电磁系统的影响。此外，数值仿真结果也验证了基于 FDTD 方法求解麦克斯韦–薛定谔方程的正确性和有效性。

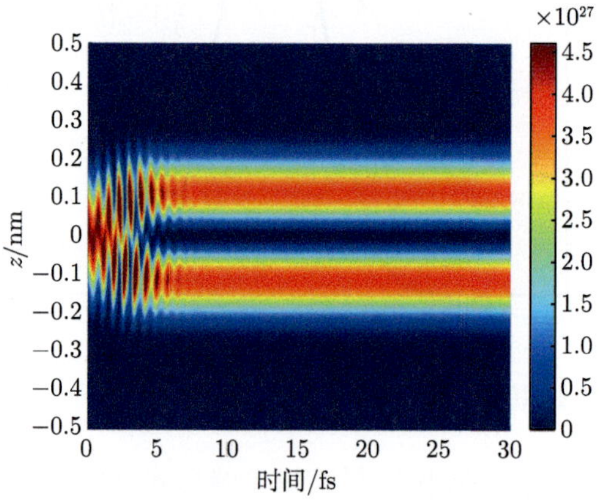

图 3.9 $|\psi|^2$ 的时空图

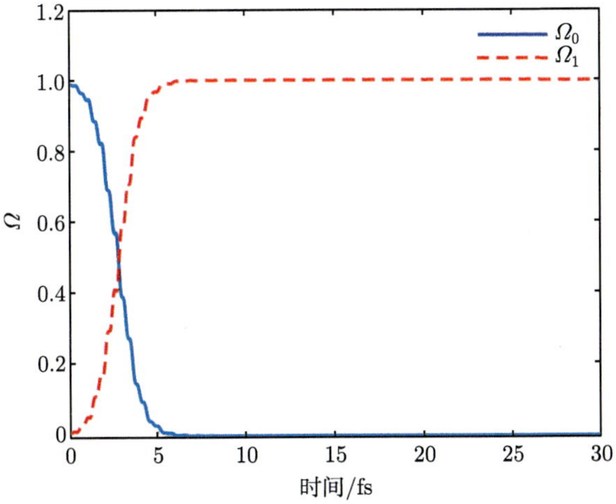

图 3.10 跃迁速率因子 Ω 的值随时间的演化过程

3.3.6 外加电磁场作用下的光学布洛赫方程

在量子力学领域，描述微观粒子状态有两种主要方法：① 薛定谔波动力学方法；② 矩阵力学方法。薛定谔波动力学因其物理概念清晰以及对粒子性质的直观描述而成为更主流的方法。相对而言，矩阵力学方法在表达上更为简洁，便于广泛应用于解决实际的量子力学问题。本节内容将采用矩阵力学方法来阐述量子力学中微观粒子的状态。

3.3.6.1 光学布洛赫方程的相互作用哈密顿算子

密度算子的狄拉克形式为 $\rho(t) = |\psi(t)\rangle\langle\psi(t)|$，其中 ψ 代表波函数。从薛定谔方程出发，我们可以推导出密度算子 $\rho(t)$ 的时间演化方程 [35]

$$\mathrm{i}\hbar\frac{\partial}{\partial t}|\psi(t)\rangle = H(t)|\psi(t)\rangle \tag{3.77a}$$

$$\mathrm{i}\hbar\frac{\partial}{\partial t}\langle\psi(t)| = H(t)\langle\psi(t)| \tag{3.77b}$$

将密度算子 $\rho(t)$ 代入式 (3.77a) 和式 (3.77b) 中，或将波函数展开为本征态的时域求和形式，我们可以得到密度矩阵的运动方程，即光学布洛赫方程

$$\mathrm{i}\hbar\frac{\partial}{\partial t}\rho_{\mathrm{I}}(t) = H_{\mathrm{I}}(t)\,\rho_{\mathrm{I}}(t) - \rho_{\mathrm{I}}(t)\,H_{\mathrm{I}}(t) = [H_{\mathrm{I}}(t)\,,\rho_{\mathrm{I}}(t)] \tag{3.78}$$

其中，$\rho_{\mathrm{I}}(t)$ 表示相互作用中的密度矩阵，$H_{\mathrm{I}}(t)$ 表示相互作用的哈密顿算子，可以表示为

$$\boldsymbol{H}=-\frac{q}{2m_q}\left(\boldsymbol{A}_{\text{tot}}\,\hat{\boldsymbol{p}}+\hat{\boldsymbol{p}}\boldsymbol{A}_{\text{tot}}\right)+\frac{q^2}{2m_q}\boldsymbol{A}_{\text{tot}}^2+q_{\text{tot}} \tag{3.79}$$

式中，矢量磁位 $\boldsymbol{A}_{\text{tot}}$ 为散射场 $\boldsymbol{A}_{\text{sca}}$ 与入射泵浦场 $\boldsymbol{A}_{\text{inc}}$ 之和，$\varphi_{\text{tot}}=\varphi$，$\hat{\boldsymbol{p}}=-\mathrm{i}\hbar\nabla$。

为了突破偶极近似，即考虑原子尺度下的场梯度变化，并兼顾计算复杂性，式 (3.79) 中的算子矩阵表达可采用快速三维空间积分运算，表达式为

$$\boldsymbol{A}_{\text{tot},I_{ij}}=\langle\psi_i(t)|\,\boldsymbol{A}_{\text{tot}_{ij}}(\boldsymbol{r},t)\,|\psi_j(t)\rangle\,\mathrm{e}^{\mathrm{i}[(\omega_i-\omega_j)t]} \tag{3.80}$$

$$\varphi_{I_{ij}}=\langle\psi_i(t)|\,\varphi_{ij}(\boldsymbol{r},t)\,|\psi_j(t)\rangle\,\mathrm{e}^{\mathrm{i}[(\omega_i-\omega_j)t]} \tag{3.81}$$

$$\hat{\boldsymbol{p}}_{I_{ij}}=\langle\psi_i(t)|-\mathrm{i}\hbar\nabla\,|\psi_j(t)\rangle\,\mathrm{e}^{\mathrm{i}[(\omega_i-\omega_j)t]} \tag{3.82}$$

式中，ω 为轨道本征频率。

在外加电磁场作用下，粒子运动产生量子电流，量子电流表达式为

$$\boldsymbol{J}_q(\boldsymbol{r},t)=N_q\sum_{i,i}\rho s_{i,j}\psi_i^*(\boldsymbol{r})(qV)\psi_j(\boldsymbol{r}) \tag{3.83}$$

这里，N_q 是电子密度；$\boldsymbol{V}=(\hat{\boldsymbol{p}}-q\boldsymbol{A}_{\text{tot}})/m$ 是速度算子。

3.3.6.2 基于势函数和光布洛赫方程的电磁–量子耦合系统

在上文中构建的耦合麦克斯韦–薛定谔方程涉及六个物理量：$\boldsymbol{E}$、$\boldsymbol{H}$、$\boldsymbol{A}$、φ、ψ 和 $\boldsymbol{J}$。在耦合电磁–量子系统中，计算步骤较多。特别是描述电磁场的方程由四个物理量 $\boldsymbol{E}$、$\boldsymbol{H}$、$\boldsymbol{A}$ 和 φ 构成。当方程数量从四个增加到八个，计算所需时间自然也会增长。实际上，任意组合的 $\boldsymbol{E}$ 和 $\boldsymbol{H}$ 或 $\boldsymbol{A}$ 和 φ 均能描述电磁系统，因此，通过直接求解 $\boldsymbol{A}$ 和 φ 的波动方程，可以简化计算流程。求解 $\boldsymbol{A}$ 和 φ 的方法多种多样，其中一种方法是同时求解 $\boldsymbol{A}$ 和 φ 的两个波动方程，并结合电流连续性方程，从而得到以下方程：

$$\begin{aligned}\nabla^2\boldsymbol{A}-\frac{1}{c_0^2}\frac{\partial^2}{\partial t^2}\boldsymbol{A}&=-\mu\boldsymbol{J}\\ \nabla^2\varphi-\frac{1}{c_0^2}\frac{\partial^2\varphi}{\partial t^2}&=-\frac{\rho}{\varepsilon_0}\\ \nabla\cdot\boldsymbol{J}&=-\frac{\partial\rho}{\partial t}\end{aligned} \tag{3.84}$$

前两个公式代表了解耦的势函数方程，它们源自耦合的 $\boldsymbol{A}$ 和 φ 方程，并通过应用简单洛伦兹规范 (方程 (3.85)) 或广义洛伦兹规范 (方程 (3.86)) 进行解耦得到。

$$\nabla \cdot \boldsymbol{A} = -\mu\varepsilon\frac{\partial\varphi}{\partial t} \tag{3.85}$$

$$\varepsilon^{-1}\nabla \cdot (\varepsilon\boldsymbol{A}) = -\mu\varepsilon\frac{\partial}{\partial t}\varphi \tag{3.86}$$

方程 (3.85) 适用于描述均匀媒质环境下的电磁问题。通过方程 (3.86) 所定义的广义洛伦兹规范，可以推导出适用于非均匀介质空间下的 $\boldsymbol{A}$-φ 方程，即

$$\varepsilon(r)^{-1}\nabla \cdot (\varepsilon(r)\boldsymbol{A}) = -\mu\varepsilon(r)\frac{\partial}{\partial t}\varphi \tag{3.87a}$$

$$\nabla \cdot \varepsilon(r)\nabla\varphi - \mu\varepsilon(r)^2\frac{\partial^2}{\partial t^2}\varphi = -\rho \tag{3.87b}$$

$$-\nabla \times \mu^{-1}\nabla \times \boldsymbol{A} - \varepsilon(r)\frac{\partial^2}{\partial t^2}\boldsymbol{A} + \varepsilon(r)\nabla\varepsilon(r)^{-2}\mu^{-1}\nabla \cdot \varepsilon(r)\boldsymbol{A} = -\boldsymbol{J} \tag{3.87c}$$

另一种相对简单的方法是求解波动方程，并结合洛伦兹规范条件以得到以下方程：

$$\begin{gathered}\nabla^2\boldsymbol{A} - \frac{1}{c_0^2}\frac{\partial^2}{\partial t^2}\boldsymbol{A} = -\mu\boldsymbol{J} \\ \nabla \cdot \boldsymbol{A} + \frac{1}{c_0^2}\frac{\partial}{\partial t}\varphi = 0\end{gathered} \tag{3.88}$$

引入的 $\boldsymbol{A}$-φ 方程提供了一种替代的电磁方程，用于求解电磁问题，而无需直接计算 $\boldsymbol{E}$ 和 $\boldsymbol{H}$。最终，可以将描述量子系统的光学布洛赫方程 (方程 (3.78)) 与这些电磁势函数方程相结合，以模拟光与物质相互作用的问题。

3.3.6.3 势函数和光学布洛赫方程的数值解法

关于 $\boldsymbol{A}$ 和 φ 的数值解法，已在文献 [30] 中详尽介绍，本节不再赘述。

对于仅包含一阶时间偏导数的光学布洛赫方程 (方程 (3.78))，可以使用欧拉方法进行差分离散，其离散形式如下：

$$\rho^{n+1} = \rho^n - \frac{\Delta t}{\mathrm{i}\hbar}\left(H^n\rho^n - \rho^n H^n\right) \tag{3.89}$$

然而，数值计算揭示了基于欧拉方法的数值离散可能引起计算结果精度不佳，甚至导致结果发散。为了得到更准确的数值结果，推荐使用高阶辛时域有限差分 (symplectic FDTD, SFDTD) 方法来进行数值离散。但是，由于 $H^n\rho^n$ 和 $\rho^n H^n$ 不对易，构造结构和方程的数值离散相当具有挑战性，因此，我们采用了具有四

阶数值精度的龙格–库塔法 (RK 法) [37] 对方程 (3.78) 进行数值离散，其数值离散形式如下：

$$F^{n+1} = F^n + \left(\frac{\Delta t}{6}\right)(F_1 + F_2 + F_3 + F_4) \tag{3.90a}$$

$$F_1 = L(t, Fn) \tag{3.90b}$$

$$F_2 = L\left(t + \Delta t/2, F^n + (\Delta t/2) \cdot F_1\right) \tag{3.90c}$$

$$F_3 = L\left(t + \Delta t/2, F^n + (\Delta t/2) \cdot F_2\right) \tag{3.90d}$$

$$F_4 = L\left(t + \Delta t, F^n + \Delta t \cdot F_3\right) \tag{3.90e}$$

这里，$F^n = \rho^n$。该方法的核心在于利用多个子时间步的暂态变量的线性组合来近似原方程的解。鉴于 ρ^n 是一个矩阵，为了避免逐个矩阵元的计算，可借助 Intel 数学核心函数库 (MKL) 所提供的矩阵运算函数进行矩阵的数值计算。

3.3.6.4 量子态跃迁问题的数值模拟

如图 3.11 所示，本研究探讨了氢原子在自由空间中受到外部电磁场作用时的能级跃迁现象。电磁系统中的激励源为时谐场源：$E_0 \sin(\omega t)$，工作波长为 $\lambda_{\min} = 486\text{nm}$，工作频率与原子的跃迁频率相匹配。对于仅涉及二能级系统的光学布洛赫方程，方程 (3.78) 中的密度矩阵包含四个元素，分别是

$$\rho_{I_{11}}, \rho_{I_{12}}, \rho_{I_{21}}, \rho_{I_{22}} \tag{3.91}$$

因此，粒子群的布居数可以通过以下方程计算：

$$W(t) = \rho_{I_{22}} - \rho_{I_{11}} \tag{3.92}$$

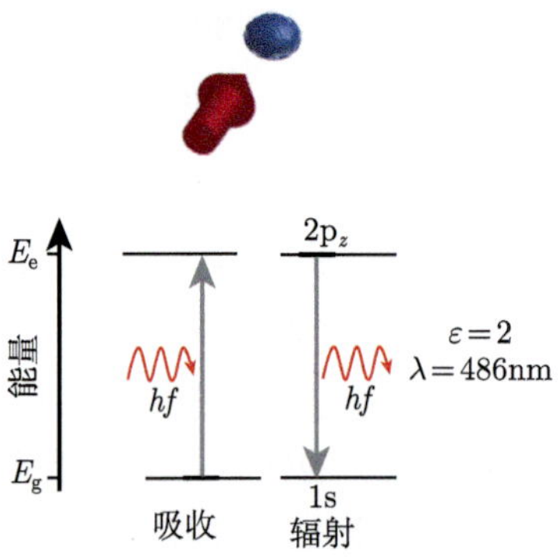

图 3.11 外部电磁场作用下的微观粒子，在基态和激发态之间跃迁 (二能级系统)

如图 3.12 所示，使用数值方法 (RK 方法) 获得的结果与解析解 (拉比方法)[38,39] 一致。

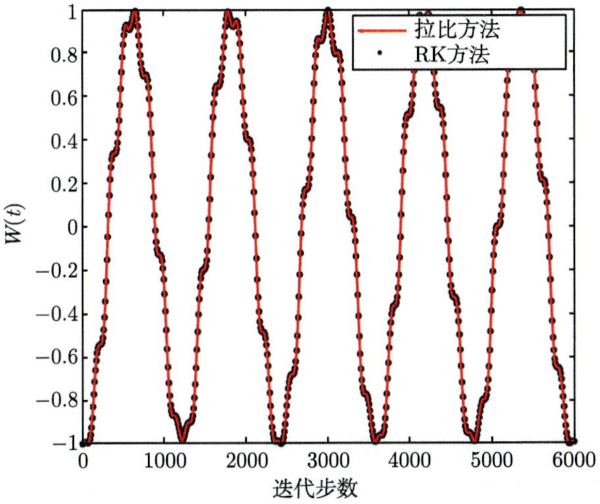

图 3.12　两种方法计算所得粒子布居数随迭代步数的变化

3.4　微观物质的波动效应

3.4.1　时域密度泛函理论

直接求解时变薛定谔方程对于处理多电子系统而言几乎是不可行的，为了解决这一难题，时域密度泛函理论 (time-dependent density functional theory，TDDFT) 应运而生 [40,41]。TDDFT 的起源可以追溯到密度泛函理论 (density functional theory，DFT) 的创立，并逐渐发展成为一种时域的计算方法。DFT 的构建基于 Hohenberg-Kohn 定理和 Kohn-Sham 方程，而 TDDFT 的核心原理则涵盖了 Runge-Gross 定理和时域 Kohn-Sham 方程。接下来，我们简要探讨这些定理。

3.4.1.1　Hohenberg-Kohn 定理

在 1964 年，Hohenberg 和 Kohn 提出了具有里程碑意义的 Hohenberg-Kohn 定理 [42]，为密度泛函理论奠定了坚实的理论基础。该定理包含两个核心组成：第一，系统的基态能量可以由唯一的电子密度来确定，确立了一一对应关系；第二，基态电子密度可以通过最小化能量泛函来获得。Hohenberg-Kohn 定理为研究量子力学中的多电子系统提供了一种创新的方法。在传统的量子力学框架中，系统的状态通常用波函数来描述，而波函数的解析往往极为复杂。Hohenberg-Kohn 定理的提出证明了电子密度可以作为研究多电子系统的根本变量，从而大大简化了问题的复杂性。

继 Hohenberg-Kohn 定理之后，Kohn 和 Sham 进一步发展了 Kohn-Sham 理论，提出了 Kohn-Sham 方程 [43]，该方程是一组单电子方程，通过迭代方法求解，可以得到电子密度。Kohn-Sham 方程为 DFT 的实际应用提供了算法支持。DFT 采用电子密度来描述系统，这是一个更为直观且便于计算的物理量。这使得 DFT 在计算材料的电子结构和性质方面，特别是在处理大规模系统时，展现出了极大的优势。值得注意的是，尽管 Hohenberg-Kohn 定理确立了将系统能量分布与电子密度联系起来的普适密度泛函的存在，但并未提供构造这一泛函的具体方法。因此，在实际应用中，我们通常需要借助各种近似方法来构造具体的泛函形式，如局域密度近似 (LDA)[44] 和广义梯度近似 (GGA)[45]。

3.4.1.2 Runge-Gross 定理

Runge-Gross 定理构成了依赖时域密度泛函理论的核心，由 Runge 和 Gross 于 1984 年提出 [46]。该定理在 Hohenberg-Kohn 定理的基础上进一步发展，其核心思想是：对于一个给定的时变外部电势 (如电磁场)，存在一个与之对应的唯一的时变电子密度。这一定理为多体系统的量子力学描述提供了一个新的视角，即通过相对简单的电子密度物理量来描述系统的动态行为，为研究多电子系统的激发态和时间演化过程提供了理论基础。

具体来说，Runge-Gross 定理阐明了对于具有相同电子数 N 的两个多体系统，如果它们的初始态相同，那么在初始时间附近，相应的两个外部标量势场可以进行泰勒展开。由此可知，不同的时变外部势场必然给出不同的时变电荷密度。换言之，如果初始状态相同且随时间变化的电荷密度相同，那么随时间变化的外部势场必然相同。因此，时变电荷密度与时变外场之间的一一对应关系得以确定。一旦这种时变情况下的对应关系被确定，时变外部势场就可以表达为时变电荷密度的函数，这一点与 DFT 的基态特性相似。

Runge-Gross 定理指阐述了一个系统的电子密度随时间的演化能够通过时变薛定谔方程的时域形式来刻画。这种演变完全取决于初始电子密度和外部势的时变。该定理证明了 TDDFT 的实用性，揭示了系统的动力学特性可以通过电子密度的时间依赖性来描述，而无需解决复杂的多电子波函数。Runge-Gross 定理为 TDDFT 奠定了坚实的理论基础，使得 DFT 的应用范围得以从基态和静态过程扩展到激发态和时间演化过程。尽管该定理在理论层面具有重大意义，但在实际操作中仍然存在挑战，尤其是如何准确计算随时间变化的交换相关泛函，这是 TDDFT 中的核心难题。目前，研究人员仍在努力开发更准确的交换相关泛函，以增强 TDDFT 的预测准确性。

3.4.1.3 随时间变化的 Kohn-Sham 方程

在 Runge-Gross 定理的理论框架下，研究者们致力于推导出一种时变 Kohn-Sham 方程 [47,48]，该方程能够反映具有类似基态条件的系统特性。具体而言，通过求解一组非相互作用的单粒子系统的时变演化问题，我们能够揭示实际多粒子系统在相互作用下的时变演化特征。Kohn-Sham 方程最初是由 Kohn 和 Sham 在 1965 年提出，旨在解决多粒子系统的波函数和能量问题。在 TDDFT 中，该方程被进一步发展，以适应处理时间相关物理量的需求。时变 Kohn-Sham 方程构成了 TDDFT 的核心，下面是对时变 Kohn-Sham 方程的数学推导的简要概述。

多电子系统的时变薛定谔方程为

$$\mathrm{i}\hbar\frac{\partial}{\partial t}\Psi\left(\boldsymbol{r}_1,\boldsymbol{r}_2,\cdots,\boldsymbol{r}_N,t\right)=\hat{H}(\boldsymbol{r},t)\Psi\left(\boldsymbol{r}_1,\boldsymbol{r}_2,\cdots,\boldsymbol{r}_N,t\right) \tag{3.93}$$

其中，Ψ 为多电子波函数；$\hat{H}$ 为哈密顿算符；$\boldsymbol{r}_j$ 为第 j 个电子的坐标。为了简化问题，我们引入了 Kohn-Sham 轨道 $\phi_j\left(\boldsymbol{r},t\right)$，它是构成整个多电子波函数的斯莱特 (slater) 行列式的单电子波函数。通过应用变分原理，可以得到随时间变化的 Kohn-Sham 方程。这个方程通常包含两个部分：一部分是描述单个电子在外场和有效势场中运动的方程，另一部分则是描述电子密度的自洽场方程。这两部分通过电子密度相互关联，形成一个自洽系统。在求解这组方程时，通常需要采用迭代方法，直至获得自洽解。该方程用于描述在时变电场作用下，多粒子系统中电子密度随时间的变化。时变 Kohn-Sham 方程的基本形式如下：

$$\mathrm{i}\hbar\frac{\partial}{\partial t}\phi_j\left(\boldsymbol{r},t\right)=\left[-\frac{\hbar^2}{2m}\nabla^2+v_{\mathrm{ks}}\left[n\right]\left(\boldsymbol{r},t\right)\right]\phi_j(\boldsymbol{r},t) \tag{3.94a}$$

$$n(\boldsymbol{r},t)=\sum_{j=1}^{N}f_j(t)|\phi_j(\boldsymbol{r},t)|^2 \tag{3.94b}$$

式中，Kohn-Sham 势可以表示为 $v_{\mathrm{ks}}(\boldsymbol{r},t) = v_{\mathrm{ext}}(\boldsymbol{r},t)+v_{\mathrm{H}}(\boldsymbol{r},t)+v_{\mathrm{xc}}[n](\boldsymbol{r},t)$，其中，$n(\boldsymbol{r},t)$ 代表瞬时电荷密度，$f_j(t)$ 为费米–狄拉克占据数，它表示每个轨道的电子占据情况。对于第 j 个 Kohn-Sham 轨道 $\phi_j\left(\boldsymbol{r},t\right)$，这是一个单电子波函数，每个轨道对应一个电子的量子态。$v_{\mathrm{ext}}(\boldsymbol{r},t)$ 是外部势场，它来自系统外部并作用于系统内粒子 (如电子)，包括原子核与电子之间的库仑相互作用以及外部电磁场对电子的相互作用等。$v_{\mathrm{H}}(\boldsymbol{r},t)$ 是由于瞬时电荷密度 $n(\boldsymbol{r},t)$ 产生的经典库仑势，又称哈特里 (Hartree) 势，它反映了电子之间的经典库仑斥力。在多电子系统中，每个电子都受到其他电子产生的平均电场的影响，这种影响可以通过 Hartree 近似来描述。尽管 Hartree 势在描述电子之间相互作用的平均效应方面是有用的，但它忽略了电子之间复杂的量子交换和相关效应，这些在多电子系统中同样重要。因此，Hartree 势无法准确地描述强相关系统，如原子的内轨道或分子中的化学键。

为了解决这一问题，提出了随时间变化的交换相关势 $v_{\mathrm{xc}}[n](\boldsymbol{r},t)$，它涵盖了电子间的交换及其相关效应。交换势的根源在于量子力学中的泡利不相容原理，该原理规定，相同的量子态不能被两个或两个以上的费米子 (如电子) 同时占据。在多电子系统中，电子的波函数必须是反对称的，这导致了电子之间的交换效应，而交换势正是这种作用在平均场近似下的表现。相关势则描述了电子之间库仑斥力引起的关联效应。即使在平均场近似中，电子也会因为相互排斥而避免占据同一位置，这种效应被称为电子相关性。相关势是对这种动态关联效应的近似描述。交换相关势是瞬时电荷密度 $n(\boldsymbol{r},t)$ 的泛函，它将交换势和相关势融合为一个单一的势能项。这个势能项用于修正 Kohn-Sham 方程中的单电子哈密顿量，使我们能够利用单电子方程来近似描述多电子系统的复杂行为。通过恰当选择交换相关泛函，TDDFT 能够在相对较低的计算成本下准确预测材料的电子结构和性能。然而，精确的交换相关泛函是未知的，因此必须采用近似方法。常见的交换相关泛函包括局域密度近似、广义梯度近似、混合泛函，以及高阶泛函等 [49,50]。

3.4.1.4 随时间密度泛函理论

在处理典型的多体系统时，若直接求解薛定谔方程，则会因其复杂性而极具挑战性，尤其当系统中包含大量电子时更是如此。为了应对这一难题，研究者们通常采用两种近似方法 [40,41]：① 假设原子的性质主要由价电子决定；② 假设离子核是静止的。此外，通过应用 Hohenberg-Kohn 定理和 Runge-Gross 定理，多体波函数可以表示为非相互作用系统的单粒子轨道 $\psi_i(\boldsymbol{r},t)$ 构成的 Slater 行列式，其动力学行为由有效 Kohn-Sham 哈密顿量 $\hat{H}_{\mathrm{KS}}$ 决定：

$$\mathrm{i}\hbar\frac{\partial}{\partial t}\psi_i(\boldsymbol{r},t)=\hat{H}_{\mathrm{KS}}(\boldsymbol{r},t)\psi_i(\boldsymbol{r},t) \tag{3.95}$$

在这种形式下，有效的 Kohn-Sham 哈密顿量表示为

$$\hat{H}_{\mathrm{KS}}(\boldsymbol{r},t)=\hat{T}_{\mathrm{e}}(\boldsymbol{r},t)+\hat{V}_{\mathrm{H}}[\rho(\boldsymbol{r},t)]+\hat{V}_{\mathrm{xc}}[\rho(\boldsymbol{r},t)]+\hat{V}_{\mathrm{ne}}(\boldsymbol{r},t)+\hat{V}_{\mathrm{s}}(\boldsymbol{r},t) \tag{3.96}$$

其中，Hartree 势 $\hat{V}_{\mathrm{H}}[\rho(\boldsymbol{r},t)]$ 代表经典库仑电子–电子相互作用和交换相关势 $\hat{V}_{\mathrm{xc}}[\rho(\boldsymbol{r},t)]$，是依赖于电子电荷密度的泛函，

$$\rho(\boldsymbol{r},t)=\sum_i|\psi_i(\boldsymbol{r},t)|^2 \tag{3.97}$$

需要注意的是，交换相关势 $\hat{V}_{\mathrm{xc}}[\rho(\boldsymbol{r},t)]$ 通常未知，因此在实际应用中采用了多种不同复杂程度的近似方法，包括局域密度近似和广义梯度近似。总之，一个自洽的 TDDFT 迭代由四个步骤组成。

步骤 1: 采用 DFT 方法计算基态波函数，并用其构建初始电子密度 $\rho(\boldsymbol{r},t_k)$。

步骤 2: 利用电子密度 $\rho(\boldsymbol{r},t_k)$ 构建与时间步 t_k 相对应的哈密顿量 $\hat{H}_{\mathrm{KS}}$，如方程 (3.96) 定义的。

步骤 3: 基于时间步 t_k 处计算得到的哈密顿量 $\hat{H}_{\mathrm{KS}}$ 和 Kohn-Sham 轨道 ψ_i，使用适当的时间传播算子计算出时间步长 t_{k+1} 处的轨道 ψ_i 和电子电荷密度 $\rho(\boldsymbol{r},t_{k+1})$。

步骤 4: 进行收敛性检验，若满足收敛条件，则终止迭代；否则，从步骤 (2) 开始重复迭代。

3.4.2 紧束缚模型与 Kane-Parry 近似

3.4.2.1 紧束缚模型

紧束缚模型最初是为了描述电子在固体中的运动而开发的一种物理模型 [51,52]，该模型采用了原子轨道的线性组合 (LCAO) 方法 [53,54]，其核心理念是将固体中的电子的行为简化为原子轨道间的跃迁。随着研究的深入，紧束缚模型得到了不断的改进和完善，逐渐成为研究现代固体电子结构的关键工具。

在紧束缚模型中，晶体内的电子被限制在固定位置的原子核周围，它们在离散轨道上运动，形成局域化的原子轨道。每个原子都有一组局域轨道，如 p 轨道、d 轨道或 f 轨道，这些轨道之间存在跃迁的可能性。电子可以从一个原子的轨道跃迁到另一个原子的轨道，而跃迁的幅度则通过电子波函数的重叠积分来量化。紧束缚近似假设相邻原子之间的相互作用随着距离的增加而迅速减弱，这表明在许多固体中，只需要考虑最近邻或次近邻的相互作用。这个假设简化了紧束缚模型的数学表达，生成了一个简单的哈密顿量，从而便于快速计算。此外，由于原子波函数随距离呈指数衰减，电子从一个原子跳到另一个原子的概率与波函数重叠积分成正比。随着原子距离的增加，波函数重叠积分迅速趋于零，这进一步证实了紧束缚近似的有效性。

在多电子系统中，由于电子间的相互作用极为复杂，通常采用单电子近似法，即假设系统中每个电子的运动是独立考虑的。在紧束缚模型框架下，晶体中电子的波函数 $\Psi(\boldsymbol{r})$ 可以通过所有孤立原子的原子轨道的线性组合来近似表达。对于由 N 个原子组成的晶体，若第 m 个原子的轨道波函数表示为 $\phi_{\boldsymbol{m}}(\boldsymbol{r}-\boldsymbol{R}_m)$，其中 $\boldsymbol{R}_m$ 为原子 m 的位置矢量，则晶体中电子的波函数 $\Psi(\boldsymbol{r})$ (也称为 LCAO 波函数) 可表示为

$$\Psi(\boldsymbol{r})=\sum_{m}C_m\phi_m(\boldsymbol{r}-\boldsymbol{R}_m) \tag{3.98}$$

式中，C_m 为线性组合的系数，需要通过求解薛定谔方程来确定。在单电子近似中，系统的哈密顿量可以写成电子的动能加上电子与原子核相互作用的势能。对于紧束缚模型，我们只考虑最近邻原子之间的相互作用。哈密顿量可以写成

$$H=-\frac{\hbar^2}{2m}\nabla^2+V(\boldsymbol{r}) \tag{3.99}$$

式中，$\hbar$ 为简化普朗克常数，m 是电子质量，∇^2 是拉普拉斯算子，而 $V(\boldsymbol{r})$ 则代表电子与原子核之间相互作用的势能。在紧束缚近似法中，我们假定电子主要受到其所在原子的势场作用，而其他原子的势场则作为微扰处理。因此，势能 $V(\boldsymbol{r})$ 可以被分解为两部分：$V(\boldsymbol{r})=V_0(\boldsymbol{r})+V'(\boldsymbol{r})$，其中 $V_0(\boldsymbol{r})$ 代表电子所在原子势场的贡献，而 $V'(\boldsymbol{r})$ 则代表其他原子势场的微扰贡献。

在紧束缚模型中，我们通常关注的是稳态解，即与时间无关的解。通过将线性组合原子轨道 LCAO 波函数 $V'(\boldsymbol{r})$ 代入薛定谔方程 $H\Psi(\boldsymbol{r})=E\Psi(\boldsymbol{r})$，并应用紧束缚近似，即忽略 $V'(r)$，我们得到一个关于系数 C_m 的矩阵形式线性方程组。解这个矩阵形式线性系统，我们可以确定电子的能级 E 级和波函数 $\Psi(\boldsymbol{r})$。在紧束缚模型中，这个矩阵被称为哈密顿矩阵，其对角元素代表特定原子上电子的能级，通常用 ε 表示。非对角元素则代表电子从一个原子跃迁到另一个原子的积分，它反映了电子从一个原子跃迁到另一个原子的概率，通常用 t 表示。在紧束缚模型中，通常假设只有最近邻原子之间的波函数具有显著的跃迁积分 t_{ij}，即

$$t_{ij}=\int\phi_i^*(r)H\phi_j(r)\,\mathrm{d}r \tag{3.100}$$

其中，符号 ϕ_i 和 ϕ_j 代表两个最近邻原子的波函数。当原子排列成晶体结构时，通过引入晶格的周期性势场以及应用布洛赫定理，可以实现周期边界条件。由于原子间的相互作用，原本简并的原子能级会分裂成不同的能量带。最终，我们可以将紧定界模型中的薛定谔方程转化为矩阵特征值问题，其中哈密顿矩阵的元素由跃迁矩阵元素和原子轨道能量组成。通过求解这个本征值问题，我们能够得到晶体中电子的能带结构和波函数。

3.4.2.2 Kane-Parry 近似

Kane-Parry (KP) 近似法是对传统紧束缚模型的改良，它考虑了标准紧束缚模型中通常忽略的远程跃迁项。在 KP 近似法提出之前，紧束缚模型是描述固体中电子行为的关键工具。但是，该模型主要关注最近邻原子之间的相互作用，而

忽略了更远距离的跃迁效应。这种局限性在某些情况下对电子态的描述不够精确，尤其是在低能有效质量极限的情况下。20 世纪 60 年代初，Edward O. Kane 和 Walter Parry 意识到，为了更精确地描述半导体中的电子态，必须将更远的跃迁项纳入考量。基于这一认识，他们提出了 Kane-Parry(KP) 近似 [55]。

在紧束缚模型中，哈密顿量通常仅包含线性项，即仅考虑最近邻原子之间的跃迁。然而，在 KP 近似中，为了纳入远程跃迁项，将哈密顿量变成非线性的。这表明哈密顿量不仅包含线性项，还涵盖了非线性项。在晶体中，电子的波函数被展开为原子轨道的线性组合，但与紧束缚模型不同，这种展开包含了更多的项，以纳入远程跃迁的贡献。波函数的一般形式可以表述为

$$\Psi(\boldsymbol{r}) = \sum_{R} \sum_{\alpha} C_\alpha(\boldsymbol{R}) \phi_\alpha(\boldsymbol{r} - \boldsymbol{R}) \tag{3.101}$$

式中，$\phi_\alpha(\boldsymbol{r}-\boldsymbol{R})$ 代表了以原子位置 $\boldsymbol{R}$ 为中心的原子轨道波函数，而 $C_\alpha(\boldsymbol{R})$ 则表示膨胀系数。将非线性哈密顿量和波函数代入薛定谔方程 $H\Psi(\boldsymbol{r}) = E\Psi(\boldsymbol{r})$，我们避免使用紧束缚近似。在这种情况下，哈密顿量可以被展开为动能、势能和过渡项的总和。在 KP 近似中，除了线性跃迁项 t_{ij} 外，还有长程跃迁项，如三重跃迁项 t'_{ij} 和四重跃迁项 t''_{ij}。哈密顿量的简化形式可以表述为

$$H = \sum\nolimits_{i} \in_i a_i^\dagger a_i - \sum_{\langle i,j\rangle} t_{ij}\left(a_i^\dagger a_j + a_j^\dagger a_i\right) - \sum_{\langle\langle i,j\rangle\rangle} t'_{ij}\left(a_i^\dagger a_j + a_j^\dagger a_i\right) + \cdots \tag{3.102}$$

式中，$a_i^\dagger$ 和 a_i 分别代表原子 i 处电子的产生和湮灭算符；$\langle i,j\rangle$ 表示最近邻原子对的相互作用，而 $\langle\langle i,j\rangle\rangle$ 则表示次近邻原子对的相互作用。由于哈密顿量的非线性特性，直接求解薛定谔方程是不可行的，通常需要借助迭代法来求解。这涉及对波函数的反复迭代，直至达到一组特定的能量 E 和波函数 $\Psi(\boldsymbol{r})$ 的收敛解。这种近似方法在处理半导体和绝缘体中的电子结构问题时显示出极高的精确度，因此被广泛应用于半导体物理、光电子学等研究领域，成为研究这些领域电子结构问题的重要工具之一。

3.5 经典和量子等离激元相互作用的混合模型

为了验证算法的有效性，如图 3.13 所示，我们构建了一个结构，该结构由位于二氧化硅衬底上的领结型金纳米天线和位于纳米天线狭窄间隙中的分子级石墨烯纳米片 (graphene nanoflake，GNF) 组成。纳米天线由两个三角形的金片组成，其角度为 α，长度为 L，厚度为 t，两金片尖端之间的分离距离为 Δ。通过精心选择计算网格，我们确保了两个三角形金片的边缘保持平直。在我们的计算中，固

定 $\alpha=12°$，$\Delta=10\text{nm}, t=30\text{nm}$，并改变长度 L。此外，我们假设 GNF 也是三角形，边长 $a=1.23\text{nm}$，意味着三角形 GNF 的每条边有 6 个碳原子。值得注意的是，三角形 GNF 是其稳定构型之一 [56]，并且 GNF 的定位方式是其对称轴与纳米天线的纵轴重合。

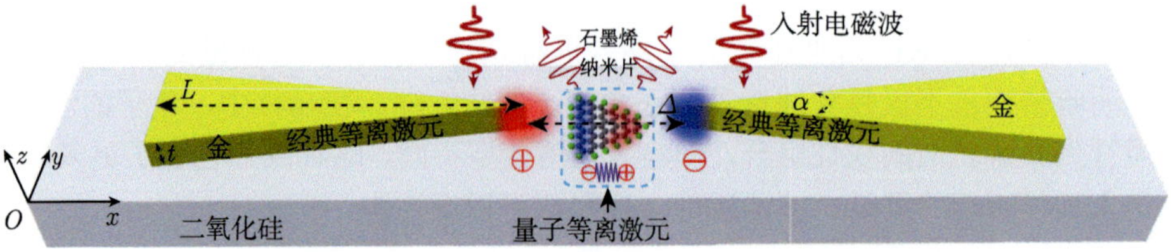

图 3.13 经典和量子等离激元混合模型，其中三角型石墨烯纳米片的量子等离激元与领结型金纳米天线的经典等离激元通过光学近场相互作用

领结型纳米天线展现出与三角形 GNF 相似的等离激元共振频率，并且在纳米天线的狭窄间隙中能够激发强烈的局域等离激元。考虑到领结型纳米天线的尺寸，这些等离激元的光谱特征可以通过求解麦克斯韦方程组来精确确定。另外，分子尺度 GNF 的物理性质必须借助基于量子力学的数值方法来描述。鉴于两种等离激元系统之间存在显著的尺寸差异，在经典动力学和量子动力学的计算网格以及相应的时间尺度之间存在明显的不一致性。在探讨能够解决这些计算难题的混合数值方法之前，我们将简要介绍分别在经典计算和量子计算中应用的数值方法 (如 FDTD 和 TDDFT)。首先，FDTD 的计算流程可以概括为通过重复以下三个步骤进行时间迭代，直到达到预设的收敛准则。

步骤 1: 利用电磁场 $\boldsymbol{H}$ 和 $\boldsymbol{E}$ 分别在时间步长 $n-1/2$ 和 n 的空间分布，更新时间步长 $n+1/2$ 处的 $\boldsymbol{H}$。

步骤 2: 利用电磁场 $\boldsymbol{H}$ 和 $\boldsymbol{E}$ 分别在时间步长 $n+1/2$ 和 n 处的空间分布，更新时间步长 n+1 处的 $\boldsymbol{E}$。

步骤 3: 将 n 的值增加 1，即 $n=n$+1，然后重复执行步骤 (1)~(3)。在每次的末尾，检查是否满足预设的收敛标准。

基于 TDDFT 方法的量子迭代计算过程包括以下四个基本步骤。

步骤 1: 利用 DFT 方法计算基态波函数，并据此构建初始电子密度 $\rho(\boldsymbol{r},t_k)$。

步骤 2: 基于电子密度 $\rho(\boldsymbol{r},t_k)$ 构建时间步长为 t_k 处的哈密顿量 $\hat{H}_{\text{KS}}$。

步骤 3: 使用在时间步长 t_k 计算得到的哈密顿量 $\hat{H}_{\text{KS}}$ 和 Kohn-Sham 轨道 ψ_i，通过合适的时间传播算子来计算时间步长 t_{k+1} 时的轨道 ψ_{i+1}，以及电子电荷密度 $\rho(\boldsymbol{r},t_{k+1})$。

步骤 4: 对收敛性进行检验。若满足收敛标准，则停止迭代；若未满足，则从步骤 (2) 开始重复迭代。

FDTD 和 TDDFT 这两种计算方法是相互独立的。但是，在描述同时涉及经典和量子器件的混合物理系统时，必须将这两种方法结合起来进行计算。具体而言，我们首先采用 FDTD 模拟来确定金领结型纳米天线的光谱特性以及在金纳米颗粒 GNF 位置处的时变电场。接着，将这个时变电场作为 TDDFT 仿真中的激发场 (外电势)，接着计算出相应的 GNF 光谱。这种结合了 FDTD 和 TDDFT 的混合计算方法精确地考虑了金领结型纳米天线的经典等离激元对 GNF 量子等离激元的影响，以及由此产生的场增强效应。不过，该方法并未纳入量子等离激元对经典等离激元的反向耦合效应。鉴于本研究案例中 GNF 的尺寸远小于金领结型纳米天线的尺寸，我们可以合理忽略这种反向耦合效应。

基于以上方法，我们分别对单独领结型纳米天线、单独 GNF、领结型纳米天线与 GNF 混合系统进行了吸收光谱的计算，并对结果进行了分析。分析结果在图 3.14 中呈现。在进行这些计算时，领结型纳米天线的长度设定为 $L = 280\text{nm}$，三角形 GNF 的边长为 1nm，GNF 的介电常数则根据文献 [57] 中的模型进行描述。为了确保 GNF 系统与领结型天线系统具有相同的谐振频率，我们选择了石墨烯的费米能量为 0.52eV，弛豫时间为 0.1ps，并将温度设定为 300K。图 3.14(a) 展示了单个 GNF 的吸收谱 (黑线)、单个领结型纳米天线的吸收谱 (绿点)、领结型纳米天线-GNF 混合系统中的 GNF 的吸收谱 (蓝线)、领结型纳米天线-GNF 混合系统中的领结型纳米天线的吸收谱 (红线)。此外，图 3.14 中还展示了在谐振频率下这些系统对应的场分布，如图 3.14(c) 和 (d) 所示。

这些结果充分证实了我们先前的结论：GNF 对领结型纳米天线的影响微乎其微。因此，如图 3.14(a) 所示，在领结型纳米天线-GNF 混合系统中，领结型纳米天线的吸收谱与单个领结型纳米天线的吸收谱几乎完全一致。这进一步证明了在领结型纳米天线-GNF 混合系统中，GNF 的存在对领结型纳米天线的吸收谱无显著影响。此外，电场分布的数据显示，在共振状态下，领结型纳米天线间隙内产生的电场强度是单个 GNF 周围的电场强度的 1000 倍。进一步，图 3.14(b) 和 (d) 中的场剖面图揭示了单个领结型纳米天线和领结型纳米天线-GNF 混合系统中的场几乎相同。这表明 GNF 的散射场与领结型纳米天线-GNF 混合系统中的散射场相比可以忽略不计。

3.5.1 石墨烯纳米片的量子等离激元

我们首先利用开源软件包 Octopus，采用 TDDFT 方法对 GNF 的光谱进行了研究。在进行具体计算时，我们应用了广义梯度近似。在本研究案例中，我们假设单个 GNF 只与外部时变电场相互作用，其中 x 偏振的外部时变电场的时间序列被一个 δ 函数所描述。我们对未掺杂的 GNF 以及电荷掺杂浓度分别为 7%和 15%的 GNF 进行了计算。在此，电荷掺杂浓度定义为 GNF 中过剩电荷数与碳

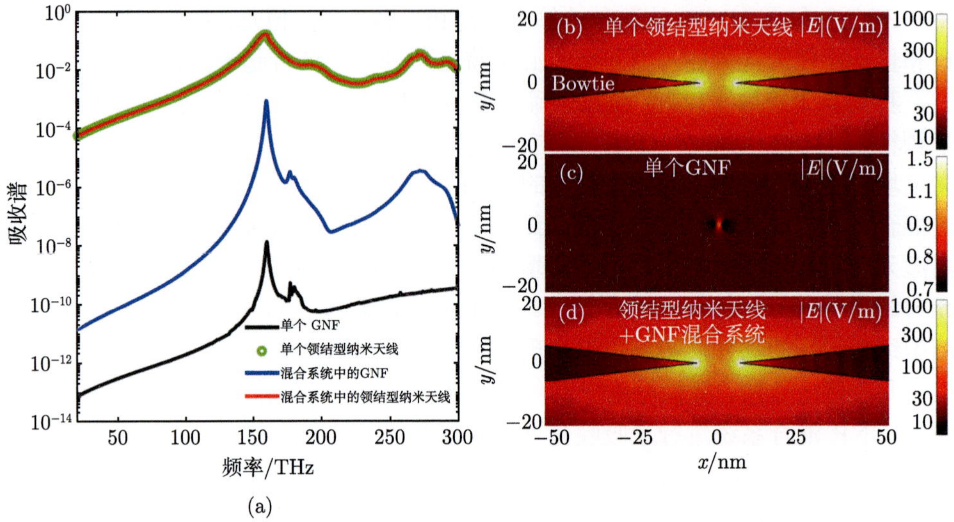

图 3.14 经典等离激元的模拟。(a) 单个 GNF 的吸收谱 (黑线)、单个领结型纳米天线 (绿点) 的吸收谱、领结型纳米天线-GNF 混合系统中的 GNF 的吸收谱 (蓝线)、领结型纳米天线-GNF 混合系统中的领结型纳米天线的吸收谱 (红线); (b)~(d) 分别为单个领结型纳米天线、单个 GNF、领结型纳米天线-GNF 混合系统的场分布

原子数之比。

GNF 的量子响应通过偶极子强度函数进行量化,

$$S_{ij}(\omega)=\frac{2\omega\mathrm{Im}'\left[\alpha_{ij}(\omega)\right]}{\pi} \tag{3.103}$$

其中极化率 $\alpha_{ij}(\omega)$ 定义为

$$\alpha_{ij}(\omega)=\frac{1}{|E_j|}\int\left[p_i(t)-p_i(0)\right]\mathrm{e}^{-\mathrm{i}\omega t}\mathrm{d}t \tag{3.104}$$

其中,i, $j=x,y,z$,$|E_j|$ 为外部电场的第 j 个分量的振幅。此外,动态偶极矩 $p_i(t)$ 的取值为

$$p_i(t)=\int\rho(\boldsymbol{r},t)\,r_i\mathrm{d}\boldsymbol{r} \tag{3.105}$$

通过应用此方法计算三角形 GNF 的吸收光谱,结果如图 3.15 所示。观察图示数据可以明显发现,未掺杂的 GNF 的主共振峰位于紫外区域。然而,当电荷掺杂浓度提升到 15%时,红外区域则出现了一个新共振峰。此外,图 3.15 揭示了等离激元频率随着电荷掺杂浓度的提升而下降,同时共振峰的振幅则随着掺杂浓度的增加而增强。尤为关键的是,随着电荷掺杂浓度的进一步增加,出现了新

的共振峰。为了深入探究这些共振现象的本质，我们对共振频率下的净电荷密度分布进行了计算，并将其与基态下的分布进行了对比分析。图 3.15 中的插图展示了相应的计算结果，这是在掺杂浓度为 15%的 GNF 情况下的计算结果。图中蓝色和红色分别代表负电荷密度和正电荷密度。这种净电荷分布的分析结果证实了该共振峰是由集体电子密度振荡所引起的，换言之，它可以被看作是一个量子等离激元。

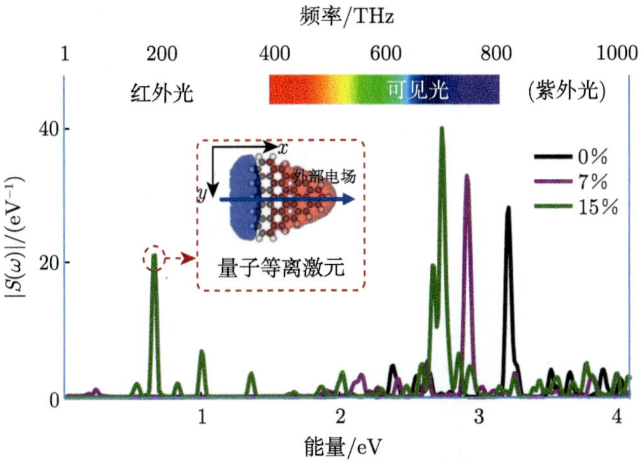

图 3.15 量子等离激元的模拟，不同电荷掺杂浓度下采用 TDDFT 计算得到的石墨烯纳米片的吸收光谱，插图为在等离激元共振频率下的电荷分布

3.5.2 领结型纳米天线的经典等离激元

如图 3.16(a) 所展示的，我们对领结型镀金纳米天线的电磁响应进行了研究。这些纳米天线被频率介于 50~300 THz 之间的入射平面波垂直照射，电场沿 x 轴方向极化。为了精确地确定纳米天线的电磁响应谱，我们采用 FDTD 方法，计算了领结型镀金纳米天线间隙中特定位置的电场分布。

针对波长 $L = 500\mathrm{nm}$ 的纳米天线，计算结果见图 3.16(b)。为了深入研究电场振幅增强效应，我们对计算得到的光谱 $|\boldsymbol{E}(\omega)|$ 相对于入射电场的振幅进行归一化处理。图 3.16(b) 所示的光谱揭示了若干关键特性。首先，每条光谱曲线均展现出多个谐振峰，且每个谐振峰在不同光谱线上的共振频率保持一致。其次，在特定的共振频率下，电场振幅的增强超过了两个数量级，并且增强因子会根据探测位置的不同而有所变化。

为了深入研究这些共振峰，我们计算了与主要共振峰频率相对应的电场分布，如图 3.16(b) 插图所示，它们揭示了几个关键的物理现象：标记为 R_1 的共振频点对应领结型纳米天线的主模等离激元，R_2 共振对应于在纳米天线的窄间隙中形

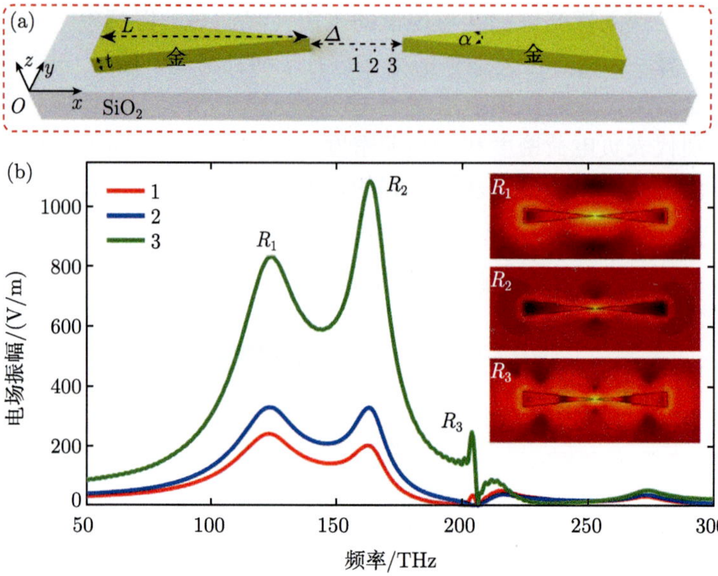

图 3.16 (a) 领结型镀金纳米天线的结构和 3 个近场探测位置示意图；(b) 三个近场探测位置处的电场强度频率响应，插图为在共振 R_1、R_2 和 R_3 处计算得到的电场分布

成的强局域等离激元 (即热点等离激元)，而 R_3 共振则代表领结型纳米天线的二阶等离激元。值得注意的是，热点等离激元的共振波长仅受领结型纳米天线的形状和介电环境的影响。同时，我们观察到热点等离激元被紧密束缚在领结型纳米天线的间隙内，这将引起局域场增强效应，从而增强与间隙中放置的 GNF 的量子等离激元的相互作用。

当 GNF 的量子等离激元与领结型纳米天线的热点等离激元的频率相匹配时，它们之间的相互作用将得到增强。为了最大化这种相互作用，我们调整了领结型纳米天线的几何形状，特别是通过改变长度 L，使领结型纳米天线的经典等离激元谐振频率和 GNF 的量子等离激元谐振频率一致。具体而言，在保持其他参数值恒定的情况下，我们对长度 L 在 100~1000nm 范围内进行了扫描。图 3.16(a) 中探头位置“1”处的场增强色散图，如图 3.17 所示。该场增强色散图揭示了一系列能带，代表了系统中不同的等离激元模式。在这些能带中，有两条特别关键。一条是热点等离激元带，其频率不受长度 L 变化的影响，仅由领结型纳米天线狭窄间隙处的电磁环境决定；另一条是主模等离激元带，其频率随 L 值的改变而变化。在 $L = 280$nm 时，这两条能带相交，对应频率为 159THz。这与掺杂浓度为 15%的 GNF 量子等离激元的频率相等。因此，在 $L = 280$nm 时，GNF 的量子等离激元、热点等离激元和纳米天线的基本等离激元几乎共享相同的频率。基于此，我们预期在这一经典–量子混合等离激元系统中，观察到这些等离激元之间增强的相互作用。

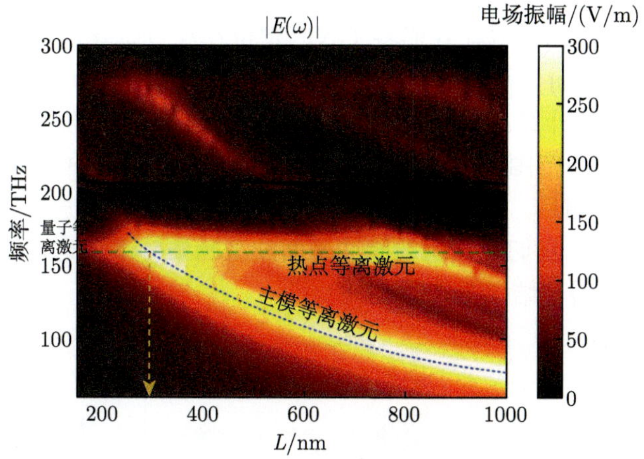

图 3.17　不同尺寸领结型纳米天线在图 3.16(a) 所示探针位置 “1” 处的场增强色散图

3.5.3　经典等离激元与量子等离激元之间的相互作用

为了阐释当 $L = 280\text{nm}$ 时两种等离激元具有相同的频率，我们在图 3.18 中展示了领结型纳米天线对应的光谱和掺杂浓度为 15% 时对应的 GNF 光谱。这些光谱清晰地揭示了两个等离激元共振位于 159THz 的同一频率。此外，在共振频率下，计算得出的热点等离激元的电场分布图和量子等离激元的电荷分布，进一步证明了这些共振来源于等离激元的激发。至关重要的是，领结型纳米天线的

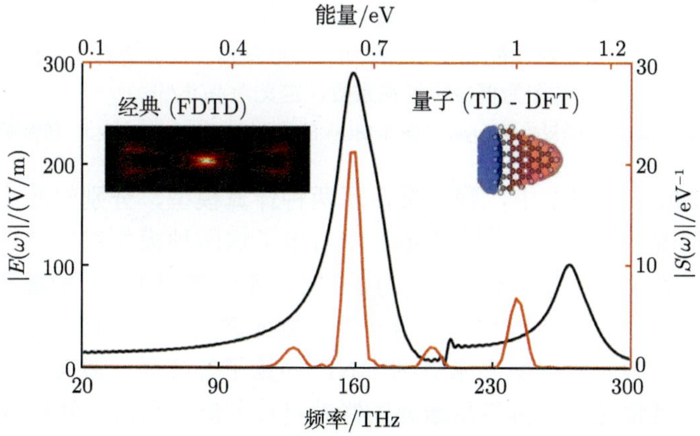

图 3.18　长度为 280nm 的领结型纳米天线 (黑线) 和掺杂浓度为 15% 的 GNF(红线) 的电场频率响应。插图为在共振频率下计算得到的热点等离激元的电场分布图和量子等离激元的电荷分布图

频谱显示，纳米天线间隙中的电场幅值可以增强两个数量级以上。

为了评估领结型纳米天线热点等离激元共振所产生的显著的场增强效应对 GNF 量子等离激元的影响，我们将 GNF 定位在经过优化的领结型纳米天线缝隙中心，如图 3.19(a) 所示。接下来，我们运用 FDTD-TDDFT 混合方法，对 GNF 的频谱进行了计算。如先前所述，该混合计算分两个阶段进行。首先，在 100~300THz 的频率范围内，我们使用 FDTD 计算了在脉冲平面波激励下 GNF 位置的时变电场。随后，我们将此电场作为 GNF 的外部激励，应用于 TDDFT 计算中。为了对比，我们在相同的脉冲平面波激励条件下，也计算了未配备纳米天线的 GNF 的光谱，结果见图 3.19(b)。

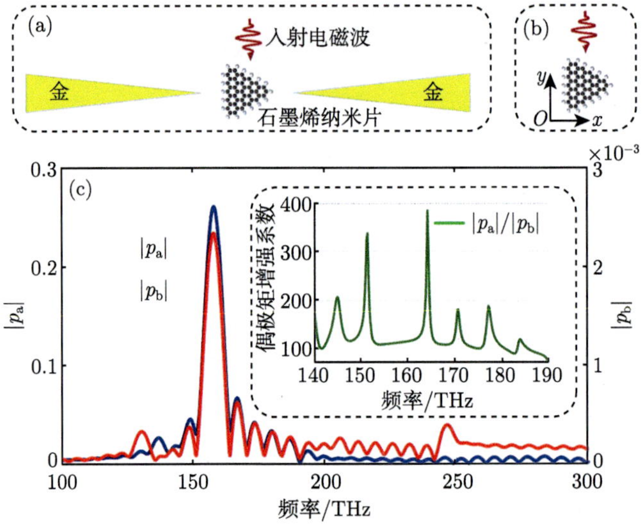

图 3.19 (a) 和 (b) 分别放置在领结型纳米天线间隙中的 GNF 和单个 GNF 的结构示意图。(c) 图 3.18(a) 和 (b) 所示结构配置在相同平面波激励条件下计算得到的偶极矩 $|p_a|$ 和 $|p_b|$。插图为偶极矩增强系数，定义为 $|p_a|\,/\,|p_b|$

$|p_a|$：图 3.18(a) 的偶极矩响应；$|p_b|$：图 3.18(b) 的偶极矩响应；$|p_a|\,/\,|p_b|$：偶极矩增强系数

在图 3.19(a) 和 (b) 中，我们展示了两种计算模型，分别对应于有无领结型纳米天线的情况。接着，在图 3.19(c) 中给出了这两种模型对应的偶极矩振幅频率响应谱，分别标记为 $|p_a|$ 和 $|p_b|$。为了便于比较，图 3.19(c) 的插图中展示了谱图比值 $|p_a|\,/\,|p_b|$，这一比值可作为量子等离激元激发增强的量化指标。计算结果显示，热点等离激元的频率并未受到 GNF 的量子等离激元激发的影响，进一步证实了量子等离激元对经典等离激元的影响可以忽略。同时，我们观察到，GNF 的量子等离激元在与领结型纳米天线的热点等离激元相互作用后，其响应幅度可以提高两个数量级。

3.6 总　结

在经典电磁学领域，本构关系通常可以展开成幂级数形式，其中最低阶项与电场呈线性关系。在绝大多数情况下，仅考虑线性项已足够应对。材料的响应可能表现出时间色散的 (频率依赖性) 和空间色散的 (非局域响应)。麦克斯韦方程组描述了电磁场的基本行为，但并未包含导致尺寸依赖效应的量子机制。因此，引入量子或半经典修正本构关系尤为必要，以便更准确地描述与临界尺寸粒子相互作用时的复杂电磁现象。基于玻尔兹曼方程，可以推导出自由电子的流体动力学模型，进而得到连续性方程和动量方程。我们系统地探讨了麦克斯韦方程在不同尺度下的影响，内容涵盖了本构关系、色散、流体动力学模型和非线性克勒尼希-彭尼 (Kronig-Penney，KP) 近似。此外，本章还介绍了一些关键概念和数值解法，例如麦克斯韦流体动力学、麦克斯韦–薛定谔方程、时变密度泛函理论和紧束缚模型，这些对相关领域的研究具有重要意义。

参考文献

[1] Luo L, Chatzakis I, Wang J, et al. Broadband terahertz generation from metamaterials[J]. Nature Communications, 2014, 5: 3055.

[2] Forstmann F, Gerhardts R R. Metal Optics Near the Plasma Frequency[M]. Berlin: Springer, 2006: 109.

[3] Sipe J E, So V C Y, Fukui M, et al. Analysis of second-harmonic generation at metal surfaces[J]. Physical Review B, 1980, 21: 4389.

[4] David C, Garcia de Abajo F J. Spatial nonlocality in the optical response of metal nanoparticles[J]. The Journal of Physical Chemistry C, 2011, 115(40): 19470-19475.

[5] Becker R, Sauter F. Theorie Der Elektrizität[M]. Köln: Universität Köln, Deutschland, 1945.

[6] Eguiluz A, Quinn J J. Hydrodynamic model for surface plasmons in metals and degenerate semiconductors[J]. Physical Review B, 1976, 14: 1347.

[7] Sun Y, Zhang Y, Liu C X C, et al. Dirac nodal lines and induced spin Hall effect in metallic rutile oxides[J]. Physical Review B, 2017, 95: 235104.

[8] Ritchie R H. Plasma losses by fast electrons in thin films[J]. Physical Review, 1957, 106: 874.

[9] Yan W. Hydrodynamic theory for quantum plasmonics: Linear-response dynamics of the inhomogeneous electron gas[J]. Physical Review B, 2015, 91: 115416.

[10] Moradi A. Quantum nonlocal polarizability of metallic nanowires[J]. Plasmonics, 2015, 10: 1225-1230.

[11] Scalora M, Vincenti M A, Roppo V, et al. Second-and third-harmonic generation in metal-based structures[J]. Physical Review A, 2010, 82: 043828.

[12] Stella L, Zhang P, García-Vidal F J, et al. Performance of nonlocal optics when applied to plasmonic nanostructures[J]. The Journal of Physical Chemistry C, 2013, 117(17): 8941-8949.

[13] Teperik T V, Nordlander P, Aizpurua J, et al. Quantum effects and nonlocality in strongly coupled plasmonic nanowire dimers[J]. Optics Express, 2013, 21(22): 27306-27325.

[14] Sundararaman R, Narang P, Jermyn A S, et al. Theoretical predictions for hot-carrier generation from surface plasmon decay[J]. Nature Communications, 2014, 5: 5788.

[15] Ciracì C, Poutrina E, Scalora M, et al. Second-harmonic generation in metallic nanoparticles: Clarification of the role of the surface[J]. Physical Review B, 2012, 86: 115451.

[16] Bloembergen N, Chang R K, Jha S S, et al. Optical second-harmonic generation in reflection from media with inversion symmetry[J]. Physical Review, 1968, 174: 813.

[17] Ginzburg P, Hayat A, Berkovitch N, et al. Nonlocal ponderomotive nonlinearity in plasmonics[J]. Optics Letters, 2010, 35(10): 1551-1553.

[18] Luo L, Chatzakis I, Wang J, et al. Broadband terahertz generation from metamaterials[J]. Nature Communications, 2014, 5: 3055.

[19] Feng K, Streyer W, Zhong Y, et al. Photonic materials, structures and devices for Reststrahlen optics[J]. Optics Express, 2015, 23(24): 1418-1433.

[20] Yee K S. Numerical solution of initial boundary value problems involving maxwell's equations in isotropic media[J]. IEEE Transactions On Antennas And Propagation, 1966, 14(3): 302-307.

[21] Taflove A. Computational electrodynamics: The Finite-difference Time-domain Method [M]. 3rd ed. Norwood, MA: Artech House, 2005.

[22] Fang M, Huang Z, Sha W E I, et al. Full hydrodynamic model of nonlinear electromagnetic response in metallic metamaterials[J]. Progress In Electromagnetics Research, 2016, 157: 63-78.

[23] Liu J, Brio M, Zeng Y, et al. Generalization of the FDTD algorithm for simulations of hydrodynamic nonlinear Drude model[J]. Journal Of Computational Physics, 2010, 229(17): 5921-5932.

[24] Fang M, Huang Z, Sha W E I, et al. Maxwell-Hydrodynamic model for simulating nonlinear terahertz generation from plasmonic metasurfaces[J]. IEEE Journal On Multiscale and Multiphysics Computational Techniques, 2017, 2: 194-201.

[25] Fang M, Niu K, Huang Z, et al. Investigation of broadband terahertz generation from metasurface[J]. Optics Express, 2018, 26(11): 14241-14250.

[26] Lorin E, Chelkowski S, Bandrauk A. A numerical Maxwell-Schrödinger model for intense laser-matter interaction and propagation[J]. Computer Physics Communications, 2007, 177(12): 908-932.

[27] Yang J, Sui W Q. Solving Maxwell-Schrödinger equations for analyses of nano-scale devices[C]. 2007 European Microwave Conference, Munich, Germany, 2007: 154-157.

[28] Alagappan G. Slow scale Maxwell-Bloch equations for active photonic crystals[J]. Prog.

Electromagn. Res. B, 2013, 55: 169-194.

[29] Chew W C. Vector potential electromagnetics with generalized gauge for inhomogeneous media: Formulation[J]. Prog Electromagn Res, 2014, 149: 69-84.

[30] Ryu C J, Liu A Y, Wei E, et al. Finite-difference time-domain simulation of the Maxwell-Schrödinger system[J]. IEEE Journal on Multiscale and Multiphysics Computational Techniques, 2016, 1: 40-47.

[31] Yee K. Numerical solution of initial boundary value problems involving Maxwell's equations in isotropic media[J]. IEEE Trans Antennas Propag, 1966, 14(3): 302-307.

[32] Moxley F I, Zhu F, Dai W Z, et al. A generalized FDTD method with absorbing boundary condition for solving a time-dependent linear Schrödinger equation[J]. American Journal of Computational Mathematics, 2012, 2(3): 163-172.

[33] Takeuchi T, Ohnuki S, Sako T. Maxwell-Schrödinger hybrid simulation for optically controlling quantum states: A scheme for designing control pulses[J]. Phys. Rev. A, 2015, 91: 033401.

[34] Roden J A, Gedney S D. Convolution PML (CPML): An efficient FDTD implementation of the CFS-PML for arbitrary media[J]. Microw. Opt. Technol. Lett., 2000, 27(5): 334-339.

[35] Meystre P, Sargent M. Elements of Quantum Optics[M]. Berlin: Springer Verlag, 1990.

[36] Xiang C, Kong F, Li K, et al. A high-order symplectic FDTD scheme for the Maxwell-Schrodinger system[J].IEEE J. Quantum Electron., 2018, 54(1): 6100108.

[37] Young J L, Gaitonde D, Shang J S. Toward the construction of a fourth-order difference scheme for transient EM wave simulation: staggered grid approach[J]. IEEE Trans. Antennas Propag.,1997, 45(11): 1573-1580.

[38] Gerry C, Knight P. Introductory Quantum Optics[M]. New York: Cambridge Univ. Press, 2005.

[39] Scully M O, Zubairy M S. Quantum Optics[M]. Cambridge: Cambridge Univ. Press, 1997.

[40] Ullrich C A. Time-Dependent Density-Functional Theory: Concepts and Applications[M]. Oxford: Oxford Univ. Press, 2011.

[41] Marques M A, Maitra N T, Nogueira F M, et al. Fundamentals of Time-Dependent Density Functional Theory[M]. New York: Springer, 2012.

[42] Hohenberg P, Kohn W. Inhomogeneous electron gas[J]. Physical Review, 1964, 136(3B): B864-B871.

[43] Kohn W, Sham L J. Self-consistent equations including exchange and correlation effects[J]. Physical Review, 1965, 140(4A): A1133-A1138.

[44] Yabana K, Bertsch G F. Time-dependent local-density approximation in real time[J]. Physical Review B, 1996, 54(7): 4484.

[45] Perdew J P, Burke K, Ernzerhof M. Generalized gradient approximation made simple[J]. Physical Review Letters, 1996, 77(18): 3865.

[46] Runge E, Gross E K U. Density-functional theory for time-dependent systems[J]. Physical Review Letters, 1984, 52(12): 997-1000.

[47] Castro A, Marques M A, Rubio A. Propagators for the time-dependent Kohn-Sham equations[J]. The Journal of Chemical Physics, 2004, 121(8): 3425-3433.

[48] Wijewardane H O, Ullrich C A. Time-dependent kohn-sham theory with memory[J]. Physical Review Letters, 2005, 95(8): 086401.

[49] Hamprecht F A, Cohen A J, Tozer D J, et al. Development and assessment of new exchange-correlation functionals[J]. The Journal of Chemical Physics, 1998, 109(15): 6264-6271.

[50] Tozer D J, Handy N C. The development of new exchange-correlation functionals[J]. The Journal of Chemical Physics, 1998, 108(6): 2545-2555.

[51] Sutton A P, Finnis M W, Pettifor D G, et al. The tight-binding bond model[J]. Journal of Physics C: Solid State Physics, 1988, 21(1): 35.

[52] Foulkes W M, Haydock R. Tight-binding models and density-functional theory[J]. Physical Review B, 1989, 39(17): 12520.

[53] Mulliken R S. Spectroscopy, molecular orbitals, and chemical bonding[J]. Science, 1967, 157(3784): 13-24.

[54] Krylov A I. From orbitals to observables and back[J]. The Journal of Chemical Physics, 2020, 153(8): 080901.

[55] Voon L C, Willatzen M. The KP Method: Electronic Properties of Semiconductors[M]. Berlin: Springer Science & Business Media, 2009.

[56] Snook I, Barnard A. Graphene nano-flakes and nano-dots: Theory, experiment and applications[J]//Physics and Applications of Graphene-Theory, S. Mikhailov, Ed. Rijeka, Croatia, 2011, 13: 277-302.

[57] You J W, Threlfall E, Gallagher D F, et al. Computational analysis of dispersive and nonlinear 2D materials by using a GS-FDTD method[J]. J. Opt. Soc. Am. B, 2018, 35(11): 2754-2763.

[58] Marques M A, Castro A, Bertsch G F, et al. Octopus: A first-principles tool for excited electron-ion dynamics[J]. Comput. Phys. Commun., 2003, 151(1): 60-78.

第 4 章　麦克斯韦方程于微纳尺度的电子与光电子器件分析

4.1　纳米尺度级电子器件的麦克斯韦方程

为了研究新兴纳米级半导体器件中电磁学与量子力学之间的相互作用机制，需要全面的建模和数值仿真技术。在低频条件下，由于准静态电磁近似是有效的，因此可以使用泊松方程和薛定谔方程来获取纳米级半导体器件的载流子输运特性 [1,2]，如下详细阐述了纳米尺度级准静态麦克斯方程及其拓展。

4.1.1　准静态电磁近似和纳米电子器件中的量子输运

严格来说，为了在时变仿真中捕捉量子力学和电磁学之间的相互作用，需要同时求解含时量子输运方程和麦克斯韦方程组 [3,4]。然而，高性能电子器件的工作频率在千兆赫 (GHz) 到太赫兹 (THz) 之间，其对应的电磁波波长 (mm~dm) 比器件特征尺寸 (~nm) 高出几个数量级。这是电磁学理论中一个非常典型的准静电问题，因此麦克斯韦方程可简化为泊松方程 [5,6]。

4.1.2　泊松方程与定态量子输运方程的数值求解方法

泊松方程为

$$\nabla \cdot (\varepsilon \nabla U) = -\rho_v \tag{4.1}$$

其中，ρ_v 是根据薛定谔方程计算得出的电荷密度。泊松方程可用数值方法求解，如有限差分法 (FDM) 或有限元法 (FEM)。

有效质量近似下的定态 (不含时) 量子输运方程为

$$E\Psi(x,y,z) = -\frac{\hbar^2}{2}\nabla \cdot \left(\frac{1}{m^*_{x,y,z}}\nabla\right)\Psi(x,y,z) + U(x,y,z)\Psi(x,y,z) \tag{4.2}$$

其中，Ψ 是波函数，$m^*_{x,y,z}$ 是有效质量，$\hbar$ 是普朗克常数；U 是电势。

另外，量子输运方程可以通过非平衡格林函数 (NEGF) 方法求解。下文将介绍 NEGF 理论。

4.1.2.1 非平衡格林函数理论

NEGF 是一种求解量子力学中非平衡载流子动力学方程的方法，可以涵盖纳米尺度器件中的许多物理现象，如量子隧穿效应、量子限制效应、电子–电子和电子–声子散射机制等 [7,8]。图 4.1 为纳米级晶体管中的 NEGF 方法示意图 [7]。在该示意图中，栅极控制载流子的输运，晶体管沟道连接源极和漏极。沟道区域由哈密顿量 $[H]$ 和电势 $[U]$ 表示。源极/漏极接触对沟道的影响由自能项 $[\Sigma_{\mathrm{S}}]/[\Sigma_{\mathrm{D}}]$ 描述 [7,8]。如果存在声子散射，则需要考虑额外的声子散射项 $[\Sigma_{\mathrm{phonon}}]$[9]。器件区域哈密顿量的形式取决于所研究系统的物理性质和计算精度，可通过第一性原理 (密度泛函) 模型、紧凑约束模型、$\boldsymbol{k}\cdot\boldsymbol{p}$ 方法等构建。

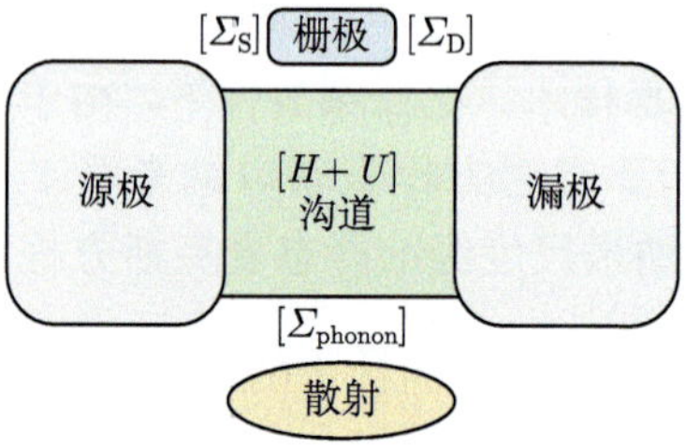

图 4.1 纳米级晶体管中的 NEGF 方法示意图 [7]

根据 NEGF 理论，器件的格林函数为 [7]

$$[G]=\left\{E[I]-[H]-[U]-[\Sigma_{\mathrm{S}}]-[\Sigma_{\mathrm{D}}]-[\Sigma_{\mathrm{phonon}}]\right\}^{-1} \tag{4.3}$$

其中，E 是能级，$[I]$ 是单位矩阵，$[H]$ 是器件沟道区域的哈密顿量，$[U]$ 是电势，$[\Sigma_{\mathrm{S(D)}}]$ 是源 (漏) 自能项，$[\Sigma_{\mathrm{phonon}}]$ 是声子散射自能项，包括声学声子和光学声子散射。

利用自洽玻恩近似处理载流子与声子的相互作用，当假设声子在晶格内处于局部平衡状态时，$[\Sigma_{\mathrm{phonon}}]$ 的表达式为 [10]

$$[\Sigma_{\mathrm{phonon}}(E)]=[\Sigma_{\mathrm{ac}}(E)]+[\Sigma_{\mathrm{op}}(E)] \tag{4.4}$$

$$[\Sigma_{\mathrm{ac}}(E)]=\mathrm{iIm}\left\{\sum_{\xi\in(x,y,z)}[M_{\mathrm{ac},\xi}]\,[G(E)]\,[M_{\mathrm{ac},\xi}]\right\} \tag{4.5}$$

$$[\Sigma_{\mathrm{op}}(E)]=\mathrm{iIm}\left\{\sum\nolimits_{\xi\in(x,y,z)}\left\{\begin{aligned}&[M_{\mathrm{op},\xi}]\Big[N_{\mathrm{op}}[G(E+\hbar\omega)]+(N_{\mathrm{op}}+1)\,[G(E-\hbar\omega)]\\&+\frac{1}{2}[G^{<}(E-\hbar\omega)-G^{<}(E+\hbar\omega)]\Big]\,[M_{\mathrm{op},\xi}]\end{aligned}\right\}\right\} \tag{4.6}$$

其中，$\left[\Sigma_{\mathrm{ac(op)}}(E)\right]$ 是声 (光) 学声子散射的自能，$[G^{<}(E)]$ 是小于格林函数。平均声子数由玻色–爱因斯坦分布 $N_{\mathrm{op}}(x_i, y_j) = 1/\left[\exp(\hbar\omega/k_{\mathrm{B}}T) - 1\right]$ 给出，其中 T 是局部温度。$\left[M_{\mathrm{op(ac)},\xi}\right]$ 描述了空穴与声 (光) 学声子的相互作用 [10]，即

$$[M_{\mathrm{ac},\xi}] = [D_{\mathrm{ac},\xi}]\sqrt{k_{\mathrm{B}}T/(\rho\bar{V}v^2)} \tag{4.7}$$

$$[M_{\mathrm{op},\xi}] = [D_{\mathrm{op},\xi}]\sqrt{3\hbar/(\rho\bar{V}\omega a_0^2)} \tag{4.8}$$

其中，$\left[D_{\mathrm{ac(op)},\xi}\right]$ 与形变势有关，$\bar{V}$ 是网格体积，ρ 是质量密度，v 是平均声速，a_0 是晶格常数 [10]。

求解格林函数后，可通过以下方程计算空穴密度，然后将其反馈到泊松方程，直至达到收敛为止 [7]。

$$p = 2\int \frac{\mathrm{diag}[G^p(E)]}{2\pi}\mathrm{d}E \tag{4.9}$$

$$[G^p] = [G]\left(\left[\Sigma_{\mathrm{S}}^{\mathrm{out}}\right] + \left[\Sigma_{\mathrm{D}}^{\mathrm{out}}\right] + \left[\Sigma_{\mathrm{phonon}}^{\mathrm{out}}\right]\right)\left[G^T\right] \tag{4.10}$$

$$\left[\Sigma_{\mathrm{S}}^{\mathrm{out}}(E)\right] = [\Gamma_{\mathrm{S}}][1 - f_{\mathrm{S}}(E)] = -2\mathrm{Im}[\Sigma_{\mathrm{S}}(E)][1 - f_{\mathrm{S}}(E)] \tag{4.11}$$

$$\left[\Sigma_{\mathrm{D}}^{\mathrm{out}}(E)\right] = [\Gamma_{\mathrm{D}}][1 - f_{\mathrm{D}}(E)] = -2\mathrm{Im}[\Sigma_{\mathrm{D}}(E)][1 - f_{\mathrm{D}}(E)] \tag{4.12}$$

其中，$[G^p]$ 是空穴相关函数，$[\Gamma_{\mathrm{S(D)}}]$ 和 $f_{\mathrm{S(D)}}$ 分别是源极 (漏极) 的展宽函数和费米–狄拉克分布。

电流密度的计算公式为 [7]

$$J_{q\to q+1} = \frac{\mathrm{i}e}{\hbar}2\int\frac{\mathrm{d}E}{2\pi}\mathrm{Tr}\left\{[R_{q,q+1}]\left[G_{q+1,q}^p(E)\right] - [R_{q+1,q}]\left[G_{q,q+1}^p(E)\right]\right\} \tag{4.13}$$

其中，q 和 $q+1$ 代表两个相邻层，$[R_{q,q+1}]$ 是两个层之间的耦合。

4.1.2.2 $\boldsymbol{k}\cdot\boldsymbol{p}$ 哈密顿量

六带 $\boldsymbol{k}\cdot\boldsymbol{p}$ 哈密顿量可以用来描述复杂的价带结构 [11,12]，

$$[H] = [H_{\boldsymbol{k}\cdot\boldsymbol{p}}] + [H_{\mathrm{so}}] \tag{4.14}$$

其中，$[H_{\boldsymbol{k}\cdot\boldsymbol{p}}]$ 是六带 $\boldsymbol{k}\cdot\boldsymbol{p}$ 哈密顿量，$[H_{\mathrm{so}}]$ 是自旋轨道耦合项。$[H_{\boldsymbol{k}\cdot\boldsymbol{p}}]$ 为 [11]

$$[H_{\boldsymbol{k}\cdot\boldsymbol{p}}] = \begin{pmatrix} \left[H_{\boldsymbol{k}\cdot\boldsymbol{p}}^{3\times3}\right] & 0 \\ 0 & \left[H_{\boldsymbol{k}\cdot\boldsymbol{p}}^{3\times3}\right] \end{pmatrix} \tag{4.15}$$

$$[H_{\boldsymbol{k}\cdot\boldsymbol{p}}^{3\times3}]=\begin{pmatrix} Lk_x^2+M(k_y^2+k_z^2) & Nk_xk_y & Nk_zk_x \\ Nk_xk_y & Lk_y^2+M(k_z^2+k_x^2) & Nk_yk_z \\ Nk_zk_x & Nk_yk_z & Lk_z^2+M(k_x^2+k_y^2) \end{pmatrix} \tag{4.16}$$

其中，L、M 和 N 与 Luttinger 参数 γ_1,γ_2 和 γ_3 有关 [11]。$[H_{\boldsymbol{k}\cdot\boldsymbol{p}}]$ 是在晶体坐标系 (CCS) 中定义的，可以通过旋转矩阵转换到器件坐标系 (DCS)[11]。

自旋轨道项 $[H_{\rm so}]$ 为 [11]

$$[H_{\rm so}]=\frac{\varDelta_0}{3}\begin{pmatrix} 0 & -\mathrm{i} & 0 & 0 & 0 & 1 \\ \mathrm{i} & 0 & 0 & 0 & 0 & -\mathrm{i} \\ 0 & 0 & 0 & -1 & \mathrm{i} & 0 \\ 0 & 0 & -1 & 0 & \mathrm{i} & 0 \\ 0 & 0 & -\mathrm{i} & \mathrm{i} & 0 & 0 \\ 1 & \mathrm{i} & 0 & 0 & 0 & 0 \end{pmatrix} \tag{4.17}$$

其中，$\varDelta_0$ 是自旋轨道分裂能。对于三带 $\boldsymbol{k}\cdot\boldsymbol{p}$，哈密顿量 $[H]=[H_{\boldsymbol{k}\cdot\boldsymbol{p}}^{3\times3}]$。

此外，对于围栅 (GAA) 晶体管，NEGF 方法需要大量计算资源。耦合模空间方法可将实空间 $\boldsymbol{k}\cdot\boldsymbol{p}$ 哈密顿量转化到模空间，从而提高计算效率 [13]。

将 $k_x=-\mathrm{i}\partial/\partial x$，$k_y=-\mathrm{i}\partial/\partial y$ 和 $k_z=-\mathrm{i}\partial/\partial z$ 代入式 (4.16)，即可得到离散后的实空间哈密顿量 $[H_{\rm R}]$。$[H_{\rm R}]$ 的大小为 $N_bN_xN_yN_z\times N_bN_xN_yN_z$，其中 N_b 为 3 或 6，分别表示 3 带 $\boldsymbol{k}\cdot\boldsymbol{p}$ 或 6 带 $\boldsymbol{k}\cdot\boldsymbol{p}$ 哈密顿量；N_x 是沿传输方向的横截面数，N_y 和 N_z 分别为沿 y 和 z 方向的实空间网格点数。然后按下式将 $[H_{\boldsymbol{k}\cdot\boldsymbol{p}}]$ 转化到 k 空间哈密顿量 [14]

$$[H_k]=[U_k^{\rm T}][H_{\boldsymbol{k}\cdot\boldsymbol{p}}][U_k] \tag{4.18}$$

其中，$[U_k]$ 是 k 空间酉矩阵 [5]，其块矩阵 $[U_k]_{ML}$ 由以下公式给出：

$$[U_k]_{ML}=\frac{2}{\sqrt{N_yN_z}}\sin(k_L,r_M)I_{(N_b\times N_b)} \tag{4.19}$$

其中，

$$\sin(k_L,r_M)\equiv\sin(k_py_m)\sin(k_qz_n) \tag{4.20}$$

$$k_L=\left(\frac{p\pi}{L_y},\frac{q\pi}{L_z}\right) \tag{4.21}$$

其中，$1\leqslant p\leqslant N_y$ 和 $1\leqslant q\leqslant N_z$，$N_k=q\times p$ 是 k 空间中横截面上的网格点数；L_z 和 L_y 分别为 y 和 z 方向上器件的长度；r_M 为真实空间横截面上的网格

点数,

$$r_M \equiv (y_m, z_n) \tag{4.22}$$

其中,$1 \leqslant m \leqslant N_y$, $1 \leqslant n \leqslant N_z$。$[H_k]$ 记为

$$[H_k] = \begin{bmatrix} [H_k(1)] & [W_k] & 0 & 0 & 0 \\ [W_k^{\mathrm{T}}] & [H_k(2)] & [W_k] & 0 & 0 \\ 0 & [W_k^{\mathrm{T}}] & [H_k(3)] & [W_k] & 0 \\ 0 & 0 & \cdots & \cdots & \cdots \\ 0 & 0 & 0 & [W_k^{\mathrm{T}}] & [H_k(N_x)] \end{bmatrix} \tag{4.23}$$

其中

$$[H_k(i)] = [U_k^{\mathrm{T}}][H_R(i)][U_k] = [H_{0K}] + [V_k(i)] \tag{4.24}$$

$$[W_k] = [U_k^{\mathrm{T}}][W_R][U_k] \tag{4.25}$$

$$[V_k(i)] = [U_k^{\mathrm{T}}][V_R(i)][U_k] \tag{4.26}$$

然后,将 k 空间的哈密顿量变换到模空间。第 i 个截面上的特征方程为

$$\left[[H_k(i)] + [W_k] + \left[W_k^{\mathrm{T}}\right]\right] | \psi_m(i)\rangle = E_m(i) | \psi_m(i)\rangle \tag{4.27}$$

其中 $|\psi_m(i)\rangle$ 代表第 m 阶的波函数,这些波函数用来组成模空间酉矩阵,

$$[U_M(i)] = (|\psi_1(i)\rangle|\psi_2(i)\rangle \cdots |\psi_{N_M}(i)\rangle) \tag{4.28}$$

其中 N_M 为模数量。然后利用关系式将 k 空间哈密顿量变换到模空间 [14],有

$$[H_M] = \left[U_m^{\mathrm{T}}\right][H_k][U_m] \tag{4.29}$$

其中,

$$[H_M] = \begin{bmatrix} [H_M(1)] & [W_M(1)] & 0 & 0 & 0 \\ [W_m^{\mathrm{T}}(1)] & [H_M(2)] & [W_M(2)] & 0 & 0 \\ 0 & [W_M^{\mathrm{T}}(2)] & [H_M(3)] & [W_M(3)] & 0 \\ 0 & 0 & \cdots & \cdots & \cdots \\ 0 & 0 & 0 & [W_M^{\mathrm{T}}(N_x-1)] & [H_M(N_x)] \end{bmatrix} \tag{4.30}$$

$$[H_M(i)] = \left[U_M^{\mathrm{T}}(i)\right][H_k(i)][U_M(i)] \tag{4.31}$$

$$[W_M(i)] = \left[U_M^{\mathrm{T}}(i)\right][W_k(i)][U_M(i+1)] \tag{4.32}$$

如果第 i 个截面的模空间酉矩阵 $[U_M(i)]$ 由 N_M 个波函数组成，则 $[U_M(i)]$ 是一个大小为 $N_bN_k \times N_M$ 的矩阵。所以，模空间中的横截面的哈密顿量 $[H_M]$ 的尺寸为 $N_M \times N_M$[15]。

4.1.3 泊松方程和含时量子输运方程的数值解法

4.1.3.1 建模仿真方法

在静电电磁学模拟中，通常将含时量子输运方程与泊松方程自洽求解。三维泊松方程的公式为

$$\nabla\cdot[\varepsilon\nabla U(x,y,z)] = q[n(x,y,z) - p(x,y,z) - N_{\mathrm{d}}(x,y,z)] \tag{4.33}$$

其中，ε 是介电常数，U 是电势，q 是单位电荷，N_{d} 是施主电荷密度，n 和 p 分别代表电子和空穴密度。在栅极区域采用狄利克雷边界条件，而在其他边界采用纽曼边界条件。

在有效质量近似下，三维含时量子输运方程为 [7]

$$\begin{aligned}&\left(-\frac{\hbar^2}{2m_x^*}\frac{\partial^2}{\partial x^2}-\frac{\hbar^2}{2m_y^*}\frac{\partial^2}{\partial y^2}-\frac{\hbar^2}{2m_z^*}\frac{\partial^2}{\partial z^2}\right)\Psi(x,y,z,t)+U(x,y,z,t)\Psi(x,y,z,t)\\&=\mathrm{i}\hbar\frac{\partial\Psi(x,y,z,t)}{\partial t}\end{aligned} \tag{4.34}$$

其中，Ψ 是波函数，$m_{x,y,z}^*$ 是有效质量，$\hbar$ 是普朗克常数，U 是根据泊松方程求解的电势分布。

然而，求解式 (4.34) 需要很大的计算成本。由于沿通道方向的电势变化非常缓慢，因此可以采用非耦合模空间方法来解决这个问题 [17]。利用模空间方法，三维电子波函数可以在子带特征函数空间中展开如下 [17]：

$$\Psi(x,y,z,t) = \sum_m \varphi^m(x,t)\xi^m(y,z;x,t) \tag{4.35}$$

其中，$\xi^m(y,z;x,t)$ 是 y-z 截面上的归一化波函数，而 $\varphi^m(x,t)$ 是子带 m 沿输运方向的波函数。然后，将式 (4.34) 中的三维含时薛定谔方程解耦为二维量子约束问题和一维输运问题 [17,18]。

模拟过程如图 4.2 所示 [19]。首先，通过稳态模拟给出每个时间步的电势 U 的初始值，以获得更好的收敛性。然后，将计算出的电势引入下面的二维薛定谔

方程，在 Si 纳米线的 y-z 截面上求解，得到波函数 ξ^m 和子带能量 $E_{\rm sub}^m$[17]：

$$\left[-\frac{\hbar^2}{2m_y^*}\frac{\partial^2}{\partial y^2}-\frac{\hbar^2}{2m_z^*}\frac{\partial^2}{\partial z^2}+U(x_0,y,z,t)\right]\xi^m(y,z;x_0,t)=E_{\rm sub}^m(x_0,t)\xi^m(y,z;x_0,t) \tag{4.36}$$

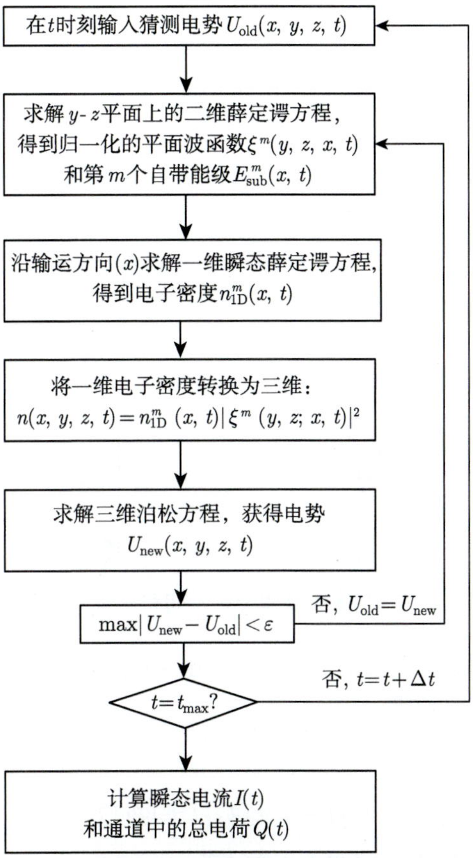

图 4.2　量子输运仿真流程图

图 4.2 是围栅 Si 纳米线晶体管的含时量子输运模拟流程图。每个时间步的栅极电压为 $V_{\rm GS}(t)=V_{\rm G0}+v_{\rm g0}\sin(2\pi ft)$，其中 $v_{\rm g0}$ 和 f 分别为交流信号的振幅和频率[16]。

然后，每个子带的一维电子密度可通过以下一维的解耦的含时薛定谔方程获得[17]：

$$-\frac{\hbar^2}{2m_x^*}\frac{\partial^2}{\partial x^2}\varphi^m(x,t)+E_{\rm sub}^m(x,t)\varphi^m(x,t)={\rm i}\hbar\frac{\partial\varphi^m(x,t)}{\partial t} \tag{4.37}$$

该方程的解法详见 4.1.3.2 节。将上述计算出的一维电子密度 $n_{\rm 1D}^m(x,t)$ 乘以二维

概率密度 $|\xi^m(y,z;x,t)|^2$，即可得到三维电子密度 [17,18]：

$$n^m(x,y,z,t) = n_{\mathrm{1D}}^m(x,t)\,|\xi^m(y,z;x,t)|^2 \tag{4.38}$$

然后将其代入泊松方程中以更新电势。一旦达到收敛，就可以对下一个时间步进行模拟。

4.1.3.2 含时量子输运时域有限差分数值方法

一维含时薛定谔方程 (4.37) 可通过交错时间的 FDTD 方法求解，该方法在不同的时间步分别处理波函数的实部和虚部 [20]。图 4.3 是硅纳米线晶体管在时间和空间上的离散化 [21]。此外，为简化起见，以下表达式中省略了子带指数 m。

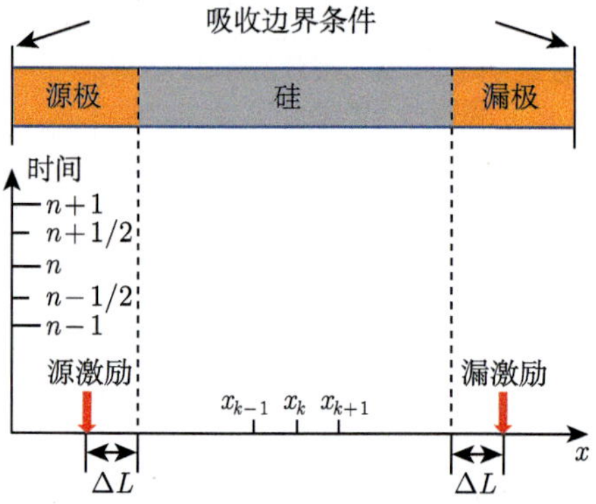

图 4.3 硅纳米线晶体管在时间和空间上的离散化

在相对于沟道区距离为 ΔL ($\Delta L = 8\mathrm{nm}$) 的源极/漏极接触处施加波激励，吸收边界条件应用于左右边界 [16]。

沿输运方向的波函数可表示为 [20]

$$\varphi(x,t) = \varphi_{\mathrm{R}}(x,t) + \mathrm{i}\varphi_{\mathrm{I}}(x,t) \tag{4.39}$$

然后，将式 (4.39) 分解为以下两个方程 [20]：

$$\hbar\frac{\partial\varphi_{\mathrm{R}}(x,t)}{\partial t} = -\frac{\hbar^2}{2m_x^*}\frac{\partial^2\varphi_{\mathrm{I}}(x,t)}{\partial x^2} + E_{\mathrm{sub}}(x,t)\,\varphi_{\mathrm{I}}(x,t) \tag{4.40}$$

$$\hbar\frac{\partial\varphi_{\mathrm{I}}(x,t)}{\partial t} = \frac{\hbar^2}{2m_x^*}\frac{\partial^2\varphi_{\mathrm{R}}(x,t)}{\partial x^2} - E_{\mathrm{sub}}(x,t)\,\varphi_{\mathrm{R}}(x,t) \tag{4.41}$$

接下来，在 $t = (n + 0.5)\Delta t$ 和 $x = k\Delta x$ 处使用中心差分法，可将式 (4.40) 离散为 [20]

$$\varphi_{\mathrm{R}}^{n+1}(k) = \varphi_{\mathrm{R}}^{n}(k) + \frac{\Delta t}{\hbar}E_{\mathrm{sub}}^{n+\frac{1}{2}}(k)\,\varphi_{\mathrm{I}}^{n+\frac{1}{2}}(k)$$

$$-\frac{\hbar\Delta t}{2m_x^*\Delta x^2}\left[\varphi_{\mathrm{I}}^{n+\frac{1}{2}}(k-1)-2\varphi_{\mathrm{I}}^{n+\frac{1}{2}}(k)+\varphi_{\mathrm{I}}^{n+\frac{1}{2}}(k+1)\right] \tag{4.42}$$

同样，在 $t=n\Delta t$ 和 $x=k\Delta x$ 时，式 (4.41) 可离散为 [20]

$$\begin{aligned}\varphi_{\mathrm{I}}^{n+\frac{1}{2}}(k)=&\varphi_{\mathrm{I}}^{n-\frac{1}{2}}(k)-\frac{\Delta t}{\hbar}E_{\mathrm{sub}}^{n}(k)\varphi_{\mathrm{R}}^{n}(k)\\&+\frac{\hbar\Delta t}{2m_x^*\Delta x^2}\left[\varphi_{\mathrm{R}}^{n}(k-1)-2\varphi_{\mathrm{R}}^{n}(k)+\varphi_{\mathrm{R}}^{n}(k+1)\right]\end{aligned} \tag{4.43}$$

其中，Δx 和 Δt 分别为空间间隔和时间间隔。上述两个方程可以通过迭代法求解。

此外，式 (4.44) 的源/漏极激励波被放置于硅沟道之外，以激励晶体管，如图 4.3 所示 [21,22]，其在触点中的位置不会影响仿真结果。

$$\varphi_{\mathrm{inc}}=\exp\left(-\mathrm{i}\frac{E}{\hbar}t\pm\mathrm{i}k_{\mathrm{S(D)}}x\right) \tag{4.44}$$

其中，E 为能量，$k_{\mathrm{S(D)}}$ 为源极 (漏极) 接触处的波数。将吸收边界条件应用于两个接触端点，以吸收传输波，设为 [23,24]

$$\varphi^{n+1}(k=0)=\varphi^{n}(k=1)+\frac{p-1}{p+1}\left[\varphi^{n+1}(k=1)-\varphi^{n}(k=0)\right] \tag{4.45}$$

$$\begin{aligned}\varphi^{n+1}(k=k_{\max})=&\varphi^{n}(k=k_{\max}-1)\\&+\frac{p-1}{p+1}\left[\varphi^{n+1}(k=k_{\max}-1)-\varphi^{n}(k=k_{\max})\right]\end{aligned} \tag{4.46}$$

其中，$k_{\max}$ 为接触端点，p 满足 [23]

$$p=\frac{c\Delta t}{\Delta x}=\frac{E}{\hbar k_{\mathrm{S(D)}}}\frac{\Delta t}{\Delta x} \tag{4.47}$$

其中，c 是波的相位速度。此外，时间步长应满足以下稳定条件 [20]：

$$\Delta t_{\max}\leqslant\frac{\hbar}{\dfrac{\hbar^2}{m^*\Delta x^2}+\max(|E_{\mathrm{sub}}|)} \tag{4.48}$$

交错 FDTD 方法的数值计算过程如下。首先，应用初始条件并添加激励波。然后，将已知的 $\varphi_{\mathrm{I}}^{n-\frac{1}{2}}$ 和 φ_{R}^{n} 代入式 (4.43) 计算 $\varphi_{\mathrm{I}}^{n+\frac{1}{2}}$，再将 φ_{R}^{n} 和新计算出的

$\varphi_{\mathrm{I}}^{n+\frac{1}{2}}$ 代入式 (4.42)，得到在时间步为 $n+1$ 时的 $\varphi_{\mathrm{R}}^{n+1}$。对于两个接触端点，使用式 (4.45) 和式 (4.46) 确保左右边界没有反射波 [24]。在获得波函数之后，考虑到纳米线中的自旋退化，随时间变化的源极至漏极粒子电流和电子密度可通过以下方程计算得出 [7,21]：

$$i_{\mathrm{D}}(x,t)=2\sum_{\alpha}\sum_{m}\int\frac{\mathrm{d}E}{2\pi}\frac{e\hbar}{m_x^*}\mathrm{Im}\left[\varphi_{\alpha}^{m\dagger}(E,x,t)\frac{\partial\varphi_{\alpha}^{m}(E,x,t)}{\partial x}\right]\left.\frac{\mathrm{d}k}{\mathrm{d}E}\right|_{\alpha}f(E,\mu_{\alpha}) \tag{4.49}$$

$$n_{\mathrm{1D}}(x,t)=2\sum_{\alpha}\sum_{m}\int\frac{\mathrm{d}E}{2\pi}|\varphi_{\alpha}^{m}(E,x,t)|^2\left.\frac{\mathrm{d}k}{\mathrm{d}E}\right|_{\alpha}f(E,\mu_{\alpha}) \tag{4.50}$$

其中，f 是费米–狄拉克分布，源极/漏极触点的准费米级为 $\mu_{\alpha=\mathrm{S,D}}$，$\mathrm{d}k/\mathrm{d}E|_{\alpha=\mathrm{S,D}}$ 是通过 E-k 关系计算得出的 [7]。需要注意的是，触点内部的电子被假定处于准热力学平衡状态 [25]。然后，将随时间变化的电子密度转换为三维电子密度，并代入泊松方程中以更新电势。

频率相关的栅极电容 C_{g} 和跨导 g_{m} 受到载流子输运时间的限制。它们可分别通过沟道总电荷 Q_{channel} 和漏极电流 i_{D} 的小信号幅度除以栅极偏压 V_{GS} 的小信号幅度计算得出 [22]，如下列公式所示：

$$C_{\mathrm{g}}=\left.\frac{\mathrm{Amp}(Q_{\mathrm{channel}}(t))}{\mathrm{Amp}(V_{\mathrm{GS}}(t))}\right|_{V_{\mathrm{DS}}} \tag{4.51}$$

$$g_{\mathrm{m}}=\left.\frac{\mathrm{Amp}(i_{\mathrm{D}}(t))}{\mathrm{Amp}(V_{\mathrm{GS}}(t))}\right|_{V_{\mathrm{DS}}} \tag{4.52}$$

其中，Q_{channel} 是通过对整个沟道区域的三维电子密度进行积分计算得出的，$V_{\mathrm{GS}}(t)=V_{\mathrm{G0}}+v_{\mathrm{g0}}\sin(2\pi ft)$。此外，由于小信号电压叠加在栅极上，因此可以认为位移电流的主要贡献来自栅极 [26]，其计算公式为 [22]

$$i_{\mathrm{G}}(t)=\frac{C_{\mathrm{g}}\mathrm{d}V_{\mathrm{GS}}}{\mathrm{d}t}=2\pi fC_{\mathrm{g}}v_{\mathrm{g0}}\cos(2\pi ft) \tag{4.53}$$

其中，通过栅极氧化物的隧穿电流被忽略，f 是外加信号的频率。

4.1.3.3 数值结果和讨论

应用上述模拟方法，理论上探讨了受载流子输运时间限制的围栅 Si 纳米线晶体管的性能极限。如图 4.4 (a) 所示，围栅 Si 纳米线晶体管的器件结构仿真区域位于图中虚线框区域内 [19]。为理论探讨 GAA Si 纳米线晶体管在载流子输运时间限制下的性能极限，模拟中不考虑寄生元件等限制性能的常见因素 [25,27]。

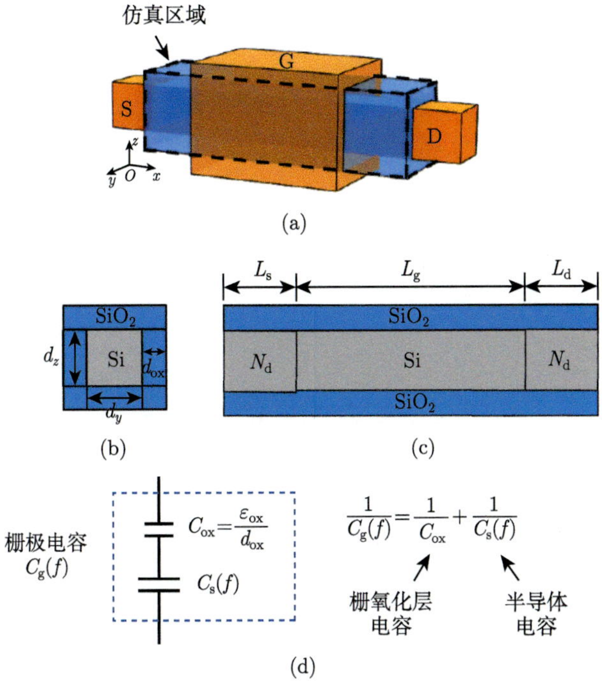

图 4.4 GAA Si 纳米线晶体管的器件结构 [19]。(a) 三维视图 (虚线所示为模拟域)；模拟结构的 (b) y-z 截面图和 (c) x-z 截面图，L_g、L_s 和 L_d 分别代表沟道 (栅极) 、源极和漏极扩展区的长度，d_y 和 d_z 分别代表硅纳米线的宽度和厚度。d_{ox} 是二氧化硅的厚度，N_d 是源极/漏极扩展区的掺杂密度；(d) 频率相关的栅极电容 C_g 的示意图，它由栅极氧化物电容 C_{ox} 和串联的半导体电容 C_s 组成 [16]

纳米线的输运方向沿 [100] 晶向。相应的器件几何参数为 $L_g = 10\text{nm}$，$L_s = L_d = 4\text{nm}$，$d_{ox} = 1\text{nm}$ 和 $d_y = d_z = 3\text{nm}$[19]。源极/漏极扩展区的掺杂密度为 $N_d = 10^{20}\text{cm}^{-3}$。此外，在考虑量子限域效应情况下，硅纳米线在 x、y 和 z 方向的双钝化谷的有效质量分别为 $m_x^*/m_0 = [0.94，0.27，0.27]$，$m_y^*/m_0 = [0.245，0.89，0.22]$，以及 $m_z^*/m_0 = [0.245，0.22，0.89]$，其选取与文献 [28] 中的相同，可从 $sp^3d^5s^*$ 紧密结合计算中提取 [29]。

图 4.4 (d) 显示了栅极电容 C_g 的示意图，C_g 由栅极氧化物电容 C_{ox} 和串联的半导体电容 C_s 组成，C_{ox} 与氧化物材料及其厚度有关。当栅极电压的变化速率超过载流子输运时间 T_t，即当工作频率达到 $1/T_t$ 左右时，沟道中的电荷将无法及时响应栅极电压的变化，导致 C_s 显著下降。因此，进行含时量子输运模拟对于研究受载流子输运时间限制的围栅 Si 纳米线晶体管的性能极限至关重要。

图 4.5 显示了围栅 Si 纳米线晶体管的导带子带顶轮廓，即 $V_{GS}(t_n) = V_{G0} + v_{g0}\sin(2\pi f t_n) = 0.5\text{ V}$ 和 $V_{DS} = 0.5\text{ V}$。由于晶体管横截面的强量子限域效应，能

带被离散化为离散能级 [17]。由于高能子带远离准费米级，电子占据概率低，因此在模拟中只考虑了 E_{sub}^1 和 E_{sub}^2。

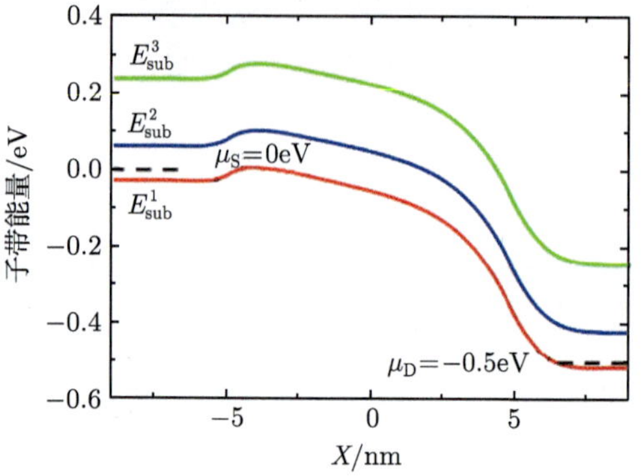

图 4.5 围栅 Si 纳米线晶体管在栅极偏压 $V_{\mathrm{GS}} = 0.5\mathrm{V}$ 和漏极偏压 $V_{\mathrm{DS}} = 0.5\mathrm{V}$ 条件下的导带子带顶轮廓，其中 $\mu_{\mathrm{S(D)}}$ 代表源极 (漏极) 准费米级 [16]

图 4.6(a) 展示了在矩形栅极脉冲下沟道总电荷的开关瞬态特性。在 $t = 0.4\mathrm{ps}$ 时刻向栅极施加一个矩形脉冲后，沟道总电荷持续累积并达到一个稳态值，然后在 $t = 1.1\mathrm{ps}$ 时移除施加的电压后，沟道总电荷迅速下降。其上升时间和下降时间分别为 0.13ps 和 0.06ps。图 4.6 (b) 显示了阶跃电压下的通道电荷的瞬态特性。根据傅里叶变换理论，阶跃电压包含太赫兹分量，因此，在施加阶跃电压的初始阶段，通道电荷在开始时会出现一些振荡，并且需要一段时间才能达到稳态值。

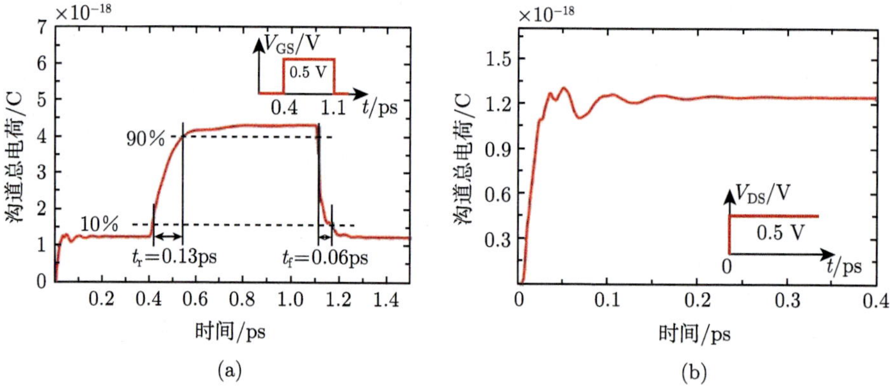

图 4.6 (a) 矩形栅极脉冲 (V_{GS} 在 0.4ps 至 1.1ps 之间从 0V 至 0.5V 至 0V，且 $V_{\mathrm{DS}} = 0.5\ \mathrm{V}$) 下沟道总电荷的开关瞬态特性，其中 t_{r} 和 t_{f} 分别代表上升时间和下降时间；(b) 在阶跃电压下沟道电荷的瞬态特性 (V_{DS} 在 $t = 0\mathrm{ps}$ 时从 0V 升至 0.5V，$V_{\mathrm{GS}} = 0\mathrm{V}$)[16]

接下来，我们探讨了围栅 Si 纳米线晶体管在不同频率的栅极偏压下的高频性能。设置栅极偏压的静态偏置 V_{G0} 为 0.5V，交流信号振幅 v_{g0} 为 10mV，漏源电

压 V_{DS} 为 0.5V。在频率为 5THz、10THz 和 50THz 时，施加栅极电压 $V_{\mathrm{GS}}(t_{\mathrm{n}})=V_{\mathrm{G0}}+v_{\mathrm{g0}}\sin(2\pi f t_{\mathrm{n}})$ 下的沟道电荷和漏极电流如图 4.7 所示。随着频率的增加，小信号沟道电荷的振幅逐渐减小，这是因为沟道中的电荷去除和积累受到其输运时间的限制。换言之，当栅极电压的变化时间小于载流子输运时间 T_t 时，沟道电荷就无法立即响应栅极电压的变化。因此，随着频率的升高，小信号电流的振幅逐渐减小，如图 4.7 (b) 所示。在碳纳米管晶体管的仿真中也观察到类似现象 [22]。

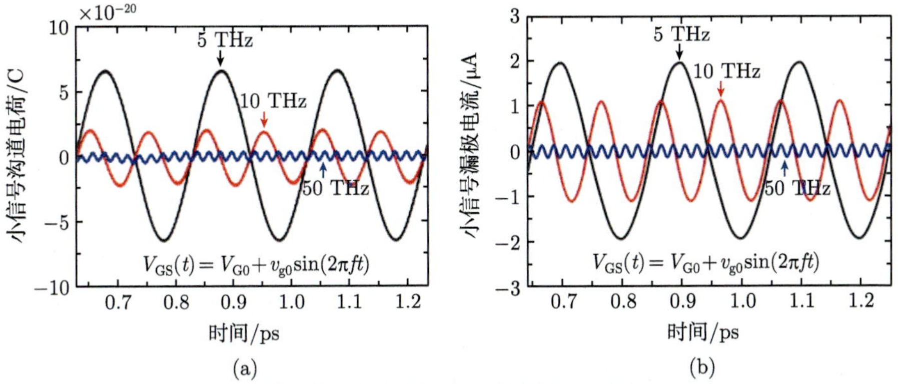

图 4.7 (a) 随时间变化的小信号沟道电荷和 (b) 不同频率的栅极偏压下 $V_{\mathrm{GS}}(t_{\mathrm{n}})=V_{\mathrm{G0}}+v_{\mathrm{g0}}\sin(2\pi f t_{\mathrm{n}})$，随时间变化的小信号漏极电流 i_{d}，其中 $V_{\mathrm{G0}}=0.5\mathrm{V}$，$v_{\mathrm{g0}}=10\mathrm{mV}$，$f$ 为 5THz、10THz 和 50THz，$V_{\mathrm{DS}}=0.5\mathrm{V}$[16]

根据上述仿真，受载流子输运时间限制的栅极电容 C_{g} 和跨导 g_{m} 可以通过式 (4.51) 和式 (4.52) 进行计算得出，如图 4.8 所示。当频率为 4.0THz 时，C_{g} 和 g_{m} 均为准静态值，但当频率超过 4.0THz 时，C_{g} 和 g_{m} 开始减小。当工作频率超过载流子输运时间的倒数 (即 $1/T_t$) 时，沟道中的电荷无法响应栅极电压的变

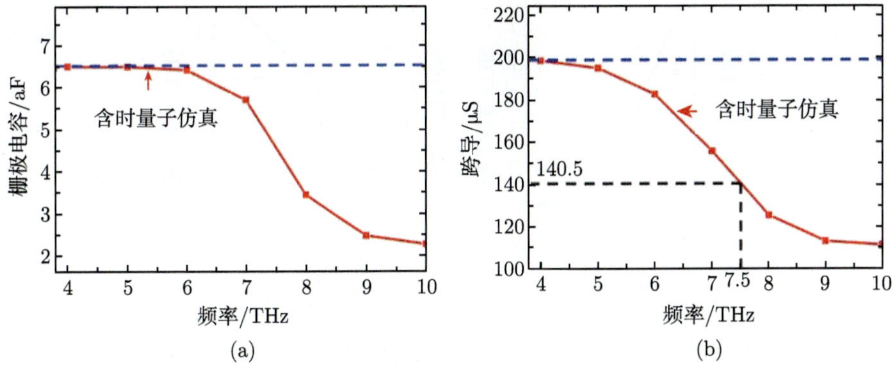

图 4.8 $V_{\mathrm{G0}}=0.5\mathrm{V}$、$v_{\mathrm{g0}}=10\mathrm{mV}$ 和 $V_{\mathrm{DS}}=0.5\mathrm{V}$ 时，不同频率下的 (a) 栅极电容和 (b) 跨导 [16]

化，导致栅极失去对沟道的控制能力。因此，在此频率下，C_s 显著降低，从而使得 C_g 减少，尽管 C_{ox} 与频率无关。在这种情况下，准静态量子模拟不再有效。此外，当 g_m 下降到其最大值的 0.707 时，对应的 3dB 带宽约为 7.5THz，如图 4.8 (b) 所示。

图 4.9 展示了不同频率下栅极电流 i_g 和漏极电流 i_d 的小信号幅度。正如上述分析所指出的，随着频率的增加，i_d 的幅度逐渐减小。另外，如式 (4.53) 所示，由于 C_g 随频率变化，i_g 则呈现先增后减的趋势，这一点也在图 4.9 中得到体现。受载流子输运时间限制的围栅 Si 纳米线晶体管的截止频率 (即单位增益频率) 约为 4.8THz。

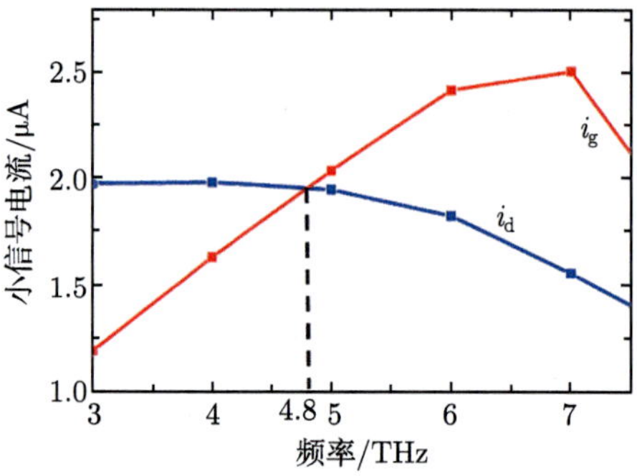

图 4.9 不同频率下的栅极电流 i_g 和漏极电流 i_d 的小信号幅度 [16]

此外，还比较和分析了不同通道长度和横截面积的晶体管的 3dB 带宽 f_{3dB} 和截止频率 f_{cutoff}。仿真结果显示，晶体管的性能受到载流子输运时间的限制，f_{3dB} 和 f_{cutoff} 会随着通道长度的增加而减小。这是由于较长的通道导致载流子输运时间延长，如图 4.10 (a) 所示。另外，随着横截面积的增大，载流子的输运时间缩

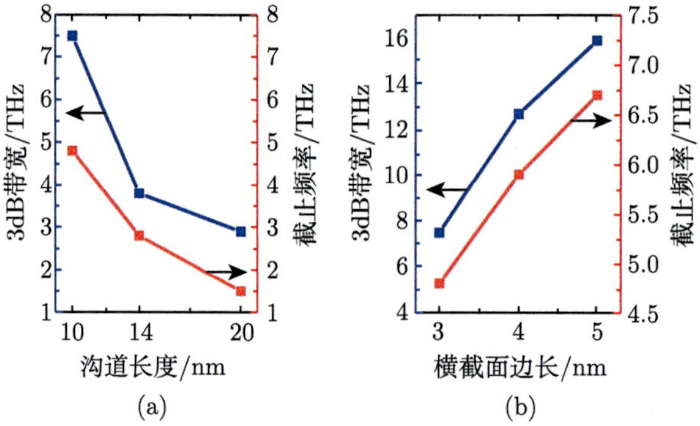

图 4.10 横截面积为 3nm×3nm；沟道长度分别为 10nm、14nm 和 20nm 的方形纳米线晶体管 (a) 的 3dB 带宽和截止频率；以及 (b) 沟道长度为 10nm、横截面边长分别为 3nm、4nm 和 5nm 的方形纳米线晶体管的 3dB 带宽和截止频率 [16]

短。这是因为量子约束效应逐渐减弱，使得每个沟谷沿传输方向的有效质量 m_x 减小并接近其相应的体材料值 [30]，从而导致 f_{3dB} 和 f_{cutoff} 增大。如图 4.10 (b) 所示。

4.2 用于纳米光电子器件的麦克斯韦方程

随着工作频率的增加，准静电近似逐渐失去精确性，应考虑电磁场的时变行为。在模拟高频半导体器件中电磁场和载流子输运之间的耦合，以及光电器件中电磁场和带电粒子之间的强相互作用时，均需要同时求解麦克斯韦方程和含时薛定谔方程 (TDSE)，以有效捕捉电磁学和量子力学之间的相互作用。对于高频半导体器件的仿真，需要电磁学与含时量子力学的耦合以准确模拟，并获得其高频性能 [22]。另外，对于量子点 (QD) 激光器和半导体光放大器 (SOA) 等光电器件，其电磁场和带电粒子之间的相互作用更为复杂 [31]，因此需要进行含时的电磁学–量子力学联合仿真，来模拟其动态特性 [3,4,32]。

4.2.1 麦克斯韦方程和含时量子输运方程

麦克斯韦方程和含时薛定谔方程 (TDSE) 分别是电磁学和量子力学的基本控制方程 [33,34]。图 4.11 展示了时变电磁学–量子力学联合仿真的通用模型。

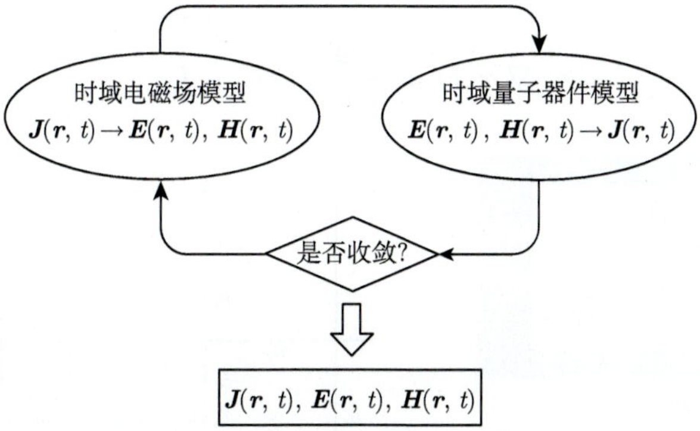

图 4.11 电磁学–量子力学耦合模拟的一般模型 [21]

在时变电磁学–量子力学模拟中，量子输运可以通过求解 TDSE 来模拟，TDSE 中的磁矢量势 $\boldsymbol{A}$ 和电标量势 ϕ 描述了电磁场对量子输运的影响。反之，量子输运对电磁场的影响可以通过将从 TDSE 得到的量子电流密度 $\boldsymbol{J}_q$ 引入麦克斯韦方程来实现，如 (4.55) 所示。

$$\mathrm{i}\hbar\frac{\partial\psi(r,t)}{\partial t}=\left\{\frac{1}{2m}\left[-\mathrm{i}\hbar\nabla-q\boldsymbol{A}(r,t)\right]^2+q\psi(r,t)+U(r,t)\right\}\psi(r,t) \qquad (4.54)$$

$$\begin{cases} \nabla \times \boldsymbol{H} = \dfrac{\partial \boldsymbol{D}}{\partial t} + \sigma \boldsymbol{E} + \boldsymbol{J}_q \\ \nabla \times \boldsymbol{E} = -\dfrac{\partial \boldsymbol{B}}{\partial t} \end{cases} \tag{4.55}$$

器件内载流子的运动是电磁场的源，反过来，电磁场也会影响载流子的输运。电磁场对载流子的影响是通过在 TDSE 中引入磁矢量势 $\boldsymbol{A}$ 和电标量势 ϕ 来体现。根据 TDSE 计算出的波函数，可以计算出器件内部的电流密度 $\boldsymbol{J}_q$，然后将 $\boldsymbol{J}_q$ 代入麦克斯韦方程，从而模拟载流子对电磁场的影响。这实现了时域电磁学模型与有源量子器件模型的耦合 [35,36]。在本节中，我们将主要讨论耦合求解麦克斯韦方程和 TDSE 的 FDTD 方法。

4.2.2 麦克斯韦方程和含时量子输运方程的数值解法

对于高频率下的时变电磁学–量子力学模拟，量子输运特性由 TDSE 计算，而电磁场分布由麦克斯韦方程求解。2010 年，Ahmed 等提出了一种由隐式和显式 FDTD 方法组成的混合技术，用于模拟带激励源的纳米线 [3]。纳米线的侧视图和三维结构如图 4.12(a) 和 (b) 所示。在细网格区域中采用传统的 FDTD 方法，其余粗网格区域采用局部一维化有限时域差分 (LOD-FDTD) 方法，如图 4.12 (c) 所示 [3]。在粗网格和细网格区域的界面上，通过插值技术实现两个区域连接 [37]。包含量子电流密度的麦克斯韦方程可表示为 [38]

$$\nabla \times \boldsymbol{H} = \frac{\partial \boldsymbol{D}}{\partial t} + \sigma \boldsymbol{E} + \boldsymbol{J}_{\boldsymbol{q}} \tag{4.56}$$

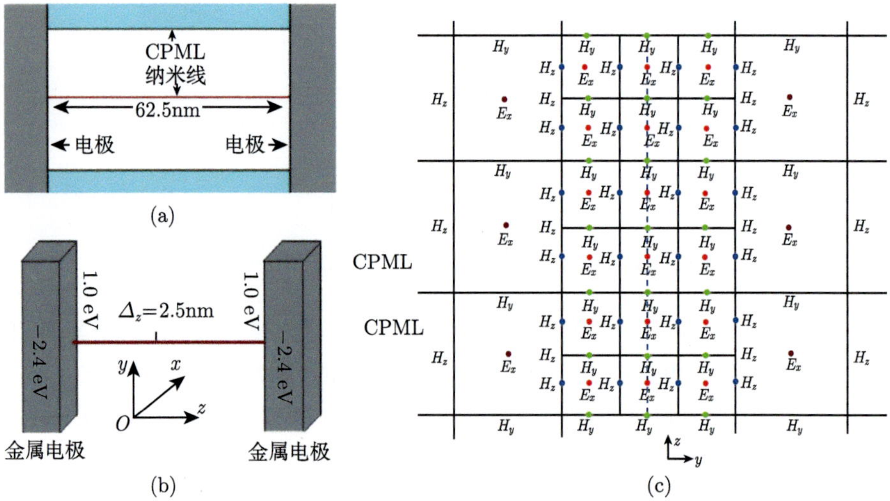

图 4.12 (a) 纳米线的侧视图；(b) 连接电极的纳米线的三维结构示意图；(c) 纳米线周围的细网格和其余区域的粗网格 [3]

$$\nabla \times \boldsymbol{E} = -\frac{\partial \boldsymbol{B}}{\partial t} \tag{4.57}$$

其中，量子电流密度 $\boldsymbol{J}_q$ 可从 TDSE 中获得。麦克斯韦方程的求解可通过 LOD-FDTD 方法实现 [39]。为简单起见，下面给出 LOD-FDTD 方法第一步的方程，其他两步方程可通过类似方法获得 [39]。

$$\frac{\partial B_x^{n+\frac{1}{3}}}{\partial t} = 0 \tag{4.58}$$

$$\frac{\partial B_y^{n+\frac{1}{3}}}{\partial t} = \frac{\partial E_z^{n+\frac{1}{3}}}{\partial x} - \frac{\partial E_z^{n}}{\partial x} \tag{4.59}$$

$$\frac{\partial B_z^{n+\frac{1}{3}}}{\partial t} = -\left(\frac{\partial E_y^{n+\frac{1}{3}}}{\partial x} - \frac{\partial E_y^{n}}{\partial x}\right) \tag{4.60}$$

$$\frac{\partial D_x^{n+\frac{1}{3}}}{\partial t} + \sigma E_x^{n+\frac{1}{3}} = -J_x^{n+\frac{1}{3}} \tag{4.61}$$

$$\frac{\partial D_y^{n+\frac{1}{3}}}{\partial t} + \sigma E_y^{n+\frac{1}{3}} = -\left(\frac{\partial H_z^{n+\frac{1}{3}}}{\partial x} - \frac{\partial H_z^{n}}{\partial x}\right) - J_y^{n+\frac{1}{3}} \tag{4.62}$$

$$\frac{\partial D_z^{n+\frac{1}{3}}}{\partial t} + \sigma E_z^{n+\frac{1}{3}} = \left(\frac{\partial H_y^{n+\frac{1}{3}}}{\partial x} - \frac{\partial H_y^{n}}{\partial x}\right) - J_z^{n+\frac{1}{3}} \tag{4.63}$$

在电磁场存在的情况下，TDSE 可以分别加入磁矢量势 $\boldsymbol{A}$ 和电标量势 ϕ，

$$\mathrm{i}\hbar\frac{\partial \psi(r,t)}{\partial t} = \left\{\frac{1}{2m}\left[-\mathrm{i}\hbar\nabla - q\boldsymbol{A}(r,t)\right]^2 - q\phi(r,t) + U(r,t)\right\}\psi(r,t) \tag{4.64}$$

并满足以下方程：

$$\boldsymbol{B} = \nabla \times \boldsymbol{A} \tag{4.65}$$

$$\boldsymbol{E} = -\nabla\phi - \frac{\partial \boldsymbol{A}}{\partial t} \tag{4.66}$$

由于界面的复杂性，在一维情况下，TDSE 沿 z 轴的实部和虚部可以表示为 [40]

$$\begin{aligned}\frac{\partial \psi_{\mathrm{R}}(z,t)}{\partial t} =& -\frac{\hbar}{2m}\frac{\partial^2 \psi_{\mathrm{I}}(z,t)}{\partial^2 z} + \frac{q^2}{2\hbar m}A_z(z,t)^2\psi_{\mathrm{I}}(z,t) \\ & -\frac{q}{\hbar}\phi(z,t)\psi_{\mathrm{I}}(z,t) + \frac{U(z,t)}{\hbar}\psi_{\mathrm{I}}(z,t) \\ & -\frac{q}{m}A_z(z,t)\frac{\partial \psi_{\mathrm{R}}(z,t)}{\partial z} - \frac{q}{2m}\psi_{\mathrm{R}}(z,t)\frac{\partial A_z(z,t)}{\partial z}\end{aligned} \tag{4.67}$$

$$\begin{aligned}\frac{\partial \psi_{\mathrm{R}}(z,t)}{\partial t} =& \frac{\hbar}{2m}\frac{\partial^2 \psi_{\mathrm{R}}(z,t)}{\partial^2 z} + \frac{q^2}{2\hbar m}A_z(z,t)^2\psi_{\mathrm{R}}(z,t) \\ & +\frac{q}{\hbar}\phi(z,t)\psi_{\mathrm{R}}(z,t) - \frac{U(z,t)}{\hbar}\psi_{\mathrm{R}}(z,t) \\ & -\frac{q}{m}A_z(z,t)\frac{\partial \psi_{\mathrm{R}}(z,t)}{\partial z} - \frac{q}{2m}\psi_{\mathrm{R}}(z,t)\frac{\partial A_z(z,t)}{\partial z}\end{aligned} \tag{4.68}$$

得到 TDSE 的解后，量子电流密度的计算公式为

$$J_z(z,t) = -\frac{q}{2m}\mathrm{i}\hbar\left[\psi^*(z,t)\frac{\partial}{\partial z}\psi(z,t) - \psi(z,t)\frac{\partial}{\partial z}\psi^*(z,t)\right] - \frac{q^2}{m}A_z|\psi(z,t)|^2 \tag{4.69}$$

在混合方法中，采用隐式方法可以使 LOD-FDTD 区域的时间步长更大。因此，与显式混合方法等传统方法相比，隐式方法在时间步长的选择上提供了更大的自由度 [41]。在这种方法中，存在量子效应的区域和其他区域的时间步长必须相同，以保持稳定性 [3]。

图 4.13 展示了求解耦合方程的流程图。在流程图中，M 表示麦克斯韦方程，S 表示薛定谔方程。我们将传统的 FDTD 方法和混合方法进行了比较，使用了比率 R =1 (即单元尺寸为 2.5nm，选择了相同的两个区域) 进行模拟。结果显示，两者的模拟结果吻合得很好，如图 4.14 所示。由于减少了 LOD-FDTD 区域中的单元数量，该方法在选择比率 R 时表现出极高的效率。需要指出的是，传统的 FDTD 方法无法使用这种 R 值，因为它不满足 CFL 条件限制。图 4.15 中 R =10 表示粗网格中的时间步长是细网格区域中 FDTD 时间步长的 10 倍，这意味着 LOD-FDTD 方法中，Δt_{CFL} 是 FDTD 区域时间步长的 10 倍。这种灵活性使我们能够以比显式方法更快的速度模拟纳米器件。

2013 年，Capua 等使用 FDTD 方法求解 Maxwell-TDSE 耦合方程，模拟了 QD 激光器和 SOA 的动态特性 [32]。在 QD 激光器和 SOA 中，QD 有源增益介质被建模为与电磁场相互作用的两级系统，如图 4.16 (a) 所示 [32]。激光振荡情况如图 4.16 (b) 所示 [32]。从图中可以看出，稳态振荡是在能量转换过程完成后建立起来的。此外，模拟结果还显示了弛豫振荡等特性。通过加入抗反射涂层，QD

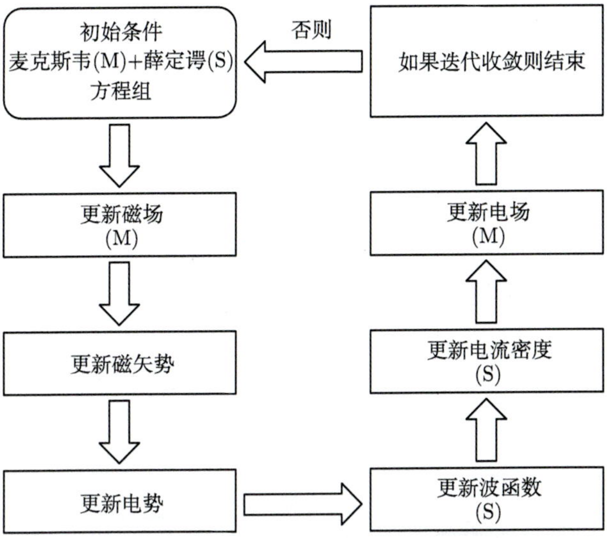

图 4.13 求解耦合方程的流程图 [3]

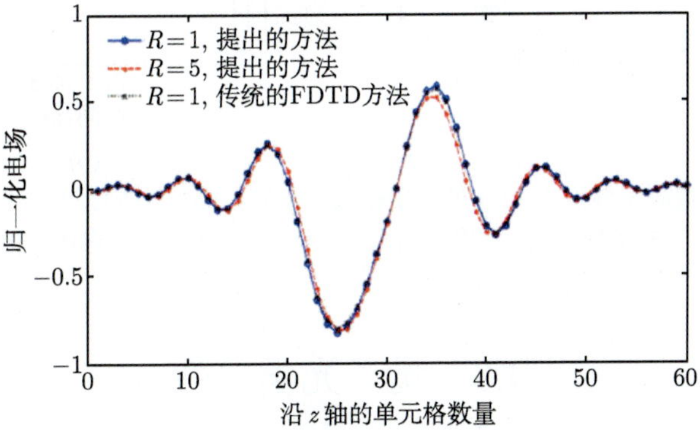

图 4.14 沿纳米线 z 轴的电场 [3]

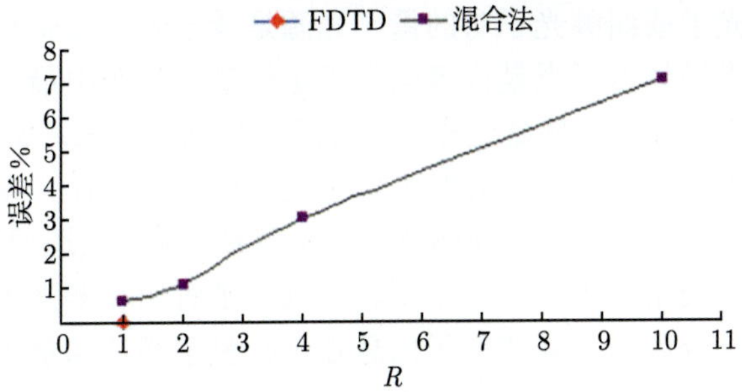

图 4.15 不同 R 下的误差 [3]

激光器可以转变为 SOA。此外，还进一步研究了 SOA 中超短脉冲的放大和拉比振荡现象 [32]。拉比振荡是器件中一个非常重要的机制，即当粒子 (或两级系统) 在空腔中受到电磁波照射时，粒子会周期性地吸收光子，并通过受激发射重新发射光子 [42]。2015 年，Chen 等在进一步研究了场强、失谐和材料损耗对拉比振荡区中布居反转的影响 [43]。

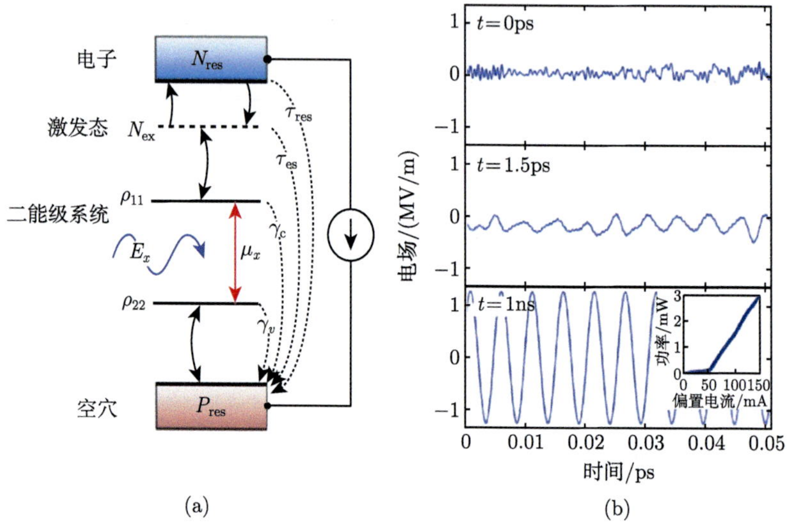

图 4.16 (a) 载流子储层中 QD 的能量结构示意图；(b) 不同时间 ($t=0$、$t=1.5$ps、$t=1$ns) 下的发射电场。插图显示了发射的输出功率与偏置电流的关系 [32]

4.3 量子光学器件

4.3.1 半导体量子点

可以产生单光子或纠缠光子对的量子光源是量子光学实验和光量子技术的关键器件。自组装半导体量子点是许多固态确定性量子光源中最具前景的候选者之一。这种量子点通过分子束外延生长，通常尺寸为几十纳米，如图 4.17 (b) 所示。量子点中的能级由于量子限域效应发生量子化 (图 4.18 (a))，呈现出类似于单个原子的离散能级结构。因此，半导体量子点也常被称为“人造原子”。在过去的二十年中，基于自组装量子点的单光子源、纠缠光子对源和多光子纠缠态的产生取得了显著进展，充分展示了其在量子信息处理、量子通信和量子传感等应用中的巨大潜力。

将量子点与光学微腔耦合是一种非常有效的提高量子光源性能的方法。图 4.17 (a) 展示了一张 L3 光子晶体微腔的扫描电子显微镜图像。光子晶体微腔可以将光子限制在很小的空间内，具有高品质因子 (Q 值) 和小的模式体积 (V)。当量子点被放置在微腔光场强度最大的位置时，其自发辐射速率会被显著增强，这种现象称为 Purcell 增强效应。这种增强效应使半导体量子点能更有效地抵抗由于声子和电荷噪声引起的退相干和光谱漂移。

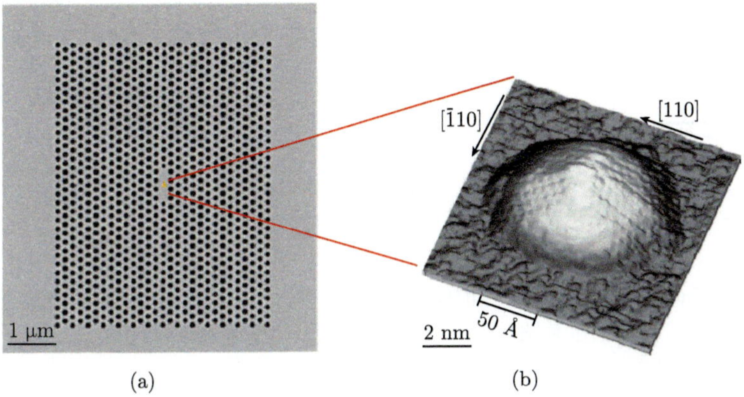

图 4.17　(a) L3 光子晶体微腔的扫描电子显微镜图像；(b) 单个自组装量子点的扫描隧道显微镜图像 [44]

4.3.2　基本原理

为了使量子点器件产生光子，首先需要通过光学或电学手段在量子点内产生一对电子–空穴对。随后，这对电子–空穴对会自发复合并发射出单个光子，该过程如图 4.18 (a) 所示。尽管量子点中包含许多能级，当使用单色激光调谐至量子点的特定跃迁时，如果光场与其他跃迁之间存在显著失谐 (失谐远大于激光和能级的线宽)，光场对远失谐的跃迁驱动效率可以忽略不计。在这种情况下，量子点就可以被简化为一个理想的二能级系统，如图 4.18 (b) 所示，其状态可用下式表示：

$$|\Psi\rangle = c_1 |g\rangle + c_2 |e\rangle \tag{4.70}$$

其中，c_1 和 c_2 是满足归一化条件 $|c_1|^2 + |c_2|^2 = 1$ 的复振幅项。这个量子态可以通过以下表达式在笛卡儿坐标系中表示：

$$x= 2\mathrm{Re}\langle c_1 c_2\rangle \tag{4.71}$$

$$y= 2\mathrm{Im}\langle c_1 c_2\rangle \tag{4.72}$$

$$z = |c_2|^2 - |c_1|^2 \tag{4.73}$$

这种几何表示方法的思想基础可以追溯到布洛赫于 1946 年在研究核磁共振

系统时的工作。因此，我们也将这种用于展示二能级系统量子态的几何表示方法称为布洛赫球表示法，如图 4.18 (c) 所示。

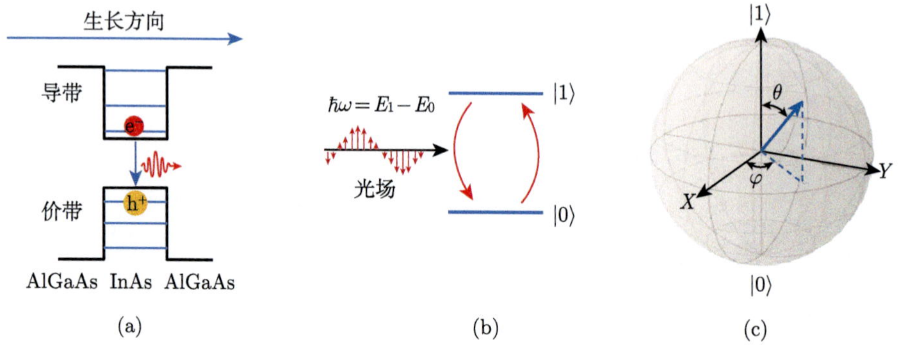

图 4.18 (a) InAs/AlGaAs 量子点的能级示意图；(b) 单频激光与二能级系统共振相互作用的示意图；(c) 二能级系统状态的布洛赫球表示

接下来，我们将考虑单模光场与二能级系统相互作用的过程。该过程可以通过光学布洛赫方程来描述。这些方程可以通过半经典方法 (仅对二能级系统量子点，将光场视为经典场) 或完全量子化方法 (对二能级系统和光场都进行量子化) 推导。为简洁起见，在此我们只展示半经典理论的推导过程。二能级系统的状态演化可以由含时薛定谔方程给出：

$$\mathrm{i}\hbar\frac{\partial\Psi}{\partial t}=\hat{H}\Psi \tag{4.74}$$

其中，$\hat{H}=\hat{H}_0+\hat{V}(t)$，$\hat{H}_0$ 描述无外界电磁场作用时二能级系统，$\hat{V}(t)$ 则表示二能级系统与单色光场之间的相互作用项。我们可以将二能级系统的跃迁频率定义为 ω_0。如果我们仅考虑 x 方向的偏振分量，那么频率为 ω 的单模光场可以表示为 $E(t)=E_0\cos(\omega t)$。相互作用项表示为 $\hat{V}(t)=\mu E_0\cos(\omega t)$，其中 μ 是二能级系统的跃迁偶极矩。我们定义 $\mu E_0/\hbar=\Omega$ 为拉比频率，衡量光场与二能级系统之间相互作用的强度。将上述公式代入薛定谔方程，可以得到

$$\begin{cases}\dot{c}_1(t)=\dfrac{\mathrm{i}}{2\hbar}\mu E_0\left[\mathrm{e}^{+\mathrm{i}(\omega-\omega_0)t}+\mathrm{e}^{-\mathrm{i}(\omega+\omega_0)t}\right]c_2(t)\\[2ex]\dot{c}_2(t)=\dfrac{\mathrm{i}}{2\hbar}\mu E_0\left[\mathrm{e}^{-\mathrm{i}(\omega-\omega_0)t}+\mathrm{e}^{+\mathrm{i}(\omega+\omega_0)t}\right]c_1(t)\end{cases} \tag{4.75}$$

上述方程中括号内的第二项是高频振荡项，可以通过旋转波近似忽略。我们定义

激光与二能级系统的失谐 $\varDelta=\omega-\omega_0$，得到旋转波近似后的方程为

$$\begin{cases}\dot{c}_1(t)=\dfrac{\mathrm{i}}{2\hbar}\mu E_0\mathrm{e}^{+\mathrm{i}\Delta t}c_2(t)\\ \dot{c}_2(t)=\dfrac{\mathrm{i}}{2\hbar}\mu E_0\mathrm{e}^{-\mathrm{i}\Delta t}c_1(t)\end{cases}\tag{4.76}$$

现在，只要知道系统初始状态 $c_1(t=0)$, $c_2(t=0)$ 以及光场幅度的波包 $E(t)$，就可以计算二能级系统中各能级的含时演化。假设二能级系统的初态在基态 $|g\rangle$，那么上能级和下能级的布居数随时间的演化可表示为

$$\begin{cases}|c_1(t)|^2=\cos^2\left(\dfrac{\mu E_0}{2\hbar}t\right)\\ |c_2(t)|^2=\sin^2\left(\dfrac{\mu E_0}{2\hbar}t\right)\end{cases}\tag{4.77}$$

图 4.19 (a) 显示了共振连续波激光与二能级系统相互作用的数值仿真结果。可以看到，随着光场–二能级耦合持续发生，布居数在基态和激发态之间发生拉比振荡，其振荡频率为 $\varOmega/2\pi$。图 4.19 (b) 展示了拉比振荡在布洛赫球上的体现。如果考虑激光场与二能级系统存在失谐，即 $\varDelta\neq 0$，我们可以引入等效拉比频率 $\varOmega_{\text{eff.}}=(\varDelta^2+\varOmega^2)^{0.5}$，可将原方程重写为

$$\begin{cases}|c_1(t)|^2=\dfrac{\varOmega^2}{\varOmega_{\text{eff.}}^2}\cos^2(\varOmega_{\text{eff.}}t)\\ |c_2(t)|^2=\dfrac{\varOmega^2}{\varOmega_{\text{eff.}}^2}\sin^2(\varOmega_{\text{eff.}}t)\end{cases}\tag{4.78}$$

从上述方程可以看出，当入射光场与量子点之间失谐增大时，拉比振荡的振幅会减小，而振荡频率则会增加。图 4.19 (c) 展示了 $\varDelta\neq 0$ 时布居数的时间演化过程。图 4.19 (d) 则展示了拉比振荡在布洛赫球上的表示。由于存在失谐 $\varDelta$，旋转轴相对于原先的 x 轴偏离了一个 $\arctan\left(\dfrac{\varDelta}{\varOmega}\right)$ 的角度。

为了使量子态按旋转特定的角度，我们可以使用脉冲光激发。通过调节脉冲持续时间或脉冲强度来精细地控制拉比频率的时间积分，即脉冲面积 $\varTheta=\displaystyle\int\varOmega\cdot\mathrm{d}t$，我们可以控制态矢量在布洛赫球上沿 y 轴旋转的角度 $\varTheta$, 如图 4.19 (f) 所示。当 $\varTheta=\pi$ 时，代表我们对量子态执行了一个非门操作，即实现对二能级系统布居数的确定性翻转。图 4.19 (e) 展示了在 π 脉冲共振激发下布居数的时间演化过程。

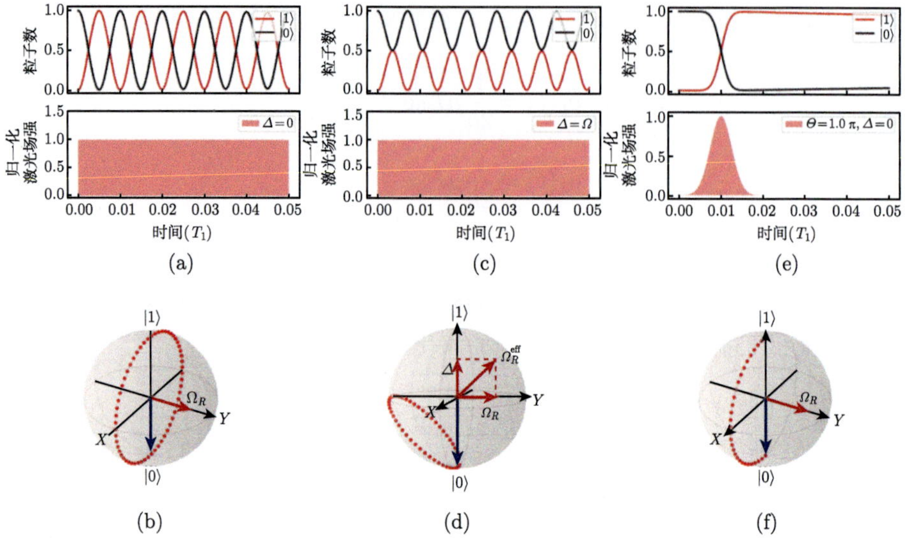

图 4.19 (a) 连续波激光共振激发下二能级系统布居数的时间演化；(b) 连续波激光共振激发下拉比振荡的布洛赫球表示；(c) 连续波激光失谐激发下二能级系统布居数的时间演化；(d) 连续波激光失谐激发下拉比振荡的布洛赫球表示；(e) π 脉冲共振激发下布居数的时间演化；(f) π 脉冲共振激发的布洛赫球表示

到目前为止，我们尚未考虑量子点二能级系统与光场相互作用时的退相干效应。在实际应用中，由于量子点处于固态环境中，其二能级系统的相干性会因晶格振动 (声子) 和周围材料中核自旋的扰动等机制而降低。此外，激发态的自发辐射本身就是一个退相干的过程。我们将不改变系统布居数分布的退相干过程称为纯退相干过程，特征时间用 T_2^* 表示。由自发辐射等改变系统布居数的过程引起的退相干的特征时间则记为 T_1。这时，系统的整体相干时间可以用 T_2 表示，三者满足关系 $T_2 = 1/\left(\dfrac{1}{2T_1}+\dfrac{1}{T_2^*}\right)$。当系统的纯退相干时间 T_2^* 远长于 T_1 时，$T_2 \to 2T_1$，我们称之为寿命极限的相干时间。在相干操控二能级系统时，退相干的存在会导致拉比振荡的阻尼现象。图 4.20 (b) 展示了数值仿真结果中脉冲光驱动下的二能级系统的上能级布居数随激光脉冲面积的演化。拉比振荡的幅值随着脉冲面积的增大逐渐减小，这就是阻尼现象。随着退相干速率 γ 的增加，振荡的阻尼变得更加显著。图 4.20 (c) 展示了对应实验测得的脉冲驱动量子点二能级系统随脉冲振幅 (正比于脉冲面积) 的阻尼拉比振荡。

4.3.3 二能级系统–微腔相互作用

增强光场与量子点之间的相互作用并提高量子点荧光的收集效率一直是半导体量子点器件设计的重要目标。一种有效的方案是将量子点放置在光学微腔内，能

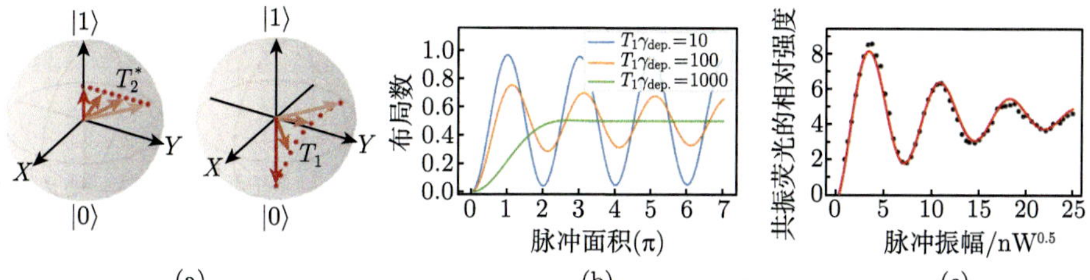

图 4.20 (a) 两种阻尼过程在布洛赫球中的体现；(b) 不同阻尼率比值下的退相干导致的布居数阻尼拉比振荡；(c) 实验测量的量子点退相干导致的布居数阻尼拉比振荡

够同时实现这两个目的。微腔的存在极大地改变了微腔内真空场态密度的分布。当量子点位于合适的空间位置，并且其频率与腔模共振时，自发辐射速率和辐射的方向性都可以显著增强，这被称为 Purcell 效应。

对于一个二能级体系与微腔耦合的系统，在二次量子化下，该系统的哈密顿量可表示为

$$\hat{H}=\hbar\omega\hat{\sigma}_z+\hbar\omega_{\text{cav}}\left(\hat{a}^\dagger\hat{a}+\frac{1}{2}\right)+\mathrm{i}\hbar g\left(\hat{a}^\dagger\hat{\sigma}_- - \hat{a}\hat{\sigma}_+\right) \tag{4.79}$$

其中，g 表示量子点与微腔之间的耦合强度，$\hat{a}^\dagger(\hat{a})$ 和 $\hat{\sigma}_+(\hat{\sigma}_-)$ 分别是微腔内光子的产生 (湮灭) 算符和二能级系统的上升 (下降) 算符。在此情况下，考虑二能级系统和微腔的耗散速率分别为 γ 和 κ，可以使用 Lindblad 主方程来描述系统密度矩阵的演化：

$$\begin{aligned}\frac{\partial\rho}{\partial t}&=\frac{1}{\mathrm{i}\hbar}\left[\hat{H},\rho\right]+\frac{\gamma}{2}\left(2\hat{\sigma}_-\rho\hat{\sigma}_+ - \hat{\sigma}_+\hat{\sigma}_-\rho-\rho\hat{\sigma}_+\hat{\sigma}_-\right)\\&\quad+\frac{\kappa}{2}\left(2\hat{a}\rho\hat{a}^\dagger-\hat{a}^\dagger\hat{a}\rho-\rho\hat{a}^\dagger\hat{a}\right)\end{aligned} \tag{4.80}$$

当二能级系统和微腔完全共振时，有 $\omega=\omega_{\text{cav}}=\omega_0$。此时，若只考虑系统被弱激发，即把系统的希尔伯特空间限制在 $\{1_{\text{QD}},0_{\text{cav}}\rangle,|0_{\text{QD}},0_{\text{cav}}\rangle,|0_{\text{QD}},1_{\text{cav}}\rangle\}$ 状态时，上述方程可以解析求解，得到系统的本征值为

$$\Omega_\pm=\omega_0-\frac{\mathrm{i}}{4}(\gamma+\kappa)\pm\sqrt{g^2-\left(\frac{\gamma-\kappa}{4}\right)^2} \tag{4.81}$$

通过这个方程，我们可以区分二能级系统和微腔耦合的 2 个区间：强耦合和弱耦合。当 $g<\frac{1}{4}|\kappa-\gamma|$ 时，方程第三项的根号下为负数，这意味着上述方程的两个本征值具有相等的实部但不同的虚部，即没有能量劈裂，此时系统处于弱耦合区域。相反，当 $g>\frac{1}{4}|\kappa-\gamma|$ 时，两个本征值具有不同的实部和相同的虚部。

实部代表的本征能量的劈裂为 $2\sqrt{g^2-\left(\frac{\gamma-\kappa}{4}\right)^2}$，这就是真空拉比劈裂。真空拉比劈裂是系统处于强耦合区域的一个重要特征。

对于发光器件而言，通常我们不希望自发辐射的光子长时间滞留在微腔内被逐渐消耗掉，而是可以尽快从微腔中发射出来。该需求决定了我们更倾向于使器件工作在弱耦合状态下。微腔对二能级系统自发辐射的影响可以使用 Purcell 因子来定量地评估。Purcell 因子 $F_{\mathrm{P}}=\frac{\gamma_{\mathrm{cav.}}}{\gamma_{\mathrm{bulk}}}$，它描述了同一个二能级系统在微腔中的自发辐射速率相对于在体材料中的增强。我们假设量子点位于微腔中模式场最强的位置点，并且量子点的偶极方向与模式场对齐。这时的 Purcell 因子可以表示为

$$F_{\mathrm{P}}=\frac{3Q\left(\frac{\lambda}{n}\right)^3}{4\pi^2 V}\frac{\kappa^2}{\kappa^2+4(\omega-\omega_{\mathrm{cav.}})^2} \tag{4.82}$$

其中，Q, V 和 κ 分别表示微腔的品质因子、模式体积和模式的半高全宽，n 则是包围微腔的材料的等效折射率。从该方程可以看出，具有更高 Q 值和更小模式体积的微腔能够提供更强的 Purcell 增强。

二能级系统的自发辐射速率可以通过图 4.21 (a) 所示的时间关联单光子计数装置进行测量。采用皮秒或飞秒脉冲激光作为泵浦源。这个脉冲信号会被分成两部分，其中一小部分进入高速光电探测器以生成电脉冲同步信号，而另一部分则用于激发量子点。由量子点产生的自发辐射被收集到单光子探测器中 (如单光子雪崩二极管或超导纳米线单光子探测器)。高精度的符合计数装置会记录同步信号与单光子探测信号之间的时间差。通过对一段时间内收集的大量时间差数据进行

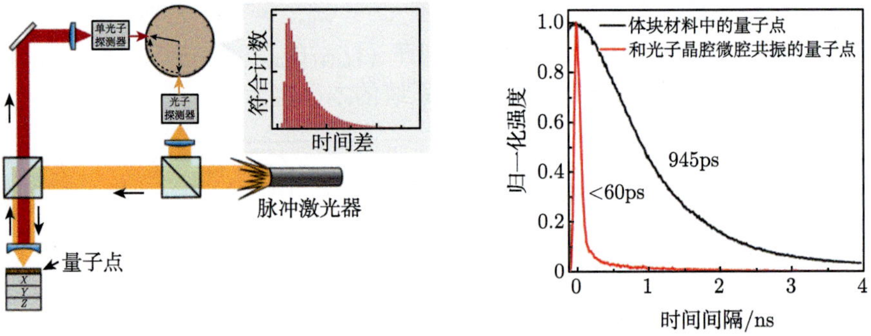

(a)　　　　　　　　(b)

图 4.21　(a) 寿命测量的时间关联单光子计数实验装置；(b) 量子点在体块材料中和与光子晶体微腔共振时测量的布居数衰减曲线，显示出微腔引起的显著 Purcell 增强 [45]

统计分析，可以绘制出反映光子所对应能级寿命的直方图。图 4.21 (b) 展示了两条典型的实验观测的荧光寿命曲线，其中黑色曲线代表未受任何微纳结构增强或抑制的体块材料中的量子点，红色曲线则代表量子点与光子晶体微腔共振时自发辐射获得显著 Purcell 增强后的荧光寿命曲线。

图 4.22 (a) 展示了实验中测试的光子晶体微腔模。微腔的各向异性造成两个偏振模式的退简并，我们将两个腔模分别标记为 M1 和 M2 (灰色阴影区域)。光谱中展示的量子点 (红色峰) 的被调谐至与 M1 腔模式共振。通过逐步调节量子点与微腔的失谐并测量在不同失谐情况下量子点的自发辐射速率，可以获得 Purcell 因子随着量子点–微腔失谐的变化图，如图 4.22 (b) 所示。图中的实线表示理论预测的变化趋势，与实测结果非常吻合。实验中观察到的最大 Purcell 因子高达 42，如此高的 Purcell 增强得益于光子晶体微腔具有很高的 Q/V 比值。需要注意的是，目前实验测量的 Purcell 因子仍然小于式 (4.82) 所预测的理论值。这是因为我们在式 (4.82) 中假设量子点位于微腔中模式场最强的位置点，并且量子点的偶极方向与模场偏振方向完全对齐。然而，实际中量子点的位置与模式场强度最大处的匹配并非完美，量子点偶极矩的方向也未必与模式场偏振方向完全对齐。将来，为了获取更大的空间和偶极方向匹配性，仍需进一步发展位置可控的量子点生长、量子点定位以及微腔偏振取向的精确加工技术。

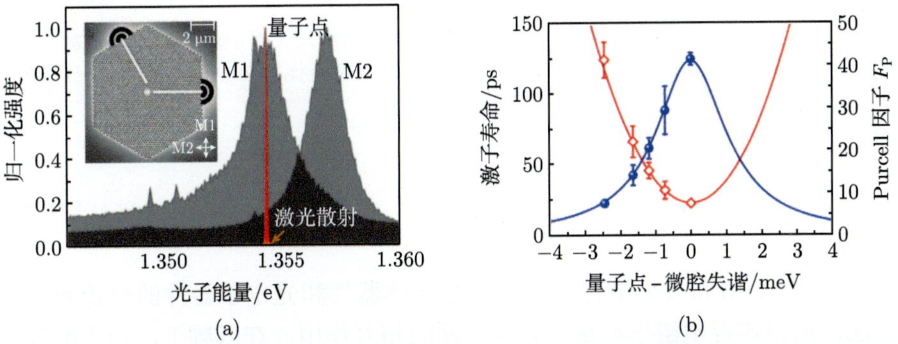

图 4.22 (a) 光子晶体微腔模式的典型发射光谱及单个量子点的共振荧光，插图为光子晶体微腔器件的扫描电子显微镜图像 [45]；(b) 激子寿命 T_1 (红色) 和 Purcell 因子 F_P (蓝色) 随量子点–微腔失谐的变化 [45]

在强耦合区间，量子点与微腔之间的能量交换变得可逆。这意味着当量子点向微腔中发射一个光子后，该光子在从微腔中消散之前可能被量子点重新吸收。在这种情况下，量子点和微腔被视为一个光子–激子极化子系统。图 4.23 (a) 和 (b) 显示了实验中量子点–微腔失谐连续改变时的荧光光谱，呈现出另一个强耦合的标志：反交叉现象。

光谱反交叉在时域表现为量子点与微腔之间的可逆能量交换，称为真空拉比振荡。真空拉比劈裂越大，代表能量在量子点与微腔之间振荡周期越短，光子在从微腔逃逸出之前发生交换能量的次数也就越多。有两种方法可以增加真空拉比劈裂：① 增加系统耦合强度 g，如图 4.23 (c) 和 (d) 所示；② 引入量子点–微腔失谐，如图 4.23 (a) 所示。图 4.23 (c) 和 (d) 展示了数值仿真下不同耦合强度 g 对应的真空拉比振荡。g 值越大，振荡的真空拉比频率越高。图 4.23 (e) 则展示了在不同量子点–微腔失谐条件下实验测量的真空拉比振荡曲线。通过提取时域振荡的频率随着荧光失谐的变化，可以发现真空拉比频率随量子点–微腔失谐的变化与理论预测高度吻合 (图 4.23 (f))。

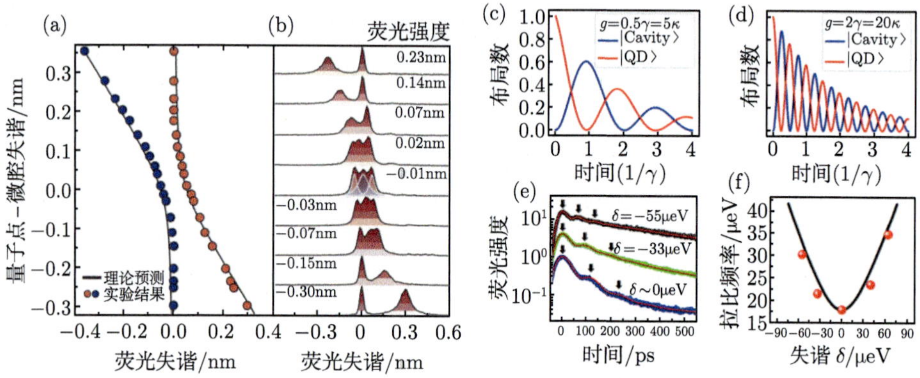

图 4.23 (a)，(b) 实验测量的量子点–微腔强耦合系统的荧光光谱，显现了腔模和量子点荧光峰的反交叉现象 [46]；(c)，(d) 两种不同耦合强度下的真空拉比振荡；(e)，(f) 时间分辨的真空拉比振荡 [47]

4.4 小 结

总之，4.1 节和 4.2 节讨论了先进半导体器件和光电子器件的理论和数值模拟方法，用以捕捉电磁学和量子力学之间的相互作用。在低频下，由于准静态电磁学近似是有效的，因此采用泊松方程和薛定谔方程来获得纳米级半导体器件的载流子传输特性。然而，随着频率的增加，准静态电磁学近似失效，因此需要求解麦克斯韦方程和含时薛定谔方程，以捕捉电磁学和量子力学之间的相互作用并分析器件的高频瞬态性能。

此外，4.3 节还探讨了微腔增强的量子点量子光源，介绍了二能级系统相干控制的基本理论模型。随后，深入探讨了量子点二能级系统与光学微腔之间的相互作用，详细分析了不同的耦合区间及其相应特征。通过布洛赫球表示法，直观展示了光学操控、纯退相干和自发辐射等效应。最后，展示了 Purcell 增强和强耦合现象 (真空拉比劈裂和振荡) 的理论预测结果和实验观测结果。

参考文献

[1] Adamowski J. A numerical solution of the Poisson-Schrödinger problem for a vertical gated quantum dot [J]. TASK Quarterly, 2004, 8: 603-611.

[2] Fiori G, Iannaccone G. The effect of quantum confinement and discrete dopants in nanoscale 50nm n-MOSFETs: a three-dimensional simulation [J]. Nanotechnology, 2002, 13(3): 294-298.

[3] Ahmed I, Khoo E H, Li E, et al. A Hybrid Approach for Solving Coupled Maxwell and Schrödinger Equations Arising in the Simulation of Nano-Devices [J]. IEEE Antennas and Wireless Propagation Letters, 2010, 9: 914-917.

[4] Philip M T, Gilbert M J. Theory of AC quantum transport with fully electrodynamic coupling [J]. Journal of Computational Electronics, 2018, 17: 934-948.

[5] Akhavan N D, Jolley G, Umana-Membreno G A, et al. Discrete Dopant Impurity Scattering in p-Channel Silicon Nanowire Transistors: A k.p Approach [J]. IEEE Transactions on Electron Devices, 2014, 61(2): 386-393.

[6] Duan H, Li E, Zang W, et al. Theoretical study of self-heating-induced thermal stress effects on quantum transport in p-type ultrathin body-fin FET by multiphysics simulation [J]. IEEE Transactions on Electron Devices, 2023, 70(8): 4001-4007.

[7] Datta S. Quantum Transport: Atom to Transistor [M]. Cambridge: Cambridge University Press, 2005, 57-61.

[8] Anantram M P, Lundstrom M S, Nikonov D E. Modeling of nanoscale devices [J]. Proceedings of the IEEE, 2008, 96(9): 1511-1550.

[9] Duan H, Li E, Huang Q, et al. Investigation of thermal stress effects on subthreshold conduction in nanoscale p-fin FET from multiphysics perspective [J]. Journal of Applied Physics, 2024, 135(10): 104502.

[10] Cavassilas N, Michelini F, Bescond M. Multiband quantum transport simulations of ultimate p-type double-gate transistors: Effects of hole-phonon scattering [J]. Journal of Applied Physics, 2011, 109(7): 073706.

[11] Esseni D, Palestri P, Selmi L. Nanoscale MOS Transistors: Semi-Classical Transport and Applications [M]. Cambridge: Cambridge University Press, 2011: 103-125.

[12] Sun Y, Thompson S, Nishida T. Strain Effect in Semiconductors: Theory and Device Applications [M]. New York: Springer, 2010: 91-101.

[13] Shin M, Lee S, Klimeck G. Computational study on the performance of Si nanowire pMOSFETs based on the k p method [J]. IEEE Transactions on Electron Devices, 2010, 57(9): 2274-2283.

[14] Huang J Z, Chew W C, Peng J, et al. Model order reduction for multiband quantum transport simulations and its application to p-type junctionless transistors [J]. IEEE Transactions on Electron Devices, 2013, 60(7): 2111-2119.

[15] Shin M. Full-quantum simulation of hole transport and band-to-band tunneling in nanowires using the $k \cdot p$ method [J]. Journal of Applied Physics, 2009, 106(5): 054505.

[16] Duan H, Li E, Chen W. Theoretical study for carrier transit limited performance of gate-all-around Si nanowire transistor by time-dependent quantum transport simulation [J]. IEEE Transactions on Electron Devices, 2022, 69(12): 6977-6984.

[17] Jing W, Polizzi E, Lundstrom M. A three-dimensional quantum simulation of silicon nanowire transistors with the effective-mass approximation [J]. Journal of Applied Physics, 2004, 96(4): 2192-2203.

[18] Pearton S J, Chang C Y, Chu B H, et al. ZnO, GaN, and InN functionalized nanowires for sensing and photonics applications [J]. IEEE Journal of Selected Topics in Quantum Electronics, 2011, 17(4): 1092-1101.

[19] Huang J Z, Chew W C, Tang M, et al. Efficient simulation and analysis of quantum ballistic transport in nanodevices with AWE [J]. IEEE Transactions on Electron Devices, 2012, 59(2): 468-476.

[20] Soriano A, Navarro E A, Porti J A, et al. Analysis of the finite difference time domain technique to solve the Schrödinger equation for quantum devices [J]. Journal of Applied Physics, 2004, 95(12): 8011.

[21] Chen Y. Finite Element Method Modeling of Advanced Electronic Devices [D]. University of Central Florida, 2006, 77-89.

[22] Chen Y, Ouyang Y, Guo J, et al. Time-dependent quantum transport and nonquasistatic effects in carbon nanotube transistors [J]. Applied Physics Letters, 2006, 89(20): 1772-1768.

[23] Mulder W A. Exact non-reflecting boundary conditions with an FDTD scheme for the scalar wave equation in waveguide problems [J]. Progress In Electromagnetics Research M, 2020, 91: 39-48.

[24] Fevens T, Jiang H. Absorbing boundary conditions for the schrödinger equation [J]. SIAM Journal on Scientific Computing, 1999, 21: 255-282.

[25] Zhan Z, Kuang X, Colomés E, et al. Time-dependent quantum Monte Carlo simulation of electron devices with two-dimensional Dirac materials: A genuine terahertz signature for graphene [J]. Physical Review B, 2019, 99(15): 155412.

[26] Kienle D, Vaidyanathan M, Leonard F. Self-consistent ac quantum transport using nonequilibrium Green functions [J]. Physical review, 2010, 81(11): 115455.1-.10.

[27] Subramanian V, Mercha A, Parvais B, et al. Identifying the bottlenecks to the RF performance of fin FETs; proceedings of the 2010 23rd International Conference on VLSI Design, F 3-7 Jan. 2010, 2010 [C]. 2010, 111-116.

[28] Neophytou N, Paul A, Lundstrom M S, et al. Simulations of nanowire transistors: Atomistic vs. effective mass models [J]. Journal of Computational Electronics, 2008, 7: 363-366.

[29] Tan Y P, Povolotskyi M, Kubis T, et al. Tight-binding analysis of Si and GaAs ultrathin bodies with subatomic wave-function resolution [J]. Physical Review B, 2015, 92(8): 085301.

[30] Badami O, Medina-Bailon C, Berrada S, et al. Comprehensive study of cross-section

dependent effective masses for silicon based gate-all-around transistors [J]. Applied Sciences, 2019, 9(9): 1895.

[31] Chen Y P, Sha W E I, Choy W C H, et al. Study on spontaneous emission in complex multilayered plasmonic system via surface integral equation approach with layered medium Green's function [J]. Optics Express, 2012, 20(18): 20210.

[32] Capua A, Karni O, Eisenstein G. A finite-difference time-domain model for quantum-dot lasers and amplifiers in the Maxwell-Schrödinger framework [J]. IEEE Journal of Selected Topics in Quantum Electronics, 2013, 19(5): 1-10.

[33] Yankwich, Peter E. Introduction to quantum mechanics [J]. Journal of the American Chemical Society, 1960, 82(14): 3803.

[34] Rae A I M. The picture book of quantum mechanics [J]. Physics Today, 1996, 49(1): 65-66.

[35] Alsunaidi M A, Imtiaz S S, EI-Ghazaly S M. Electromagnetic wave effects on microwave transistors using a full-wave time-domain model [J]. Microwave Theory and Techniques, IEEE Transactions on, 1996, 44(6): 799-808.

[36] Grondin R O, El-Ghazaly S M, Goodnick S M. A review of global modeling of charge transport in semiconductors and full-wave electromagnetics [J]. IEEE Transactions on Microwave Theory and Techniques, 2002, 47(11): 2167.

[37] Kim G, Arvas E, Demir V, et al. A novel nonuniform subgridding scheme for FDTD using an optimal interpolation technique [J]. Progress in Electromagnetics Research B, 2012, 44(44): 137-161.

[38] Mailloux R. Theory of electromagnetic waves [J]. Antennas & Propagation Society Newsletter IEEE, 1984, 26(2): 13-14.

[39] Ahmed I, Chua E K, Li E P, et al. Development of the three-dimensional unconditionally stable LOD-FDTD method [J]. IEEE Transactions on Antennas & Propagation, 2010, 58(11): 832-837.

[40] Ahmed I, Li E. A hybrid FDTD and ADI-FDTD technique for coupled Maxwell's and Schrödinger's equations. IEEE Antennas & Propagation Society International Symposium, 2010: 1-4.

[41] Pierantoni L, Mencarelli D, Rozzi T. A new 3-D transmission line matrix scheme for the combined Schrödinger-Maxwell problem in the electronic/electromagnetic characterization of nanodevices [J]. IEEE Transactions on Microwave Theory & Techniques, 2008, 56(3): 654-662.

[42] Gerry C, Knight P. Introductory quantum optics [book review][J]. Signal Processing Magazine IEEE, 2006, 22(4): 33.

[43] Chen Y P, Wu Y M, Sha W E I. Modeling Rabi oscillation by rigorously solving Maxwell-Schrödinger equation[C]. IEEE International Symposium on Microwave, 2016: 833-836.

[44] Marquez J, Geelhaar L, Jacobi K. Atomically resolved structure of InAs quantum dots [J]. Applied Physics Letters, 2001, 78(16): 2309-2311.

[45] Liu F, Brash A J, O'Hara J, et al. High Purcell factor generation of indistinguishable

on-chip single photons [J]. Nat Nanotechnol, 2018, 13(9): 835-840.
[46] Hennessy K, Badolato A, Winger M, et al. Quantum nature of a strongly coupled single quantum dot-cavity system [J]. Nature, 2007, 445(7130): 896-899.
[47] Kuruma K, Ota Y, Kakuda M, et al. Time-resolved vacuum Rabi oscillations in a quantum-dot-nanocavity system [J]. Physical Review B, 2018, 97(23): 235448.

第 5 章　纳米尺度麦克斯韦方程量子修正及实验验证

5.1　引　　言

金属纳米粒子表现出的等离激元共振现象是传导电子的集体、相干振荡，能够高效地与光耦合，从而在纳米光子学中催生出许多新颖的概念和应用 [1]。其中一个特别有趣的等离激元结构是由一对被纳米间隙分隔的金属纳米粒子组成的等离激元二聚体 (dimer)。在这种二聚体中，等离激元共振之间的电磁耦合能够精确调控光学响应，并产生强烈的局域近场 [2]。

由于能够显著增强局部场，等离激元二聚体得到了广泛应用。经典电磁理论预测，随着间隙宽度的减小，等离激元二聚体的局域场显著增强。然而，当间隙缩小到亚纳米尺度时，量子隧穿等量子效应开始显现，导致出现新的隧穿电荷转移等离激元 (charge transfer plasmon，CTP) 现象 [3]。两个等离激元谐振器之间的量子隧穿将非线性量子光学与太赫兹纳米电子学联系起来，为纳米尺度光电子、单分子传感和非线性光学开辟了新的机遇 [4]。

在如此微小的尺度下，量子效应变得不可忽视。金属的传导电子可以通过量子力学势垒穿透溢出到金属纳米颗粒之间的间隙中，当间隙足够小时，可能会导致电子隧穿。由于其在等离激元增强光谱和光电响应中的重要性，具有亚纳米宽度间隙的系统受到广泛关注 [5,6]。非局域屏蔽和电子溢出等量子效应催生出新的等离激元共振模式。在这种情况下，使用经典电磁学理论的麦克斯韦方程则无法充分描述这种微小间隙之间的耦合特性。

为了应对这一挑战，本章节提出了一种量子修正模型 [7,8]，将量子力学效应融入经典电磁学框架中。在该模型中，相邻纳米粒子之间的连接部分被表示为一种虚拟导电材料，以模拟电子隧穿，从而允许在经典电磁学框架内计算光学特性。通过采用量子修正模型，我们可以研究较大金属二聚体在亚纳米间隙中的电荷转移等离激元现象，尤其是利用在亚纳米间隙二聚体中强场效应，实现隧穿电荷转移等离激元。

为了在实验中直接观察和控制较大隧穿间隙中的隧穿电荷转移等离激元 (CTP)，我们将分子放置在间隙中，并试图在较大间隙中激发隧穿 CTP。因为分子间的隧穿速率取决于分子结构，且远高于真空中的隧穿速率，我们采用自下而上的合成方法来制造亚纳米间隙等离激元二聚体，制备了由自组装单层 (self-assembled monolayer，SAM) 桥接的两个银等离激元谐振器组成的分子隧道结，其间隙长度范围为 0.4 ~ 1.3nm。在实验中，我们直接观察到了隧穿 CTP 等离激元模式，其频率 (在 140 ~ 245THz 范围内) 取决于桥接间隙的分子结构。

我们在制备的间隙宽度大于 1nm 的 Ag-SAM-Ag 二聚体中观察到了隧穿 CTP。使用开发的量子修正模型进行的模拟结果与实验测量结果非常吻合。此外，我们还利用该模型预测了不同分子结构的 Ag-SAM-Ag 二聚体的隧穿 CTP，并为不同长度和电导率的分子绘制了隧穿 CTP 图。

5.2 量子电荷转移等离激元纳米器件的经典电磁特性分析

首先我们研究了单个金质矩形纳米粒子的等离激元共振，发现通过导电桥支撑的电荷转移等离激元 (CTP) 可以被概念化为单个纳米颗粒内逐渐形成“颈部”的纵向演化的偶极等离激元模式。为了准确描述该结构的电磁响应，采用了经典电磁理论框架，通过与频率相关的局部线性介电函数分别描述纳米结构的各个组成部分。具体来说，我们使用 COMSOL 有限元法中的散射场公式来求解三维麦克斯韦方程组。这种方法可以计算结构的吸收、散射及其总和 (消光) 截面。模拟在平面波激发下进行，入射光的偏振方向沿纳米粒子的纵轴。图 5.1(a) 与 (b) 直观展示了模拟结果，清晰揭示了在单个纳米粒子“颈部”内形成的电荷转移路径的动态形成过程。随着电荷转移路径继续缩小，CTP 模式逐渐向低能级转移，并出现了一系列高阶模式，如杂化的偶极子模式和杂化的四极子模式。最终，当纳米结构中的间隙形成时，CTP 模式的强度显著减弱 (图 5.1(a))。

实验中也观察到了相同的现象。我们结合电子束光刻 (electron-beam lithography，EBL) 和剥离工艺 [8]，成功制造了一系列金纳米蝴蝶结结构，如图 5.1(d) 所示。为了表征所制造的纳米蝴蝶结结构，我们使用扫描透射电子显微镜模式下的电子能量损失光谱 (electron energy-loss spectroscopy，EELS) 技术进行了测量，结果如图 5.1(c) 所示。

无论是模拟结果 (图 5.1(a) 和 (b))，还是实验数据 (图 5.1(c) 和 (d)) 都表明 CTP 涉及在纳米结构上传输的振荡电荷，只要存在电荷转移路径，就可能实现 CTP。我们将图 5.1 中所示的 CTP 称为“桥接 CTP”，因为其电荷传输路径呈现为由金属原子组成的导电桥。然而，当导电桥从最窄的 3nm 过渡到 0.5nm 的间隙时，如图 5.1(c) 底部所示，实验中 CTP 模式会突然消失。这一急剧变化的过渡区域引发了许多疑问：CTP 共振是如何逐渐演化的？它在何时消失？其潜在的物理机制是什么？为了回答这些问题，必须在**仿真模型中充分考虑量子效应**。

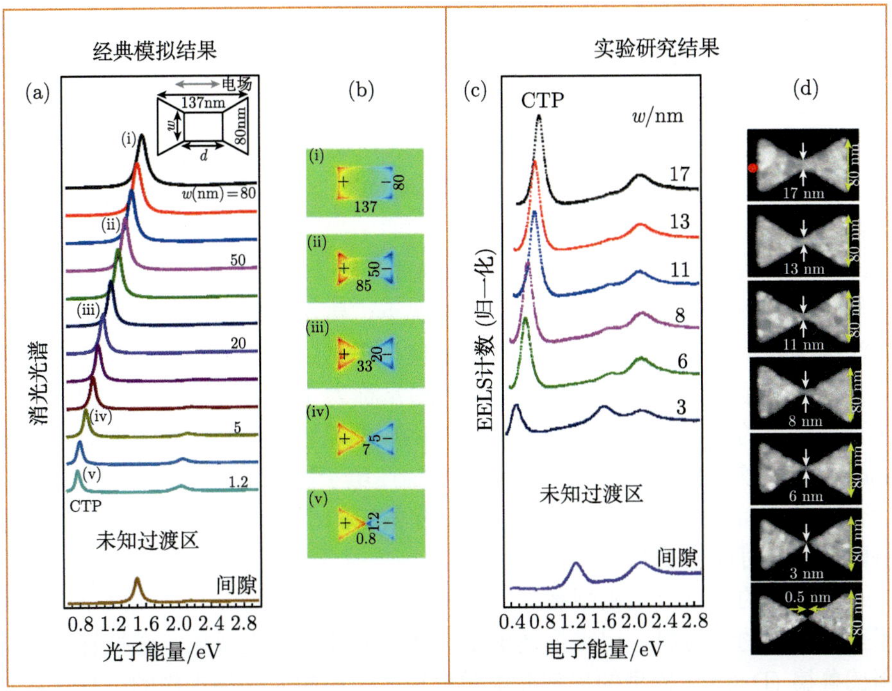

图 5.1　展示了经典模拟和实验研究结果，通过逐渐减小单个纳米颗粒 (长度为 137nm、宽度为 80nm) 内的电荷转移路径的尺寸 (见插图，宽度为 w，长度为 d) 来探索 CTP。(a) 描绘了不同路径尺寸下的模拟消光光谱 (入射光沿纵轴偏振)；(b) 展示了五个代表性电荷转移路径在相应谐振能量下的模拟电荷分布；(c) 提供了不同桥宽度下的电子能量损失谱；(d) 显示了所制造结构的高角度环形暗场扫描透射电子显微镜图像，并对其进行了 EELS 测量，EELS 实验中的电子束位置用红点表示。测量的 CTP 模式谐振能量与模拟预测的能量之间的轻微偏差，可归因于制造结构和模拟结构之间的尺寸差异 [8]©ACS

5.3　亚纳米间隙二聚体中量子效应的解决方法

在对具有亚纳米间隙的金属纳米粒子二聚体的光学响应进行建模时，会面临多个挑战，主要原因有以下三个方面。

(1) 多尺度问题：金属纳米粒子的尺度和间隙尺寸存在显著差异。例如，金属颗粒的长度通常为几十纳米，由重金属原子 (如 Ag 和 Au) 组成，而间隙可能由空气或由较轻原子 (如 H 和 C) 组成的分子构成，长度约为 1nm。

(2) 界面问题：金属和间隙中的电子传输/转移过程是不同的，这使得通过金属/间隙界面的连续电荷转移的建模，即使在直流频率下也具有挑战性。

(3) 多物理场问题：这个问题至少涉及两个不可忽视的物理过程，即等离激元振荡和电荷传输。

为了解决这个问题，目前有三种建模方法可供选择。

(1) 全量子力学第一性原理计算：这是捕捉该问题中涉及的多种物理现象最准确的方法，但在处理等离激元二聚体中的大量电子时，这种方法变得不切实际。

(2) 经典电磁模型：由于其简单性，经典电磁模型被广泛用于描述等离激元系统 (plasmonic systems) 的光学响应。然而，它们仅涉及电磁响应，不考虑电荷输运。

(3) 修正后的电磁模型：在涉及额外物理过程 (如光激发和量子隧穿) 的情况下，修正的电磁模型更为合适。在这些情况下，传统的局部线性介电函数模型可能无法准确表示纳米结构，而修正的电磁模型提供了更合适的框架。通过将经典边界条件与一组介观复杂表面响应函数 (通常称为 Feibelman 参数) 相结合，提出了一种修正的电磁模式 [9]。该方法旨在纳入非局域性、溢出和表面启用的朗道 (Landau) 阻尼效应。然而，依赖 d 参数来描述电子隧穿的方法具有局限性，使其更适合较大的间隙结构。对于不能忽视隧穿效应的小间隙 (<1nm) 二聚体，这种方法的适用性可能会受到限制。

一种有效的量子修正模型被提出用来处理量子隧穿效应 [7]。在这个模型中引入了一种虚拟的结材料，用来描述电磁学之外的其他物理现象，虚拟材料的特征则用德鲁德 (Drude) 模型的局部介电常数描述。在加入这种虚构的结材料后，亚纳米间隙二聚体的光学/等离激元特性可以在经典电磁框架内计算。

图 5.2 说明了量子修正模型的概念，该模型适用于两个半径为 R 的金属球被真空包围、介电常数分别为 ε_m 和 ε_0 且间隔距离 D 的情况。图 5.2(a) 中的示意图描绘了各种情况下的介电常数 ε，金属二聚体的截面以及相应的局部电导率 $\sigma = -\mathrm{i}\omega(\varepsilon - 1)/(4\pi)$，并且真空中的电子密度分布为零。在这个经典框架中，间隙中的零电导率意味着纳米颗粒之间电子隧道隧穿 T 的概率为零。然而，在量子力学中，纳米颗粒界面处的电子密度没有突变，如图 5.2(b) 所示。在这种情况下，电子密度 $|\Psi|^2$ 在金属表面之间连续变化，对于窄间隙，在间隙中心尤其显著。小间隔距离 (亚纳米) 的倏逝电子密度重叠使得两个球体之间能够形成电子隧穿效应，并且随着颗粒间间隔的减小，产生电子隧穿效应的可能性更高。

图 5.2(c) 从概念上介绍了量子修正模型。在间隙区域之外，粒子和周围的真空由具有突变界面的传统介电常数来描述。两个粒子的材料都可以使用 Drude 金属模型进行经典描述。图 5.2(c) 中间隙处的红色阴影区域代表了用于解释电子隧穿的虚拟材料。对于间隙 $l = l(y, z)$ 中的每个横向位置，我们可以用相应的虚拟材料的局部介电常数 $\varepsilon(l, \omega)$ 来表示，该介电常数可以通过量子力学计算电子通过分隔两种金属的势垒的传输概率 $T(l)$ 得出 [7,8]。

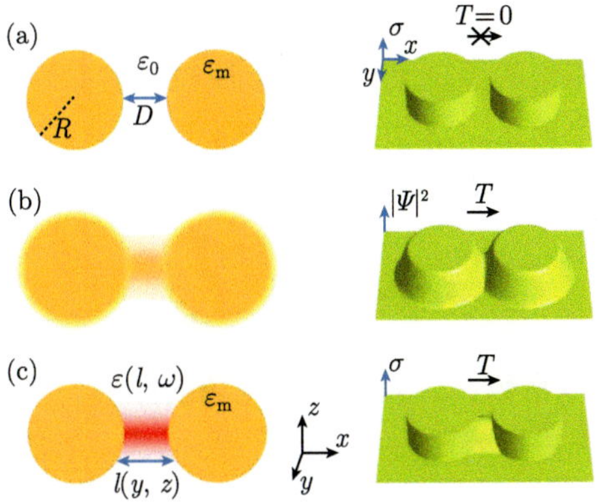

图 5.2 量子修正模型的概念和金属二聚体在经典和量子处理中的材料特性 [7]©Springer Nature

与量子力学计算和经典电磁模型相比，修正电磁模型具有简单、快速和处理多物理场问题的能力。对于较小的相互作用系统，量子修正模型预测的光学性质与量子力学计算结果高度一致 [7]。量子修正模型为解决现实等离激元系统中的量子效应开辟了新的途径，引起了人们的广泛关注。它已被扩展到模拟各种结形态 [10]，提高实际场景中的准确性 [11]，并实现不同的数值计算方法 [12]。然而，量子修正模型的基本原理保持不变——引入虚拟结材料。

5.4 空间电荷量子修正模型

我们采用相同的修正电磁方法，加入一种虚拟的结材料。然而，为了更深入地研究了这个问题的复杂性，我们将电子隧穿过程分为两个不同环节：金属表面的电荷注入和虚拟结材料内的电荷传输 [13]。具体来说，我们使用空间电荷修正的电磁模型来表征金属纳米粒子二聚体，如图 5.3 所示。我们的模型细致地分离了电荷注入和电荷传输两个过程，这是因为常用的 Drude 模型可用于描述经典/修正电磁框架内的虚拟结材料，该模型假设电子的运动是通过碰撞衰减的。然而，界面处的电荷注入 (例如，通过量子隧穿或场发射) 通常是无碰撞或弹道传输过程，用 Drude 模型对弹道传输过程进行建模会引发问题。通过分离这两个过程，我们可以适当地考虑“电荷传输”区域中的电子碰撞，同时将它们排除在“电荷注入”过程之外。

如图 5.3 所示，电荷注入过程决定了能够从金属逃逸到虚拟结中的自由电子数密度 n_{sc}，其中 sc 表示空间电荷。空间电荷的概念将电荷视为在空间区域上是连续分布，而不是离散的点状电荷。当电荷载流子从固体中逃逸出来时，通常应用这种模型。经典的 Child 定律 [14] 以定义平面平行真空二极管中的空间电荷限制电流而闻名，理论上已扩展到具有纳米级间隙的二极管的量子隧穿领域 [15]。在此背景下，我们应用相同的原理来模拟从金属粒子到间隙的电荷注入，从而在虚拟结材料内形成空间电荷区。这些自由电子 $n_{\rm sc}$ 随后以阻尼频率 $\gamma_{\rm sc}$ 在空间电荷区内传输。因此，可用 Drude 模型描述它们的光学性质 [16]：

$$\varepsilon_{\rm sc}(\omega)=1+{\rm i}\frac{\sigma_{\rm sc}(\omega)}{\varepsilon_0\omega} \tag{5.1}$$

其中，ε_0 表示真空介电常数；ω 表示驱动光场的频率。方程 (5.1) 中空间电荷区的频率相关交流电导率可以表示为

$$\sigma_{\rm sc}(\omega)=\frac{\sigma_{\rm sc}}{1-{\rm i}\omega\tau_{\rm sc}},\quad \sigma_{\rm sc}=\frac{n_{\rm sc}e^2\tau_{\rm sc}}{m} \tag{5.2}$$

其中，$\sigma_{\rm sc}$ 表示空间电荷区的直流电导率，而 $n_{\rm sc}$ 表示注入间隙中的自由电子数密度，即空间电荷；e(和 m) 表示电子的电荷 (和质量)，$\tau_{\rm sc}$ 是在空间电荷区传输的自由电子之间碰撞的平均自由时间：$\tau_{\rm sc}=1/\gamma_{\rm sc}$，其中 $\gamma_{\rm sc}$ 称为特征碰撞频率。

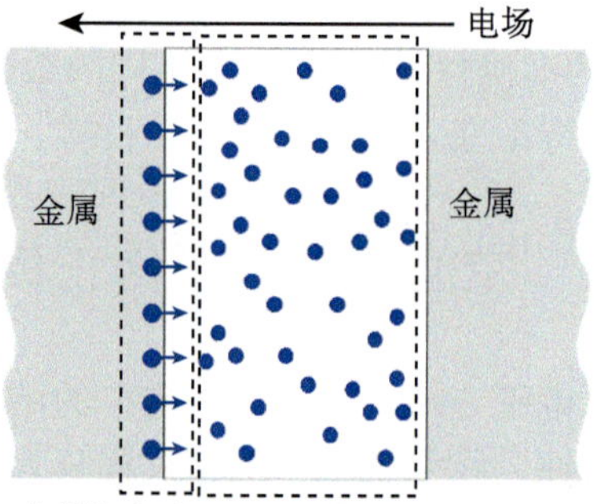

图 5.3 描述纳米粒子二聚体电荷转移等离激元振荡的空间电荷修正电磁模型：负驱动场 (半周期) 诱导电荷从左向右转移。模型中有两个物理过程：金属界面处的电荷注入和虚拟结材料内的电荷输运，形成空间电荷区

从物理上讲，空间电荷区内的弛豫时间 $\tau_{\rm sc}$ 取决于自由载流子的数密度 $n_{\rm sc}$，自由载流子的数密度越高，碰撞越频繁，导致 $\tau_{\rm sc}$ 越短。然而，据我们所知，这两个因素之间的确切关系仍然不明确。我们推断，注入的自由电子数密度必须接近金属电子的数密度 (通常在 $10^{28}{\rm m}^{-3}$ 的数量级) 才能启动 CTP 模式，而金属中自由电子气体的弛豫时间在室温下通常在 10fs 左右。因此，我们在此假设 $\tau_{\rm sc}=10{\rm fs}$，从数值上讲，CTP 的共振能量 ω 范围为 $0.3\sim3{\rm eV}$，对应于 $72.5\sim725{\rm THz}$ 的驱动频率，而空间电荷区自由电子的阻尼频率 $\gamma_{\rm sc}$ 约为 100THz，这些可比较的频率标度进一步支持了在空间电荷区域中利用频率相关的交流电导率。

材料的电导率 σ 由电子的数密度 n、电荷 e、质量 m 和碰撞之间的平均自由时间 τ 决定。对于如图 5.1 所示的空间电荷区中的金属桥，自由电子数密度 $n_{\mathrm{Au}} = 5.9 \times 10^{28}\mathrm{m}^{-3}$ 是固定的 [17]，这与每单位体积的原子数有关 (即阿伏伽德罗常数 × 密度/原子质量)。然而，从最窄的 3nm 桥到 0.5nm 间隙，如图 5.1(c) 底部所示，金属桥不再存在。在这种情况下，空间电荷区中的隧穿电子密度 n_{sc} 和电导率 σ_{sc} 代表从金属粒子注入间隙中的自由电子。

我们开发了一个数值模型，根据已知的间隙长度 d 和电场 F 计算隧穿电子密度 n_{gap} 或间隙电导率 σ_{gap}。金和真空界面处的隧穿势垒通过阳极屏蔽效应下的镜像电荷势能 [18](取决于间隙长度 d)、外部施加的电场势能 (相当于电场 F)、间隙中传输电子引起的空间电荷势 $\varPhi_{\mathrm{sc}}(x)$ 和交换关联势 $\varPhi_{\mathrm{xc}}(x)$ 来模拟。物理学中，空间电荷势描述了电子间的经典库仑相互作用，交换势与泡利不相容原理 (Pauli Exclusion Principle) 有关，关联势表示了电子间库仑相互作用的量子力学部分。$\varPhi_{\mathrm{sc}}(x)$ 和 $\varPhi_{\mathrm{xc}}(x)$ 两项是在计算穿越隧穿势垒的发射电流密度 J_{emit}，通过薛定谔–泊松量子动力学方法从 J_{emit} 自洽计算，从而得到的 [15,19]。

我们采用量子力学模型来计算金属–真空–金属系统中间隙的隧穿电子密度，其中隧穿效应由增强的光学电场驱动。首先，我们将随时间变化的隧穿问题简化为与时间无关的隧穿问题，仅需求解与时间无关的薛定谔方程。这一简化是合理的，因为电子的隧穿时间通常小于 1fs[20,21]，远短于光场的周期 (0.4eV 的光能对应约 10fs 的周期)。换句话说，我们假设电子在亚飞秒的传输时间内感受到的是一个恒定的势垒。如果电子隧穿速度慢于驱动光场的变化，这一假设将失效，需要考虑随时间变化的电子隧穿动力学。其次，我们的第二个假设是两个金属纳米粒子之间的间隙远小于它们相对表面的尺寸，因此隧穿过程可以简化为沿粒子间轴 x 方向的一个一维 (1D) 问题。

在上述两个假设成立的情况下，我们继续求解与时间无关的一维电子的薛定谔方程：

$$-\frac{\hbar^2}{2m}\frac{\mathrm{d}^2\psi(x)}{\mathrm{d}x^2} + \varPhi(x)\psi(x) = E_0\psi(x) \tag{5.3}$$

其中，$\hbar$ 是约化普朗克常数，m 是电子的质量，x 表示在电子运动方向上距离，$\psi(x)$ 是薛定谔波函数，$\varPhi(x)$ 是电子的势能，E_0 是与 x 轴向运动相关的电子能量。电子或隧穿势垒的势能 $\varPhi(x)$ 可表示为 [19]

$$\varPhi(x) = E_{\mathrm{F}} + \varPhi_{\mathrm{B}} + \varPhi_{\mathrm{im}}(x) + \varPhi_{\mathrm{v}}(x) + \varPhi_{\mathrm{sc}}(x) + \varPhi_{\mathrm{xc}}(x) \tag{5.4}$$

其中，(i) 电子发射极–金的费米能级 E_{F} 和功函数 $\varPhi_{\mathrm{B}}$($E_{\mathrm{F}} = 5.53\mathrm{eV}$ 和 $\varPhi_{\mathrm{B}} = 5.1\mathrm{eV}$)[17]；(ii) 包括阳极屏蔽效应的镜像电荷势能 $\varPhi_{\mathrm{im}}(x) = -\Bigg[\dfrac{e^2}{16\pi\varepsilon_0 x} + \dfrac{e^2}{8\pi\varepsilon_0}$

$\times\sum_{\alpha=1}^{\infty}\left(\frac{\alpha d}{\alpha^2d^2-x^2}-\frac{1}{\alpha d}\right)\Bigg]$[18]；(iii) 外部施加的电场势能 $\Phi_{\mathrm{v}}(x)=-eFx$；(iv) 由于间隙中透射电子引起的空间电荷 $\Phi_{\mathrm{sc}}(x)$ 和交换相关势能 $\Phi_{\mathrm{xc}}(x)$，需要与发射电流密度 J_{emit} 自洽计算如下。

首先，从已知的隧穿势垒 $\Phi(x)$ 计算 J_{emit}，我们需要对所有电子的能级进行数值积分：

$$J_{\mathrm{emit}}=e\int_{-\infty}^{+\infty}N(E_{\mathrm{x}})\,T(E_{\mathrm{x}})\,\mathrm{d}E_{\mathrm{x}} \tag{5.5}$$

根据金属的自由电子理论 [22]，其中 $N(E_{\mathrm{x}})\,\mathrm{d}E_{\mathrm{x}}=\frac{mk_{\mathrm{B}}T}{2\pi^2\hbar^3}\ln\left[1+\exp\left(-\frac{E_{\mathrm{x}}-E_{\mathrm{F}}}{k_{\mathrm{B}}T}\right)\right]$ 为单位时间内穿过单位面积撞击表面势垒的法向能量介于 E_{x} 和 $E_{\mathrm{x}}+\mathrm{d}E_{\mathrm{x}}$ 之间的电子总数，这些电子中的每一个都有一定概率 $T(E_{\mathrm{x}})$ 穿过由方程 (5.4) 给出的势垒 $\Phi(x)$。该透射系数 $T(E_{\mathrm{x}})$ 由 Miller 和 Good 开发的解析表达式近似表示 (这是普通 WKB 方法的推广)[23,24]：

$$T(E_{\mathrm{x}})=\frac{1}{1+\exp[\Lambda(E_{\mathrm{x}})]},\quad \Lambda(E_{\mathrm{x}})=-\frac{2}{\hbar}\int_{x_1}^{x_2}\sqrt{2m[\Phi(x)-E_{\mathrm{x}}]}\mathrm{d}x \tag{5.6}$$

其中，$\Lambda(E_{\mathrm{x}})$ 通常需要通过势垒最大值进行线性展开来计算 [24]。

其次，为了从纳米间隙中 J_{emit} 计算 $\Phi_{\mathrm{sc}}(x)$ 和 $\Phi_{\mathrm{xc}}(x)$，我们使用平均场理论 [22]，此时电子在一维势能的势垒为 $\Phi(x)=-eV_{\mathrm{sc}}(x)-eV_{\mathrm{v}}(x)+\Phi_{\mathrm{xc}}(x)$，其中，一维与时间无关的薛定谔方程和泊松方程 (具有发射电子密度 $n=\psi\psi^*$) 为 [19]

$$-\frac{\hbar^2}{2m}\frac{\mathrm{d}^2\psi}{\mathrm{d}x^2}=(E_0+eV_{\mathrm{sc}}+eV_{\mathrm{v}}-\Phi_{\mathrm{xc}})\,\psi \tag{5.7}$$

$$\frac{\mathrm{d}^2V_{\mathrm{sc}}}{\mathrm{d}x^2}=\frac{e\psi\psi^*}{\varepsilon_0} \tag{5.8}$$

其中，$\psi(x)$ 为复电子波函数，E_0 为发射电子能量，V_{sc} 为空间电荷势，$V_{\mathrm{v}}=Fx$ 为施加电势，$\Phi_{\mathrm{xc}}=\overline{\Phi}_{\mathrm{xc}}\times E_{\mathrm{H}}$ 是电子的交换相关势能，E_{H} 为 Hartree 能量。无量纲 $\overline{\Phi}_{\mathrm{xc}}$ 由 Kohn-Sham 密度泛函理论计算得出 [25]

$$\overline{\Phi}_{\mathrm{xc}}=\varepsilon_{\mathrm{xc}}-\frac{r_{\mathrm{s}}}{3}\frac{\mathrm{d}\varepsilon_{\mathrm{xc}}}{\mathrm{d}r_{\mathrm{s}}} \tag{5.9}$$

其中，r_{s} 是以玻尔半径 a_0 表示的局部塞茨半径 $[4\pi n(r_{\mathrm{s}}a_0)^3/3=1]$。交换相关能 $\varepsilon_{\mathrm{xc}}$ 是 Kohn-Sham 局域密度近似下密度为 n 的均匀电子气的每个电子的交换能

ε_x[26] 与相关能 ε_c[27] 之和，它们是

$$\varepsilon_{\mathrm{x}} = -\frac{3}{4}\left(\frac{3}{2\pi}\right)^{2/3}\frac{1}{r_{\mathrm{s}}} \tag{5.10}$$

$$\varepsilon_{\mathrm{c}} = -2A\left(1 + a_1 r_{\mathrm{s}}\right)\ln\left(1 + \frac{1/2A}{\kappa}\right) \tag{5.11}$$

其中，$\kappa = b_1\sqrt{r_{\mathrm{s}}} + b_2 r_{\mathrm{s}} + b_3 r_{\mathrm{s}}^{3/2} + b_4 r_{\mathrm{s}}^{c+1}$ 和 $c, A, a_1, b_1, b_2, b_3, b_4$ 是通过随机相位近似获得的参数化常数 [27]。

复波函数 $\psi(x)$ 可以用假设为实数的无量纲波振幅 $q(\bar{x})$ 和相位 $\theta(\bar{x})$ 来表示：$\psi(x) = \sqrt{n_0}q(\bar{x})\,\mathrm{e}^{\mathrm{i}\theta(\bar{x})}$,其中 $\bar{x} = x/d$,$n_0 = (2\varepsilon_0 V_{\mathrm{g}})/\left(3ed^2\right)$ 为密度标度,$V_{\mathrm{g}} = Fd$。电荷守恒要求电流密度 $J_{\mathrm{emit}} = e\left[\mathrm{i}\hbar/(2m)\right](\psi\psi^{*\prime} - \psi^*\psi')$ 对所有 x 都是恒定的，其中撇号表示对 x 的导数。根据 J_{emit} 的定义，我们可得到 $\theta'(\bar{x}) = \dfrac{2}{3}\mu\lambda[q(\bar{x})]^{-2}$，其中 μ 和 λ 分别为归一化电流密度和间隙长度。具体地说，$\lambda = d/\lambda_0$ 表示相对于电子德布罗意波长的归一化间隙长度：$\lambda_0 = \hbar/\sqrt{2emV_{\mathrm{g}}}$，$\mu = J_{\mathrm{emit}}/J_{\mathrm{CL}}$ 表示相对于经典 Child-Langmuir 电流密度的归一化电子电流密度；$J_{\mathrm{CL}} = \dfrac{4\varepsilon_0}{9}\sqrt{\dfrac{2e}{m}}\dfrac{V_{\mathrm{g}}^{3/2}}{d^2}$。通过将 $\psi(x)$ 的精确表达式代入方程 (5.7) 和方程 (5.8)，我们能够得到归一化的与时间无关的 1D 薛定谔方程和泊松方程 [15]：

$$q'' + \lambda^2\left(\phi_{\mathrm{sc}} + \bar{x} - \phi_{\mathrm{xc}} - \frac{4}{9}\frac{\mu^2}{q^4}\right)q = 0 \tag{5.12}$$

$$\phi''_{\mathrm{sc}} = \frac{2}{3}q^2 \tag{5.13}$$

其中，$q''(\phi''_{\mathrm{sc}})$ 表示 $q(\phi_{\mathrm{sc}})$ 相对于 $\bar{x}$ 的二阶导数，$\phi_{\mathrm{sc}} = (eV_{\mathrm{sc}})/(eV_{\mathrm{g}})\,(\phi_{\mathrm{xc}} = \Phi_{\mathrm{xc}}/(eV_{\mathrm{g}}))$ 是归一化空间电荷（交换相关性）势能。方程 (5.12) 和方程 (5.13) 的边界条件为：$\phi_{\mathrm{sc}}(0) = 0$, $\phi_{\mathrm{sc}}(1) = 0$, $q(1) = \sqrt{2\mu}/3$, $q'(1) = 0$。通过这些边界条件，我们可以确定，对于任意注入电流密度值 μ，在给定的间隙长度 d 和间隙电压 $V_{\mathrm{g}} = Fd$ 条件下，波幅 $q(\bar{x})$、空间电荷势能 $\phi_{\mathrm{sc}}(\bar{x})$ 和交换相关势能 $\phi_{\mathrm{xc}}(\bar{x})$。

通过迭代求解方程 (5.5)、方程 (5.12) 和方程 (5.13)，我们能够获得在任意给定电子发射源 (E_{F}、Φ_{B})、间隙长度 (d) 和间隙中电场 (F) 的条件下，$\Phi(x)$ 的完整分布的数值收敛结果。在此基础上，可以通过以下公式计算量子隧穿纳米隙中发射电子的数密度 (m^{-3})：

$$n_{\mathrm{gap}} = \int_{-\infty}^{+\infty}\frac{N(E_{\mathrm{x}})\,T(E_{\mathrm{x}})}{\sqrt{2E_{\mathrm{x}}/m}}\mathrm{d}E_{\mathrm{x}} \tag{5.14}$$

其中，$N(E_{\mathrm{x}})T(E_{\mathrm{x}})$ 是每单位时间单位面积上发射的电子数量，$\sqrt{2E_{\mathrm{x}}/m}$ 是在能级 E_{x} 上的电子速度。

通过已知的隧穿电子密度和有限间隙电导率，我们就可以像使用导电桥研究 CTP 的经典方法一样，通过隧穿研究 CTP。只需将桥的电导率替换为 σ_{sc} 的值，并使用方程 (5.1) 来获得光学响应 [7]。

5.5　纳米金属–真空–金属二聚体中的隧穿电荷转移等离激元

5.5.1　直接隧穿和 Fowler-Nordheim 隧穿

为了理解 CTP 通过隧穿的机制，我们使用上述空间电荷量子修正模型模拟了真空中具有不同间隙长度的金纳米二聚体，并仔细分析了各种情况下的量子隧穿过程。如图 5.4(a) 所示，计算出的隧穿电子密度和间隙电导率随间隙中电场的变化而变化，并分别绘制了间隙长度为 0.8nm、0.6nm 和 0.4nm 的电场函数。结果可分为三种状态：直接隧穿、Fowler-Nordheim (FN) 隧穿 [28] 和饱和状态。对于三种间隙长度，隧穿势垒能量的空间分布如图 5.4(b) 所示。

在直接隧穿状态下，当外部电场较小时，隧穿势垒主要由镜像电荷势主导。在这种情况下，间隙电导率主要取决于间隙长度，如图 5.4(a) 所示。当间隙较小时，电子可以更容易地穿过较窄的势垒，如图 5.4(b) 中 (i) 所示，这增加了隧穿电子密度 (和间隙电导率)。然而，在这种直接隧穿机制中，0.8nm 较大的间隙无法支持电荷转移，因为隧穿势垒宽度太宽。

对于如此大的间隙，可以通过增加电场电势以诱导 FN 隧穿，此时隧穿势垒被降低并变窄，如图 5.4(b) 中 (ii) 所示。有了这样一个圆形三角形隧穿势垒，电子通过 FN 隧穿克服了势垒。在 FN 隧穿机制中，隧穿电子密度和间隙电导率对电场非常敏感，斜率相当陡峭，如图 5.4(a) 所示。这种陡峭的斜率表明，通过 FN 隧穿的 CTP 具有一个非常有趣的特征，即外部电场 F(或外部照射强度) 的可调间隙电导率。当间隙中的电场变化两个数量级 ($10^9 \sim 10^{11}$V/m) 时，间隙电导率变化七个数量级，为 1~10^7S/m。这种宽范围的间隙电导率使得间隙完全取决于施加电场的强度，从而模仿绝缘材料或导电材料。

随着场的进一步增加，势垒降低到所有隧穿电子都能够穿越势垒的水平，如图 5.4(b) 中 (iii) 所示，并且这些电子全部透射。这是所有提供的电子都达隧穿的饱和状态，由此产生的间隙电导率足够大 ($>10^7$ S/m)，可以支持所研究的所有间隙长度的 CTP。在这种饱和状态下，间隙电导率与间隙长度和电场无关，如图 5.4(a) 所示。相反，它只受金属纳米粒子提供的电子数量的限制。从这个意义上说，饱和状态代表 CTP 模式的“开启”状态。

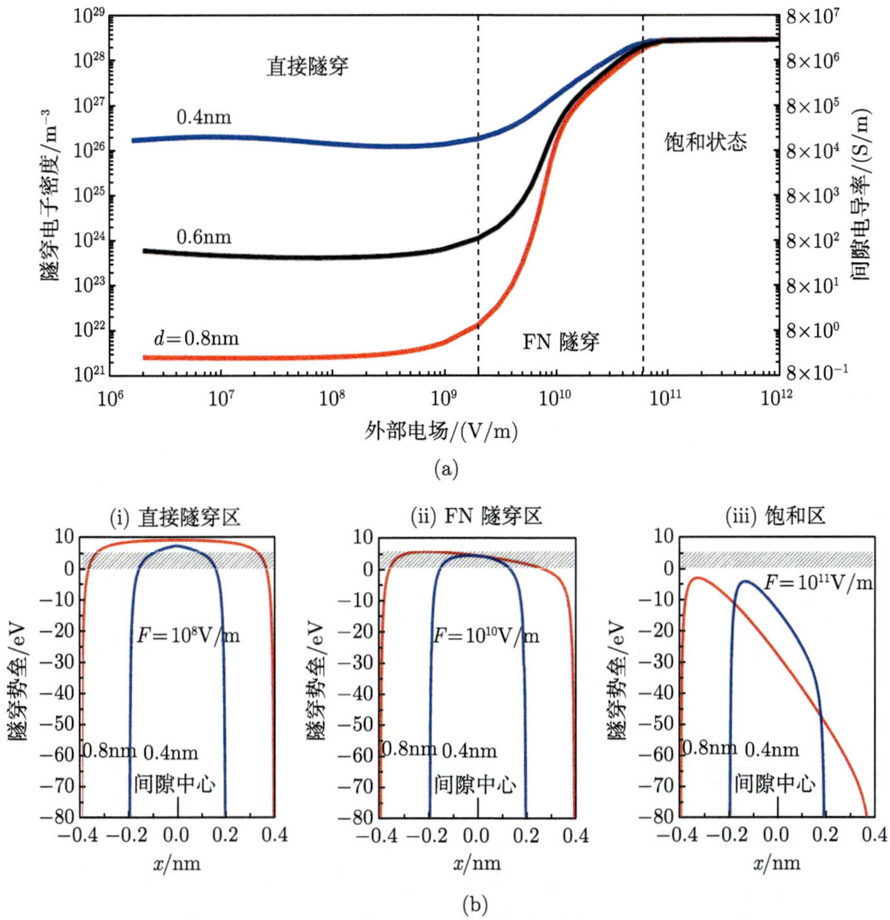

图 5.4 对取决于间隙长度和光场的间隙电导率进行系统研究。(a) 计算出的隧穿电子密度和间隙电导率与间隙长度 d 为 0.8nm、0.6nm 和 0.4nm 的光场的函数关系，其中确定了三种状态：直接隧穿、Fowler-Nordheim (FN) 隧穿和饱和状态；(b) 三种状态下间隙内的隧穿势垒剖面模型，阴影区域表示源电子的能级 [8]©ACS

从图 5.4 可以推断，有两种方法可以克服隧穿势垒来实现电荷转移。第一种方法是利用镜像电荷屏蔽进行直接隧穿，这可以在极短的间隙 (如 0.4nm) 内实现。第二种是方法是利用场发射现象 (即 FN 隧穿)，这依赖于间隙内的强电场。与第一种方法不同，第一种方法在制造后所有参数都是固定的，而第二种方法则受益于外部电场的可调性。为了更直观地描绘电荷转移等离激元共振，将计算出的间隙电导率 ($\sigma_{\rm gap}$) 应用于光学模拟中，图 5.5 展示了间隙长度 (d) 和电场 (F) 组合下的模拟消光光谱。当间隙长度为 0.4nm 时，CTP 模式总是出现 (蓝色曲线)：图 5.5(a) 中通过直接隧穿，图 5.5(b) 中通过直接隧穿和 FN 隧穿。对于更大的亚纳米间隙，如 0.6nm 和 0.8nm，施加 10^{10}V/m 或 10^{11}V/m 量级的场 (图 5.5(b) 和 (c)) 可以激发 CTP 模式。CTP 模式的光谱形状在很大程度上取决于特定间隙长度的外部场。例如，对于 0.6nm 的间隙的黑色曲线 (图 5.5)，CTP 模式被 10^{8}V/m 的场关闭。10^{10}V/m 的电场激发了一个宽而低的峰值，但 10^{11}V/m 的电场产生了一个尖锐而高的峰值。外部电场的强度确实会调节 CTP 模式的形状。

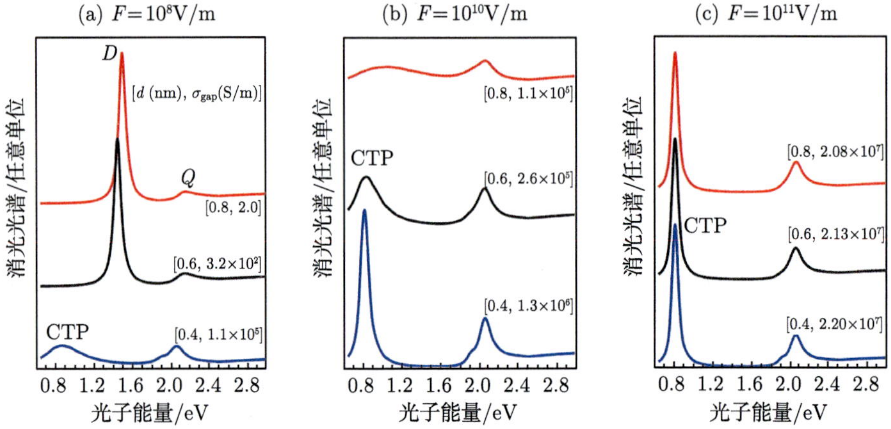

图 5.5 模拟光场和间隙长度的各种组合的消光光谱，其中存在不同的间隙电导率 [8]©ACS

5.5.2 隧穿电荷转移等离激元的可调特性

通过隧穿实现电荷转移的最显著特征是导电间隙的可调电导率。这与通过金属桥的 CTP 不同，金属桥的导电性是固定的 (图 5.6(b)，只有桥的尺寸会产生影响)。这种可调电导率进而会影响隧穿 CTP 模式的特性。如图 5.6(a) 所示，对于

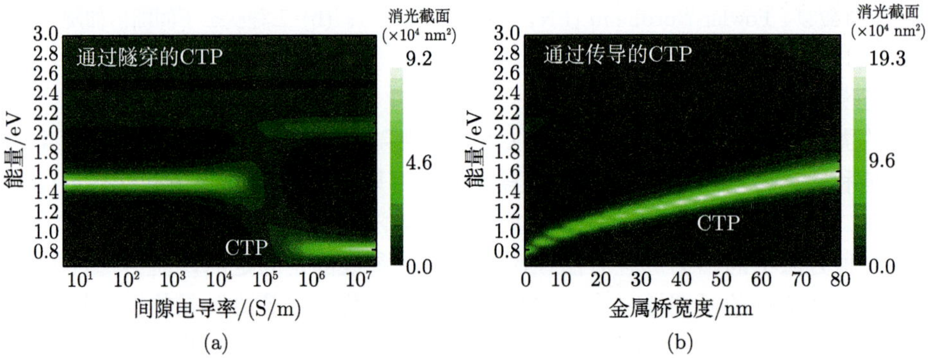

图 5.6 两种电荷转移等离激元共振之间的比较：(a) 通过隧穿的 CTP 和 (b) 通过传导的 CTP。这里的颜色条是消光截面 (nm^2)，表示等离激元共振的强度 [8]©ACS

通过隧穿的 CTP，间隙电导率主要影响 CTP 的强度，而非共振能量。电导率的降低会显著减弱并加宽 CTP 共振峰。换句话说，CTP 的品质因数 (Q 因子)，定义为 CTP 的谐振频率与其线宽的比值，会随电导率的降低而大幅下降。图 5.7 展示了计算得出的 Q 因数、共振能量和峰值振幅，表明随着间隙导电性的降低，CTP 振荡会迅速衰减。

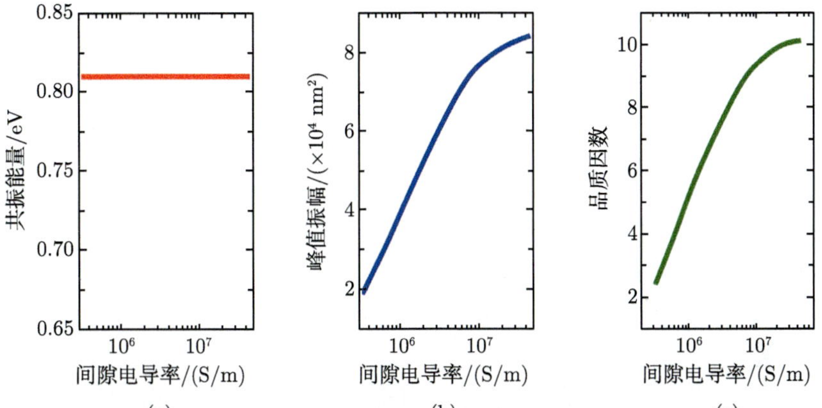

图 5.7 电荷转移等离激元的共振能量、峰值振幅和品质因数与间隙电导率的关系 [8]©ACS

5.6 纳米金属–分子–金属二聚体建模

对于真空结而言，隧穿矩阵元决定了电子在两个纳米颗粒之间的跃迁速率，并且随着间隙宽度的增加，这些矩阵元呈指数下降，因此 CTP 只能在宽度为几埃的间隙中观察到。这种结构在技术上是难以实现的，因此，在间隙超过纳米且可以通过最先进的制造技术实现的结构中展示 CTP 模式非常重要 [29]。

我们将分子置于间隙中，期望在更大的间隙中激发隧穿 CTP，因为分子间的隧穿速率取决于分子结构，并且远高于真空中的隧穿速率。隧穿 CTP 取决于所用分子的类型，因此分子的电子性质成为决定纳米级粒子间结的光学频率输运响应的关键参数。这种方法还使得在较大的隧穿间隙中直接观察和控制隧穿 CTP 成为可能，具体取决于桥接间隙的分子类型，并将量子等离激元学推进到通过自下而上或自上而下的制造方法可实现的尺寸范围 [29]。

在这种由分子桥接的二聚体中，分子连接通常展现出分子前沿轨道特性，特别是最高占据分子轨道 (HOMO) 和最低未占据分子轨道 (LUMO)。这些因素能够通过改变分子化学结构来调节电学和光学性质。与金属–真空–金属二聚体相比，一个关键的区别在于固有势垒高度 φ，在这种情况下，它不是金属电极的功函数；

相反，φ 表示分子前沿轨道的能级排列和金属电极的费米能级。因此，直接应用开发的空间电荷量子修正模型来模拟金属–分子–金属二聚体是不可行的。

为了克服上述限制，我们将开发的金属–真空–金属二聚体模型扩展到模拟金属–分子–金属二聚体中的隧穿 CTP。在这种二聚体中，要在特定的共振能量支持隧穿 CTP 模式，需要考虑电荷传输过程中分子或虚拟材料中的电子电导率 σ_{sc}(或电子数密度 n_{sc})[7]。此外，电子电导率 σ_{sc} 取决于电荷注入过程产生的注入电子电导率 σ_{inj}(或注入电子数密度 (injected electron number density) n_{inj})。

为了计算隧穿 CTP 的注入电子电导率 (σ_{inj}) 或注入电子数密度 (n_{inj})，我们采用了一对正向和反向计算。简而言之，① 对于已知的间隙宽度 (d) 和分子中的电子电导率 (σ_{sc}) 的组合，反向计算根据等离激元共振能量 $\hbar\omega_{\mathrm{CTP}}$ 确定平均间隙电场 (E_{gap})。本质上，一旦在具有特定间隙宽度 (d) 和电子电导率 (σ_{sc}) 的间隙中，在谐振能量 $\hbar\omega_{\mathrm{CTP}}$ 下建立了稳态隧穿 CTP 振荡，就可以确定间隙中的平均场。② 用正向计算结合量子力学模型来计算分子的隧穿电荷注入电导率。该计算利用了金属/分子界面处的间隙宽度 (d) 和势垒高度 (φ) 的已知值，以及基于从反向计算中获得的金属/分子界面处的已知间隙电场 ($E_{\mathrm{gap}}^{x=0}$)。因此，确定了通过金属/分子界面隧穿注入的自由电子数密度，以维持共振能量 $\hbar\omega_{\mathrm{CTP}}$ 的隧穿 CTP。

因此，对于特定分子 (由间隙宽度 (d) 和势垒高度 (φ) 表征)，在共振能量 $\hbar\omega_{\mathrm{CTP}}$ 下维持隧穿 CTP 的可行性在很大程度上取决于反向和正向计算是否收敛到 $E_{\mathrm{gap}}, \sigma_{\mathrm{sc}} = \sigma_{\mathrm{inj}}$ 和 $\hbar\omega_{\mathrm{CTP}}$ 的一组唯一解。如果发生这种收敛，则表明该分子能够支持隧穿 CTP；否则，不能。

5.6.1　通过量子力学模型进行正向计算

使用类似于 5.4 节中开发的量子力学方法，对金属/分子界面处的量子隧穿电荷注入进行建模 [8,13,30]。该模型考虑了影响金属–分子–金属二聚体隧穿势垒分布的各种因素。这些因素包括：① 金属和分子结处的界面势垒高度 (φ)，表示分子前沿轨道能级的排列和金属电极的费米能级对齐；② 镜像电荷势能 ($\varPhi_{\mathrm{im}}(x)$)，其取决于间隙尺寸 (d)，对于亚纳米间隙至关重要；③ 三角形外部施加电场势能 ($\varPhi_{\mathrm{v}}(x)$)，其随金属/分子界面处的电场 ($E_{\mathrm{gap}}^{x=0}$) 线性变化；④ 隧穿电子自感应空间电荷场 $\varPhi_{\mathrm{sc}}(x)$[31,32]；⑤ 量子交换相关场 $\varPhi_{\mathrm{xc}}(x)$。电子的势能或隧穿势垒 $\varPhi$(x) 通过以下各项来建模：

$$\varPhi(x) = \varphi + \varPhi_{\mathrm{im}}(x) + \varPhi_{\mathrm{v}}(x) + \varPhi_{\mathrm{sc}}(x) + \varPhi_{\mathrm{xc}}(x) \tag{5.15}$$

随后，使用 WKB 近似技术迭代求解耦合的薛定谔方程和泊松方程，以确定隧穿势垒分布和隧穿电子数密度 (tunneling electron density)[31,32]。然后，可以利用该电子数密度从公式 (5.2) 推导出量子隧穿电荷注入电导率 (σ_{inj})。

5.6.2 使用电容模型进行反向计算

反向计算利用电容模型来估计空间电荷状态下的平均场。间隙的电容定义为

$$C = \varepsilon_{\text{r}}\varepsilon_0 \frac{A}{d} \tag{5.16}$$

其中，A 是两个板的重叠面积，ε_{r} 是板之间材料的相对静态介电常数，ε_0 是真空介电常数，d 是电极板之间的间距。假设电容器中存储的能量为等离激元共振能量 $\hbar\omega_{\text{CTP}}$，则有

$$\hbar\omega_{\text{CTP}} = \frac{1}{2}CV^2 \tag{5.17}$$

其中，V 表示板之间的电压。因此，通过应用方程 (5.16) 获得间隙中的平均场：

$$E_{\text{gap}} = \frac{V}{d} = \sqrt{\frac{2\hbar\omega_{\text{CTP}}}{A\varepsilon_{\text{r}}\varepsilon_0 d}} \tag{5.18}$$

CTP 共振时，分子层内的场分布呈现出不均匀的空间分布，其中金属/分子界面处的场强最大：($E_{\text{gap}}^{x=0}$)。金属/分子界面上的这个场在隧穿过程和正向计算中起着至关重要的作用。相比之下，反向计算估计了平均间隙场 E_{gap}。鉴于界面场强远大于平均场强，在研究中为了简便起见，将 $E_{\text{gap}}^{x=0}$ 近似为 E_{gap} 的 10 倍。这个选择是合理的，符合研究等离激元纳米粒子二聚体的场增强非线性效应时预测的值 [33]，以及通过在光学频率下的电流整流确定的分子接头中的等离子体场值 ($\sim10^9\text{V/m}$)[34]。为了提高模型精度，建议在正向计算中使用模拟的 $E_{\text{gap}}(x)$ 完整配置，代替简化的三角势项 $\varPhi_{\text{v}}(x) = -eE_{\text{gap}}^{x=0}x$。

类似地，分子隧道结的光学性质可以通过 Drude 模型 (方程 (5.1)) 获得。金属–分子–金属二聚体的隧穿 CTP 便可以通过经典的电磁计算来模拟。

5.7 Ag-SAM-Ag 二聚体隧穿电荷转移等离激元

为了通过实验证明纳米级等离激元二聚体中的隧穿 CTP，我们采用自下而上的方法在间隙中制造具有 SAM 的银等离激元二聚体。首先，我们合成了长方体状的银纳米粒子，并用分子进行官能化。然后，这些纳米颗粒用于制造等离激元二聚体，其中 SAM 充当分离器。合成的 Ag-SAM-Ag 二聚体随后被转移到薄介电基板上进行表征和测量，如图 5.8 所示 [30]。

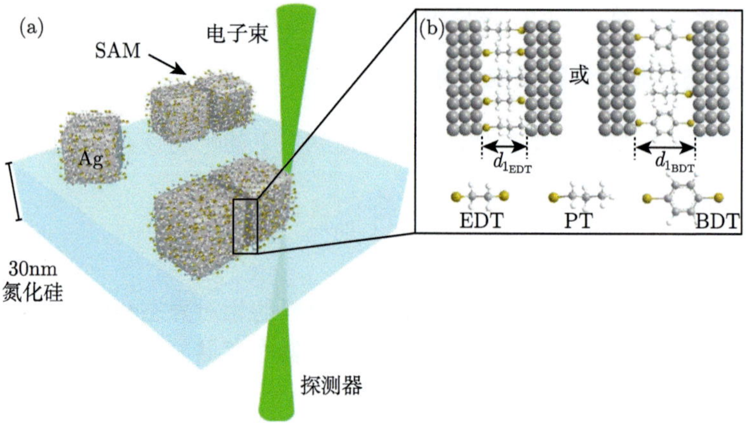

图 5.8 量子等离激元隧穿。(a) 显示了由两个银纳米粒子通过自组装单层 (SAM) 连接构成的分子隧道结，将非接触式电子纳米探针放置在官能化银纳米粒子附近，以激发和测量单个二聚体的表面等离激元；(b) 两个相邻纳米颗粒之间的距离由 EDT 或 BDT 的 SAM 厚度决定 [30]©AAAS

5.7.1 Ag-SAM-Ag 二聚体的制备

我们采用 Xia 等的多元醇法合成了长方体银纳米粒子 [35]，具体步骤详见参考文献 [30] 的补充材料。简而言之，首先在四个小瓶中将乙二醇加热至 150℃，以去除多余的水。随后，向每个小瓶中加入不同量的硫化钠溶液，接着依次添加聚乙烯吡咯烷酮和硝酸银溶液。当溶液变为黄褐绿色时，再将四个小瓶放入冰水中冷却以停止反应。值得注意的是反应对水含量和硫化钠浓度非常敏感。将得到的银纳米长方体用丙酮和去离子水洗涤并离心后，在黑暗中储存，可保持稳定性约两周。这种方法合成的纳米粒子具有原子平面和约 10^3nm^2 的大横截面积，从而增强了结间的隧穿。

随后，如图 5.8(b) 所示，立方形银纳米粒子被官能化处理后，与饱和的脂肪族 1,2-乙二硫酸酯 (ethanedithiolates，EDT) 或芳香族 1,4-苯二硫醚 (benzenedithiolates，BDT) 形成 Ag-SAM-Ag 等离激元二聚体。尽管 EDT 和 BDT 分子的长度相似，但它们的最高占据分子轨道和最低未占据分子轨道间隙存在显著差异，分别为 8eV 和 5eV[36,37]。因此，BDT 分子结的隧穿速率显著高于 EDT 分子结。

详细的官能化过程描述见参考文献 [30] 的补充材料。简而言之，首先对纳米颗粒进行彻底清洗，以尽量减少可能阻碍 EELS 数据采集的有机污染；然后用 SAM 进行官能化；接着，将这些官能化的纳米颗粒与非官能化的颗粒混合，从而形成二聚体结构。

所得样品包含二聚体、单颗粒和较大的簇状结构，通常含有 20%~30% 的二聚体结构，其余为单颗粒、三聚体结构和更大的聚集体。自组装完成后，将二聚体结构沉积在厚度为 30nm 的电子透明氮化硅膜上进行表征和测量。

5.7.2 隧穿间隙

我们利用电子能量损失光谱测量所制备的 Ag-SAM-Ag 等离激元二聚体的隧穿 CTP，确保二聚体由预期分子有效桥接且间隙不含金属丝是至关重要的。因此，我们需要使用高分辨率透射电子显微镜 (TEM) 对二聚体进行表征，特别是关注其间隙，以筛除任何不合格的样品。此外，为了防止在测量过程中损坏二聚体结构，我们将特别注意 TEM 和 EELS 的操作程序。

虽然单二聚体光谱学在理论上可行，但由于成功测量 Ag-SAM-Ag 隧道结的概率较低，因此难以获得具有统计意义的数据。这是因为光学显微镜中固有的亚纳米空间信息的缺乏归因于衍射极限。作为替代方案，可以通过 TEM 单独测量二聚体的间距，但这需要非标准技术来关联不同仪器之间的样本位置。此外，为每次测量优化入射光的极化，通常需要反复试验和调整。我们采用单色扫描透射电子显微镜 (STEM)，通过进行亚纳米级成像和等离激元光谱，绕过这些实验复杂性，解决这些问题。

我们使用在 200kV 电压下运行的高分辨率透射电子显微镜 (FEI Titan, TEM) 对单个结中存在的纳米间隙进行了表征。此分析利用了 Digital Micrograph 软件 (Gatan) 中的 Profile 功能。具体而言，我们只考虑了不含金属丝的银二聚体间隙。在所检查的 169 个二聚体中，有 6 个在间隙内观察到细丝形成。

随后，分别从 Ag-EDT-Ag 和 Ag-BDT-Ag 结的 84 个二聚体和 79 个二聚物中生成了无丝间隙尺寸的直方图 (尺寸为 0.1nm)。对这些直方图进行高斯拟合，以得出与间隙大小相关的平均值和测量误差。

图 5.9 展示了银纳米粒子二聚体的原子分辨率 TEM 图像，以及填充 EDT 和 BDT SAM 的二聚体间隙尺寸分布的直方图。在这些直方图中，从 TEM 图像估计的间隙尺寸 d_g 值在一系列二聚体上分布的第一个峰值集中在 EDT 的 (0.55 ± 0.08)nm 和 BDT 的 (0.67 ± 0.12)nm，与 Ag-SAM-Ag 结构预期的分子长度 d_l 紧密吻合。我们将这些直方图中第二个峰的存在归因于两个纳米颗粒间隙中存在双 SAM 的二聚体，表示为 Ag-SAM//SAM-Ag 结构。间隙宽度超出预期分子长度的变化可能来源于夹层 SAMs 或来自纳米颗粒合成过程中的残留聚合物。

5.7.3 隧穿电荷转移等离激元的测量

使用配备肖特基电子源的 FEI Titan TEM，在 80kV 下以扫描透射电子显微镜模式对单个 Ag-SAM-Ag 二聚体上的等离激元进行表征。使用的电子探针直径约为 1nm，收敛半角为 13mrad。对于电子能量损失光谱 (EELS)，使用 Gatan Tridiem ER EELS 探测器收集 13mrad 固体半角内的电子。在 EELS 测量过程中，扫描透射电子显微镜的探头故意放置在隧道结外，如图 5.8(a) 所示，以确保 SAM 在光谱采集过程中不会暴露在电子束下。这种预防措施至关重要，因为 EELS 测量会导致 SAM 的暴露时间过长 (几分钟)，破坏隧道结，从而导致隧穿 CTP 模式消失。因此，最小化 SAM 的电子束暴露对于隧穿 CTP 测量至关重要。

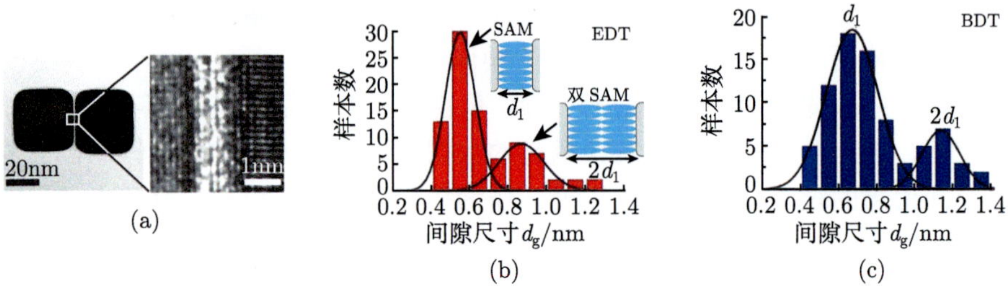

图 5.9 (a) 银纳米粒子二聚体的原子分辨率 TEM 图像；(b) EDT 和 (c) BDT SAM 填充的二聚体间隙尺寸分布的直方图 [30]©AAAS

使用 Wien 型单色仪对电子束进行能量色散，通过一个狭窄的能量选择狭缝形成具有典型半峰全宽 70~80meV 的单色电子束。EELS 光谱通过改进的分箱增益平均程序获得。每个光谱在约为 40ms 的照明周期内快速获得，使用 16 次分箱进行探测器 (电荷耦合器件) 读出，所得的光谱通常是 2000 个对齐光谱的总和。所有光谱在最大值处被归一化，对应于零损耗峰的顶部。所有光谱均在长二聚体轴边缘 1 ~ 2nm 处获得。通过拟合和减去在没有附近颗粒的同一样品的清洁区域测量的高质量背景光谱来修正背景信号。

图 5.10 展示了含有 EDT/PT 或 BDT/PT SAM 的二聚体在不同粒间间隙条件下的一系列 EELS 光谱和相应的 TEM 图像。值得注意的是，具有 BDT 的系统，即使在相对较大的间隙宽度下，也表现出明显的隧穿 CTP 共振。相比之下，对于具有 EDT SAM 的二聚体，仅在非常小的间隙中观察到隧穿 CTP 共振。

图 5.11 展示了填充有 BDT 自组装单层的两个银长方体之间，具有 0.6nm 和 1.2nm 宽的粒子间间隙的特写视图。在记录 EELS 数据之前，先拍摄 TEM 图像 (图 5.11(a) 和 (e))，然后沿二聚体的长度轴在最左侧和最右侧进行单色 EELS 测量。通过将扫描透射电子显微镜的 1nm 探针定位在距离长方体边缘约 2nm 处，成功激发了隧穿电荷转移等离激元和其他等离子体激元模式。图 5.11(c) 和 (g) 展示了获得的原始光谱，包括隧穿 CTP 共振模式的肩部。在减去零损耗峰值背景信号后，该肩部变得更加明显，如图 5.11(d) 和 (h) 所示。

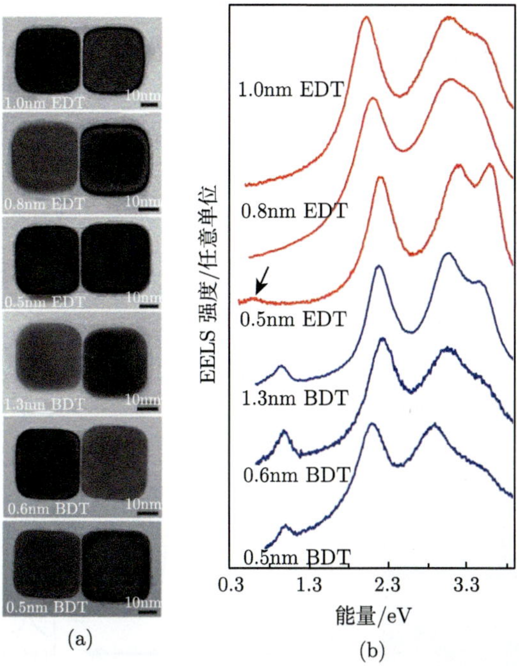

图 5.10 (a) 由 SAM 分隔的两个银长方体组成的六个不同结的 TEM 图像；(b) 这些具有不同间隙尺寸和 SAM 的二聚体的实验 EELS 光谱 (红色：EDT 1.0nm、0.8nm、0.5nm，蓝色：BDT 1.3nm、0.6nm、0.5nm)[30]©AAAS

在单色 EELS 测量后，重新拍摄该二聚体的 TEM 图像，确认间隙没有出现形态变化，并确认数据采集过程中没有形成金属丝，如图 5.11(b) 和 (f) 所示。对所有采集的光谱和数据点，我们均获得了 EELS 后 TEM 图像，确保没有金属丝的干净颗粒间间隙。

5.7.4 隧穿电荷转移等离激元的模拟

我们利用 5.6 节中开发的量子修正模型，对所制备的 Ag-SAM-Ag 二聚体的隧穿 CTP 进行了模拟。在确定分子隧道结的光学性质后，使用经典电磁计算，特别是采用有限元法中的光学模拟模型，来模拟 Ag-SAM-Ag 二聚体的等离激元共振。在我们的模拟中，根据 TEM 图像，假设两个相同的 Ag 长方体具有边长为 w=37nm 的方形横截面，每个 Ag 长方体的长度为 L=35nm。银的介电常数来源于 Palik 的手册 [38]。在两个银长方体之间，假设隧穿路径 (填充有隧穿电子) 具有面积为 a=37nm×37nm 的正方形横截面，其长度由间隙尺寸 d_g 或分子长度 d_l 决定 (将在 5.8 节中讨论)。隧穿路径通过方程 (5.1) 进行建模。

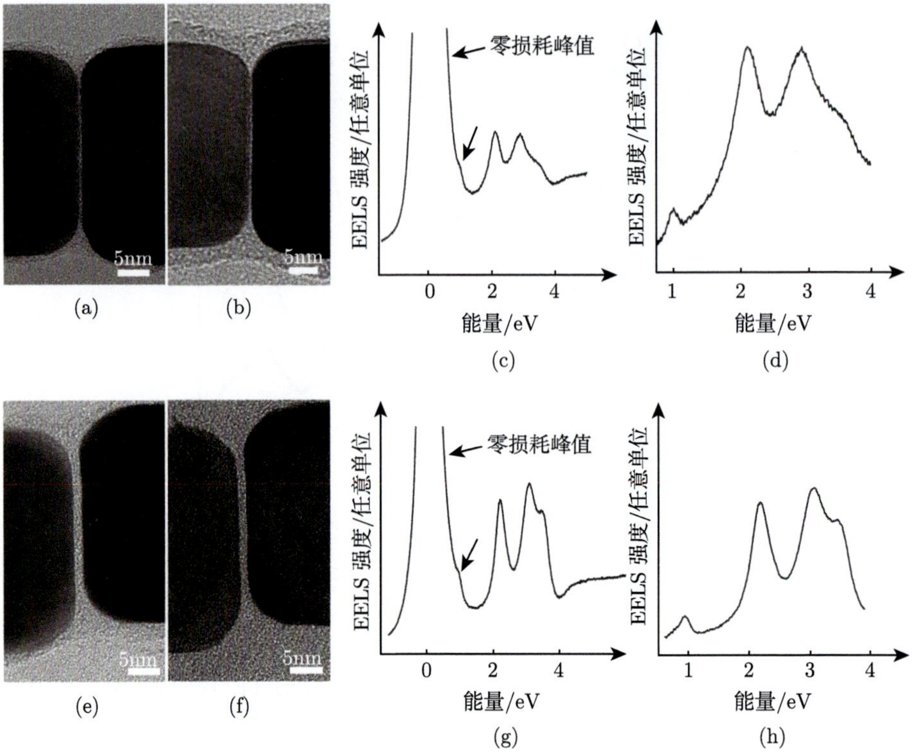

图 5.11 (a) EELS 测量前的 TEM 图像和 (b) EELS 测量后的 TEM 图像，0.6nm 宽的间隙 (填充有 BDT SAM) 保持不变；该二聚体在减除背景 (c) 之前和 (d) 之后的 EELS 光谱；另一种 1.2nm 宽的间隙二聚体进行 EELS (e) 之前和 (f) 之后的 TEM 图像；该二聚体在减除背景 (g) 之前和 (h) 之后的 EELS 光谱 [30]©AAAS

假设每个 Ag 长方体都涂有 0.5nm 厚的 SAM，其折射率为 1.558(EDT) 或 1.665(BDT)[39]。为了简化计算，在我们的光学模拟中忽略 30nm Si_3N_4 基板。考虑到低能等离激元模式的薄基板效应微弱，这种简化对低能隧穿 CTP 模式的模拟影响可以忽略不计。

采用 COMSOL 有限元法中的散射场公式来求解三维麦克斯韦方程组，从而计算 Ag-SAM-Ag 二聚体的吸收、散射及其总和 (即消光) 横截面。在平面波激发下，对两种偏振条件进行了模拟：沿纵轴 (即长轴) 或沿横轴 (即短轴) 偏振的入射光。Ag-EDT-Ag 二聚体系统的模拟光谱如图 5.12 所示。我们分别提取了纵向和横向模态分量 (图 5.12 中用虚线表示)。最终模拟消光光谱 (由图 5.12 中的黑色实线表示) 是纵模和横模分量的代数和，然后再与 EELS 测量结果进行比较。

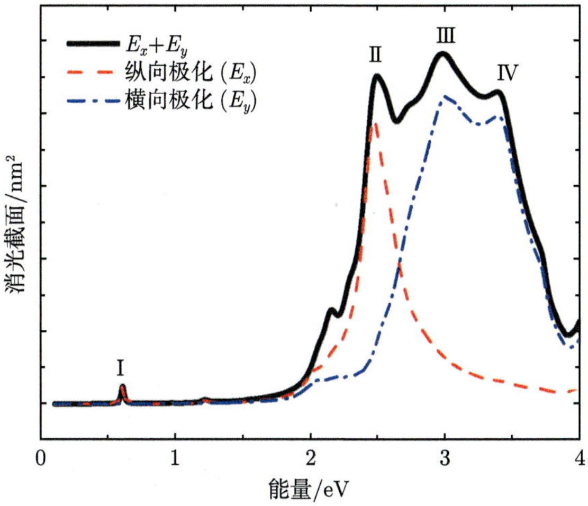

图 5.12 Ag-EDT-Ag 二聚体系统在纵向极化 (在二聚体长度方向上；红色虚线)、横向极化 (垂直于二聚体长轴；蓝色点划线) 及其总和 (黑线) 下的模拟 EELS 光谱 [30]©AAAS

5.8 仿真和实验结果

5.8.1 Ag-SAM-Ag 二聚体的等离激元模式

在制备 Ag-SAM-Ag 二聚体后，共选择了 163 个有效样品，包括 Ag-EDT-Ag 和 Ag-BDT-Ag 结，这些样本包括结内具有单层 SAM 和双层 SAM 的二聚体，用 EELS 测量了其中 32 个二聚体。图 5.13 显示了从 EDT 和 BDT 的 SAM 结获得的模拟和 EELS 光谱结果，在大约 2.2eV、3.2eV 和 3.6eV 处发现了三个主要的等离激元峰，分别对应于键合偶极等离激元模式 (Ⅱ)、横向角落模式 (Ⅲ) 和横向边缘模式 (Ⅳ)。

为了确认约 0.5 eV 处的低能等离激元模式 (I) 的解释，我们使用上述量子修正有限元法光学模拟模型对 Ag-SAM-Ag 二聚体的等离激元共振进行了模拟。电荷分布的分析 (参见图 5.13(b)) 表明，峰 I 对应于隧穿 CTP 模式，而峰 Ⅱ 代表键合偶极等离激元。峰 I 和 Ⅱ 源自纵向激发，而峰 Ⅲ 和 Ⅳ 源自横向激发。具体而言，峰 Ⅲ 显示出向拐角倾斜的电荷分布，而峰 Ⅳ 显示出沿边缘的更高电荷浓度。

值得注意的是，隧穿 CTP 的电荷分布在二聚体的整个长度上并延伸，而隧穿 CTP 模式的电场分布在角落处的局部化程度比单个粒子的等离激元共振通常要低。这一现象可以这样理解：在单个立方体的共振下，立方体内的电荷在其长度上振荡，导致曲率半径最小的边缘和角落处的场强增强。这种效应也可以在立方体对的键合偶极模式中观察到，其共振频率与单个立方体的共振频率非常接近。然而，隧穿 CTP 的谐振频率明显低于单个立方体，并且结中的电导远低于金属

电极 (立方体) 中的电导。因此，结中隧穿的时间常数要长得多，使电荷在每个共振周期内更均匀地分布在每个立方体的表面上。因此，立方体上电荷的分布产生了看起来更均匀的电场。

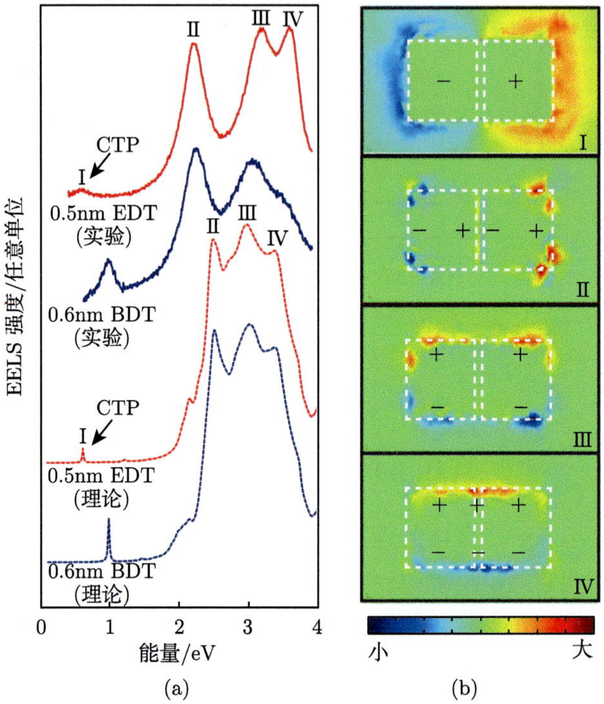

图 5.13　直接观察等离激元共振腔之间的量子隧穿效应。(a) 两个测量的 EELS 光谱示例，通过隧穿 CTP 峰直接观察到量子隧穿现象，并通过量子校正的光谱模拟确认了这些峰的识别；(b) 对应于光谱峰的等离激元模式 I-Ⅳ 的电场分布的模拟图 [30]©AAAS

此外，隧穿和键合偶极模式是可以共存的。在 EELS 激发过程中，电子束在二聚体系统中诱导自由电子的振荡。当这些运动电子的能量接近隧穿障碍时，一些电子会通过隧穿效应穿过障碍，而其他电子则会被反射回去。反射的电荷产生键合偶极模式 (−/+/−/+)，而通过隧穿的电荷则贡献于隧穿模式 (−/+)。当间隙电导率约 10^5S/m 时，两种模式可以共存。在我们目前的研究中，两个银纳米长方体之间的 EDT(或 BDT)SAM 层的电导率为 9.16×10^4S/m 或 2.49×10^5S/m，使这两种模式能够同时存在。

此外，我们的实验和模拟结果表明，在 BDT 结的情况下，随着隧穿间隙宽度从 0.6nm 增加到 1.2nm，峰值 Ⅱ(纵向键合偶极模式) 的振幅减小，而峰值 Ⅲ 和 Ⅳ(横向模式) 的幅度增加。这一观察结果归因于当两个银纳米长方体之间的距离增加时，两个偶极模式之间的纵向耦合减弱。

5.8.2 贯穿空间隧穿与贯穿键隧穿

在我们的分子隧道结中有两种可能的隧穿过程，如图 5.14 所示：贯穿空间隧穿和贯穿键隧穿。在贯穿空间隧穿中，隧穿发生在空气中，而不是分子本身。因此，隧穿路径由两个电极之间的间隙宽度 d_g 决定。另外，在贯穿键隧穿中，电子通过分子隧穿，因此，隧穿路径由分子长度 d_l 定义。在贯穿键隧穿优于贯穿空间隧穿的情况下，我们预计隧穿 CTP 将仅依赖于 d_l，而不依赖于 d_g。对于具有倾斜 SAM(图 5.14(a)) 或对齐良好 SAM (图 5.14(b)) 的结，这两种隧穿机制都可能发生。

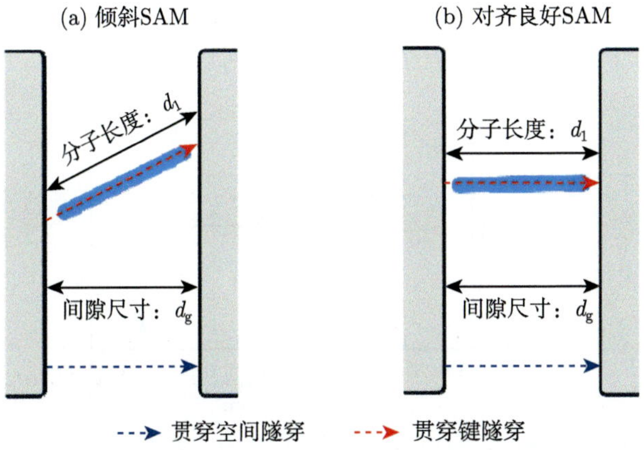

图 5.14 二聚体间隙中分子取向的示意图及其对隧穿过程的影响 [30]©AAAS

在计算贯穿空间隧穿过程时，我们使用了由两个电极之间的距离决定的间隙尺寸 d_g。对于具有相同单层 SAM 的各种二聚体，尽管 SAM 具有相同的长度，但由于 SAM 的取向，测量的 d_g 可能会有所不同 (图 5.9 和图 5.14)。在计算中，我们采用了测量的间隙尺寸。相反，对于贯穿键隧穿过程，分子长度定义了隧穿长度，因此我们在量子隧穿计算中对所有单层样品都使用了 d_l。

电荷传输的性质——无论是贯穿空间隧穿还是贯穿键隧穿——都是通过在 32 个结上进行的 EELS 测量来确定的。隧穿 CTP 模式的能量被绘制为 d_g (图 5.15) 的函数。该图表明，隧穿 CTP 模式对 d_g 值的依赖性很弱。如果贯穿空间隧穿占主导地位，则 $d = d_g$，隧穿 CTP 能量转移的模拟结果如图 5.15 中的虚线表示；相反，实线表示贯穿键隧穿的模拟，其中 $d = d_l$，贯穿键隧穿的距离取决于分子的长度，可能与 d_g 不同。该图表明，与贯穿空间隧穿相比，贯穿键隧穿对间隙尺寸的依赖性要弱得多。

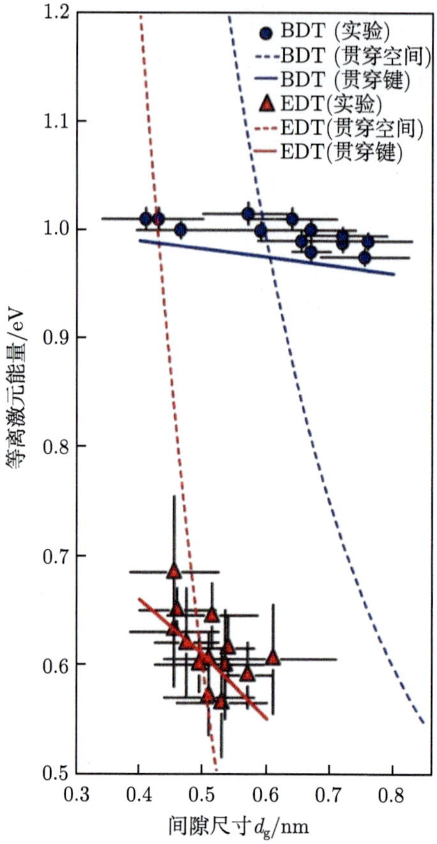

图 5.15 实验测量 BDT(●) 和 EDT(▲) 单体官能化的二聚体的等离激元能量与间隙尺寸的关系。两种 SAM 的贯穿空间隧穿和贯穿键隧穿的理论计算结果分别用虚线和实线表示 [30] ©AAAS

5.8.3 穿过大间隙二聚体的隧穿

贯穿键隧穿提供了一种探索较大间隙中隧穿 CTP 的方法，如图 5.16(a) 所示。其中，两个 SAM 相互连接，增加了间隙宽度，而键隧穿对间隙尺寸的敏感度较低。我们对 Ag-SAM//SAM-Ag 结进行了 EELS 光谱测量，以探究在高达 1.3nm 的尺度上是否能够检测到隧穿 CTP 模式。实验结果显示，在 0.975~1.015eV 范围内，双 BDT 结构表现出隧穿 CTP 模式，如图 5.16(b) 所示。隧穿 CTP 峰值能量对 d_g 的依赖性微弱，进一步证实了键隧穿是电荷传输的主要机制。单层和双层 SAM 的隧穿 CTP 模式的能量略有差异，这可能是由 BDT SAM 之间的强 π-π 耦合所导致 [40]。对于含有 EDT 的 Ag-SAM//SAM-Ag 结构，由于 β 值低且脂肪族分子之间缺乏 π-π 耦合，因此未能观察到隧穿 CTP 模式。我们推测，即便存在峰值，其能量也将非常低，已超出我们仪器的检测极限。

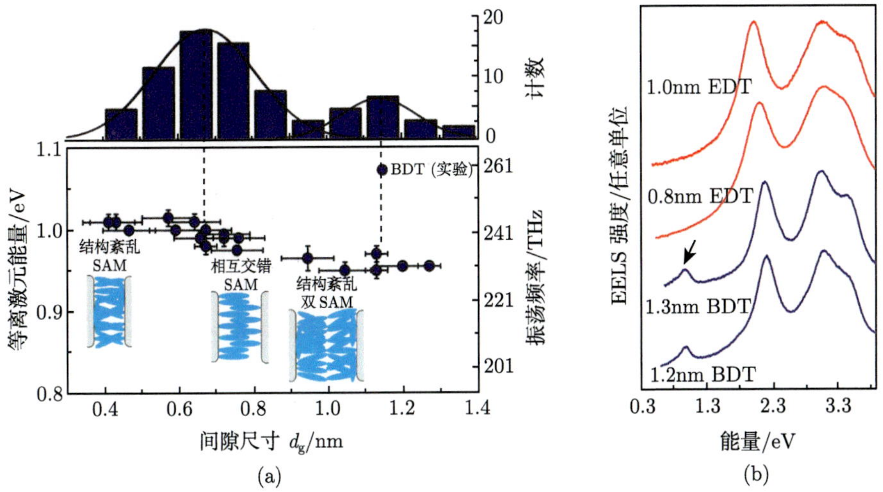

图 5.16 量子等离激元共振与隧穿距离的函数关系。(a) 实验测量了 BDT(•) 官能化二聚体的等离激元能量与间隙尺寸的关系。由于 SAM 中的结构紊乱，单个二聚体之间的间隙大小各不相同。(b) 测量 EDT(红色) 和 BDT(蓝色) 双 SAM 的 EELS 光谱。在双层 BDT 中观察到隧穿效应，但在双层 EDT 中则没有 [30]©AAAS

在 Ag-BDT//BDT-Ag 结中发生隧穿的距离高达 1.3nm，这表明使用更长的分子对量子等离激元系统进行分子控制具有巨大的潜力 [41]。因此，这些较长的分子可以探索目前通过自上而下的制造技术所获得的间隙尺寸。

5.9 任意分子结隧穿电荷转移等离激元的预测

前文着重阐述了少数分子的实验结果，为分子电导率和隧穿 CTP 之间的相关性提供了深刻的洞见。然而，一些 SAM 尽管具有相同的分子长度，却展现出各异的电导率。因此，探索 CTP 在电导率和间隙宽度方面的波动变得尤为重要。

5.9.1 任意 Ag-SAM-Ag 二聚体的隧穿电荷转移等离激元

我们运用开发的空间电荷量子修正方法，对具有任意分子的 Ag-SAM-Ag 等离激元二聚体进行了研究，探讨了在不同分子长度 d 和电导率 σ_{sc} 组合下的隧穿 CTP。首先，我们通过反向计算来确定不同 d 和 σ_{sc} 组合下的等离激元能量 $\hbar\omega_{CTP}$(模拟所有不同类型的 SAM)，如图 5.17(a) 所示。本质上，这个过程旨在确定任意长度 d 和导电率 σ_{sc} 的 SAM 层在特定值 (如色带所示) 下的隧穿 CTP 等离激元能量，不受电荷注入机制影响。随后，我们应用式 (5.18) 估算空间电荷区域内的平均稳态间隙场，如图 5.17(b) 所示。$E_{gap}^{x=0}$ 大约是 E_{gap} 的 10 倍，该电场是连接反向计算和正向计算的参数。

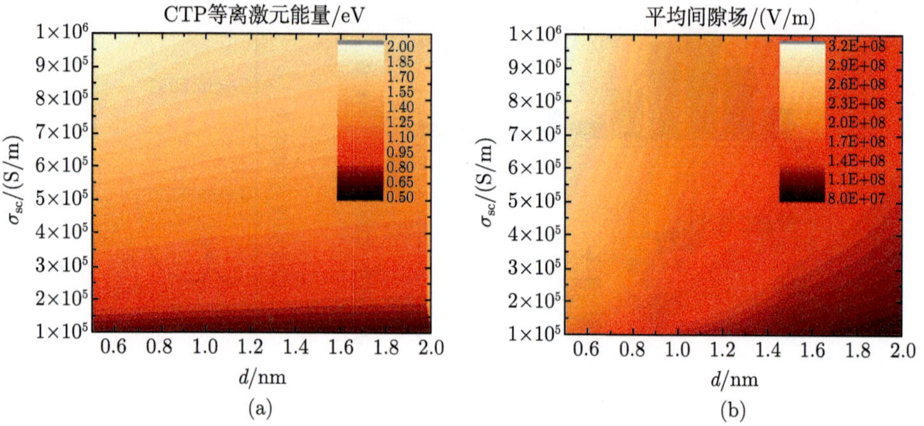

图 5.17 反向计算的结果。(a) CTP 等离激元能量 $\hbar\omega_{\mathrm{CTP}}$(eV) 作为分子长度 d(nm) 和电导率 σ_{sc}(S/m) 的函数的 2D 颜色映射；(b) 反向计算得出的估计平均间隙场

通过反向计算中估计的 $E_{\mathrm{gap}}^{x=0}$，我们可以运用正向计算得出以 d 和 φ 为特征的各种 Ag/SAM 结的整体隧穿概率。在掌握隧穿概率的情况下，基于 Ag/SAM 界面处的隧穿势垒 (如图 5.18(a) 所示红色实线) 来计算注入空间电荷区的隧穿电子的数密度 n_{inj} 和隧穿电荷注入电导率 σ_{inj}。如果量子隧穿是主要的电荷转移机制，那么估算出的 σ_{inj} 应该与之前假设的 σ_{sc} 一致。因此，我们以 $\sigma_{\mathrm{inj}} = \sigma_{\mathrm{sc}}$ 作为评判标准，以判断量子隧穿是否是对于特定分子长度 d 和隧穿 CTP 等离激元能量 $\hbar\omega_{\mathrm{CTP}}$ 的可行电荷转移机制。

图 5.18(b)~(d) 呈现了三个特定长度 ($d = 0.5$nm、0.7nm 和 1.0nm) 的 SAM 量子计算结果，这些结果覆盖了一系列实际的本征势垒高度范围 (2.0~4.0eV)。Ag 的功函数为 4.26eV。理论上，提取场的变化范围为 $10^7 \sim 10^{10}$V/m。以图 5.18(b)(针对分子长度 $d = 0.5$nm 的所有类型的 SAM) 为例，我们注意到，对于较大的界面势垒高度 $\varphi = 4$eV，隧穿概率较低，需要约 10^9V/m 量级的提取场才能到达空间电荷隧穿状态。这一发现与我们先前对 Au-真空-Au 系统的研究所得到的结果非常一致。然而，通过使用 Ag-SAM-Ag 二聚体，能够将界面势垒高度 φ 调整到较低的水平，如 2eV 或 3eV，这使得所需的提取场可以降低到 10^8V/m 以下，如图 5.18(b) 所示。图中用灰色区域标示所有位于该区域的数据点都满足隧穿 CTP 的条件。我们发现，对于所有长度为 0.5nm 的 SAM，只要界面势垒高度达到 3.0eV，且提取场维持在 10^8V/m 的量级上，量子隧穿 CTP 是可行的。

对于较长的 SAM，例如 $d = 0.7$nm，如图 5.18(c) 所示，情况会有所不同。随着隧穿距离的增加，隧穿概率降低，导致整体隧穿电导率显著降低。即便势垒高度仅为 2.0eV，也只有当提取场超过 5×10^8V/m 时，隧穿电导率才能达到大约 1×10^5S/m。对于更长的单层 SAM，$d = 1.0$nm，如图 5.18(d) 所示的，也展现出类似的趋势，只有提取场达到 10^9V/m 的水平，最大隧穿电导率才可能达到 10^5S/m 的数量级。这些结果表明，尽管存在一些隧穿电子，但在较低的提取场下，参与等离激元振荡的隧穿电子数量仍然不足。

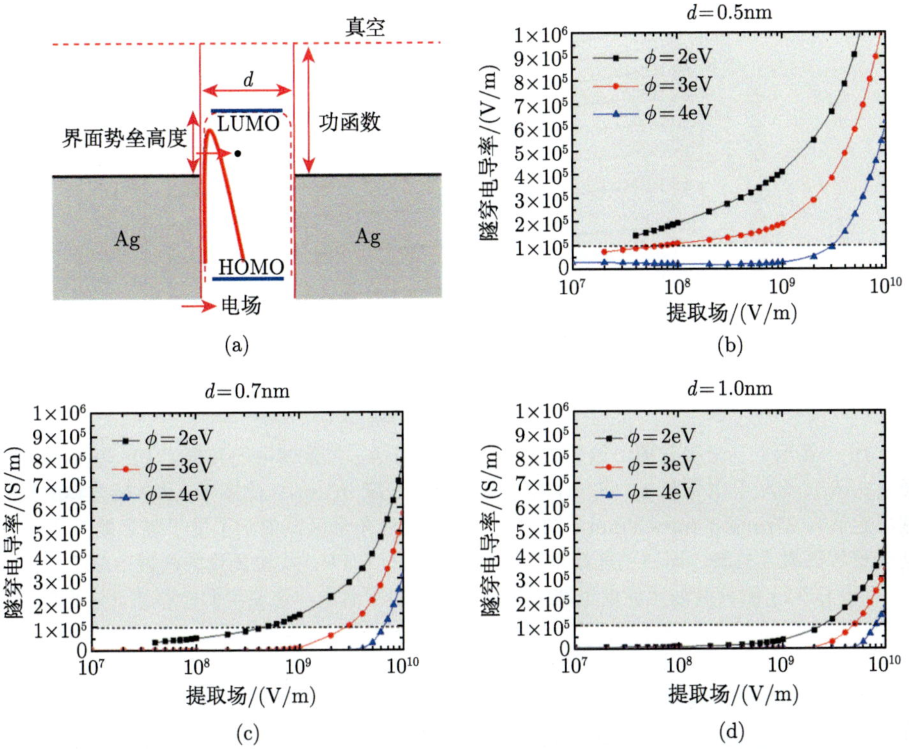

图 5.18 (a) 隧穿结的能级示意图，对于本征 Ag-SAM-Ag 结 (其势垒由红色虚线表示)，仅考虑了方程 (5.15) 中的两个项：一是与 Ag 和 SAM 的能量对齐相关项，二是镜像电荷势项，即 $\Phi(x)=\varphi+\Phi_{\mathrm{im}}(x)$。而对于受到强外场影响的 Ag-SAM-Ag 结 (其势垒由红色实线表示)，方程 (5.15) 中的所有五项都被纳入考虑：$\Phi(x)=\varphi+\Phi_{\mathrm{im}}(x)+\Phi_{\mathrm{v}}(x)+\Phi_{\mathrm{sc}}(x)+\Phi_{\mathrm{xc}}(x)$，其中额外三项分别对应外场、空间电荷场和交换相关场的影响。(b)~(d) 展示了三种不同分子长度 (b) $d=0.5$nm、(c) $d=0.7$nm 和 (d) $d=1.0$nm 的量子计算结果。计算得到的隧穿导电性值被绘制为提取场的函数，并考虑了在 Ag/SAM 界面上不同的内在势垒高度 φ(=2eV, 3eV, 4eV) 的影响 [13]©RSC

5.9.2 用不同分子结绘制等离激元共振能量图

图 5.19 揭示了等离激元共振能量 $\hbar\omega_{\mathrm{CTP}}$ 与 SAM 分子长度和电导率的关系。在图 5.19 的下半部分，对于那些使用导电性较低的 SAM 官能化的二聚体，CTP 等离激元能量对分子长度的依赖性似乎较弱。相比之下，在图 5.19 的上半部分，对于那些使用导电性更强的 SAM 官能化的二聚体，CTP 等离激元能量

对分子长度的变化显示出更高的敏感性。这表明，对于电导率较低的分子 (例如 $\sigma_{sc}<5\times10^5$S/m 的分子)，测量得到的电导率将具有相对较高的精确度和灵敏度。

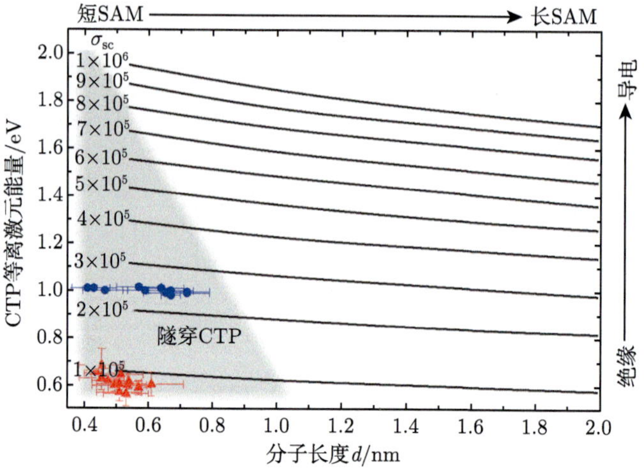

图 5.19 展示了一个参数图，该图关联了 Ag-SAM-Ag 二聚体中的共振 CTP 等离激元能量 $\hbar\omega_{CTP}$(eV)、SAM 电导率 σ_{sc}(S/m) 和 SAM 分子长度 d(nm)。此图中，Ag 长方体的尺寸保持恒定值为 37nm×37nm×35nm。图的左下角灰色三角形区域揭示了量子隧穿效应诱导的电荷转移等离激元机制，而白色区域则代表其他类型的 CTP。实验测量的两种 SAM(即 EDT 和 BDT) 的等离激元能量也展示在理论数据的图谱中，这使我们能够估计它们的电导率 [13]©RSC

在图 5.19 中，灰色三角区域特别指出了由量子隧穿效应引起的电荷转移等离激元范围。值得注意的是，较短的 SAM(如约 0.5nm) 有助于更宽频率范围内的隧穿 CTP(0.6~2eV)，而较长的 SAM(如约 1.0nm) 仅支持低能隧穿 CTP(0.6eV)。

5.9.3 绘制制备的 Ag-EDT-Ag 和 Ag-BDT-Ag 二聚体的图谱

我们已将先前测量的包含两个 SAM 结 (EDT 和 BDT) 的实验数据整合到图谱中。在图 5.19 中，用红色和蓝色分别表示了仅限单层 SAM 结的 $\hbar\omega_{CTP}$ 和 d 的测量值。EDT(或 BDT) 分子的平均分子长度为 0.55±0.08(或 0.67±0.12)nm，平均 CTP 等离激元能量为 (0.60±0.04)eV(或 (1.01±0.01)eV)。

通过观察图 5.19，我们可以轻松推断出 SAM 的电导率：$\sigma_{EDT}\approx1.0\times10^5$S/m，对于 0.55nm 厚的 EDT 层，其等效电导率 $G_{EDT}=\sigma_{EDT}(A/d_{EDT})=3221G_0$；而 $\sigma_{BDT}\approx2.5\times10^5$S/m，对于 0.67nm 厚的 BDT 层，等效电导 $G_{BDT}=\sigma_{BDT}(A/d_{BDT})=6611G_0$。其中，$G_0=2e^2/h=7.727\times10^{-5}$S 是量子电导。

在银表面的实验中，观察到分子的表面覆盖量为 8.0×10^{-10}mol/cm^2。基于此数据，我们估计在每个 37nm×37nm 银二聚体结中，存在 16000 个分子。因此，如果假设所有分子都参与了电荷传输，在 CTP 共振 (频率为 140THz 和 245THz) 下，每个 EDT 或 BDT 分子的电导率分别约为 $0.2G_0$ 和 $0.4G_0$。值得注意的是，这些分子太赫兹频率下的电导值，与之前在直流和低频下通过断裂结测量得到的值相当 [42,43]。最近关于原子尺度等离激元开关的研究也揭示，单个原子能够开启电导率为 $0.13G_0$ 量级的导电隧穿通道 [44]。

有趣的是，我们选择的两种分子都属于隧穿 CTP 机制。它们的分子长度非常接近 (仅为 0.1nm 的差异)，但 CTP 等离激元能量显著不同 (约为 0.4eV 的差异)。这为实验提供了明确的证据，表明 CTP 等离激元能量不仅受到结几何形状的影响，还与结电导率有关。我们建议进一步开展涉及不同 SAM 和其他间隙电介质的实验研究，以深入探索隧穿和其他电荷输运机制。

5.10 总　结

等离激元二聚体由纳米尺度的间隙分隔的成对金属纳米粒子组成，它们在局部场增强的应用中具有广泛用途。当这些间隙缩小到亚纳米级别时，金属纳米粒子之间的量子隧穿揭示了新的隧穿电荷转移等离激元 (CTP) 现象。这些现象为非线性量子光学和太赫兹纳米电子学之间架起了桥梁，为纳米级光电子学、单分子传感和非线性光学带来了新的发展机遇。根据经典电磁理论预测，等离激元二聚体结中的局部场增强随着间隙宽度的减小而增加。然而，当间隙达到亚纳米级别时，量子效应变得尤为关键。在这种情况下，经典电磁学理论已不足以全面描述这些微小间隙之间的耦合现象。在这些极小的间隙中，非局部屏蔽效应和电子溢出变得显著，从而揭示了新的等离激元共振模式。

在本章中，我们构建了一个量子修正模型，该模型将量子力学效应整合到经典电磁学框架之中。通过模拟电子隧穿的虚拟导电材料来表示相邻纳米粒子之间的间隙，使得我们能够在该框架内计算光学性质。此外，该模型还包含了通过量子力学模型进行的自洽正向计算，以及利用电容模型模拟具有分子结的等离激元二聚体的反向计算。使用量子修正模型，我们对纳米级金属–真空–金属二聚体中的电荷转移等离激元进行了研究，并识别了三种隧穿机制：直接隧穿、Fowler-Nordheim 隧穿和饱和隧穿。我们还比较了两种类型的电荷转移等离激元共振：通过隧穿的 CTP 和通过传导的 CTP。

我们深入研究了纳米尺度金属–分子–金属二聚体，这一结构使得在较宽的间隙中激发隧穿 CTP 成为可能。为了在实验中直接观察和控制隧穿 CTP，我们采取了一种自下而上的合成策略，构建了分子隧道结，其中包含由自组装单层桥接的银等离激元共振腔，并在其中制成了 0.4~1.3nm 间隙长度的等离激元二聚体。我们观察到一种特定的等离激元模式——隧穿 CTP，其频率范围介于 140~245THz

之间，这一频率范围会因间隙中的分子种类而有所不同。在制备的间隙宽度大于 1nm 的 Ag-SAM//SAM-Ag 二聚体中，我们成功观察到隧穿 CTP。这些隧穿 CTP 的出现与分子长度和电导率密切相关。通过使用我们的量子修正模型进行模拟，我们得到了与实验观测结果高度一致的结果。

使用我们的量子修正模型能够预测各种分子的隧穿 CTP，从而构建了一个完整的隧穿 CTP 参数图谱，它包含了不同长度和导电性的分子。该模型为等离激元二聚体在纳米光子学和光电子学中的研究和应用带来了重大突破，搭建了分子电子学与等离激元学之间的桥梁，并开辟了一个新的跨学科探索领域。

参考文献

[1] Lal S, Grady N K, Kundu J, et al. Tailoring plasmonic substrates for surface enhanced spectroscopies[J]. Chemical Society Reviews, 2008, 37: 898.

[2] Mühlschlegel P, Eisler H J, Martin O J F, et al. Resonant optical antennas[J]. Science, 2005, 308(5728): 1607-1609.

[3] Zuloaga J, Prodan E, Nordlander P. Quantum description of the plasmon resonances of a nanoparticle dimer[J]. Nano Letters, 2009, 9: 887.

[4] Tame M S, McEnery K R, Özdemir S K, et al. Quantum plasmonics[J]. Nature Physics, 2013, 9(6): 329-340.

[5] Ward D R, Hüser F, Pauly F, et al. Optical rectification and field enhancement in a plasmonic nanogap[J]. Nature Nanotechnology, 2010, 5: 732-736.

[6] Lim D K, Jeon K S, Hwang J H, et al. Highly uniform and reproducible surface-enhanced Raman scattering from DNA-tailorable nanoparticles with 1-nm interior gap[J]. Nano Letters, 2011, 6: 452-460.

[7] Esteban R, Borisov A G, Nordlander P, et al. Bridging quantum and classical plasmonics with a quantum-corrected model[J]. Nature Communications, 2012, 3: 825.

[8] Wu L, Duan H, Bai P, et al. Fowler-Nordheim Tunneling Induced Charge Transfer Plasmons between Nearly-Touching Nanoparticles[J]. ACS Nano, 2013, 7(1): 707-716.

[9] Yang Y, Zhu D, Yan W, et al. A general theoretical and experimental framework for nanoscale electromagnetism[J]. Nature, 2019, 576: 248-252.

[10] Esteban R, Aguirregabiria G, Borisov A G, et al. The morphology of narrow gaps modifies the plasmonic response[J]. ACS Photonics, 2015, 2: 295-305.

[11] Esteban R, Zugarramurdi A, Zhang P, et al. A classical treatment of optical tunneling in plasmonic gaps: extending the quantum corrected model to practical situations[J]. Faraday Discuss, 2015, 178: 151-183.

[12] Hohenester U. Quantum corrected model for plasmonic nanoparticles: A boundary element method implementation[J]. Physical Review B, 2015, 91: 205436.

[13] Wu L, Tan S F, Bosman M, et al. Charge transfer plasmon resonances across silver-molecule-silver junctions: Estimating the Terahertz conductance of molecules at near-infrared frequencies[J]. RSC Advances, 2016, 6(75): 70884-70894.

[14] Child C D. Discharge from hot CaO[J]. Physical Review(Series I), 1911, 32: 492-511.

[15] Ang L K, Kwan T J T, Lau Y Y. New scaling of Child-Langmuir law in the quantum regime[J]. Physical Review Letters, 2003, 91(20): 208303.

[16] Maier S A. Plasmonics: fundamentals and applications[M]. Stanford: Springer, 2007.

[17] Ashcroft N W, Mermin N D. Solid State Physics[M]. Stanford: Saunders, 1976.

[18] Il'chenko L G, Goraychuk T V. Role of the image forces potential in the formation of the potential barrier between closely spaced metals[J]. Surface Science, 2001, 478: 169-179.

[19] Wu L. Modelling of Electron Emission: Its Physics and Novel Applications[D]. Ph.D. Thesis, Nanyang Technological University, Singapore, 2009.

[20] Uiberacker M, Uphues Th, Schultze M, et al. Attosecond real-time observation of electron tunneling in atoms[J]. Nature, 2007, 446: 627-632.

[21] Nimtz G. Tunneling confronts special relativity[J]. Foundations of Physics, 2011, 41: 1193-1199.

[22] Lau Y Y, Chernin D, Colombant D G, et al. Quantum extension of child-langmuir law[J]. Physical Review Letters, 1991, 66: 1446-1449.

[23] Miller S C, Good R H. A WKB-type approximation to the Schrödinger equation[J]. Physical Review, 1953, 91: 174-179.

[24] Jensen K L, Cahay M. General thermal-field emission equation[J]. Applied Physics Letters, 2006, 88: 154105.

[25] Kohn W, Sham L J. Self-consistent equations including exchange and correlation effects[J]. Physical Review, 1965, 140: A1133-A1138.

[26] Dirac P A M. Note on exchange phenomena in the thomas atom[J]. Proceedings of the Cambridge Philosophical Society, 1930, 26: 376-385.

[27] Perdew J P, Wang Y. Accurate and simple analytic representation of the electron-gas correlation energy[J]. Physical Review B, 1992, 45: 13244-13249.

[28] Fursey G N. Field Emission in Vacuum Microelectronics[M]. New York: Kluwer Academic, 2005.

[29] Duan H G, Fernández-Domínguez A, Bosman M, et al. Nanoplasmonics: classical down to the nanometer scale[J]. Nano Letters, 2012, 12(3): 1683-1689.

[30] Tan S F, Wu L, Yang J K W, et al. Quantum plasmon resonances controlled by molecular tunnel junctions[J]. Science, 2014, 343(6178): 496-1499.

[31] Wu L, Ang L K, Koh W S. Theory of shot noise in high-current space-charge-limited field emission[J]. Physical Review B, 2008, 77(11): 115351.

[32] Wu L, Ang L K. Nonequilibrium model of ultrafast laser-induced electron photofield emission from a dc-biased metallic surface[J]. Physical Review B, 2008, 78(22): 224112.

[33] Marinica D C, Kazansky A K, Nordlander P, et al. Quantum plasmonics: nonlinear effects in the field enhancement of a plasmonic nanoparticle dimer[J]. Nano Letters, 2012, 12(3): 1333-1339.

[34] Arielly R, Ofarim A, Noy G, et al. Accurate determination of plasmonic fields in

molecular junctions by current rectification at optical frequencies[J]. Nano Letters, 2011, 11(7): 2968-2972.

[35] Skrabalak S E, Au L, Li X, et al. Facile synthesis of Ag nanocubes and Au nanocages[J]. Nature Protocols, 2007, 2(9): 2182-2190.

[36] Salomon A, Cahen D, Lindsay S, et al. Comparison of electronic transport measurements on organic molecules[J]. Advanced Materials, 2003, 15(22): 1881-1890.

[37] Reed M A, Zhou C, Muller C J, et al. Conductance of a molecular junction[J]. Science, 1997, 278(5336): 252-254.

[38] Palik E D. Handbook of Optical Constants of Solids[M]. San Diego, Calif: Academic Press, 1991.

[39] Haynes W M. CRC Handbook of Chemistry and Physics[M]. Taylor and Francis, edition 94, 2013.

[40] Wu S, González M T, Huber R, et al. Molecular junctions based on aromatic coupling[J]. Nature Nanotechnology, 2008, 3(9): 569-574.

[41] Choi S H, Kim B S, Frisbie C D. Electrical resistance of long conjugated molecular wires[J]. Science, 2008, 320(5882): 1482-1486.

[42] Kim Y, Pietsch T, Erbe A, et al. Benzenedithiol: A broad-range single-channel molecular conductor[J]. Nano Letters, 2011, 11(9): 3734-3738.

[43] Kiguchi M, Sekiguchi N, Murakoshi K. In-situ preparation of a single molecular junction with mechanically controllable break junctions in vacuum[J]. Journal of Physics: Conference Series, 2008, 100(5): 052059.

[44] Emboras A, Niegemann J, Ma P, et al. Atomic scale plasmonic switch[J]. Nano Letters, 2016, 16(1): 709-714.

第 6 章　自由空间中运动观测者的电动力学

爱因斯坦于 1905 年首次提出的狭义相对论彻底改变了我们对空间和时间的理解，奠定了现代物理学的理论基础。正如文献 [19] 中所概括：相对论是研究基本物理规律在某种时空变换下的不变性或协变性的学科。物理现象具有相对性，但真实的物理规律具有绝对性，其不会因不同运动状态的参考系不同而不同。本章主要讨论自由空间中运动系统的电磁场动力学。首先，我们介绍了惯性系相关的时空理论，包括狭义相对论的基本原理和洛伦兹变换及其物理意义；其次，讨论了洛伦兹变换中光速不变的核心物理思想和闵可夫斯基空间，以证明洛伦兹变换的协变性，即在闵氏四维时空坐标变换下，其数学形式不变；再次，我们分析了惯性参考系中电磁场之间的关系，描述电动力学规律在不同惯性系中同样成立，也即麦克斯韦方程组是协变的；最后，我们分析讨论了一些典型实例，如考虑运动物体的边界、介质的色散关系和各向异性空间等相关的电磁场动力学问题。在总结部分，我们讨论了狭义相对论的局限性，比如狭义相对论仅限于研究惯性系中自由空间的问题，而对于更为一般的参考系 (如加速参考系、转动参考系) 中的物理问题，则需要借助广义相对论。

6.1　狭义相对论原理

众所周知，狭义相对论是爱因斯坦于 1905 年首次提出的物理学基本理论 [1,2]，它为理解空间和时间之间的关系，尤其是高速运动现象提供了一个理论框架。狭义相对论的建立基于两个基本原理 [1−4]：相对性原理和光速不变原理。

(1) 相对性原理：物理定律在所有惯性参考系中都是相同的。惯性参考系是指物体不受外力作用而保持静止或匀速运动 (没有加速度) 的参照系。这一原则意味着不存在特权或绝对参考系，肯定了物理定律在所有惯性参考系中的协变性。

(2) 光速不变原理：自由空间中的光速 (用 c 表示) 对所有观察者来说都是恒定的，与他们的相对运动速度无关。这意味着，无论观察者是朝向光源运动还是远离光源运动，光速对所有观察者来说是一样的。这一原理最初基于实验证据提出，特别是迈克耳孙–莫雷的实验，他们的实验未能探测到光速随地球运动而产生任何变化 [5,6]。

关于上述两个假设需要注意两点。一方面，牛顿绝对时空观和爱因斯坦理论之间存在明显的区别。因此，伽利略变换必须被洛伦兹变换所取代 [7−10]。如果所有惯性系是等价的，这并不意味着光速在任何一个系中都是相同的，因此要明确引入第二个假设。另一方面，这两个假设在狭义相对论中作为基本公理存在，它们不能从更基本的原理中被推导或证明，而是被视为理论基础。换句话说，这两个原理不可以从其他假设条件中推导出来。

狭义相对论预言的物理效应主要表现在三方面：① 同时性的相对性；② 时间膨胀；③ 长度收缩 [11-14]。这些反直觉的物理效应主要是由于空间和时间的相互关联造成。狭义相对论时空观是一个革命性的概念，它将空间和时间统一为一个整体。下面分别介绍这些物理效应。

(1) 同时性的相对性：在牛顿物理学中，同时性是绝对的。所有观察者都认为事件同时发生，而不管这些事件的相对位置和运动状态如何。然而，在狭义相对论中，同时性的概念是相对的：对一个观察者来说同时发生的两个事件，对另一个处于不同惯性系中的观察者来说可能并不会同时发生。在讨论同时性的定义之前，让我们先考察一下同步过程。同步通常是指时钟同步，是一种确保惯性参考系中两个空间分离的时钟同步的过程。常见的方法是爱因斯坦同步过程，其中涉及光信号的使用。时钟 B 与时钟 A 的同步过程如下：设 t_{A1} 和 t_{A2} 分别表示 A 在发射和接收事件中的同时读数；t_B 表示 B 在接收来自 A 的光的同时读数。当且仅当 $t_B = (t_{A1}+ t_{A2})/2$ 时，B 与 A 同步。这意味着从 A 到 B 的去程时间与从 B 到 A 的回程时间相同。时钟同步还可以通过另一种等效条件来描述：假设有两个光信号，一个在 t_A 从 A 发送到 B，另一个在 t_B 从 B 发送到 A。当且仅当光信号同时通过线段 $AB/2$ 的中点时，A 和 B 的时钟同步 (图 6.1)。同步过程的意义在于，通过将空间上遥远事件的同时性简化为等距事件的同时性，从而允许对空间中遥远事件的同时性进行定义。

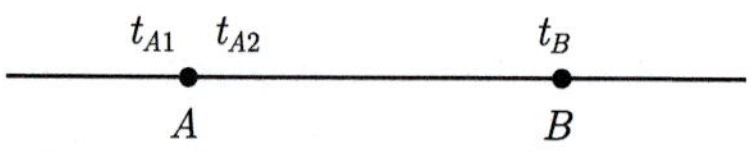

图 6.1　时钟 A 与时钟 B 同步。设 t_{A1} 和 t_{A2} 分别表示 A 在发射和接收事件中的同时读数，t_B 表示 B 在接收到来自 A 的光的同时读数

同时性的定义：如果在 A 和 B 处同步时钟的读数相同，则空间上相距甚远的 A 和 B 处的两个事件称为同时事件。通过这种方式，由爱因斯坦的同步过程得出了事件 (即时空点) 同时性的概念，它遵循以下规律 [15]：① 每个事件都是同时发生的；② 如果 p 与 q 同时发生，那么 q 与 p 同时发生；③ 如果 p 与 q 同时发生，q 与 r 同时发生，那么 p 与 r 同时发生。如果从某个任意集合中选取的一对点之间的关系满足①~③，则称为“等价关系”。条件①称为反射性，条件②称为对称性——对于任何同时性的概念来说都是自然的，我们也可以考虑非对称性的情况。条件③即所谓的传递性，是将同时性概念推广到包含两个以上事件集合

的同时性所必需的。因此，爱因斯坦对同时性的定义将时空划分为互不相交的集合，每个集合都包含相互同时发生的事件。相对性原理涉及相对论观察者之间的信息交换，但不涉及相对论观测本身。该原理通过一个变换群来量化，该变换群定义了理论的协变性，从而确定相对论物理量的数学性质和相对论定律的数学形式 [16,17]。

(2) 时间膨胀是指相对于观察者运动的时钟与静止的时钟相比，时钟的响声变慢。这种现象和长度收缩都是空间和时间在物体运动接近光速下的直接结果。静止坐标系中测量的时间间隔 (Δt) 与运动坐标系中测量的时间间隔关系为 $\Delta t' = \gamma\Delta t$，其中，$\gamma = \dfrac{1}{\sqrt{1-\beta^2}}$，$\beta = \dfrac{v}{c}$。这里的 Δt 是坐标时间间隔 (静止时钟测量的时间)，$\Delta t'$ 是固有时间间隔。随着物体运动速度增加，在其他参照系中的观察者看来，其内部时钟的滴答声会变慢。当速度接近光速时，时间膨胀效应变得更加明显。此外，时间膨胀是对称的。如果两个观察者相对运动，那么每个观察者都会认为对方的时钟走得更慢。

(3) 长度收缩，也称洛伦兹收缩，是指在不同参考系中的观察者所观察到的物体在其运动方向上长度的缩短。与时间膨胀相似，长度收缩源于空间间隔和同时性的相对性导致的结果。固有 (静止) 长度 (L) 和收缩长度 (L') 之间的关系由下式给出：$L' = L/\gamma$。当物体高速运动时，相对静止的观察者测量其长度时，会发现测得长度沿运动方向收缩。时间膨胀和长度收缩是相互耦合的，两者都是由惯性参考系中的恒定光速引起的。

6.2 洛伦兹变换

6.2.1 自由空间中的洛伦兹变换

洛伦兹变换是一个数学变换，用于描述空间和时间在两个相对匀速运动的惯性参考系之间的坐标变换。它由洛伦兹 (Lorentz) 在 19 世纪末提出，于 1905 年被爱因斯坦应用在狭义相对论中 [2,7–9]。洛伦兹变换源于狭义相对论基本原理，即光速不变原理和同时性的相对性原理。它保留了时空间隔，确保物理定律在不同参考系中保持一致。

洛伦兹变换由一些基本方程组成，这些方程将在一个惯性参考系 (带撇的参考系) 中测量的事件的坐标 (时间和位置) 与在另一个参考系 (不带撇的参考系) 中测量的坐标 (时间和位置) 联系起来 [2,7–9]。相对 S 参考系 x 轴正向以速度 $\boldsymbol{v}$ 运动的 S' 参考系，洛伦兹变换将 S' 中的坐标 (x', y', z', t') 转换为 S 中的坐标 (x, y, z, t)(图 6.2)，

$$x' = \gamma(x - vt) \tag{6.1a}$$

$$y' = y \tag{6.1b}$$

$$z' = z \tag{6.1c}$$

$$t' = \gamma\left(t - \frac{vx}{c^2}\right) \tag{6.1d}$$

其中，c 是自由空间中的光速。通过求解原始方程组，可以找到参考系 S 和参考系 S' 之间的逆变换。根据相对性原理，不存在特权参考系，因此从 S' 到 S 的变换必须采用与从 S 到 S' 变换完全相同的形式。通过代换 $\boldsymbol{v}$，逆变换为

$$x = \gamma(x' + vt) \tag{6.2a}$$

$$y = y' \tag{6.2b}$$

$$z = z' \tag{6.2c}$$

$$t = \gamma\left(t' + \frac{vx'}{c^2}\right) \tag{6.2d}$$

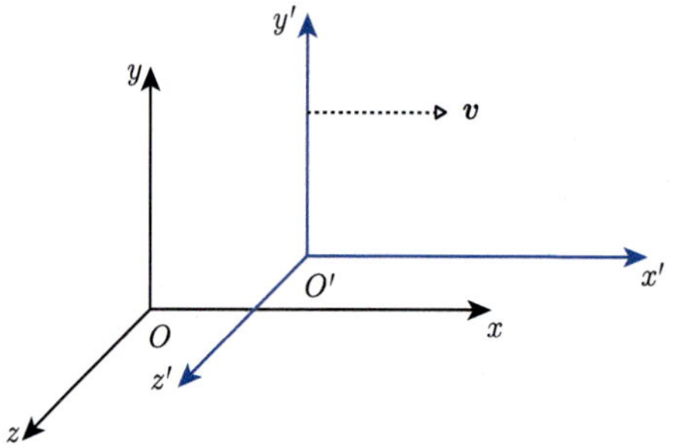

图 6.2　两个匀速运动参考系：参考系 S 中的“静止”观察者定义了坐标为 (t, x, y, z) 的事件；另一个参考系 S' 以速度 $\boldsymbol{v}$ 沿参考系 S 的 x 轴移动，“运动”参考系 S' 中的观察者使用坐标 (t', x', y', z') 定义事件

可以看出，逆洛伦兹变换仍然是洛伦兹变换，只是引入了 $-\boldsymbol{v}$。事实上，洛伦兹变换是爱因斯坦狭义相对论的基石，它从根本上改变了我们对空间和时间的理解，表明不同坐标系中的时间和空间不再彼此独立无关，否定了绝对时间和绝对空间的观念。空间和时间通过上述表达式紧密联系，并且与惯性系的速度有关。它确立了物理定律在不同惯性参考系中的不变性原理。这意味着物理学的基本定律，如麦克斯韦方程组，在不同的惯性参考系中保持相同的形式，而与观察者的惯性运动无关。

在应用洛伦兹变换时，不仅要熟悉该变换在某一特定方向的表达式，还需要了解其在三维空间中任意方向上如何变换。任意方向的洛伦兹变换将一个惯性参

考系中的时空坐标 (x,y,z,t) 与另一个惯性系中的坐标 (x',y',z',t') 联系起来；另一个惯性参考系相对于第一个惯性参考系在任意方向上以相对速度 $\boldsymbol{v}$ 运动。一般洛伦兹变换表达式如下 [18,19]：

$$\begin{bmatrix} t' \\ x' \\ y' \\ z' \end{bmatrix} = \boldsymbol{L} \begin{bmatrix} t \\ x \\ y \\ z \end{bmatrix} \tag{6.3}$$

其中，任意相对运动方向的洛伦兹变换矩阵 $\boldsymbol{L}$ 由下式给出：

$$\boldsymbol{L} = \begin{pmatrix} \gamma & -\gamma v_x/c & -\gamma v_y/c & -\gamma v_z/c \\ -\gamma v_x/c & 1+(\gamma-1)v_x^2/v^2 & (\gamma-1)v_y v_x/v^2 & (\gamma-1)v_x v_z/v^2 \\ -\gamma v_y/c & (\gamma-1)v_y v_x/v^2 & 1+(\gamma-1)v_y^2/v^2 & (\gamma-1)v_y v_z/v^2 \\ -\gamma v_z/c & (\gamma-1)v_z v_x/v^2 & (\gamma-1)v_z v_y/v^2 & 1+(\gamma-1)v_z^2/v^2 \end{pmatrix} \tag{6.4}$$

其中，$\gamma = \dfrac{1}{\sqrt{1-\beta^2}}, \beta = \dfrac{v}{c}, v = \sqrt{v_x^2+v_y^2+v_z^2}$ 是相对速度矢量 $\boldsymbol{v}$ 的大小，v_x，v_y 和 v_z 分别表示速度矢量在 x、y 和 z 方向上的分量。时空坐标的变换方程为 [18,19]

$$t' = \gamma\left(t - \frac{\boldsymbol{r}\cdot\boldsymbol{v}}{c^2}\right) \tag{6.5a}$$

$$x' = x + (\gamma-1)\frac{v_x(\boldsymbol{r}\cdot\boldsymbol{v})}{v^2} - \gamma v_x t \tag{6.5b}$$

$$y' = y + (\gamma-1)\frac{v_y(\boldsymbol{r}\cdot\boldsymbol{v})}{v^2} - \gamma v_y t \tag{6.5c}$$

$$z' = z + (\gamma-1)\frac{v_z(\boldsymbol{r}\cdot\boldsymbol{v})}{v^2} - \gamma v_z t \tag{6.5d}$$

注意，只有平行于相对运动方向的坐标发生变化，而垂直于相对运动方向的坐标不变化。另外，一般洛伦兹变换的基本性质还可以通过位置矢量来描述 [18,19]。将质点的位矢 $\boldsymbol{r}$ 分成两个分量，一个垂直于 $\boldsymbol{v}$，另一个平行于 $\boldsymbol{v}$，即

$$\boldsymbol{r} = \boldsymbol{r}_\perp + \boldsymbol{r}_\parallel \tag{6.6}$$

分量 $\boldsymbol{r}_\parallel$ 为

$$\boldsymbol{r}_\parallel = \frac{(\boldsymbol{r}\cdot\boldsymbol{v})\boldsymbol{v}}{v^2} \tag{6.7}$$

另一分量 $\boldsymbol{r}_{\parallel}$ 为

$$\boldsymbol{r}_{\perp}=\boldsymbol{r}-\boldsymbol{r}_{\parallel}=\boldsymbol{r}-\frac{(\boldsymbol{r}\cdot\boldsymbol{v})\boldsymbol{v}}{v^2} \tag{6.8}$$

因为坐标在任意运动方向上变化，用平行分量 $\boldsymbol{r}_{\parallel}$ 取代 x，即

$$\boldsymbol{r}'_{\parallel}=\gamma(\boldsymbol{r}_{\parallel}-\boldsymbol{v}t) \tag{6.9}$$

而坐标在垂直于运动的方向上保持不变，则 $\boldsymbol{r}_{\perp}$ 写为

$$\boldsymbol{r}'_{\perp}=\boldsymbol{r}_{\perp} \tag{6.10}$$

进一步变形得到

$$\boldsymbol{r}'=\boldsymbol{r}'_{\parallel}+\boldsymbol{r}'_{\perp}=\boldsymbol{r}+(\gamma-1)\boldsymbol{r}_{\parallel}-\gamma\boldsymbol{v}t=\boldsymbol{r}+(\gamma-1)\frac{\boldsymbol{r}\cdot\boldsymbol{v}}{v^2}\boldsymbol{v}-\gamma\boldsymbol{v}t \tag{6.11a}$$

一般洛伦兹变换表达式为

$$\boldsymbol{r}'=\boldsymbol{r}+(\gamma-1)\frac{\boldsymbol{r}\cdot\boldsymbol{v}}{v^2}\boldsymbol{v}-\gamma\boldsymbol{v}t \tag{6.11b}$$

$$t'=\gamma\left(t-\frac{\boldsymbol{r}\cdot\boldsymbol{v}}{c^2}\right) \tag{6.11c}$$

在上述变换中，我们发现洛伦兹变换是线性的，这意味着它们保留了时空间隔的结构，并确保光速在所有惯性系中保持恒定。首先，变换具有对称性；如果参考系 S' 相对于参考系 S 以速度 $\boldsymbol{v}$ 移动，则 S 相对于 S' 以速度 $-\boldsymbol{v}$ 移动。此外，在洛伦兹变换下，时空间隔 $\Delta s^2=c^2\Delta t^2-\Delta x^2-\Delta y^2-\Delta z^2$ 保持不变，这证实物理定律在所有惯性系中相同。一般洛伦兹变换表达式将时空变换的概念扩展到任意相对运动方向。它们涵盖了时间膨胀、长度收缩和同时性的相对性，为理解相对运动中不同观察者如何测量空间和时间提供了一个全面的理论框架。

通过将一个观察者的坐标与另一个观察对象的坐标联系起来，洛伦兹变换可以证明同时性的相对性。假设系统 S 中发生两个事件，分别具有时空坐标 (x_1, t_1) 和 (x_2, t_2)，其中 $x_2 \geqslant x_1$。采用系统 S' 中两个事件的相应空间间隔和时间间隔，

$$x'_2-x'_1=\gamma\left[x_2-x_1-v\left(t_2-t_1\right)\right] \tag{6.12a}$$

$$t'_2-t'_1=\gamma\left[t_2-t_1-\frac{v}{c^2}\left(x_2-x_1\right)\right] \tag{6.12b}$$

如果 $t_1=t_2$，可以发现这两个事件发生在系统 S 中的不同位置。因此，我们得到

$$t'_2-t'_1=-\frac{\gamma v}{c^2}\left(x_2-x_1\right) \tag{6.12c}$$

由于同时性的相对性，在运动参考系 S' 中，从观察者的角度来看，相关的两个事件不同步。然而，只有当 $x_2 = x_1$ 时，才能得到 $t'_2 = t'_1$。这意味着同步仅在单个惯性参考系内有效。注意，上述假设中光速在所有方向上都保持不变。

6.2.2 洛伦兹变换中的光速不变性

如前所述，洛伦兹变换通过以下两个假设条件得到：① 物理定律在所有惯性系中都相同；② 自由空间中的光速恒定，与光源或观察者的运动速度无关。根据洛伦兹变换可知，如果光信号在一个惯性系中具有速度 c，则它在相对于第一个惯性系以恒定速度运动的任何其他惯性系也有相同的速度 c。这是狭义相对论的一个关键原理。如果没有光速恒定，则不需要洛伦兹变换，牛顿物理学足够解决相关问题 [20,21]。这一原则与经典的空间和时间概念不同，使得我们对宇宙的理解发生了深刻的变化。

光速有两个特征，使其在相对论的研究中具有重要意义 [22]。第一，光速不符合牛顿物理学的速度合成规则，或者说光不是牛顿物理量。因此，我们需要发展新的物理学理论。第二，光在自由空间中的速度恒定，与发射者和接收者的运动速度无关。光的第一个属性禁止使用绝对时钟，而第二个属性允许我们定义测量空间距离的新方法，并定义相对论惯性观察者和相对论物理量 [23]。如果光速不恒定，那么以不同速度运动的不同观察者将观测到不同的物理定律，导致物理现象的可预测性和重复性被破坏。所以，洛伦兹变换中的光速恒定具有深刻的物理意义。

(1) 光速恒定导致空间和时间耦合为一个统一的四维时空。这种统一是狭义相对论的基石。空间和时间的坐标交织在一起，无法独立考察。相反，它们在洛伦兹变换下一起变换。空间和时间坐标之间的这种关系引起时间膨胀和长度收缩的相对论效应。

(2) 光速不变确保了基本物理定律在所有惯性参考系中都相同。这一原则对于物理理论的一致性和普遍适用性至关重要。

(3) 如前所述，在一个参考系中同时发生的事件，在另一个匀速运动的参考系中可能不会同时发生。这是因为洛伦兹变换中的时间坐标取决于事件的时空坐标。它挑战了我们对绝对时间概念的直观理解，表明同时性是相对的，取决于观察者的运动状态。

(4) 光速恒定支持了宇宙的因果结构。事件之间的间隔可分为类时、类空和类光间隔，这取决于事件之间的因果关系和相互影响的能力 [15,19,24]。重要的是，任何信息或物质的传播速度都不能超过光速。这一限制确保了因先于果，保持了宇宙的逻辑一致性。接下来，我们详细讨论因果关系和光锥的概念。

狭义相对论中的因果关系是指时空中事件之间的关系，以及它们如何在光速

制约下相互影响 [15,19]。理解这些因果关系对于理解时空结构以及信息和信号的传播至关重要。我们利用时空图对这些重要结果进行几何解释。注意，爱因斯坦的原始论文中没有时空图的表示法，是闵可夫斯基 (Hermann Minkowski) 在 1908 年的著名演讲 “空间与时间” 中提出了这些观点 [25]。这种表示方法也被称为闵可夫斯基时空图。时空的因果结构由每个事件相关的光锥 (图 6.3) 决定。光锥将时空划分为不同区域，每个区域都有不同的因果特性。根据因果关系，两个事件之间的时空间隔分为三种类型：类空、类光和类时间隔 [19,24,25]。

类空间隔：如果两个事件之间的时空间隔为

$$\Delta s^2 = c^2\Delta t^2 - \Delta x^2 - \Delta y^2 - \Delta z^2 = c^2\Delta t^2\left(1 - \frac{1}{c^2}\frac{\Delta r^2}{\Delta t^2}\right) < 0 \tag{6.13}$$

意味着 Δs^2 为负。图 6.3 中的场景给出了低维形式的时空间隔：$\Delta s^2 = c^2\Delta t^2 - \Delta r^2 = c^2\Delta t^2\left(1 - \frac{1}{c^2}\frac{\Delta r^2}{\Delta t^2}\right) < 0$，则 $\Delta r/\Delta t > c$，这些时空间隔被称为类空间隔。结果表明，这些事件没有相互因果关系，因为需要信号的传播速度超过光速。这些事件点位于光锥之外。

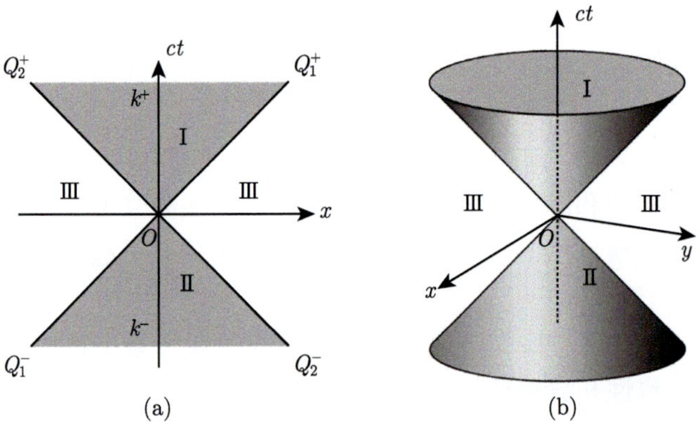

图 6.3 事件 O 的光锥和因果关系。(a) 二维空间加上时间维度；(b) 三维空间加上时间维度 [19]

类光间隔：如果两个事件之间的时空间隔为

$$\Delta s^2 = c^2\Delta t^2\left(1 - \frac{1}{c^2}\frac{\Delta r^2}{\Delta t^2}\right) = 0 \tag{6.14}$$

那么，$\Delta r/\Delta t = c$，这些时空间隔被称为类光间隔。结果表明，这些事件之间用光信号互相联系，相关的事件点位于光锥面上。

类时间隔：如果两个事件之间的时空间隔为

$$\Delta s^2 = c^2\Delta t^2\left(1 - \frac{1}{c^2}\frac{\Delta r^2}{\Delta t^2}\right) > 0 \tag{6.15}$$

则意味着 Δs^2 为正。对于图 6.3，$\Delta r/\Delta t < c$，这些时空间隔称为类时间隔。这表明一个事件可能会对另一个事件产生因果影响，信号或物体以低于光速的速度从一个事件传播到另一个事件，这些事件点位于光锥内。洛伦兹变换确保了时空的因果结构，使不同惯性参考系之间的因果关系得以保持。根据光速极值法则，不存在超过光速的相对速度 $\boldsymbol{v}$。因此，我们无法找到一个惯性系，利用洛伦兹变换颠倒因果事件对的时间顺序，但类空事件对例外。光速极限不仅是狭义相对论的限制，也是狭义相对论与因果关系相结合的必然结果。

接下来，我们讨论光锥的结构。光锥是相对论中的一个概念，它代表了时空结构和因果关系的极限。它由三个部分组成：光锥的顶点、未来光锥和过去光锥 [15,19]。图 6.3 展示了光锥和事件 O 的因果关系域。注意，图中描绘的是 ct 轴和 x 轴，另外两个维度 (y 轴和 z 轴) 被忽略。在 $x=0$ 和 $t=0$ 时激发的单个光子的前波面用两条世界线 (OQ_1^+ 和 OQ_2^+) 表示，每条世界线分别沿正负 x 轴传播。两条世界线所围的区域称为事件 O 的未来光锥 (图 6.3(a))。它由时空中接收从 O 发出的光的所有点组成。之所以称为“光锥”，是因为如果再增加一个空间维度，将会得到一个三维时空图，该三维时空图可以通过围绕 ct 轴的旋转从二维图像中得到 (图 6.3(b))。锥体的内部域 I，由所有通过亚光速传播从 O 到达的事件组成。I (k^+) 区域被称为 O 的未来时间。I 与未来光锥的结合被称为 O 的因果未来，它包含了光 (或任何以光速或低于光速传播的信号) 从源事件出发后可能到达的所有空间点。

同样，两条半线 OQ_1^- 和 OQ_2^- 所围区域称为事件 O 的过去光锥 (图 6.3(a))，由时空中所有可以向 O 发送光信号的点组成。它的内部域 Ⅱ(k^-) 包含所有通过亚光速传播到达 O 的点，被称为 O 的过去时间。Ⅱ 和过去光锥的结合被称为 O 的因果过去，代表了光 (以光速或低于光速传播的信号) 可能到达原点的事件范围。第三个区域 Ⅲ 是光锥外的区域。该区域内的事件与顶点事件在空间上相距甚远，不可能对顶点事件产生任何因果影响。即使是光速信号，也无法将这些事件与顶点事件联系起来。光锥是相对论中的一个基本概念，它定义了时空的因果结构，说明事件如何通过光速互相联系或者互不相干，进而对因果关系施加限制，从而影响我们对时间、空间和宇宙的理解。

6.2.3 洛伦兹变换的四维形式

狭义相对论引入了时空结构，将其视为统一的四维连续体，彻底改变了我们对空间和时间的理解。相对论的四维形式引入洛伦兹变换来描述不同惯性系之间的坐标变换。这些变换保持了闵可夫斯基间隔的不变性，证实不同惯性参考系中的物理定律在形式上保持不变。在讨论洛伦兹变换的四维形式之前，让我们先厘清何为闵可夫斯基空间 [25,26]。

闵可夫斯基在"空间和时间"演讲中给出了一个核心表述，即在四维实矢量空间中用实坐标表示空间和时间的四个变量 (x, y, z, t) [25,26]。它将三维空间和一维时间组合成一个统一的四维时空，表示为 [19]

$$(x_1, x_2, x_3, x_4) = (\boldsymbol{x}, \mathrm{i}ct) \tag{6.16}$$

其中，x_1，x_2，x_3 是空间坐标，时间坐标 x_4 被 ict 替换，最终形成一个四维矢量，即以相同方式变换的任意四个分量的集合。这种将时间和空间的三个维度融合为一个四维整体的几何结构，被称为闵可夫斯基空间。在闵可夫斯基坐标系中，四维矢量也可以写成

$$x_\mu = (x_1, x_2, x_3, x_4) \tag{6.17}$$

式 (6.17) 要求两个四维矢量的标量积对于从一个惯性系到另一个惯性系的平移、旋转在洛伦兹变换中保持不变。闵可夫斯基空间的一个关键特征是空间和时间相互交织，并通过洛伦兹变换相互转换。这些变换确保时空间隔保持不变。时空间隔由下式定义：

$$\mathrm{d}s^2 = \mathrm{d}x_1^2 + \mathrm{d}x_2^2 + \mathrm{d}x_3^2 + \mathrm{d}x_4^2 = \delta_{\mu v}\mathrm{d}x_\mu \mathrm{d}x_v = \mathrm{d}x_\mu \mathrm{d}x_\mu \tag{6.18}$$

其中的二阶张量

$$\delta_{\mu v} = \begin{bmatrix} 1 & 0 & 0 & 0 \\ 0 & 1 & 0 & 0 \\ 0 & 0 & 1 & 0 \\ 0 & 0 & 0 & 1 \end{bmatrix}, \quad \mu, v = 1, 2, 3, 4 \tag{6.19}$$

称为四维欧氏度规，空间中的几何就是四维欧氏几何。然而，在狭义相对论框架内，欧氏度规不再适用，因为闵可夫斯基物理空间被描述为伪欧几里得几何空间。在闵可夫斯基空间的四维时空中，洛伦兹变换 (式 (6.1)) 如下：[19]

$$x_1' = \gamma\left(x_1 + \mathrm{i}\beta x_4\right) \tag{6.20a}$$

$$x_2' = x_2 \tag{6.20b}$$

$$x_3' = x_3 \tag{6.20c}$$

$$x_4' = \gamma\left(-\mathrm{i}\beta x_1 + x_4\right) \tag{6.20d}$$

上述变换进一步变形为

$$\begin{pmatrix} x_1' \\ x_2' \\ x_3' \\ x_4' \end{pmatrix} = \begin{bmatrix} \gamma & 0 & 0 & \mathrm{i}\gamma\beta \\ 0 & 1 & 0 & 0 \\ 0 & 0 & 1 & 0 \\ -\mathrm{i}\gamma\beta & 0 & 0 & \gamma \end{bmatrix} \begin{pmatrix} x_1 \\ x_2 \\ x_3 \\ x_4 \end{pmatrix} \tag{6.21}$$

洛伦兹变换矩阵 $L_{\mu v}$ $(\mu, v = 1, 2, 3, 4)$ 可表示为

$$\boldsymbol{L} = \begin{bmatrix} \gamma & 0 & 0 & \mathrm{i}\gamma\beta \\ 0 & 1 & 0 & 0 \\ 0 & 0 & 1 & 0 \\ -\mathrm{i}\gamma\beta & 0 & 0 & \gamma \end{bmatrix} \tag{6.22}$$

可以验证，变换系数是正交归一化的；$\boldsymbol{L}$ 是一个正交矩阵，其中 $L^{\mathrm{T}} = L^{-1}$。因此

$$L_{\mu\alpha}L_{\mu\beta} = \delta_{\alpha\beta} \tag{6.23a}$$

$$L_{\alpha\nu}L_{\beta\nu} = \delta_{\alpha\beta} \tag{6.23b}$$

不难发现，洛伦兹变换是一种正交变换。精确地说，洛伦兹变换可以写成 [19,20]

$$x_\mu' = L_{\mu\nu}x_\nu \tag{6.24}$$

对于洛伦兹变换矩阵，其逆矩阵等于其转置矩阵，这是狭义相对论的一个重要性质。洛伦兹变换的逆矩阵

$$x_\mu = L_{\mu\nu}^{-1}x_\nu' = L_{\nu\mu}x_\nu' \tag{6.25}$$

说明洛伦兹变换的逆变换使我们回到原来的惯性参考系；或者说，我们从一个惯性参考系转变到了另一个惯性参照系。该性质强调了狭义相对论的时空对称性，突出了洛伦兹变换的重要性，它能够确保物理定律在不同惯性参考系中保持协变。

6.3 惯性运动参考系中电磁场的关系

经典电磁学使用电荷密度 ρ、电流密度 $\boldsymbol{j}$、电场 $\boldsymbol{E}$ 和磁场 $\boldsymbol{B}$ 等概念总结了电磁理论的基本信息。我们在第 1 章中已看到，偏微分方程将场与源联系起来，反之亦然。麦克斯韦方程组的微分形式为

$$\nabla \cdot \boldsymbol{E} = \frac{\rho}{\varepsilon_0} \tag{6.26a}$$

$$\nabla \cdot \boldsymbol{B} = 0 \tag{6.26b}$$

$$\nabla \times \boldsymbol{E} = -\frac{\partial \boldsymbol{B}}{\partial t} \tag{6.26c}$$

$$\nabla \times \boldsymbol{B} = \mu_0 \boldsymbol{J} + \mu_0 \varepsilon_0 \frac{\partial \boldsymbol{E}}{\partial t} \tag{6.26d}$$

与洛伦兹力表达式

$$\boldsymbol{F} = q(\boldsymbol{E} + \boldsymbol{v} \times \boldsymbol{B}) \tag{6.27}$$

一起高度概括了经典电动力学的全部内容。此外，电荷守恒定律指出，封闭系统中的总电荷量和电荷密度随时间保持不变，其数学表达式为

$$\nabla \cdot \boldsymbol{j} + \frac{\partial \rho}{\partial t} = 0 \tag{6.28}$$

上式表明，单位体积内电荷密度的变化率与通过包围该体积的曲面电流密度的散度相同。

如何求解麦克斯韦方程组：给定电荷密度 ρ 和电流密度 $\boldsymbol{j}$，那么电场 $\boldsymbol{E}$ 和磁场 $\boldsymbol{B}$ 如何变化？引入矢量磁势 $\boldsymbol{A}$ 和标量电势 φ，定义如下关系：

$$\boldsymbol{B} = \nabla \times \boldsymbol{A} \tag{6.29a}$$

$$\boldsymbol{E} = -\nabla\varphi - \frac{\partial \boldsymbol{A}}{\partial t} \tag{6.29b}$$

因为矢量由旋度和散度共同决定，所以场矢量不能由其矢量势或标量势单独确定。例如，对于时变场，$\boldsymbol{E}$ 取决于 φ 和 $\boldsymbol{A}$，也就是说，电场强度既可以来自电荷累积通过 $\nabla\varphi$ 项产生；也可以因时变磁场由 $\partial \boldsymbol{A}/\partial t$ 项导致。因为 $\boldsymbol{B}$ 也取决于 $\boldsymbol{A}$，所以 $\boldsymbol{E}$ 和 $\boldsymbol{B}$ 互相耦合。假设有一个任意的标量函数 f，可以写成

$$\boldsymbol{A} \to \boldsymbol{A}' = \boldsymbol{A} + \nabla f \tag{6.30}$$

$$\varphi \to \varphi' = \varphi + \frac{\partial f}{\partial t} \tag{6.31}$$

将它们代入式 (6.29)，由于 $\nabla \times \nabla f \equiv 0$，则 $(\boldsymbol{A}, \varphi)$ 和 $(\boldsymbol{A}', \varphi')$ 对应相同的电场和磁场。对于任意标量函数 f，我们同时从 φ 中减去 $\partial f/\partial t$，则可以消去 $\boldsymbol{A}$ 中的 ∇f，这些不会影响物理量 $\boldsymbol{E}$ 和 $\boldsymbol{B}$。φ 和 $\boldsymbol{A}$ 的这种变换称为规范变换。

在经典电磁学中，洛伦兹规范是一种特定的规范，其目的是保证规范变换的同时简化电磁场方程，数学表达式为

$$\nabla \cdot \boldsymbol{A} + \frac{1}{c^2}\frac{\partial \varphi}{\partial t} = 0 \tag{6.32}$$

洛伦兹规范的优点是它使得 φ 和 $\boldsymbol{A}$ 的方程具有相同形式 [3]

$$\nabla^2 \boldsymbol{A} - \frac{1}{c^2}\frac{\partial^2 \boldsymbol{A}}{\partial t^2} = -\mu_0 \boldsymbol{j} \tag{6.33}$$

$$\nabla^2 \varphi - \frac{1}{c^2}\frac{\partial^2 \varphi}{\partial t^2} = -\frac{\rho}{\varepsilon_0} \tag{6.34}$$

如果我们引入算子 (称为达朗贝尔算子)

$$\nabla^2 - \frac{1}{c^2}\frac{\partial^2}{\partial t^2} = \Box^2 \tag{6.35}$$

则

$$\Box^2 \boldsymbol{A} = -\mu_0 \boldsymbol{j} \tag{6.36}$$

$$\Box^2 \varphi = -\frac{\rho}{\varepsilon_0} \tag{6.37}$$

它们被称为达朗贝尔方程 [3]。达朗贝尔算子是拉普拉斯算子的自然推广。式 (6.36) 和式 (6.37) 被视为泊松方程的四维形式。在洛伦兹规范中，$\boldsymbol{A}$ 和 φ 满足非齐次波方程。此时，整个电动力学转变为求解指定源的非齐次波方程。

通过边界条件求解上述方程，我们可以知道电磁波如何传播或与介质相互作用。惯性参考系中电磁场之间的相互关系可以通过狭义相对论框架下电场和磁场之间如何变换和相互作用来理解。这些变换确保了麦克斯韦方程组在不同惯性参考系中的一致性。在狭义相对论中，电场 $\boldsymbol{E}$ 和磁场 $\boldsymbol{B}$ 是电磁场张量 $F_{\mu v}$ 的分量。这些场根据不同惯性参考系中观察者的相对运动进行变换。当从一个惯性系 S 变换到另一个惯性系 S' 时，电场和磁场的分量耦合在一起。注意，麦克斯韦方程组在洛伦兹变换下是协变的，表明方程组的形式在所有惯性参考系中均保持不变。这是因为电磁场张量 $F_{\mu v}$ 依据洛伦兹公式进行了变换，支配电磁学的物理定律对所有观察者均相同。位移场 $\boldsymbol{D}$ 和 $\boldsymbol{H}$ 也可以进行类似变换，一个参考系中的电位移矢量 $\boldsymbol{D}$ 对另一个参考系中的 $\boldsymbol{H}$ 产生贡献，反之亦然。麦克斯韦方程组和洛伦兹变换的协变性将在第 6.4 节详细讨论。

6.4 协变形式的麦克斯韦方程组

麦克斯韦方程组的一个显著特征是在洛伦兹变换和规范变换下的不变性，这使得其形式在不同的参考系和坐标系中保持一致。洛伦兹变换描述了物理量 (如空间和时间坐标以及电场和磁场) 从一个惯性系变换到另一个惯性系时的具体变化。让我们先来讨论四维张量的构建和一些基本运算规则。构建四维张量的首要目的是简化相对论的数学表述。四维张量一般写成 T_{ijkl} 的形式，其中下标 i、j、k、l 表示四个维度。每个下标的数值决定了张量沿该维度的大小。

接下来，我们讨论物理学中常见的一些基本运算，包括梯度、散度、旋度和拉普拉斯算子 [18,19]。四维时空中标量场 φ 的梯度表示其变化率和方向。梯度运算由 $\nabla\varphi$ 表示，计算结果是一个矢量。在数学形式上，它是标量场相对于每个坐标的偏导数

$$\frac{\partial}{\partial x_\mu}=\left(\frac{\partial}{\partial x_i},\frac{\partial}{\partial x_4}\right)=\left(\frac{\partial}{\partial x_i},-\frac{\mathrm{i}}{c}\frac{\partial}{\partial t}\right) \tag{6.38}$$

注意，标量的四维梯度是一个四维矢量。如果 φ 是一个标量不变场 (洛伦兹不变)，那么 $\dfrac{\partial\varphi}{\partial x_\mu}$ 是一个四维矢量场。梯度算子是闵可夫斯基空间中的矢量算子，它在洛伦兹变换下根据矢量规则进行变换。结合式 (6.24)，我们得到

$$\frac{\partial}{\partial x'_\mu}=\frac{\partial x_v}{\partial x'_\mu}\frac{\partial}{\partial x_v}=L_{\mu v}\frac{\partial}{\partial x_v} \tag{6.39}$$

四维时空中矢量场 $\boldsymbol{X}_\mu$ 的散度表示场从某一点向外的流动趋势。散度运算表示为 $\nabla\cdot\boldsymbol{X}_\mu$，其结果是一个标量场。在数学形式上，它被定义为梯度算子和矢量场的叉积

$$\frac{\partial X_\mu}{\partial x_\mu}=\frac{\partial X_i}{\partial x_i}+\frac{\partial X_4}{\partial x_4}=\nabla\cdot\boldsymbol{X}-\frac{\mathrm{i}}{c}\frac{\partial X_4}{\partial t} \tag{6.40}$$

结合矢量和梯度的运算规则，我们有

$$\frac{\partial X'_\mu}{\partial x'_\mu}=L_{\mu\alpha}L_{\mu\beta}\frac{\partial X_\beta}{\partial x_\alpha}=\delta_{\alpha\beta}\frac{\partial X_\beta}{\partial x_\alpha}=\frac{\partial X_\alpha}{\partial x_\alpha} \tag{6.41}$$

因此，矢量的散度在洛伦兹变换下是不变的。

四维时空中矢量场的旋度表示场的旋转情况。旋度操作用 $\nabla\times\boldsymbol{X}_\mu$ 表示，其结果是一个矢量场。在数学形式上，它被定义为梯度算子和矢量场的叉积。四维矢量 $\boldsymbol{X}_\mu$ 的旋度产生一个反对称二阶张量，其分量由下式给出：

$$Y_{\mu\nu}=\frac{\partial X_\nu}{\partial x_\mu}-\frac{\partial X_\mu}{\partial x_v}=-Y_{\nu\mu} \tag{6.42}$$

四维拉普拉斯算子作用于标量场表明其曲率或变化率，是三维算子的推广形式：

$$\nabla^2 = \nabla \cdot \nabla = \frac{\partial^2}{\partial x_i \partial x_i} \tag{6.43}$$

该算子被称为达朗贝尔算子，它有一个特殊的符号

$$\Box \equiv \frac{\partial^2}{\partial x_\mu \partial x_\mu} = \nabla^2 - \frac{1}{c^2}\frac{\partial^2}{\partial t^2} \tag{6.44}$$

结合式 (6.26b) 和式 (6.39)，得到

$$\Box' \equiv \frac{\partial^2}{\partial x'_\mu \partial x'_\mu} = L_{\mu\alpha}L_{\mu\beta}\frac{\partial^2}{\partial x_\alpha \partial x_\beta} = \frac{\partial^2}{\partial x_\alpha \partial x_\alpha} = \Box \tag{6.45}$$

说明拉普拉斯算符是一个标量算符，在洛伦兹变换下保持形式不变。在四维时空中，上述算子通常写成

$$\partial_\mu \equiv \frac{\partial}{\partial x_\mu} = \left(\frac{\partial}{\partial x_i}, -\frac{\mathrm{i}}{c}\frac{\partial}{\partial t}\right), \quad \mu = 1,2,3,4 \tag{6.46}$$

和

$$\Box \equiv \partial_\mu \partial_\mu = \nabla^2 - \frac{1}{c^2}\frac{\partial^2}{\partial t^2} \tag{6.47}$$

6.4.1 麦克斯韦方程组的协变性

麦克斯韦方程组的协变性是指它在某些变换，特别是洛伦兹变换下的一致性和形式不变性。麦克斯韦方程组在洛伦兹变换下是不变的，洛伦兹变换描述了物理量 (如空间和时间坐标以及电场和磁场) 从一个惯性系转换到另一个惯性系时如何变换。先讨论四维电流密度张量和四维电磁势张量。

我们知道电荷的运动产生电流。相对于电荷静止的观察者可以测量到电荷密度，而相对于电荷运动的观察者可以测量到电流密度。根据狭义相对论，它们的区别是相对的。假设电荷密度 ρ 和电流密度 j 形成一个四维矢量 J_μ [18,19]：

$$J_\mu = (j_x, j_y, j_z, \mathrm{i}c\rho) = (\boldsymbol{j}, \mathrm{i}c\rho) \tag{6.48}$$

电荷守恒定律表达式变形为

$$\partial_\mu J_\mu = 0 \tag{6.49}$$

达朗贝尔方程表明，标量势由静止电荷激发，而矢量势由电流激发。用同样的方法我们将四维势 $\boldsymbol{A}$ 和 φ 结合起来

$$A_\mu = \left(A_x, A_y, A_z, \frac{\mathrm{i}}{c}\varphi\right) = \left(\boldsymbol{A}, \frac{\mathrm{i}}{c}\varphi\right) \tag{6.50}$$

那么，式 (6.24) 可以写成

$$A_\mu \to A'_\mu = A_\mu + \partial_\mu f \tag{6.51}$$

$$\partial_\mu A_\mu = 0 \tag{6.52}$$

在洛伦兹规范下，达朗贝尔方程变为协变的四维矢量方程

$$A_\mu \equiv \partial_v \partial_v A_\mu = -\mu_0 J_\mu \tag{6.53}$$

式 (6.52) 和式 (6.53) 表明，四维电流密度和四维电磁势是无散的，意味着在相对论中电荷密度和电流密度以及标势和矢势是一个统一体。它们的区别是相对的，源于观察者各自惯性参考系的差异。此外，若考虑以下规则：

$$\Box' = \Box, \quad A'_\mu = L_{\mu\nu} A_v, \quad J'_\mu = L_{\mu\nu} J_\nu \tag{6.54}$$

则

$$\Box' A'_\nu = -\mu_0 J'_\nu \tag{6.55}$$

式 (6.55) 是洛伦兹协变的，表明麦克斯韦方程组具有洛伦兹协变性。

接下来我们构建场方程的电磁场张量形式。对于四维矢势取旋度，得到一个二阶反对称电磁张量 $F_{\mu\nu}$，证明 $\boldsymbol{E}$ 和 $\boldsymbol{B}$ 的分量可以放在 $F_{\mu\nu}$ 中，

$$F_{\mu\nu} = \partial_\mu A_\nu - \partial_\nu A_\mu = -F_{\mu\nu} \tag{6.56}$$

其中，$F_{ij} = -F_{ji}$ $(i, j = 1, 2, 3)$ 表示三维空间的旋度。根据式 (6.29)，磁场分量表示为

$$F_{ij} = \partial_i A_j - \partial_j A_i = (\nabla \times \boldsymbol{A})_k = B_k \tag{6.57}$$

用同样的方法得到，$F_{4k} = -F_{k4}$ $(k = 1, 2, 3)$ 对应于电场分量

$$F_{4k} = \frac{\partial A_k}{\partial x_4} - \frac{\partial A_4}{\partial x_k} = -\frac{\mathrm{i}}{c}\left(\frac{\partial A_k}{\partial t} - \frac{\partial \varphi}{\partial x_k}\right) = -\frac{\mathrm{i}}{c} E_k \tag{6.58}$$

上述合起来构成电磁张量，矩阵形式记为

$$F_{\mu\nu} = \begin{pmatrix} 0 & B_3 & -B_2 & -\mathrm{i}E_1/c \\ -B_3 & 0 & B_1 & -\mathrm{i}E_2/c \\ B_2 & -B_1 & 0 & -\mathrm{i}E_3/c \\ \mathrm{i}E_1/c & \mathrm{i}E_2/c & \mathrm{i}E_3/c & 0 \end{pmatrix} \tag{6.59}$$

通过 $F_{\mu v}$，将电场高斯定理和安培定律改写为电磁场张量的散度方程：

$$\partial_\nu F_{\mu\nu} = \mu_0 J_\mu \tag{6.60}$$

磁场高斯定理和法拉第电磁感应定律合并为一个三阶张量方程：

$$\partial_\lambda F_{\mu\nu} + \partial_\mu F_{\nu\lambda} + \partial_\nu F_{\lambda\mu} = 0 \tag{6.61}$$

注意，无论是 $(\boldsymbol{A}, \varphi)$ 还是 $(\boldsymbol{E}, \boldsymbol{B})$，它们都是 $\boldsymbol{A}_\mu$ 和 $F_{\mu v}$ 的不同分量，反映了四维时空中的一个张量实体。接下来，我们将讨论洛伦兹变换下的每个分量，以阐明电磁场的统一性质。

如前所述，假设我们有两个参考系 S 和 S'。参考系 S' 相对于参考系 S 沿 x 轴以恒定速度运动。每个参考系中的四维矢势 $\boldsymbol{A}_\mu$ 和 A'_μ 满足

$$A'_\mu = L_{\mu\nu} A_\nu \tag{6.62}$$

根据洛伦兹变换式 (6.22)，标量 φ 和矢量势 $\boldsymbol{A}$ 的变换为

$$A'_x = \gamma\left(A_x - \frac{v}{c^2}\varphi\right) \tag{6.63a}$$

$$A'_y = A_y \tag{6.63b}$$

$$A'_z = A_z \tag{6.63c}$$

$$\varphi' = \gamma(\varphi - vA_x) \tag{6.63d}$$

设每个参考系中的电磁张量为 $F_{\mu\nu}$ 和 $F'_{\mu\nu}$，且满足

$$F'_{\mu\nu} = L_{\mu\lambda} L_{\nu\tau} F_{\lambda\tau} \tag{6.64}$$

将式 (6.22) 和式 (6.59) 代入上述方程，S' 参考系中的电磁张量为

$$F'_{\mu v} = \begin{pmatrix} 0 & \gamma\left(B_3 + \frac{v}{c^2}E_2\right) & -\gamma\left(B_2 - \frac{v}{c^2}E_3\right) & -\mathrm{i}E_1/c \\ \cdots & 0 & B_1 & -\mathrm{i}\gamma\left(vB_3 + E_2\right)/c \\ \cdots & \cdots & 0 & \mathrm{i}\gamma\left(vB_2 - E_3\right)/c \\ \cdots & \cdots & \cdots & 0 \end{pmatrix} \tag{6.65}$$

根据式 (6.60)，S' 坐标系中的电磁张量应为

$$F'_{\mu\nu}=\begin{pmatrix}0 & B'_3 & -B'_2 & -\mathrm{i}E'_1/c\\ -B'_3 & 0 & B'_1 & -\mathrm{i}E'_2/c\\ B'_2 & -B'_1 & 0 & -\mathrm{i}E'_3/c\\ \mathrm{i}E'_1/c & \mathrm{i}E'_2/c & \mathrm{i}E'_3/c & 0\end{pmatrix} \tag{6.66}$$

与式 (6.65) 相比，电场和磁场的变换关系如下 [10]：

$$\begin{aligned} E'_1&=E_1, & B'_1&=B_1\\ E'_2&=\gamma\left(E_2+vB_3\right), & B'_2&=\gamma\left(B_2-\frac{v}{c^2}E_3\right)\\ E'_3&=\gamma\left(E_3-vB_2\right), & B'_3&=\gamma\left(B_3+\frac{v}{c^2}E_2\right)\end{aligned} \tag{6.67}$$

运用矢量分析，我们得到

$$\boldsymbol{E}'=\gamma(\boldsymbol{E}+\boldsymbol{v}\times\boldsymbol{B})-(\gamma-1)\boldsymbol{E}_{\parallel} \tag{6.68a}$$

$$\boldsymbol{B}'=\gamma\left(\boldsymbol{B}-\frac{1}{c^2}\boldsymbol{v}\times\boldsymbol{E}\right)-(\gamma-1)\boldsymbol{B}_{\parallel} \tag{6.68b}$$

其中，$\boldsymbol{E}_{//}$ 和 $\boldsymbol{B}_{//}$ 分别是平行于速度 $\boldsymbol{v}$ 的 $\boldsymbol{E}$ 和 $\boldsymbol{B}$ 的分量。如果忽略 $(\boldsymbol{v}/c)^2$ 项，则 γ 接近于 1，上述两方程简化为 [18,19]

$$\boldsymbol{E}'=\boldsymbol{E}+\boldsymbol{v}\times\boldsymbol{B} \tag{6.69a}$$

$$\boldsymbol{B}'=\boldsymbol{B}-\frac{1}{c^2}\boldsymbol{v}\times\boldsymbol{E} \tag{6.69b}$$

注意，它们是适用于低速情况下的电磁感应定律和安培定律；在狭义相对论提出之前已经导出。电磁场的洛伦兹变换不仅对于理解场在运动中的变化行为非常重要，而且对于证明狭义相对论所揭示的自然界的深层对称性也至关重要。相对论没有改变电磁场理论，但它揭示了电磁场的内部联系。电场和磁场是一个统一的整体，即我们所谓的电磁场张量；它们是在不同坐标系下测量得到的结果。为了便于比较，表 6.1[19] 总结了电磁场方程的四维张量形式和三维矢量形式。

表 6.1 电磁场方程的两种表示形式 [19]

	四维张量形式	三维矢量形式
连续性方程	$\partial_\mu J_\mu = 0$	$\nabla \cdot \boldsymbol{J} + \dfrac{\partial \rho}{\partial t} = 0$
规范条件	$\partial_\mu A_\mu = 0$	$\nabla \cdot \boldsymbol{A} + \dfrac{\partial \varphi}{\partial t} = 0$
波动方程	$\partial_\nu \partial_\nu A_\mu = -\mu_0 J_\mu$	$\begin{cases} \nabla^2 \boldsymbol{A} - \dfrac{1}{c^2}\dfrac{\partial^2 \boldsymbol{A}}{\partial t^2} = -\mu_0 \boldsymbol{J} \\ \nabla^2 \varphi - \dfrac{1}{c^2}\dfrac{\partial^2 \varphi}{\partial t^2} = -\dfrac{\rho}{\varepsilon_0} \end{cases}$
场强与势的关系	$F_{\mu\nu} = \partial_\mu A_\nu - \partial_\nu A_\mu$	$\begin{cases} \boldsymbol{B} = \nabla \times \boldsymbol{A} \\ \boldsymbol{E} = -\dfrac{\partial \boldsymbol{A}}{\partial t} - \nabla \varphi \end{cases}$
电磁场方程	$\partial_\nu F_{\mu\nu} = \mu_0 J_\mu$	$\begin{cases} \boldsymbol{\nabla} \times \boldsymbol{B} = \dfrac{1}{c^2}\dfrac{\partial^2 \boldsymbol{E}}{\partial t^2} + \mu_0 \boldsymbol{J} \\ \nabla \cdot \boldsymbol{E} = \dfrac{\rho}{\varepsilon_0} \end{cases}$
	$\partial_\nu G_{\mu\nu} = \mu_0 J_\mu$ 或 $\partial_\nu F_{\mu\nu} = \mu_0 J'_\mu$	$\begin{cases} \nabla \times \boldsymbol{H} = \dfrac{\partial \boldsymbol{D}}{\partial t} + \boldsymbol{J} \\ \nabla \cdot \boldsymbol{D} = \rho \end{cases}$
	$\partial_\lambda F_{\mu\nu} + \partial_\mu F_{\nu\lambda} + \partial_\nu F_{\lambda\mu} = 0$	$\begin{cases} \nabla \cdot \boldsymbol{B} = 0 \\ \nabla \times \boldsymbol{E} = -\dfrac{\partial \boldsymbol{B}}{\partial t} \end{cases}$

结合洛伦兹变换和电荷守恒，我们采用另外一种思路推导不同惯性系中的场方程。一般来说，狭义相对论中的力 F_μ 的四个分量定义如下 [27]：

$$\begin{cases} F_x = f_x \dfrac{\mathrm{d}t}{\mathrm{d}\tau} = \gamma f_x \\ F_y = f_y \dfrac{\mathrm{d}t}{\mathrm{d}\tau} = \gamma f_y \\ F_z = f_z \dfrac{\mathrm{d}t}{\mathrm{d}\tau} = \gamma f_z \\ F_t = \dfrac{\mathrm{i}}{c} P \dfrac{\mathrm{d}t}{\mathrm{d}\tau} = \dfrac{\mathrm{i}}{c} \gamma P \end{cases} \tag{6.70a}$$

其中，

$$\begin{cases} f_x = \dfrac{\mathrm{d}p_x}{\mathrm{d}t} \\ f_y = \dfrac{\mathrm{d}p_y}{\mathrm{d}t} \\ f_z = \dfrac{\mathrm{d}p_z}{\mathrm{d}t} \\ \dfrac{\mathrm{i}}{c}P = \dfrac{\mathrm{d}p_t}{\mathrm{d}t} = \dfrac{\mathrm{i}}{c}\dfrac{\mathrm{d}W}{\mathrm{d}t} \end{cases} \tag{6.70b}$$

这里, p_x, p_y, p_z 是动量分量，p_t 是通过 $\mathrm{d}W/\mathrm{d}t$ 得到的功率；$\gamma = \mathrm{d}t/\mathrm{d}\tau$，$\mathrm{d}\tau$ 为时间间隔。根据洛伦兹变换，相对于惯性系 S 以速度 $\boldsymbol{v}$ 运动的惯性系 S' 中力的四个分量由下式给出：

$$\begin{cases} F'_x = \gamma(F_x + \mathrm{i}\beta F_t) \\ F'_y = F_y \\ F'_z = F_z \\ F'_t = \gamma(F_t - \mathrm{i}\beta F_x) \end{cases}, \quad \begin{cases} F_x = \gamma\left(F'_x - \mathrm{i}\beta F'_t\right) \\ F_y = F'_y \\ F_z = F'_z \\ F_t = \gamma\left(F'_t + \mathrm{i}\beta F'_x\right) \end{cases} \tag{6.71}$$

此外，在电磁场中作用于具有四维速度 U_μ 的电荷的洛伦兹力 F_μ 为

$$\begin{cases} F_x = q\left(\dfrac{-\mathrm{i}}{c}u_t E_x + u_y B_z - u_z B_y\right) \\ F_y = q\left(\dfrac{-\mathrm{i}}{c}u_t E_y + u_z B_x - u_x B_z\right) \\ F_z = q\left(\dfrac{-\mathrm{i}}{c}u_t E_z + u_x B_y - u_y B_x\right) \\ F_t = \dfrac{\mathrm{i}q}{c}\left(u_x E_x + u_y E_y + u_z E_z\right) \end{cases} \tag{6.72}$$

其中，四维速度 U_μ 定义为 [27]

$$U_\mu = \frac{\mathrm{d}x_\mu}{\mathrm{d}\tau} = \gamma(\mu, \mathrm{i}c) \tag{6.73}$$

根据洛伦兹变换，在另一个惯性系 S' 中的四维速度 U_μ 的表达式如下：

$$\begin{cases} u'_x = \gamma(u_x + \mathrm{i}\beta u_t) \\ u'_y = u_y \\ u'_z = u_z \\ u'_t = \gamma(u_t - \mathrm{i}\beta u_x) \end{cases}, \quad \begin{cases} u_x = \gamma\left(u'_x - \mathrm{i}\beta u'_t\right) \\ u_y = u'_y \\ u_z = u'_z \\ u_t = \gamma\left(u'_t + \mathrm{i}\beta u'_x\right) \end{cases} \tag{6.74}$$

由于洛伦兹协变性，将四维力从惯性系 S 转换到另一个惯性系 S'，得到

$$\begin{cases} F_x' = q\left(\dfrac{-\mathrm{i}}{c}u_t'E_x' + u_y'B_z' - u_z'B_y'\right) \\ F_y' = q\left(\dfrac{-\mathrm{i}}{c}u_t'E_y' + u_z'B_x' - u_x'B_z'\right) \\ F_z' = q\left(\dfrac{-\mathrm{i}}{c}u_t'E_z' + u_x'B_y' - u_y'B_x'\right) \\ F_t' = \dfrac{\mathrm{i}q}{c}\left(u_x'E_x' + u_y'E_y' + u_z'E_z'\right) \end{cases} \tag{6.75}$$

因为 $q = q'$, 所以不需要在式 (6.75) 中区分它们。此外，基于相对论力学，如果将 (F_x, F_y, F_z, F_t) 变换为 (F_x', F_y', F_z', F_t')，或将 $(\mu_x, \mu_y, \mu_z, \mu_t)$ 变换为 $(\mu_x', \mu_y', \mu_z', \mu_t')$，它们必须服从洛伦兹变换。洛伦兹变换将两个惯性系之间的坐标和时间联系起来 [27]。毫无疑问，这些原理也适用于惯性系 S 和 S' 之间的场方程变换。我们有

$$\begin{aligned} F_x' &= \gamma\left(F_x + \mathrm{i}\beta F_t\right) \\ &= \gamma\left[q\left(\frac{-\mathrm{i}}{c}u_tE_x + u_yB_z - u_zB_y\right) + \mathrm{i}\beta\frac{\mathrm{i}q}{c}\left(u_xE_x + u_yE_y + u_zE_z\right)\right] \end{aligned} \tag{6.76}$$

通过逆洛伦兹变换得到

$$\begin{aligned} F_x' &= \gamma\left\{\begin{array}{c} q\left[\dfrac{-\mathrm{i}\gamma}{c}\left(u_t' + \mathrm{i}\beta u_x'\right)E_x + u_y'B_z - u_z'B_y\right] \\ +\mathrm{i}\beta\dfrac{\mathrm{i}q}{c}\left[\gamma\left(u_x' - \mathrm{i}\beta u_t'\right)E_x + u_y'E_y + u_z'E_z\right] \end{array}\right\} \\ &= \left[\frac{-\mathrm{i}q\gamma^2}{c}\left(1-\beta^2\right)E_xu_t' - q\gamma\left(B_y + \frac{1}{c}E_z\right)u_z' + q\gamma\left(B_z - \frac{\beta}{c}E_y\right)u_y'\right] \end{aligned} \tag{6.77}$$

注意，上述方程适用于任何运动速度下的电荷。式 (6.77) 中，u_y', u_z', u_t' 的每项系数必须等于式 (6.75) 中第一个等式的相应项。因此，

$$B_z' = \gamma\left(B_z - \frac{\beta}{c}E_y\right), \quad B_y' = \gamma\left(B_y + \frac{\beta}{c}E_z\right), \quad E_x' = E_x \tag{6.78}$$

其他分量，如 F_y' 和 F_z' 可以用相同的方法实现。最终，电场和磁场的变换由下式

给出：

$$\begin{cases} E'_x = E_x \\ E'_y = \gamma(E_y - vB_z) \\ E'_z = \gamma(E_z + vB_y) \end{cases}, \quad \begin{cases} B'_x = B_x \\ B'_y = \gamma\left(B_y + \dfrac{v}{c^2}E_z\right) \\ B'_z = \gamma\left(B_z - \dfrac{v}{c^2}E_y\right) \end{cases} \tag{6.79a}$$

相应地，逆变换方程为

$$\begin{cases} E_x = E'_x \\ E_y = \gamma(E'_y + vB'_z) \\ E_z = \gamma(E'_z - vB'_y) \end{cases}, \quad \begin{cases} B_x = B'_x \\ B_y = \gamma\left(B'_y - \dfrac{v}{c^2}E'_z\right) \\ B_z = \gamma\left(B'_z + \dfrac{v}{c^2}E'_y\right) \end{cases} \tag{6.79b}$$

对于一般速度 $\boldsymbol{v} = (v_x, v_y, v_z)$, 这些变换可能更复杂。在这里，我们总结了任意电场和磁场的变换 [18]。对于电场，

$$\boldsymbol{E}'_\parallel = \boldsymbol{E}_\parallel \tag{6.80a}$$

$$\boldsymbol{E}'_\perp = \gamma\left(\boldsymbol{E}_\perp + \boldsymbol{v} \times \boldsymbol{B}\right) - (\gamma - 1)\frac{\boldsymbol{v} \cdot \boldsymbol{E}}{v^2}\boldsymbol{v} \tag{6.80b}$$

对于磁场，

$$\boldsymbol{B}'_\parallel = \boldsymbol{B}_\parallel \tag{6.81a}$$

$$\boldsymbol{B}'_\perp = \gamma\boldsymbol{B}_\perp - \frac{1}{c^2}\boldsymbol{v} \times \boldsymbol{E} - (\gamma - 1)\frac{\boldsymbol{v} \cdot \boldsymbol{B}}{v^2}\boldsymbol{v} \tag{6.81b}$$

其中，$\boldsymbol{E}_\parallel$ 和 $\boldsymbol{B}_\parallel$ 分别是平行于速度 $\boldsymbol{v}$ 的 $\boldsymbol{E}$ 和 $\boldsymbol{B}$ 的分量；$\boldsymbol{E}_\perp$ 和 $\boldsymbol{B}_\perp$ 分别是垂直于速度 $\boldsymbol{v}$ 的 $\boldsymbol{E}$ 和 $\boldsymbol{B}$ 的分量。场变换表明：① 电场和磁场在洛伦兹变换下互相耦合；② 一个参考系中的纯电场 (磁场) 在另一个运动参考系中表现为电场和磁场的耦合项。

本节我们提出了电磁场变换的两种主要方法：一种是电磁势的洛伦兹变换；另一种是将洛伦兹力公式和电荷守恒相结合。然而，我们应该注意到，还有许多其他方法可以揭示电场强度和磁场强度的转换关系 [3,28−32]。每种方法都有其独特的特点。例如，在狭义相对论中电磁场被组合为电磁场张量，洛伦兹变换下的场变换可以用场张量的变换来描述。在场论中，拉格朗日和哈密顿形式通过最小作用原理和正则变换提供了变换电磁场的方法。另外，可以直接利用洛伦兹变换公

式对麦克斯韦方程组进行场变换。这种方法涉及更多的计算，但它是一种基本的方法，可以确保考虑到场的各个方面。

麦克斯韦方程的协变形式可以写成两个方程：方程 (6.60) 和方程 (6.61)[3,19]，是为了验证电磁规律的不变性，而不是用它们来替代麦克斯韦方程组。现在，让我们从式 (6.60) 开始，将其还原为麦克斯韦方程组的三维矢量形式。式 (6.60) 实际上代表四个方程，每个 μ 值对应一个方程。对于 $\mu=1$，

$$\partial_\nu F_{1\nu}=\mu_0 J_1 \tag{6.82}$$

扩展 F_{1v}，

$$\partial_1 F_{11}+\partial_2 F_{12}+\partial_3 F_{13}+\partial_4 F_{14}=\mu_0 J_1 \tag{6.83}$$

由于 $F_{11}=0$，

$$\partial_1(-E_x)+\partial_2(-E_y)+\partial_3(-E_z)=\mu_0\rho \tag{6.84}$$

该式简化为

$$\nabla\cdot\boldsymbol{E}=\frac{\rho}{\varepsilon_0} \tag{6.85}$$

对于 $\mu=i\ (i=2,3,4)$，

$$\partial_\nu F_{i\nu}=\mu_0 J_i \tag{6.86}$$

扩展 F_{iv}，

$$\partial_1 F_{i1}+\partial_2 F_{i2}+\partial_3 F_{i3}+\partial_4 F_{i4}=\mu_0 J_i \tag{6.87}$$

给出

$$\partial_1 E_i+\varepsilon_{ijk}\partial_j B_k=\mu_0 J_i \tag{6.88}$$

最后得到

$$\nabla\times\boldsymbol{B}=\mu_0\boldsymbol{J}+\mu_0\varepsilon_0\frac{\partial\boldsymbol{E}}{\partial t} \tag{6.89}$$

对于齐次式 (6.61)，我们继续将其分解。当 $(\mu, v, \lambda)=(1, 2, 3)$ 时，

$$\partial_1 F_{23}+\partial_2 F_{31}+\partial_3 F_{12}=0 \tag{6.90}$$

因为 $F_{23}=B_z$，$F_{31}=-E_y$ 和 $F_{12}=-E_x$，我们得到

$$\frac{\partial B_z}{\partial t}+\frac{\partial(-E_y)}{\partial x}+\frac{\partial(-E_x)}{\partial y}=0 \tag{6.91}$$

简化为

$$\nabla\cdot\boldsymbol{B}=0 \tag{6.92}$$

当 $(\mu, v, \lambda) = (2, 3, 4)$ 时，

$$\partial_2 F_{34} + \partial_3 F_{22} + \partial_3 F_{23} = 0 \tag{6.93}$$

因为 $F_{34} = B_x$, $F_{22} = B_y$, $F_{23} = B_z$, 我们得到

$$\frac{\partial B_x}{\partial y} - \frac{\partial B_y}{\partial x} - \frac{\partial E_z}{\partial t} = 0 \tag{6.94}$$

可知

$$\nabla \times \boldsymbol{E} = -\frac{\partial \boldsymbol{B}}{\partial t} \tag{6.95}$$

在这里，我们将麦克斯韦方程组的四维张量形式展开得到常见的四个方程。事实上，协变形式不仅简化了麦克斯韦方程组的数学表示，而且突出了它们的深层几何结构和相对论不变性。这些方程在洛伦兹变换下进行变形，确保了方程在所有惯性系中的形式不变性，如狭义相对论原理所要求的那样。

6.4.2 本构关系

在处理介质中的电磁场时，必须考虑极化和磁化等介质的特性。含场源的麦克斯韦方程组可修改为如下形式：

$$\nabla \cdot \boldsymbol{D} = \rho_0 \tag{6.96a}$$

$$\nabla \times \boldsymbol{H} - \frac{\partial \boldsymbol{D}}{\partial t} = \boldsymbol{j}_0 \tag{6.96b}$$

电位移矢量 $\boldsymbol{D}$ 描述了介电材料的极化程度；磁场强度 $\boldsymbol{H}$ 类似于 $\boldsymbol{D}$，用来描述磁性材料中的磁场。$\boldsymbol{D}$ 和 $\boldsymbol{H}$ 的洛伦兹变换不如 $\boldsymbol{E}$ 和 $\boldsymbol{B}$ 的洛伦兹变换简单，主要由 $\boldsymbol{D}$ 和 $\boldsymbol{H}$ 依据介电常数和磁导率等材料特性定义，这些特性在高速运动下可能不会保持恒定或表现为非线性特征。但在线性、各向同性和均匀材料中，本构关系可以表示为电场和磁场及其各自辅助场量之间的线性关系。一般来说，可以使用以下规则

$$\boldsymbol{E} \leftrightarrow c^2\boldsymbol{D}, \boldsymbol{B} \leftrightarrow \boldsymbol{H}, \mu_0\rho \leftrightarrow \rho_0, \mu_0\boldsymbol{j} \leftrightarrow \boldsymbol{j}_0 \tag{6.97}$$

通过式 (6.59) 中的电磁张量表达式 [3,19] 得到

$$G_{\mu\nu} = \begin{pmatrix} 0 & H_3 & -H_2 & -\mathrm{i}cD_1 \\ -H_3 & 0 & H_1 & -\mathrm{i}cD_2 \\ H_2 & -H_1 & 0 & -\mathrm{i}cD_3 \\ \mathrm{i}cD_1 & \mathrm{i}cD_2 & \mathrm{i}cD_3 & 0 \end{pmatrix} \tag{6.98}$$

因此，式 (6.60) 可以写成四维矢量形式 [11]：

$$\partial_\nu G_{\mu\nu} = J_{0\mu} \tag{6.99a}$$

$$J_{0\mu} = (\boldsymbol{j}_0, \mathrm{i}c\rho_0) \tag{6.99b}$$

表明 $\boldsymbol{D}$ 和 $\boldsymbol{H}$ 构建了一个四阶反对称张量 $(G_{\mu v})$。假设每个参考系中的电磁场强度张量分别为 $G_{\mu v}$ 和 $G'_{\mu\nu}$，则满足

$$G'_{\mu\nu} = L_{\mu\lambda} L_{\nu\tau} G_{\lambda\tau} \tag{6.100}$$

使用相同的方法，电位移强度和磁场强度的变换关系为

$$\begin{aligned} D'_1 &= D_1 & H'_1 &= H_1 \\ D'_2 &= \gamma\left(D_2 + \frac{v}{c^2}H_3\right), & H'_2 &= \gamma\left(H_2 - vD_3\right) \\ D'_3 &= \gamma\left(D_3 - \frac{v}{c^2}H_2\right) & H'_3 &= \gamma\left(H_3 + vD_2\right) \end{aligned} \tag{6.101}$$

使用矢量分析，有 [19,32]

$$\boldsymbol{D}' = \gamma\left(\boldsymbol{D} + \frac{1}{c^2}\boldsymbol{v} \times \boldsymbol{H}\right) - (\gamma - 1)\boldsymbol{D}_\parallel \tag{6.102a}$$

$$\boldsymbol{H}' = \gamma(\boldsymbol{H} - \boldsymbol{v} \times \boldsymbol{D}) - (\gamma - 1)\boldsymbol{H}_\parallel \tag{6.102b}$$

在低速近似下，我们忽略 $(v/c)^2$ 项，γ 非常接近 1，上述方程进一步简化为 [19,32]

$$\boldsymbol{D}' = \boldsymbol{D} + \frac{1}{c^2}\boldsymbol{v} \times \boldsymbol{H} \tag{6.103a}$$

$$\boldsymbol{H}' = \boldsymbol{H} - \boldsymbol{v} \times \boldsymbol{D} \tag{6.103b}$$

注意，虽然 $\boldsymbol{D}$ 和 $\boldsymbol{H}$ 的变换为理解它们在洛伦兹变换下的行为提供了一个数学基础，但在实际应用中通常需要考虑相对论速度下介质性质的变化。例如，在非线性材料中，本构关系可能是非线性的，并且与电磁场的强度相关。

6.4.3 介质的各种色散关系

在介质中传播的电磁波受材料的三个性质影响比较大 [3,24]，分别是介电常数 ε、磁导率 μ 和电导率 σ。上述每一个参数在一定程度上取决于我们研究的电磁波的频率，这种现象被称为色散。当波速取决于频率时，介质被认为有色散性。不同材料的色散关系描述了材料中波 (如电磁波、声波) 的相速度如何依赖于波的频

率或波长。它对理解各种物理系统中波的传播发挥着至关重要的作用。如前所述，洛伦兹变换是一个将一个惯性系的时空坐标变换为另一个惯性系坐标的六参数线性变换。它的一个关键是光速恒定 [33,34]。如果整个自由空间被均匀的介质填充，则洛伦兹变换中的光速变为 $c_m = c_0/n$；参考文献 [35] 中对这种情况下的光速进行了讨论。然而，如果存在非线性、各向异性或与频率相关材料，光速如何设定？此时，对应的洛伦兹变换表达式是什么 (图 6.4)？

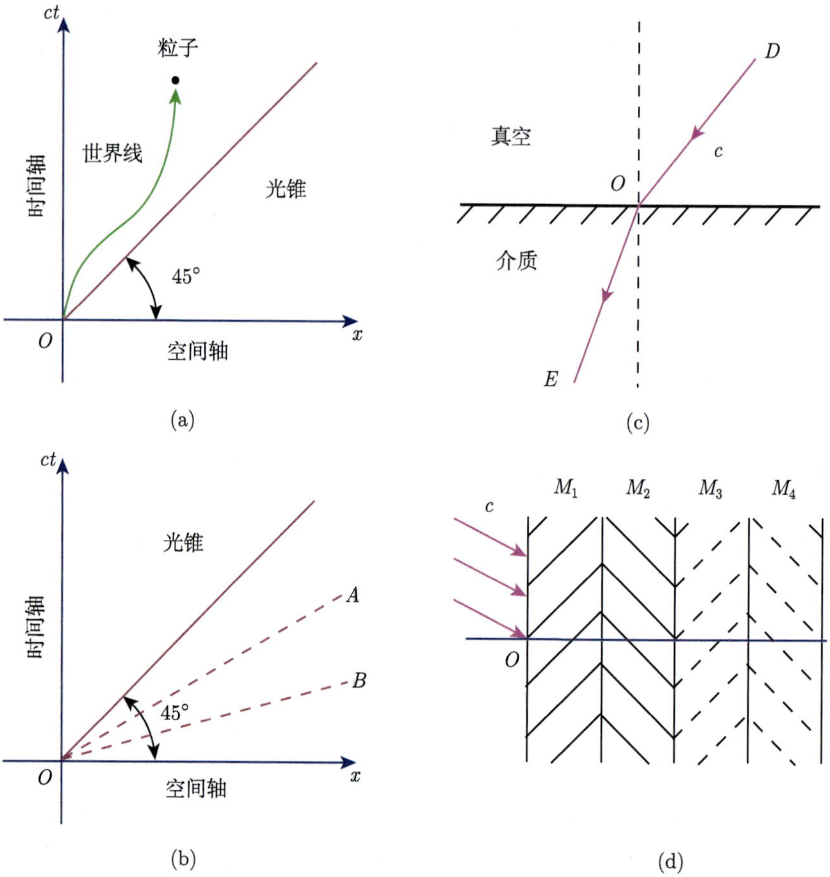

图 6.4　(a) 光锥和世界线；(b) 当真空中充满介质时，该区域的光速小于 c；(c) 从真空中发出的光线，穿透充满介质的区域；(d) 从真空中发出的光线穿过色散介质

构建相对论时，假设真空中的光速恒定，与光源或观察者的运动速度无关。在爱因斯坦构建的狭义相对论中，空间和时间被认为是均匀、各向同性的，这意味着光速在所有方向和位置都相同。但是，如果光速依赖于传播方向，或者是方向和位置的函数，则无法通过狭义相对论来解决问题，它超出了相对论的适用范围，

让我们意识到狭义相对论的局限性。

6.5 各向异性空间中的狭义相对论

各向异性狭义相对论 (ASR) 用来研究时空性质具有方向依赖性或各向异性的情况 [36−40]，摈弃了以往自由空间均匀且各向同性的假设条件。ASR 考虑了时空对称性因方向不同而变化的可能性，这对物理定律的表述以及粒子和场的行为都有影响 [36−38]。通过将闵可夫斯基度规替换为微扰各向异性度规后，ASR 可以形式化，时空各向同性约束被替换为特定的方向取向。注意，方向取向不由外部因素决定，而是时空本身的内在特征，这是 ASR 理论的一个核心假设条件。由于时空各向异性，光速不再保持恒定，其值可能依赖于方向取向。实验证明，光速随方向变化的规律与实验验证的原理一致，其形式为 [38]

$$\boldsymbol{v} = \frac{c}{1+\boldsymbol{k}\cdot\boldsymbol{n}} = \frac{c}{1+k\cos\theta_k} \tag{6.104}$$

其中，$\boldsymbol{k}$ 具有各向异性的 (矢量) 特征，θ_k 是传播方向 $\boldsymbol{n}$ 和 $\boldsymbol{k}$ 之间的角度。

在狭义相对论中，物理定律在洛伦兹变换下保持不变；洛伦兹变换描述了不同惯性参考系的时空坐标之间的变换关系。在 ASR 中，不同惯性系之间的时空坐标变换可能包括与方向有关的因素。这些变换一般比标准洛伦兹变换更复杂。利用光速恒定、群性质等，各向异性空间的洛伦兹变换为 [38]

$$x = \frac{k(\beta,k)}{\sqrt{(1-k\beta)^2-\beta^2}}\left(x'-ct'\beta\right) \tag{6.105a}$$

$$ct = \frac{k(\beta,k)}{\sqrt{(1-k\beta)^2-\beta^2}}\left[ct'(1-2k\beta)-x'\left(1-k^2\right)\beta\right] \tag{6.105b}$$

$$k(\beta,k) = \left(\frac{1-\beta-k\beta}{1+\beta-k\beta}\right)^{\frac{k}{2}} \tag{6.105c}$$

$$y = k(\beta,k)y', \quad z = k(\beta,k)z' \tag{6.105d}$$

注意，对于从 S' 到 S 的逆变换，必须考虑在光速各向异性的情况下，互易原理不再适用。其原因是所有速度都会受到光速各向异性的影响。因此，S 与 S' 的相对速度 $-\boldsymbol{v}$ 并不等于 S' 与 S 的相对速度 $\boldsymbol{v}$。在各向异性体系中，时间膨胀、长度收缩和其他相对论效应也会表现出方向依赖性。同时性和因果关系的概念也与方向依赖性相关，这些可能会引发对新物理现象的理解。时空各向异性的一个可能原因是宇宙中的各向异性质量/能量分布，这可以在宇宙微波背景中反映出来 [40]。

6.6 总　结

本章主要讨论自由空间中运动系统的电磁场动力学。爱因斯坦关于狭义相对论的开创性工作彻底改变了我们对空间、时间的理解，深刻影响了现代物理学的诸多领域。这一革命性的理论基于两个重要假设：① 物理规律在所有惯性参考系中保持不变；② 真空中的光速恒定，与光源和观察者的运动速度无关。在数学上，狭义相对论用洛伦兹变换取代了经典力学中的伽利略变换，表明空间和时间不是绝对的，而是互相耦合的一个统一体。具体来说，狭义相对论引入了四维时空的概念，深刻地改变了我们对宇宙结构的看法。弦理论和 M 理论等高维理论的持续探索也建立在狭义相对论基础之上。它还对量子场论 (QFT)、高能物理、天体物理和宇宙学等基础物理学领域产生了重大影响。尽管狭义相对论在现代物理学中取得了巨大成功，但它也有一定的局限性，并非适用于所有情况。

接下来简单介绍一下狭义相对论的局限性 [41,42]。① 狭义相对论仅限于研究惯性参考系中的物体，这里的惯性参考系是指沿某方向匀速运动的参考系。相对论没有直接考虑物体在加速参考系、旋转参考系等非惯性系中的行为，虽然这些对于理解现实中的物理系统至关重要。即使在惯性系中，如果我们处理的是色散介质或各向异性空间，如何定量描述随方向变化的光速？如何确定洛伦兹变换表达式？注意，在第 7 章中，我们重点讨论动生麦克斯韦方程组 (MEs-f-MDMS)。该方程组主要用于描述多个低速运动物体系统的电磁特性，这些物体的运动轨迹可能非常复杂 [35,43−45]。② 狭义相对论也不包含引力效应。它是在平直时空的假设条件下推导的，不包含由大质量物体引起的时空曲率。当然，为了描述引力现象，爱因斯坦后期提出了广义相对论。③ 狭义相对论主要适用于体系相对能量较低的物理现象。在这些情况下，质能等效的影响并不占主导地位。然而，在极高能量下，如接近普朗克尺度时，引力的量子效应变得不可忽视，狭义相对论可能需要被包含量子引力的理论所取代。此外，狭义相对论将粒子视为点状，但在研究强子或原子核等复合粒子时，该理论无法充分描述粒子的内部结构和动力学行为。

爱因斯坦根据光速不变原理和相对性原理建立的狭义相对论，揭示了空间和时间的相对性，深刻地改变了我们对物理世界的认识。当然，对狭义相对论局限性的思考助推了基础理论的发展，如广义相对论、超狭义相对论 [39]、双狭义相对论 [46−50] 等理论的构建，提供了人们对从宇宙到亚原子尺度在内的所有物理现象的精确阐释或描述。狭义相对论实质上是关于时空的理论，时空性质体现在不同惯性系中时空坐标的变换关系中。狭义相对论要求一切物理规律以及物理规律的数学形式保持不变，可能促使发现新的物理规律，影响现代物理学的长远发展，持续推动诸多学科不断进步。

参考文献

[1] Einstein A. Zur Elektrodynamik bewegter Körper[J]. Annalen der Physik, 1905, 17: 35-60.

[2] Einstein A. Relativity: the special and general theory[M]. New York: Three Rivers Press, 1995.

[3] Griffiths D J. Introduction to Electrodynamics[M]. 3rd ed. New Jersey: Prentice Hall, 1999.

[4] Jackson D J. Special Theory of Relativity[M]. 3rd ed. John Wiley & Sons, Inc., 1999.

[5] Michelson A, Morley E W. On the relative motion of the earth and the luminiferous ether[J]. Am. J. Sci., 1887, 203: 333-345.

[6] Roberts T, Schleif S. What is the experimental basis of Special Relativity?[N]. Usenet Physics FAQ, 2008-09-17.

[7] Lorentz A. H. Electromagnetic phenomena in a system moving with any velocity smaller than that of light[J]. Proceedings of the Royal Netherlands Academy of Arts and Sciences, 1937, 5: 172-197.

[8] Forshaw J R, Smith A G. Dynamics and Relativity[M]. Chichester: Manchester Physics Series. John Wiley & Sons Ltd, 2009.

[9] Tyapkin A A. On the history of the special relativity concept [J]. Hadronic J.,1996, 19: 185-203.

[10] McComb W D. Dynamics and relativity[M]. Oxford: Oxford University Press, 1999.

[11] Miller A I. Albert Einstein's special theory of relativity: emergence (1905) and early interpretation (1905–1911)[M]. Reading, Massachusetts: Addison–Wesley, 1981.

[12] Olivier D. The genesis of the theory of relativity[J]. In: Einstein 1905–2005, 2005: 1-31.

[13] FitzGerald G F. The ether and the earth's atmosphere[J]. Science, 1889, 328: 390-390.

[14] Lorentz H A. The relative motion of the earth and the aether[J]. Zittingsverlag Akad., 1892, 1: 74-79.

[15] Giulini D. Special relativity: A first encounter: 100 years since Einstein[M]. New York: Oxford University Press, 2005.

[16] Cushing J T. Vector Lorentz transformations[J]. Am. J. Sci., 1967, 35: 858-862.

[17] Macfarlane A J. On the restricted Lorentz group and groups homomorphically related to it[J]. Journal of Mathematical Physics, 1962, 3: 1116-1129.

[18] Hu Y Q, Cheng F Z. Electromagnetism and electrodynamics[M]. 2nd ed. Beijing: Science Press, 2014.

[19] Liu L, Fei J B, Zhang Y Z. Special Relativity[M]. 2nd ed. Beijing: Science Press, 2008.

[20] Andrew Z. Modern Electrodynamics[M]. New York: Cambridge University Press, 2013.

[21] Newton I. The Principia, the Mathematical Principles of Natural Philosophy[M]. Los Angeles: University of California Press, 1999.

[22] Michael T. Special Relativity: An Introduction with 200 Problems and Solutions[M]. 2nd ed. Cham, Switzerland: Springer Nature, 2019.

[23] David J M. Special Relativity: For the Enthusiastic Beginner[M]. California: Create Space Independent Publishing Platform, 2017.
[24] Feynman Z R, Leighton R B, Sands M. The Feynman Lectures on Physics: Volume Ⅱ[M]. Boston: Addison Wesley, 2013.
[25] Minkowski H. Raum und Zeit[J]. Physikalische Zeitschrift, 1908, 10: 75-88.
[26] Catoni F. The Mathematics of Minkowski Space-Time[M]. Basel: Birkhäuser Verlag, 2008.
[27] Zhao K H, Chen X M. Electromagnetism[M]. 2nd ed. Beijing: Higher Education Press, 2006.
[28] Griffiths D J. Introduction to Electrodynamics[M]. 4th ed. Cambridge: Pearson, 2017.
[29] Schwartz M D. Quantum Field Theory and the Standard Model[M]. Cambridge: Cambridge University Press, 2014.
[30] Goldstein H, Poole C P, Safko J L. Classical mechanics[M]. 3rd ed. Boston: Addison-Wesley, 2002.
[31] Landau L D, Lifshitz E M. The Classical Theory of Fields[M]. Oxford: Butterworth-Heinemann, 1975.
[32] Rousseaux G. Forty years of Galilean Electromagnetism (1973–2013)[J]. Eur. Phys. J. Plus., 2013, 128: 1-14.
[33] Born M. Einstein's Theory of Relativity[M]. New York: Dover Publications, 1962.
[34] Pauli W. Theory of Relativity[M]. London: Pergamon Press, 1958.
[35] Wang Z L, Shao J J. Recent progress on the Maxwell's equations for describing a mechano-driven medium system with multiple moving objects/media[J]. Electromagnetic Science, 2023, 2: 1-16.
[36] Edwards W F. Special relativity in anisotropic space[J]. Am. J. Phys., 1963, 31: 482-489.
[37] Georgy I B. Special relativity kinematics with anisotropic propagation of light and correspondence principle[J]. Found. Phys, 2016, 46: 1573-1597.
[38] Budden T. A star in the Minkowskian sky: anisotropic special relativity[J]. Stud. Hist. Phil. Mod. Phys., 1997, 28: 325-361.
[39] Cohen A G, Glashow S L. Very special relativity[J]. PRL, 2006, 97: 021601-1-021601-3.
[40] Ganjitabar H. Anisotropic Special Relativity[OL]. arXiv:2201, 2023.
[41] Sidharth B G. The Limits of special relativity[J]. Found. Phys., 2008, 38: 695-706.
[42] Rayhan A. Limitations of Einstein's special theory of relativity[J]. World Scientific Lecture Notes in Physics: Special Relativity, 1990, 33: 197-204.
[43] Wang Z L. The expanded Maxwell's equations for a mechano-driven media system that moves with acceleration[J]. Int. J. Mod. Phys. B, 2023, 37: 2350159-1-2350159-32.
[44] Wang Z L. On the expanded Maxwell's equations for moving charged media system: General theory, mathematical solutions and applications in TENG[J]. Mate. Today, 2022, 52: 348-363.

[45] Wang Z L. Maxwell's equations for a mechano-driven, shape-deformable, charged-media system, slowly moving at an arbitrary velocity field $v(r,t)$[J]. J. Phys., 2022, 6: 085013-1-085013-19.

[46] Amelino-Camelia G. Special treatment[J]. Nature, 2002, 418: 34-35.

[47] Amelino-Camelia G. Doubly-special relativity: First results and key open problems[J]. Int. J. Mod. Phys. D, 2002, 11: 1643-1669.

[48] Amelino-Camelia G. Doubly-special relativity: facts, myths and some key open issues[J]. Symmetry, 2010, 2: 230-271.

[49] Deriglazov A A. Doubly special relativity in position space starting from the conformal group[J]. Phys. Lett. B, 2004, 603: 124.

[50] Nyambuya G G. On a new position space doubly special relativity theory[J]. Prespacetime Journal, 2012, 3: 956-972.

第 7 章　运动物体系统的动生麦克斯韦方程组理论体系

7.1 引　　言

运动介质电动力学的研究长期以来引起人们的强烈兴趣。对于做匀速直线运动的一般介质，使用标准的微分形式的麦克斯韦方程组和近似的闵可夫斯基本构方程来描述其电磁行为就足够了 [1−3]。在保持麦克斯韦方程组协变性的前提下，通过使用洛伦兹变换可以从处于静止观察者的参考系 (S) 中的场推导出在运动坐标系 (S') 中观测到的电磁场 [3,4]。这是经典电动力学中广泛认可的标准狭义相对论，如第 5 章所述。由于洛伦兹变换中的一个重要参数是光速，通常指真空中的光速，因此，狭义相对论是描述位于两个惯性参考系中做相对匀速直线运动的两个观察者观察同一个电磁现象所得到的结果，整个空间是真空或者充满了一种无边界无色散的理想介质。打个比方来说，如果在坐标系 S 中有一个点电荷 $+q$，那么对于处于静止惯性坐标系 S 中的观察者 Bob，他看到的只是库仑场。而对于一位相对于 S 坐标系 (实验室坐标系) 以速度 v_0 移动的运动惯性系 S' 中名叫 Alice 的观察者，该点电荷以 $-v_0$ 的相对速度移动，因此她不仅会探测到电场，还会探测到由运动电荷 $+q$ 所产生的磁场。Alice ($\boldsymbol{B}', \boldsymbol{E}'$) 和 Bob ($\boldsymbol{B}, \boldsymbol{E}$) 观察到的磁场和电场在麦克斯韦方程组协变的假设下可以通过洛伦兹变换相互关联起来。

为了计算运动介质的电磁场，必须要得到材料的本构关系，作为求解物质中麦克斯韦方程组的补充条件。闵可夫斯基的观点是基于一个假设，即介质的性质和静止惯性系中相应的本构方程保持不变。这有两个要求：沿直线匀速运动或在惯性参考系中运动，且相应的本构方程被预先确定好 [3]。然而，如果介质以加速度沿着复杂的轨迹运动 (图 7.1(b))，并且对于形状可变形的材料或液体，速度可能是时间和位置的函数，那么在这种情况下，在数学上难以描述运动介质的电磁场。更重要的是，实际的介质/材料可能是各向异性的，其介电常数强烈依赖于频率甚至晶体取向，因此，应考虑介质的色散关系 [5]。这种情况在实际材料的工程应用中经常发生。

本章介绍了描述这种电场–磁场–机械力场系统中电磁现象的理论。我们主要介绍低速近似 ($v \ll c$) 下的动生麦克斯韦方程组。我们的结论是，需要用动生麦克斯韦方程组来描述运动物体内部的电动力学，该物体可以做加速的平移运动，还可以做旋转运动。经典的麦克斯韦方程组用于描述没有局部运动的介质区域中的电动力学。这两个区域的全解满足边界条件，因此物体的旋转会影响到附近的电磁场。我们还介绍了求解动生麦克斯韦方程组的普适理论方法。

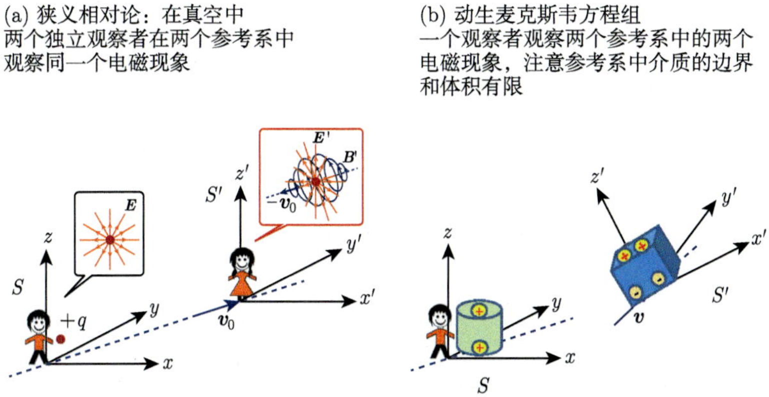

图 7.1　处理运动介质电动力学的两种方法。(a) 狭义相对论是关于两个独立观察者 Bob 和 Alice，他们分别处在相对匀速直线运动的不同参考系 (实验室坐标系 S 和运动坐标系 S') 中，他们分别观察在真空中发生的同一个电磁现象所得到的结果的关联性。这种方法对于描述宇宙中的电动力学是最有效的。(b) 动生麦克斯韦方程组 (Maxwell's equations for a mechano-driven media system, MEs-f-MDMS) 是一个观察者观察两个电磁现象，而这两个现象是和位于两个参考系中的两个运动物体/介质有关，这两个物体/介质可能有相对低速运动。一般来说，介质/物体是有大小和边界的，它们可能在外力的驱动下沿着复杂的轨迹加速运动。这种理论在工程应用中最为有效。我们需要指出，由于色散关系，考虑光速在介质边界中的变化，狭义相对论可能不能描述 (b) 中所示的情况

7.2　伽利略时空

通常，发展运动介质的电动力学有两种基本方法 (图 7.1)。第一种方法是通过爱因斯坦的相对论和闵可夫斯基的本构方程，这是形成场论的基础 [3,6]。相对论方法非常适合于描述真空中的电磁行为，尤其是对于宇宙，其中所有的恒星都被视为没有边界和体积的 “点”。第二种方法是基于时空独立的伽利略变换 [7,8]。因此，存在一个绝对空间，且所有惯性系共享一个宇宙时间，这与狭义相对论有本质区别，但它很适合于工程应用。在这里，我们探讨了两种方法得出相同结果的前提条件。

狭义相对论在处理实验室坐标系 (静止) $(\boldsymbol{r},t)$ $(\boldsymbol{E},\boldsymbol{B},\boldsymbol{D},\boldsymbol{H})$ 以及在沿 x 轴以恒定速度 v_0 运动的介质的运动坐标系 $(\boldsymbol{r}',t')$ $(\boldsymbol{E}',\boldsymbol{B}',\boldsymbol{D}',\boldsymbol{H}')$ 中观察到的电磁行为方面最为强大，洛伦兹变换如下 (图 7.2(a))：

$$x' = \gamma\,(x - v_0 t) \tag{7.1a}$$

$$y' = y \tag{7.1b}$$

$$z' = z \tag{7.1c}$$

$$t' = \gamma\left(t - xv_0/c^2\right) \tag{7.1d}$$

或者等效为

$$\frac{\partial}{\partial t'} = \gamma\left(\frac{\partial}{\partial t} + v_0\frac{\partial}{\partial x}\right) \tag{7.1e}$$

$$\frac{\partial}{\partial x'} = \gamma\left(\frac{\partial}{\partial x} + \frac{v_0}{c^2}\frac{\partial}{\partial t}\right) \tag{7.1f}$$

$$\frac{\partial}{\partial y'} = \frac{\partial}{\partial y} \tag{7.1g}$$

$$\frac{\partial}{\partial z'} = \frac{\partial}{\partial z} \tag{7.1h}$$

其中，$\gamma = 1/\left(1 - v_0^2/c^2\right)^{1/2}$，$c$ 是真空中的光速。在相对论理论中，空间和时间是统一和相关的。在 $v_0 \ll c$ 的条件下，两个参考系中的场可以近似关联起来 (见 6.4 节)：

$$\boldsymbol{E}' \approx \boldsymbol{E} + \boldsymbol{v}_0 \times \boldsymbol{B} \tag{7.2a}$$

$$\boldsymbol{B}' \approx \boldsymbol{B} - \boldsymbol{v}_0 \times \boldsymbol{E}/c^2 \tag{7.2b}$$

$$\boldsymbol{D}' \approx \boldsymbol{D} + \boldsymbol{v}_0 \times \boldsymbol{H}/c^2 \tag{7.2c}$$

$$\boldsymbol{H}' \approx \boldsymbol{H} - \boldsymbol{v}_0 \times \boldsymbol{D} \tag{7.2d}$$

$$\boldsymbol{J}_{\mathrm{f}}' \approx \boldsymbol{J} - \rho\boldsymbol{v}_0 \tag{7.2e}$$

$$\rho' \approx \rho - \boldsymbol{v}_0 \cdot \boldsymbol{J}/c^2 \tag{7.2f}$$

在伽利略变换中，

$$x' = x - v_0 t \tag{7.3a}$$

$$y' = y \tag{7.3b}$$

$$z' = z \tag{7.3c}$$

$$t' = t \tag{7.3d}$$

其中空间和时间是绝对独立的。伽利略空间和时间最常用于经典物理学和工程。两个参考系中电磁场的关系如下：

$$\boldsymbol{E}' = \boldsymbol{E} + \boldsymbol{v}_0 \times \boldsymbol{B} \tag{7.4a}$$

$$\boldsymbol{B}' = \boldsymbol{B} \tag{7.4b}$$

$$\boldsymbol{D}' = \boldsymbol{D} \tag{7.4c}$$

$$\boldsymbol{H}' = \boldsymbol{H} - \boldsymbol{v}_0 \times \boldsymbol{D} \tag{7.4d}$$

$$\boldsymbol{J}' = \boldsymbol{J} - \rho \boldsymbol{v}_0 \tag{7.4e}$$

$$\rho' = \rho \tag{7.4f}$$

如果 $v_0 \ll c$，伽利略变换的结果 (方程组 (7.4a)~(7.4e)) 与洛伦兹变换的结果 (方程组 (7.2a)~(7.2e)) 相同。这意味着慢速运动物体的电磁行为可以在伽利略变换中得到有效描述。这就是我们关心的工程应用情况，如图 7.2(b) 所示。

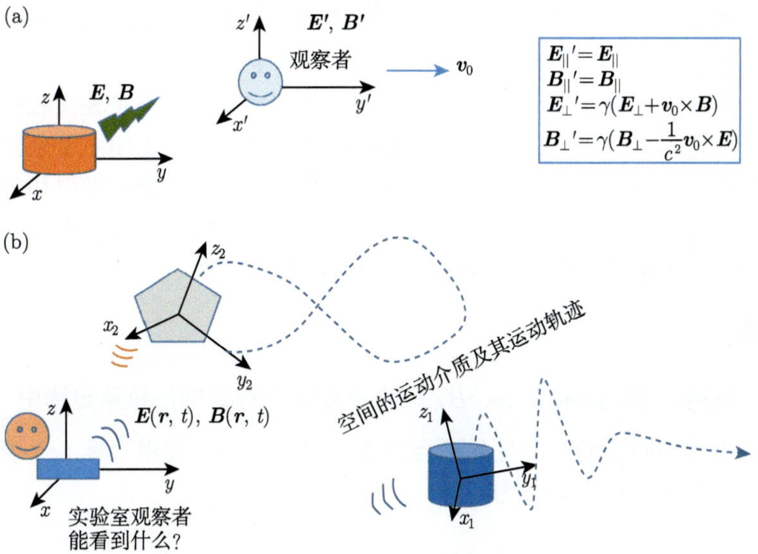

图 7.2　(a) 狭义相对论的示意图，其中观察者以恒定速度 $\boldsymbol{v}$ 相对于实验室坐标系运动，他所观察到的场 $(\boldsymbol{E}', \boldsymbol{B}')$ 和实验室坐标系中的场 $(\boldsymbol{E}, \boldsymbol{B})$ 在平行于 $\boldsymbol{v}$ 和垂直于 $\boldsymbol{v}$ 的方向上的数学关系如插图所示。(b) 非惯性系中的动生运动介质系统：观察者在地面坐标系 (实验室坐标系) 上的一般情况，不同介质以不同的速度沿着虚线所表示的轨迹运动。介质可以平移、旋转、扩展甚至分裂。介质的共同运动坐标系是 $(x_1, y_1, z_1), (x_2, y_2, z_2)$。在这种情况下，狭义相对论的洛伦兹变换难以解决问题，唯一实用的方法是在实验室坐标系中表示所有场

洛伦兹变换的结果与伽利略变换的结果互相等价的条件如下 [9]：

(1) 两个惯性参考系之间的相对速度远小于真空中的光速：$v_0 \ll c$；

(2) 伽利略现象发生在一个竞技场中，其电磁现象所延伸空间远小于该事件发生时间间隔内光所传播的距离：$x \ll ct$。可以根据以下讨论来理解这个条件。根据方程 (7.1)，在 $v_0 \ll c$ 的近似条件下，时间的洛伦兹变换变为 $t' \approx \left(t - \dfrac{xv_0}{c^2}\right) = \dfrac{1}{c}\left(ct - x\dfrac{v_0}{c}\right)$。如果 $x \ll ct$，则空间对时间的校正非常小，可以完全忽略，从而导致 $t' \approx t$，这是伽利略变换的结果。

这两个条件保证了使用伽利略变换处理实际工程中电磁现象的应用的可行性，从而避免了洛伦兹变换带来的复杂性。

7.3 伽利略电磁学

经典的麦克斯韦方程组满足洛伦兹变换下的协变性，这是将无加速度运动时运动坐标系 S' 中观测到的电磁场与实验室坐标系中观察到的电磁场相关联的基础。在惯性参考系中，没有外部输入力，因此总的电磁能守恒。对于工程应用，近似方法通常是有效处理实际电磁学的最可行的方法。伽利略电磁学是在 Le Bellac 和 Lévy-Leblond 的工作基础上发展起来的 [7]，用于描述带电介质以非相对论速度运动的电磁现象。根据 Rousseaux 的说法：伽利略电磁学不是狭义相对论的替代品，而恰恰是其在经典电磁学中的低速极限 [8]。伽利略电磁学主要包括麦克斯韦方程组的两个准静态极限：忽略位移电流的磁准静态 (MQS) 极限和忽略磁感应的电准静态 (EQS) 极限。前者是 $E \ll cB$ 的类空间极限，而后者是 $E \gg cB$ 的类时间极限。我们现在给出这两种极限情况的理论方案。

7.3.1 电极限

在第一种情况下，如果 $E \gg cB$，在麦克斯韦方程组的法拉第定律中 $\dfrac{\partial}{\partial t}\boldsymbol{B}$ 项可以忽略，因为小磁场的时间变化不会产生太多的电场。使用下标 “e” 表示这种情况，则麦克斯韦方程组近似为

$$\nabla \cdot \boldsymbol{D}_\mathrm{e} = \rho \tag{7.5a}$$

$$\nabla \cdot \boldsymbol{B}_\mathrm{e} = 0 \tag{7.5b}$$

$$\nabla \times \boldsymbol{E}_\mathrm{e} \approx 0 \tag{7.5c}$$

$$\nabla \times \boldsymbol{H}_\mathrm{e} = \boldsymbol{J} + \frac{\partial}{\partial t}\boldsymbol{D}_\mathrm{e} \tag{7.5d}$$

电荷守恒定律变为

$$\nabla\cdot\boldsymbol{J}+\frac{\partial}{\partial t}\rho=0 \tag{7.5e}$$

在伽利略变换中，我们进行以下操作：

$$\frac{\partial}{\partial t'}=\frac{\partial}{\partial t}+\boldsymbol{v}_0\cdot\nabla \tag{7.6a}$$

$$\nabla'=\nabla \tag{7.6b}$$

于是，我们可以证明方程组 (7.5a)~(7.5d) 在伽利略变换下是协变的，两个参考系中对应的场具有如下关联：

$$\boldsymbol{E}_{\mathrm{e}}'\approx\boldsymbol{E}_{\mathrm{e}} \tag{7.7a}$$

$$\boldsymbol{B}_{\mathrm{e}}'\approx\boldsymbol{B}_{\mathrm{e}}-\boldsymbol{v}_0\times\boldsymbol{E}_{\mathrm{e}}/c^2 \tag{7.7b}$$

$$\boldsymbol{D}_{\mathrm{e}}'\approx\boldsymbol{D}_{\mathrm{e}} \tag{7.7c}$$

$$\boldsymbol{H}_{\mathrm{e}}'\approx\boldsymbol{H}_{\mathrm{e}}-\boldsymbol{v}_0\times\boldsymbol{D}_{\mathrm{e}} \tag{7.7d}$$

$$\boldsymbol{J}'\approx\boldsymbol{J}-\rho\boldsymbol{v}_0 \tag{7.7e}$$

$$\rho'\approx\rho \tag{7.7f}$$

这正是 $E\gg cB$ 和 $v_0\ll c$ 近似下洛伦兹变换的结果。

7.3.2 磁极限

在第二种情况下，如果 $E\ll cB$，在麦克斯韦方程组的安培定律中 $\dfrac{\partial}{\partial t}\boldsymbol{D}'$ 项可以忽略，因为小的位移电流不会产生大的电场。使用下标 “m” 表示这种情况，则

$$\nabla\cdot\boldsymbol{D}_{\mathrm{m}}=\rho \tag{7.8a}$$

$$\nabla\cdot\boldsymbol{B}_{\mathrm{m}}=0 \tag{7.8b}$$

$$\nabla\times\boldsymbol{E}_{\mathrm{m}}=-\frac{\partial}{\partial t}\boldsymbol{B}_{\mathrm{m}} \tag{7.8c}$$

$$\nabla\times\boldsymbol{H}_{\mathrm{m}}\approx\boldsymbol{J} \tag{7.8d}$$

电荷守恒定律变为

$$\nabla\cdot\boldsymbol{J}=0 \tag{7.8e}$$

从物理上讲，基于这些方程的理论将描述电流是电磁行为的主要来源的情况。因此，根据方程组 (7.2a)~(7.2f)，运动坐标系 S' 中的场和实验室坐标系 S 中的场通过下式相关联：

$$\boldsymbol{E}'_{\mathrm{m}} \approx \boldsymbol{E}_{\mathrm{m}} + \boldsymbol{v}_0 \times \boldsymbol{B}_{\mathrm{m}} \tag{7.9a}$$

$$\boldsymbol{B}'_{\mathrm{m}} \approx \boldsymbol{B}_{\mathrm{m}} \tag{7.9b}$$

$$\boldsymbol{D}'_{\mathrm{m}} \approx \boldsymbol{D}_{\mathrm{m}} + \boldsymbol{v}_0 \times \boldsymbol{H}/c^2 \tag{7.9c}$$

$$\boldsymbol{H}'_{\mathrm{m}} \approx \boldsymbol{H}_{\mathrm{m}} \tag{7.9d}$$

$$\boldsymbol{J}' \approx \boldsymbol{J} \tag{7.9e}$$

$$\rho' \approx \rho - \boldsymbol{v}_0 \cdot \boldsymbol{J}/c^2 \tag{7.9f}$$

我们可以证明方程组 (7.7a)~(7.7d) 和 (7.9a)~(7.9c) 满足伽利略协变性。

本节所示的两个极限情况满足伽利略协变性，其结果对于处理工程中的许多电磁现象非常有用。对于一般情况，如果场的强度相差不大，我们上面做出的近似可能无效，因此需要一个更一般的理论。

7.4　运动物体的法拉第定律

法拉第定律的一般方程适用于仅考虑电磁场时变行为的静态介质。我们现在从物理原理开始推导运动介质/物体的方程，而不是从方程到方程。法拉第电磁感应定律的数学表达式是楞次通量定律：磁通量的减少率是感应电动势：

$$\xi_{\mathrm{emf}} = -\frac{\mathrm{d}\varPhi_B}{\mathrm{d}t} = -\frac{\mathrm{d}}{\mathrm{d}t}\iint_{\boldsymbol{s}(t)} \boldsymbol{B}\cdot\mathrm{d}\boldsymbol{s} \tag{7.10}$$

其中积分是在一个开放曲面 $\boldsymbol{s}(t)$ 上进行的，该曲面的形状和开放边缘可能是时间相关的，它表示一个具有可变形状的运动物体。方程 (7.10) 是通量法则，可以用来描述大多数电磁现象，特别是对于发电机和电动机。图 7.3(a) 表示了可以使用通量法则很好描述的一般情况，其中细线电路具有固定的形状，但可以发生平动。

然而，正如费曼所提出的，有一些情况似乎是“反通量法则”的 [10]。反通量法则的例子发生在围绕轴旋转的电路中出现大的导电片的情况下，如图 7.3(b) 和 (c) 所示的两种情况。“反通量法则”例子的一个共同特征是电路包含一个大尺寸的金属片，其中点电荷的运动轨迹取决于受到的作用力，而不仅仅是传输电路的几何“限制效应”。以图 7.3(c) 为例，旋转金属盘存在于磁场中，电路的一部分是位于边缘的滑动针。一旦圆盘旋转，通过电路的总磁通量可能不会改变，因此根

据方程 (7.10) 不会有电动势，但电动势在实验上确实存在！费曼没有清楚地解释这个悖论。在他的教科书中，他说："它必须应用于电路材料保持不变的电路。当电路材料发生改变时，我们必须回到基本定律。正确的物理学总是满足两个基本定律 $\nabla\times\boldsymbol{E}=-\dfrac{\partial}{\partial t}\boldsymbol{B}$，$\boldsymbol{F}=q(\boldsymbol{E}+\boldsymbol{v}\times\boldsymbol{B})$。"[10]。费曼似乎没有清楚地解释这些例子。这里添加洛伦兹力是为了弥补麦克斯韦方程组在处理运动物体电磁行为方面的不足。因此，我们现在对这种情况进行更详细的讨论。

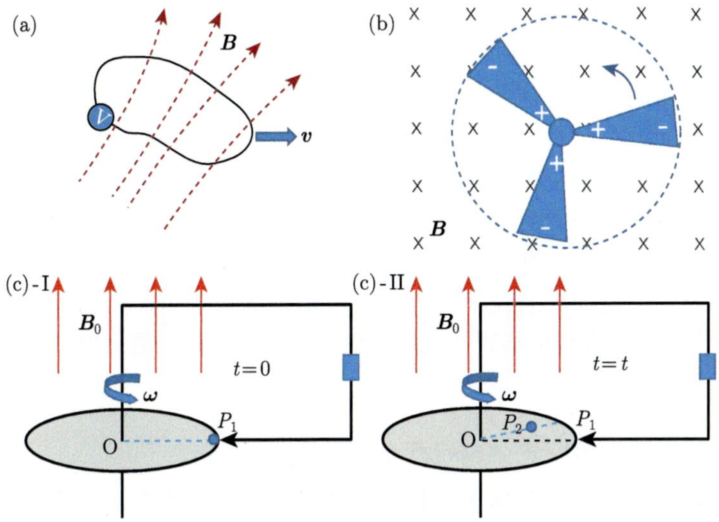

图 7.3 几个有关电磁感应的通量法则的例子。(a) 闭合线圈在一个随时间和空间变化的磁场中关于实验室坐标系做加速运动的典型例子。(b) 在均匀磁场中旋转的导电扇叶。(c) 一个放在均匀磁场中的静态的矩形闭合线圈，一端在 $t=0$ 和 $t=t$ 时在旋转导电盘的边缘滑动，另一端连接在盘的轴上。宏观物体中单位电荷可以运动，这就导致了法拉第电磁感应定律中增加了一个附加项

"反通量法则" 的情况可能是由于单位电荷在圆盘中实际运动的路径 (如蓝色虚线所示) 偏离了原始的几何矩形 "电路" (如图 7.3(c)-I 中黑色虚线所示)，而我们的结论是根据沿着该电路计算磁通量的积分所得 [11]。当 $t=0$ 时电荷从圆盘边缘的 P_1 点进入圆盘，随着圆盘旋转到 $t=t$，它沿着径向移动到点 P_2，其移动路径由蓝色虚线来表示。因此，图 7.3(c)-II 中由两条虚线定义的区域是磁通量变化的有效区域。磁通量的这种变化是由圆盘旋转时单位电荷传输路径与几何路径的偏差造成的。这是由于电路中存在大金属盘，其旋转产生了可观测到的电动势。为了将这一论点正式纳入方程中，我们首先关注法拉第定律的展开。

为了对方程 (7.10) 进行数学计算，我们使用通量定理 (见附录 B)：对于一般

函数 $\boldsymbol{G}(\boldsymbol{r},t)$，其边界面以速度场 $\boldsymbol{v}(\boldsymbol{r},t)$ 移动 [12]：

$$\frac{\mathrm{d}}{\mathrm{d}t}\iint_C \boldsymbol{G}\cdot\mathrm{d}\boldsymbol{s}=\iint_C\left[\frac{\partial}{\partial t}\boldsymbol{G}+(\boldsymbol{G}\cdot\nabla)\boldsymbol{v}+(\nabla\cdot\boldsymbol{G})\boldsymbol{v}-(\nabla\cdot\boldsymbol{v})\boldsymbol{G}\right]\cdot\mathrm{d}\boldsymbol{s}-\oint_C(\boldsymbol{v}\times\boldsymbol{G})\mathrm{d}\boldsymbol{L} \tag{7.11}$$

使用数学恒等式，方程 (7.10) 变成 [13]

$$\xi_{\mathrm{emf}}=-\frac{\mathrm{d}}{\mathrm{d}t}\iint_{\boldsymbol{s}(t)}\boldsymbol{B}\cdot\mathrm{d}\boldsymbol{s}=-\iint_{\boldsymbol{s}(t)}\left[\frac{\partial}{\partial t}\boldsymbol{B}-\nabla\times(\boldsymbol{v}\times\boldsymbol{B})\right]\cdot\mathrm{d}\boldsymbol{s} \tag{7.12}$$

其中，$\boldsymbol{v}$ 是边界表面移动的速度。由于环路的定义，方程 (7.10) 和方程 (7.12) 在数学上应该是相同的。然而，方程 (7.10) 适用于闭合电路没有变化的情况，例如，电线和圆盘之间没有相对滑动，如图 7.3(a) 所示。而在方程 (7.12) 中，$\boldsymbol{v}$ 表示电路的移动速度，它允许电线和圆盘之间进行灵活或可变的接触。最重要的是，如果电路不是如图 7.3(b) 所示的闭合回路，则应使用方程 (7.12)[14]。

对于图 7.3(b) 和 (c) 所示的情况，当扇叶在均匀磁场中旋转时，因为几何区域的大小未改变，总的磁通量不会改变，但由于洛伦兹力，风扇叶片上会产生电压降 (例如，运动产生的电势)[15]。这是因为当单位电荷沿着扇叶移动时，扇叶掠过的有效面积的变化导致了磁通量的变化。当风扇旋转时，根据方程 (7.12)，洛伦兹力对单位电荷所做的功为 $\xi_{\mathrm{emf}}=\int_0^a r\omega B_0\mathrm{d}r=\frac{1}{2}\omega a^2B_0$。

对于图 7.3(c)-II 所示的情况，电荷可以在导电盘内以垂直于径向的速度 $v_{\mathrm{r}}=r\omega$ 移动，其中 ω 是角速度，因此，总电动势沿着 P_1 到 O 的整个半径 a，电压降可通过洛伦兹力来计算：

$$\xi_{\mathrm{emf}}=\int_a^0(\boldsymbol{v}_{\mathrm{r}}\times\boldsymbol{B})\cdot\mathrm{d}\boldsymbol{r}=\int_0^a r\omega B_0\mathrm{d}r=\frac{1}{2}\omega a^2B_0 \tag{7.13}$$

电路中的电流为 $\frac{1}{2R}\omega a^2B_0$。

或者，使用通量法则 (方程 (7.10))，两条虚线之间的圆盘段面积为 $A=\frac{1}{2}\omega ta^2$，所以 $\xi_{\mathrm{emf}}=AB_0/t=\frac{1}{2}\omega a^2B_0$。这些结果与使用洛伦兹力的方程 (7.13) 得到的结果一致 [11]。

因此，“反通量法则” 的例子可能是由于单位电荷在圆盘中实际运动的路径 (如蓝色虚线所示) 偏离了原始的矩形 “电路” (如图 7.3(c)-I 中黑色虚线所示)，而我们的磁通量的积分正是沿着该电路计算而得。当 $t=0$ 时电荷从其边缘的点 P_1 进入圆盘，随着圆盘旋转到 $t=t$，它沿着径向移动到点 P_2 (图 7.3(c)-II)，其移动路径由蓝色虚线来表示。因此，图 7.3(c)-II 中由两条虚线定义的区域是磁通量变化的有效区域。磁通量的这种变化是由圆盘旋转时单位电荷传输路径与几何路径的偏差造成的。因此，如果导电介质中存在相对运动和电路结构存在变化 (如滑动)，对通量法则的理解需要考虑电荷的传输过程。

图 7.3(c) 所示是关于运动介质系统电动力学的一个例子。细线部分处于静止状态，但金属盘正在旋转，针在其边缘滑动。圆盘内空间点的运动速度是空间 ($\boldsymbol{r}$) 和时间相关的，圆盘旋转时存在加速度。这是一个很好的例子，说明了为什么我们必须扩展运动介质系统的麦克斯韦方程组。

现在，我们从积分形式出发，考虑物体/介质的运动，推导出微分形式的法拉第定律 [16]：

$$\oint_C \boldsymbol{E}' \cdot \mathrm{d}\boldsymbol{L} = -\frac{\mathrm{d}}{\mathrm{d}t} \iint_{\boldsymbol{s}(t)} \boldsymbol{B} \cdot \mathrm{d}\boldsymbol{s} \tag{7.14}$$

其中，$\boldsymbol{E}'$ 代表在积分路径的每个片段 $\mathrm{d}\boldsymbol{L}$ 静止参考系中的电场。法拉第定律意味着，通过开放表面的磁通量的减少率是电场围绕其环形边缘的环量。我们现在需要用实验室坐标系中的场 $\boldsymbol{E}$ 和 $\boldsymbol{B}$ 来表示 $\boldsymbol{E}'$。使用方程 (7.11)，方程 (7.14) 变为

$$\oint_C (\boldsymbol{E}' - \boldsymbol{v} \times \boldsymbol{B}) \cdot \mathrm{d}\boldsymbol{L} = -\iint_{\boldsymbol{s}(t)} \frac{\partial}{\partial t}\boldsymbol{B} \cdot \mathrm{d}\boldsymbol{s} \tag{7.15}$$

在观察者 Bob 的坐标系中，作用在点电荷 q 上的洛伦兹力为 $\boldsymbol{F} = q(\boldsymbol{E} + \boldsymbol{v}_t \times \boldsymbol{B})$，其中 $\boldsymbol{v}_t$ 是点电荷的总运动速度，可能与电路的移动速度 $\boldsymbol{v}$ 不同。作用在其静止坐标系中同一电荷上的力为 $\boldsymbol{F}' = q\boldsymbol{E}'$。一般来说，由于电路表面边界的加速运动，$\boldsymbol{F} \neq \boldsymbol{F}'$，除非运动坐标系是惯性坐标系 [17]，这意味着必须满足 $\boldsymbol{v} = \boldsymbol{v}_0$。因此，只有当介质沿直线恒速运动时，$\boldsymbol{v} = \boldsymbol{v}_0$，对于两个惯性参考系，我们才能得到 $\boldsymbol{F}' = q\boldsymbol{E}'$，其中 $\boldsymbol{E}' = \boldsymbol{E} + \boldsymbol{v}_t \times \boldsymbol{B}$。

当介质以一定加速度运动时，运动介质的电磁行为变得复杂。我们以单位电荷 q 为例。如果承载单位电荷的介质进行加速运动，则作用在单位电荷上的力除了电磁力外，还应包括惯性力 $\dfrac{\partial}{\partial t}(m\boldsymbol{v})$，其中 m 是点电荷的质量。在这种情况下，我们得到

$$q\boldsymbol{E}' - \frac{\partial}{\partial t}(m\boldsymbol{v}) = q\boldsymbol{E} + q\boldsymbol{v}_t \times \boldsymbol{B} \tag{7.16}$$

其中，$\boldsymbol{v}_t$ 是单位电荷在 S 坐标系中的总移动速度。在一般情况下，$\boldsymbol{v}_t$ 可以分为两个分量：参考系 S' 原点的运动速度 $\boldsymbol{v}$，它只是时间相关的，因此可以被视为“刚性平移”，$\boldsymbol{v}_{\mathrm{r}}$ 是点电荷相对于参考系 S' 的运动速度，它是和空间和时间相关的：

$$\boldsymbol{v}_t = \boldsymbol{v}(t) + \boldsymbol{v}_{\mathrm{r}}(\boldsymbol{r}, t) \tag{7.17}$$

$\boldsymbol{v}_{\mathrm{r}}$ 的空间依赖性表示介质的形变和/或旋转，时间依赖性表示局部的加速度。将方程 (7.16) 和 (7.17) 代入方程 (7.15) 中，我们得到

$$\oint_C \left[\boldsymbol{E} + \boldsymbol{v}_{\mathrm{r}} \times \boldsymbol{B} + \frac{1}{q}\frac{\partial}{\partial t}(m\boldsymbol{v})\right] \cdot \mathrm{d}\boldsymbol{L} = -\iint_s \frac{\partial}{\partial t}\boldsymbol{B} \cdot \mathrm{d}\boldsymbol{s} \tag{7.18}$$

我们现在考虑两种情况 [5,11]：

(1) 如果介质是一个细线环电路，线内点电荷的运动速度 $\boldsymbol{v}_{\mathrm{r}}$ 平行于导线，例如 $\boldsymbol{v}_{\mathrm{r}}$ 与积分路径 $\mathrm{d}\boldsymbol{L}$ 平行，则 $[\boldsymbol{v}_{\mathrm{r}} \times \boldsymbol{B}] \cdot \mathrm{d}\boldsymbol{L}$ 项会自动消失 [13]。此外，参考的运动是一个平动，以致 $\boldsymbol{v}(t)$ 仅与时间有关。方程 (7.18) 中的第三项也消失了，从而得到了标准的麦克斯韦方程组的第三方程：$\nabla \times \boldsymbol{E} = -\frac{\partial}{\partial t}\boldsymbol{B}$。这意味着微分形式的法拉第定律的标准形式适用于所有细线电路的情况。这是所有教科书中都提到的情况，但它有一个细线近似的条件，需要在这里详细说明，细线电路是一种任意形状的虚构的电路。根据通量法则，细线电路意味着单位电荷的运动轨迹正是计算磁通量的积分路径，当我们将积分方程转换为微分形式时，电路被视为虚构的电路。如果虚构的电路可以扩展到任何空间，电路不与任何导电介质边界相交，则细线电路假设完全成立，以致它仅适用于自由空间的情况，但可能不适用于有运动宏观介质的情况。

因此，在实践中，如果电路中只有旋转的细线，而电子流动路径上没有其他体介质，如图 7.4(a) 所示，尽管细线电路可能会旋转、加速运动和/或发生形状改变，但麦克斯韦方程组保持不变。在这种情况下，由于导线非常细，因此在计算电动力学时不需要将其视为单独的介质。

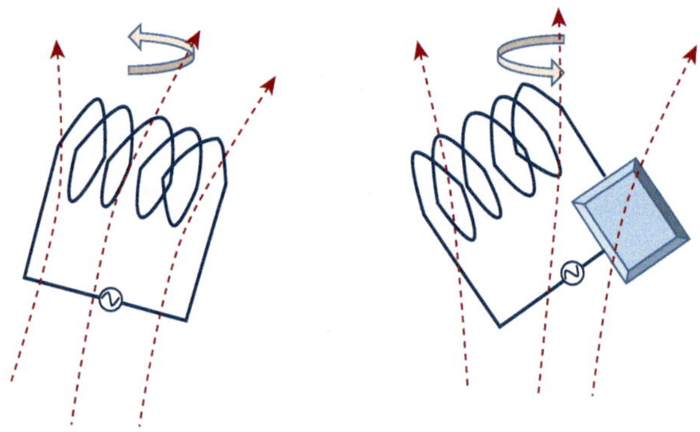

(a)　　　　(b)

图 7.4　(a) 由细线组成的加速运动电路的示意图；(b) 在磁场存在的情况下，电路中含有大块介质的情况的示意图

(2) 介质很大，以致单位电荷的相对速度在积分环与导电介质相交的片段中有一个垂直于积分路径的分量，如图 7.4(b) 所示的情况，这种情况在工程中是由于介质的尺寸、形状和体积而发生的，因此处理的过程就和自由空间不一样。

图 7.3(c) 和 (b) 中的示例可以外推到介质内部空间中 $\oint_C (\boldsymbol{v}_{\mathrm{r}} \times \boldsymbol{B}) \cdot \mathrm{d}\boldsymbol{L} \neq 0$ 的一般情况，因为电荷运动轨迹与积分路径的轨迹不一致，因此洛伦兹力可以局部作用于它，尽管从几何角度来看总磁通量没有变化。这个例子也让我们了解了相对运动速度 $\boldsymbol{v}_{\mathrm{r}}$ 的含义。使用斯托克斯定理，方程 (7.18) 变为

$$\nabla \times \left[\boldsymbol{E} + \boldsymbol{v}_{\mathrm{r}} \times \boldsymbol{B} + \frac{1}{q}\frac{\partial}{\partial t}(m\boldsymbol{v})\right] = -\frac{\partial}{\partial t}\boldsymbol{B} \tag{7.19}$$

由于附着在运动介质上的参考系 S' 的原点的运动可以被视为刚性平移，因此它只随时间变化，$\boldsymbol{v}(t)$ 意味着 $\nabla \times \left\{\frac{\partial}{\partial t}[m\boldsymbol{v}(t)]\right\} = \frac{\partial}{\partial t}[m\nabla \times \boldsymbol{v}(t)] = 0$，因此，惯性力项在微分方程中自然消失，我们得到 [11]

$$\nabla \times (\boldsymbol{E} + \boldsymbol{v}_{\mathrm{r}} \times \boldsymbol{B}) = -\frac{\partial}{\partial t}\boldsymbol{B} \tag{7.20}$$

这种情况在经典教科书中没有讨论过。方程 (7.20) 适用于如图 7.3(b) 和 (c) 所示的磁场中具有风扇叶片形状的旋转介质和旋转金属盘的情况。由于介质/电路的尺寸、形状和体积等因素的影响，因此不容易确定电荷在介质上的积分路径在哪里。

在方程 (7.18) 中，当积分路径 C 被大体积介质截断时，点电荷的实际运动速度可能与导电介质内的积分路径不平行，方程中出现 $\boldsymbol{v}_{\mathrm{r}} \times \boldsymbol{B}$ 项。应当注意，与参考系中的电荷运动速度 $\boldsymbol{v}(t)$ 相比，介质内电荷的相对速度 $\boldsymbol{v}_{\mathrm{r}}$ 可能并不小，如图 7.4(b) 所示。

现在让我们看一下图 7.3(c) 中显示的情况。如果磁场与时间无关，$\frac{\partial}{\partial t}\boldsymbol{B} = 0$，根据方程 (7.20)，我们得到 $\nabla \times \boldsymbol{E} = -\nabla \times (\boldsymbol{v}_{\mathrm{r}} \times \boldsymbol{B})$，这意味着介质在磁场中的运动会产生电场，从而产生电动势，这与实验观察结果一致。然而，如果使用经典的麦克斯韦方程组，情况就不同了，$\nabla \times \boldsymbol{E} = 0$，这意味着 $\boldsymbol{E} = 0$，并且不应该有电动势。这显然与实验观察结果不一致。这种差异是由于经典麦克斯韦方程组中没有考虑介质的运动！

7.5 运动物体的安培–麦克斯韦定律

我们现在考虑运动介质情况下的安培–麦克斯韦定律：

$$\oint_C \boldsymbol{H}' \cdot \mathrm{d}\boldsymbol{L} = \iint_s \boldsymbol{J} \cdot \mathrm{d}\boldsymbol{s} + \frac{\mathrm{d}}{\mathrm{d}t} \iint_s \boldsymbol{D} \cdot \mathrm{d}\boldsymbol{s} \tag{7.21}$$

其中，$\boldsymbol{H}'$ 是在 $\mathrm{d}\boldsymbol{L}$ 静止的坐标系中运动介质上的磁场。安培–麦克斯韦定律表明，通过开放表面的总电流加上通过开放表面电通量的增加率是磁场围绕其环形边缘的环量。使用通量定理方程 (7.11)，我们得到

$$\oint_C \boldsymbol{H}' \cdot \mathrm{d}\boldsymbol{L} = \iint_s (\boldsymbol{J} + \rho\boldsymbol{v}) \cdot \mathrm{d}\boldsymbol{s} + \iint_s \frac{\partial}{\partial t}\boldsymbol{D} \cdot \mathrm{d}\boldsymbol{s} - \oint_C (\boldsymbol{v} \times \boldsymbol{D}) \cdot \mathrm{d}\boldsymbol{L} \tag{7.22}$$

对方程 (7.22) 的左侧使用斯托克斯定理，我们得到

$$\nabla \times (\boldsymbol{H}' + \boldsymbol{v} \times \boldsymbol{D}) = \boldsymbol{J} + \rho\boldsymbol{v} + \frac{\partial}{\partial t}\boldsymbol{D} \tag{7.23}$$

在低速极限下，从方程 (7.4d) 可以得到运动坐标系的局部磁场为

$$\boldsymbol{H}' \approx \boldsymbol{H} - \boldsymbol{v}_t \times \boldsymbol{D}$$

我们可以得到

$$\nabla \times (\boldsymbol{H} - \boldsymbol{v}_{\mathrm{r}} \times \boldsymbol{D}) \approx \boldsymbol{J} + \rho\boldsymbol{v} + \frac{\partial}{\partial t}\boldsymbol{D} \tag{7.24}$$

$\boldsymbol{v}_{\mathrm{r}} \times \boldsymbol{D}$ 项是由于介质运动引起的电场感应磁化。因此，可以通过传导电流、带电体的运动和极化体的运动产生相同的磁场。

7.6 动生麦克斯韦方程组

我们现在将 7.4 节和 7.5 节中的所有推导放在一起，运动介质内的电磁行为可以用下面的式子来描述 [5,11]：

$$\nabla \cdot \boldsymbol{D} = \rho \tag{7.25a}$$

$$\nabla \cdot \boldsymbol{B} = 0 \tag{7.25b}$$

$$\nabla \times (\boldsymbol{E} + \boldsymbol{v}_{\mathrm{r}} \times \boldsymbol{B}) = -\frac{\partial}{\partial t}\boldsymbol{B} \tag{7.25c}$$

$$\nabla \times (\boldsymbol{H} - \boldsymbol{v}_{\mathrm{r}} \times \boldsymbol{D}) = \boldsymbol{J} + \rho \boldsymbol{v} + \frac{\partial}{\partial t}\boldsymbol{D} \tag{7.25d}$$

该方程组称为动生麦克斯韦方程组。伴随着这四个方程，相应的电荷守恒定律是 [11]

$$\oiint_S \boldsymbol{J} \cdot \mathrm{d}\boldsymbol{s} + \frac{\mathrm{d}}{\mathrm{d}t} \iiint_V \rho \mathrm{d}\boldsymbol{r} = 0 \tag{7.26}$$

通过使用以速度 $\boldsymbol{v}$ 膨胀的体积的数学恒等式

$$\frac{\mathrm{d}}{\mathrm{d}t} \iiint_V g \mathrm{d}\boldsymbol{r} = \iiint_V \left(\frac{\partial}{\partial t} + \boldsymbol{v} \cdot \nabla\right) g \mathrm{d}\boldsymbol{r} = \iiint_V \frac{\partial}{\partial t} g \mathrm{d}\boldsymbol{r} + \oiint_S g \boldsymbol{v} \cdot \mathrm{d}\boldsymbol{s}$$

电荷守恒定律变为

$$\nabla \cdot (\boldsymbol{J} + \rho \boldsymbol{v}) + \frac{\partial}{\partial t}\rho = 0 \tag{7.27}$$

可以证明方程组 (7.25a)~(7.25d) 和方程 (7.27) 在数学上是完全自洽的。

传统上，为了使麦克斯韦方程组包括“反通量法则”的情况，除了四大物理定律外，电荷运动的另一个要求是满足洛伦兹力：$\boldsymbol{F} = q(\boldsymbol{E} + \boldsymbol{v} \times \boldsymbol{B})$，使用它可以解释“反通量法则”情况下的实验结果。事实上，这种操作是为了弥补假设没有运动介质或观察者而推导出的麦克斯韦方程组的不足。事实上，如果使用电动势的正确定义，洛伦兹力就包含在法拉第定律中。在动生麦克斯韦方程组中，洛伦兹力完全包含在方程 (7.25c) 中，因此，并不需要将洛伦兹力作为另外一个必须满足的方程。

7.7 多运动物体的位移矢量

7.7.1 动生极化

在经典电磁学中，介质边界和形状与时间无关，但整个介质/物体可以沿直线匀速运动。在工程应用中，介质可以沿着复杂的轨迹做加速运动，其形状可能随时间而变化。介质的表面可能带有静电荷，因此它们的相对运动可能会引入额外的极化项。因此，如果在参考系中有多个做相对运动的物体，我们需要找到一种有效的方法来描述这种极化。

以摩擦纳米发电机 (TENG) 为例，它需要至少一种运动介质来产生静电荷，通过外界机械作用力，利用接触起电来产生。因此，静电荷产生的电场将使介质发生极化。由于外部电场的作用，这种极化与 $\boldsymbol{P}$ 有本质的不同。事实上，运动介质物体和介质形状的变化不仅会导致局部的时变电荷密度，还会导致局部的“虚拟”电流密度。为了解释这些现象，引入了一个额外项 $\boldsymbol{P}_{\mathrm{s}}$ 用于表示动生极化 [19,20]：

$$\boldsymbol{D} = \varepsilon_0 \boldsymbol{E} + \boldsymbol{P} + \boldsymbol{P}_{\mathrm{s}} = \varepsilon_0 (1 + \chi) \boldsymbol{E} + \boldsymbol{P}_{\mathrm{s}} \tag{7.28}$$

其中，第一项 $\varepsilon_0\boldsymbol{E}$ 是由自由电荷产生的场，该场是激发介质的场；矢量 $\boldsymbol{P}$ 是电场引起的介质极化，它负责介质对外部电场的屏蔽效应；增加的 $\boldsymbol{P}_{\rm s}$ 项主要是由于表面静电荷的存在、边界形状的时间变化以及多个物体的相对运动 (图 7.5)。直接贡献于 $\boldsymbol{P}_{\rm s}$ 项的电荷既不是自由电荷，也不是极化诱导电荷，而是由外部机械触发引入到介质中的固有表面束缚静电荷。这一项对于发展 TENG 理论是必要的 [21]。相应的空间电荷密度为

$$\rho_{\rm s} = -\nabla\cdot\boldsymbol{P}_{\rm s} \tag{7.29a}$$

表面静电荷密度为 $\sigma_{\rm s} = \boldsymbol{n}\cdot\boldsymbol{P}_{\rm s}$；由介质运动引起的束缚静电荷贡献的位移电流密度为

$$\boldsymbol{J}_{\rm s} = \frac{\partial}{\partial t}\boldsymbol{P}_{\rm s} \tag{7.29b}$$

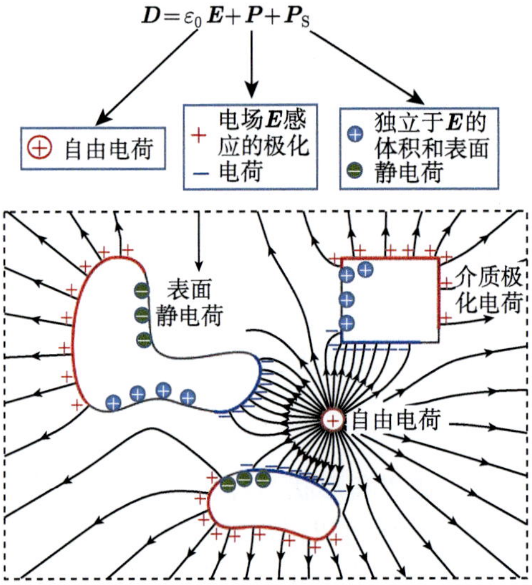

图 7.5 新定义的位移矢量 $\boldsymbol{D}$ 中的三项及其在图中表示的空间电荷的示意图。与 $\boldsymbol{P}_{\rm s}$ 对应的电荷密度是 TENG 中表面接触起电效应产生的电荷密度 [20]

7.7.2 $\boldsymbol{P}_{\rm s}$ 的计算

如果静电荷的分布或构型随时间而变化，那么动生极化 $\boldsymbol{P}_{\rm s}$ 的推导如下。如果介质表面上的表面电荷密度函数 $\sigma_{\rm s}(\boldsymbol{r},t)$ 通过一个形状函数 $f(\boldsymbol{r},t)=0$ 来定义，其中引入时间来表示介质的瞬时形状，那么 $\boldsymbol{P}_{\rm s}$ 可以表示为 [16]

$$\nabla\cdot\boldsymbol{P}_{\rm s} = -\sigma_{\rm s}(\boldsymbol{r},t)\delta(f(\boldsymbol{r},t)) \tag{7.30}$$

其中，$\delta(f(\boldsymbol{r},t))$ 是一个用来限制介质 $f(\boldsymbol{r},t)=0$ 的形状的 δ 函数，从而将非电场产生的极化电荷限制在介质表面上，其定义如下：

$$\delta(f(\boldsymbol{r},t))=\begin{cases}\infty, & f(\boldsymbol{r},t)=0\\ 0, & \text{其他}\end{cases} \tag{7.31a}$$

$$\int_{-\infty}^{\infty}\delta(f(\boldsymbol{r},t))\mathrm{d}n=1 \tag{7.31b}$$

其中，$\boldsymbol{n}$ 是局部表面的法线方向，$\mathrm{d}n$ 是沿介质表面法线方向的微元。值得注意的是，电介质的形状取决于时间，因为在外部机械触发下，电介质的形态和分布会发生变化，这就是在 $f(\boldsymbol{r},t)$ 中引入时间 t 的原因。如果我们用以下方程定义 $\boldsymbol{P}_\mathrm{s}$ 引起的“电势”：

$$\boldsymbol{P}_\mathrm{s}=-\nabla\varphi_\mathrm{s}(\boldsymbol{r},t) \tag{7.32a}$$

$$\nabla^2\varphi_\mathrm{s}(\boldsymbol{r},t)=\sigma_\mathrm{s}(\boldsymbol{r},t)\delta(f(\boldsymbol{r},t)) \tag{7.32b}$$

使用格林函数方法，求解得到

$$\varphi_\mathrm{s}(\boldsymbol{r},t)=\frac{1}{4\pi}\iiint_V\frac{\sigma_\mathrm{s}(\boldsymbol{r}',t')\delta(f(\boldsymbol{r}',t'))}{|\boldsymbol{r}-\boldsymbol{r}'|}\mathrm{d}\boldsymbol{r}'=\frac{1}{4\pi}\iint_s\frac{\sigma_\mathrm{s}(\boldsymbol{r}',t')}{|\boldsymbol{r}-\boldsymbol{r}'|}\mathrm{d}\boldsymbol{s}' \tag{7.33}$$

其中，$\mathrm{d}\boldsymbol{s}'$ 是电介质表面 $f(\boldsymbol{r},t)=0$ 上的微元。因此，由表面电荷密度引起的极化为

$$\boldsymbol{P}_\mathrm{s}=-\nabla\varphi_\mathrm{s}(\boldsymbol{r},t)=\frac{1}{4\pi}\iint_\mathrm{s}\sigma_\mathrm{s}(\boldsymbol{r}',t')\frac{\boldsymbol{r}-\boldsymbol{r}'}{|\boldsymbol{r}-\boldsymbol{r}'|^3}\mathrm{d}\boldsymbol{s}'+\frac{1}{4\pi c}\iiint_s\frac{\partial\sigma_\mathrm{s}(\boldsymbol{r}'',t')}{\partial t'}\frac{\boldsymbol{r}-\boldsymbol{r}'}{|\boldsymbol{r}-\boldsymbol{r}'|^2}\mathrm{d}\boldsymbol{s}' \tag{7.34}$$

值得注意的是，介电边界/表面 $\boldsymbol{S}(t)$ 的形状是时间的函数，因为它是由外力触发的，所以时间微分也适用于在外部机械触发下变化的电介质的边界！

7.7.3 多物体系统的动生麦克斯韦方程组

如果考虑运动引起的动生极化，动生麦克斯韦方程组如下 [5]：

$$\nabla\cdot\boldsymbol{D}=\rho \tag{7.35a}$$

$$\nabla\cdot\boldsymbol{B}=0 \tag{7.35b}$$

$$\nabla\times(\boldsymbol{E}+\boldsymbol{v}_\mathrm{r}\times\boldsymbol{B})=-\frac{\partial}{\partial t}\boldsymbol{B} \tag{7.35c}$$

$$\nabla\times(\boldsymbol{H}-\boldsymbol{v}_\mathrm{r}\times\boldsymbol{D})=\boldsymbol{J}+\rho\boldsymbol{v}+\frac{\partial}{\partial t}\boldsymbol{D} \tag{7.35d}$$

其中，$\boldsymbol{v}(t)$ 仅与时间有关，但 $\boldsymbol{v}_{\mathrm{r}}=\boldsymbol{v}_{\mathrm{r}}(\boldsymbol{r},t)$ 更为常规；$\boldsymbol{D}=\boldsymbol{D}'+\boldsymbol{P}_{\mathrm{s}}$，$\boldsymbol{D}'=\varepsilon_0\boldsymbol{E}+\boldsymbol{P}$。需要注意的是，方程组 (7.35a)~(7.35d) 被视为任意速度场中形状可变、机械驱动、缓慢运动介质的通用的麦克斯韦方程组。完整的动生麦克斯韦方程组描述了力–电–磁这三个领域之间的耦合。电荷守恒定律为

$$\nabla\cdot(\boldsymbol{J}+\rho\boldsymbol{v})+\frac{\partial}{\partial t}\rho=0 \tag{7.35e}$$

方程 (7.35d) 中每项的物理含义可以阐述如下：$\boldsymbol{v}$ 是在静止坐标系 S 中运动参考系 S' 的原点的运动速度；$\boldsymbol{v}_{\mathrm{r}}$ 是介质在 S' 坐标系中的相对运动速度，$\boldsymbol{P}_{\mathrm{s}}$ 是由于 S' 坐标系中多个物体的相对运动而引入的极化。

7.8 边界条件

$\boldsymbol{D}$ 和 $\boldsymbol{B}$ 的边界条件可以用麦克斯韦方程组的物理原理推导出来。方程组 (7.35a)~(7.35b) 的积分形式可以通过斯托克斯定理得到 [5]：

$$\oiint_S \boldsymbol{D}\cdot\mathrm{d}\boldsymbol{s}=\iiint_V \rho_{\mathrm{f}}\mathrm{d}\boldsymbol{r} \tag{7.36a}$$

$$\oiint_S \boldsymbol{B}\cdot\mathrm{d}\boldsymbol{s}=0 \tag{7.36b}$$

$$\oint_C(\boldsymbol{E}+\boldsymbol{v}_{\mathrm{r}}\times\boldsymbol{B})\cdot\mathrm{d}\boldsymbol{L}=-\iint_s\frac{\partial}{\partial t}\boldsymbol{B}\cdot\mathrm{d}\boldsymbol{s} \tag{7.36c}$$

$$\oint_C(\boldsymbol{H}-\boldsymbol{v}_{\mathrm{r}}\times\boldsymbol{D})\cdot\mathrm{d}\boldsymbol{L}=\iint_s(\boldsymbol{J}+\rho\boldsymbol{v})\cdot\mathrm{d}\boldsymbol{s}+\iint_s\frac{\partial}{\partial t}\boldsymbol{D}\cdot\mathrm{d}\boldsymbol{s} \tag{7.36d}$$

在方程组 (7.36a)~(7.36d) 中，积分曲面和路径可以是任意的。因此，对于方程 (7.36a) 和 (7.36b)，我们可以选择薄的圆盘为积分表面，其表面平行于边界表面。对于方程 (7.36c) 和 (7.36d)，线积分路径可以是平行于和垂直于边界表面的窄矩形电路。由下标 1 和 2 表示边界两侧的场，最后得到完整的边界条件：

$$(\boldsymbol{D}_2-\boldsymbol{D}_1)\cdot\boldsymbol{n}=\sigma \tag{7.37a}$$

$$(\boldsymbol{B}_2-\boldsymbol{B}_1)\cdot\boldsymbol{n}=0 \tag{7.37b}$$

$$\boldsymbol{n}\times(\boldsymbol{E}_2-\boldsymbol{E}_1+\boldsymbol{v}_{\mathrm{r}2}\times\boldsymbol{B}_2-\boldsymbol{v}_{\mathrm{r}1}\times\boldsymbol{B}_1)=0 \tag{7.37c}$$

$$\boldsymbol{n}\times(\boldsymbol{H}_2-\boldsymbol{H}_1-\boldsymbol{v}_{\mathrm{r}2}\times\boldsymbol{D}_2+\boldsymbol{v}_{\mathrm{r}1}\times\boldsymbol{D}_1)=\boldsymbol{K}_{\mathrm{s}}+\sigma\boldsymbol{v}_{\mathrm{s}} \tag{7.37d}$$

其中，$\boldsymbol{n}$ 是表面法线方向，$\boldsymbol{K}_{\mathrm{s}}$ 是表面电流密度，σ 是表面自由电荷密度，$\boldsymbol{v}_{\mathrm{s}}$ 是介质平行于边界的运动速度。

需要注意的是，动生麦克斯韦方程组用于运动介质内部的空间；而在介质外的真空中，控制方程是经典的麦克斯韦方程组。通解由特解和齐次解组成。这两个区域的通解在界面处相交，并满足边界条件。介质的运动通过边界条件影响其附近的电磁场分布。

7.9 能量守恒

我们研究了力–电–磁耦合系统中的能量守恒问题。从方程组 (7.35a)~(7.35d) 出发，推导出该力–电–磁耦合系统的能量守恒过程。通过对方程 (7.35d) 进行 $\boldsymbol{E}\cdot$，对方程 (7.35c) 进行 $\boldsymbol{H}\cdot$，我们得到

$$-\boldsymbol{E}\cdot\frac{\partial \boldsymbol{D}}{\partial t}-\boldsymbol{H}\cdot\frac{\partial \boldsymbol{B}}{\partial t}=-\boldsymbol{E}\cdot[\nabla\times(\boldsymbol{H}-\boldsymbol{v}_{\mathrm{r}}\times\boldsymbol{D})-\boldsymbol{J}-\rho\boldsymbol{v}]+\boldsymbol{H}\cdot[\nabla\times(\boldsymbol{E}+\boldsymbol{v}_{\mathrm{r}}\times\boldsymbol{B})] \tag{7.38a}$$

该式变为 [5]

$$-\frac{\partial}{\partial t}u-\nabla\cdot\boldsymbol{S}=\boldsymbol{E}\cdot\boldsymbol{J}+\rho\boldsymbol{v}\cdot\boldsymbol{E}+\{\boldsymbol{H}\cdot[\nabla\times(\boldsymbol{v}_{\mathrm{r}}\times\boldsymbol{B})]+\boldsymbol{E}\cdot[\nabla\times(\boldsymbol{v}_{\mathrm{r}}\times\boldsymbol{D})]\} \tag{7.38b}$$

其中 $\boldsymbol{S}$ 是坡印亭矢量，表示场在单位时间、单位面积上传播的能量

$$\boldsymbol{S}=\boldsymbol{E}\times\boldsymbol{H} \tag{7.39a}$$

u 是电磁场的能量体积密度，可以由下式给出

$$\frac{\partial}{\partial t}u=\boldsymbol{E}\cdot\frac{\partial \boldsymbol{D}}{\partial t}+\boldsymbol{H}\cdot\frac{\partial \boldsymbol{B}}{\partial t} \tag{7.39b}$$

方程 (7.38a) 表明，在一定体积内的内部电磁场能量的降低加上在一定体积内从表面辐射出的电磁波能量的速率，就是场对外部自由电流和自由电荷作用的能量速率，再加上介质空间运动引起的电磁能量密度的变化。重要的是，介质运动的贡献可以被视为产生电磁能的“来源”。

7.10 动生麦克斯韦方程组的数学求解

在运动物体内部，方程的通解有两个组成部分：满足以下条件的齐次解 [17]

$$\nabla\cdot\boldsymbol{D}_{\mathrm{h}}'=0 \tag{7.40a}$$

$$\nabla \cdot \boldsymbol{B}_{\mathrm{h}} = 0 \tag{7.40b}$$

$$\nabla \times (\boldsymbol{E}_{\mathrm{h}} + \boldsymbol{v}_{\mathrm{r}} \times \boldsymbol{B}_{\mathrm{h}}) = -\frac{\partial}{\partial t}\boldsymbol{B}_{\mathrm{h}} \tag{7.40c}$$

$$\nabla \times (\boldsymbol{H}_{\mathrm{h}} - \boldsymbol{v}_{\mathrm{r}} \times \boldsymbol{D}'_{\mathrm{h}}) = \frac{\partial}{\partial t}\boldsymbol{D}'_{\mathrm{h}} \tag{7.40d}$$

以及满足下面式子的特解

$$\nabla \cdot \boldsymbol{D}'_{\mathrm{s}} = \rho - \nabla \cdot \boldsymbol{P}_{\mathrm{s}} \tag{7.41a}$$

$$\nabla \cdot \boldsymbol{B}_{\mathrm{s}} = 0 \tag{7.41b}$$

$$\nabla \times (\boldsymbol{E}_{\mathrm{s}} + \boldsymbol{v}_{\mathrm{r}} \times \boldsymbol{B}_{\mathrm{s}}) = -\frac{\partial}{\partial t}\boldsymbol{B}_{\mathrm{s}} \tag{7.41c}$$

$$\nabla \times (\boldsymbol{H}_{\mathrm{s}} - \boldsymbol{v}_{\mathrm{r}} \times \boldsymbol{D}'_{\mathrm{s}}) = \boldsymbol{J} + \rho\boldsymbol{v} + \nabla \times (\boldsymbol{v}_{\mathrm{r}} \times \boldsymbol{P}_{\mathrm{s}}) + \frac{\partial}{\partial t}(\boldsymbol{D}'_{\mathrm{s}} + \boldsymbol{P}_{\mathrm{s}}) \tag{7.41d}$$

很明显，齐次解和特解都受到介质运动的影响。

在真空中，麦克斯韦方程组的特解可由下面的方程得到：

$$\nabla \cdot \boldsymbol{D}'_{\mathrm{h}} = 0 \tag{7.42a}$$

$$\nabla \cdot \boldsymbol{B}_{\mathrm{h}} = 0 \tag{7.42b}$$

$$\nabla \times \boldsymbol{E}_{\mathrm{h}} = -\frac{\partial}{\partial t}\boldsymbol{B}_{\mathrm{h}} \tag{7.42c}$$

$$\nabla \times \boldsymbol{H}_{\mathrm{h}} = \frac{\partial}{\partial t}\boldsymbol{D}'_{\mathrm{h}} \tag{7.42d}$$

特解为

$$\nabla \cdot \boldsymbol{D}'_{\mathrm{s}} = \rho \tag{7.43a}$$

$$\nabla \cdot \boldsymbol{B}_{\mathrm{s}} = 0 \tag{7.43b}$$

$$\nabla \times \boldsymbol{E}_{\mathrm{s}} = -\frac{\partial}{\partial t}\boldsymbol{B}_{\mathrm{s}} \tag{7.43c}$$

$$\nabla \times \boldsymbol{H}_{\mathrm{s}} = \boldsymbol{J} + \frac{\partial}{\partial t}\boldsymbol{D}'_{\mathrm{s}} \tag{7.43d}$$

总的解是齐次解和特解的和，它需要满足方程 (7.37a)~(7.37d) 定义的边界条件。

为了说明动生麦克斯韦方程组的物理含义及其与麦克斯韦方程组的相关性，我们使用图 7.6 显示了每项和相关控制区域的物理含义。如果介质的瞬时形状

定义为 $s(\boldsymbol{r},t)=0$，运动参考系中心的运动轨迹定义为 $\boldsymbol{r}_0(t)$ (如图 7.6 中的圆盘中心)，如果 $\boldsymbol{r}$ 在表面 $s(\boldsymbol{r}-\boldsymbol{r}_0(t),t)=0$ 的体积内，则控制方程为方程组 (7.40a)~(7.40d) 和 (7.41a)~(7.41d)；否则，控制方程为方程组 (7.42a)~(7.42d) 和 (7.43a)~(7.43d)。$\boldsymbol{v}$ 是静止坐标系 S 中运动参考系 S' 原点的运动速度；$\boldsymbol{v}_{\mathrm{r}}$ 是物体在坐标系 S' 中的相对运动速度；$\boldsymbol{P}_{\mathrm{s}}$ 是由于 S' 坐标系中多物体的相对运动而引入的极化。这两组方程的解在 $s(\boldsymbol{r}-\boldsymbol{r}_0(t),t)=0$ 的表面上满足方程组 (7.37a)~(7.37d) 中给出的边界条件。这是寻找整个系统数值解的一般原则。

需要注意的是，动生麦克斯韦方程组用于描述运动介质内部的电磁场分布，而在介质外的真空中，控制方程是经典的麦克斯韦方程组。因此，为场论和相对论建立的所有理论在真空中仍然有效，与物理学中众所周知的经典理论逻辑自洽。

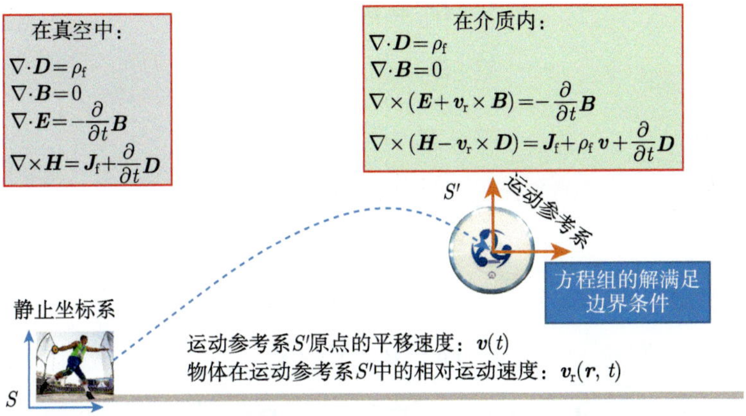

图 7.6 我们使用一个飞行圆盘来说明动生麦克斯韦方程组在工程中的应用。介质 (运动盘) 内的电磁行为决定于动生麦克斯韦方程组，而真空中的电磁行为则是经典的麦克斯韦方程组；这两组方程的解满足介质界面/表面处的边界条件

7.10.1 时域空间中的微扰理论

尽管动生麦克斯韦方程组提供了关于系统的电磁学的完整描述，但对它们的求解是最重要的。只有一些非常简单的情况才存在解析解。对于大多数工程应用，数值计算是必不可少的。由于该理论是在 $v\ll c$ 的低速情况下推导的，我们可以扩展 $\boldsymbol{v}_{\mathrm{r}}$ 阶的全解。考虑到静止介质情况的主要贡献，例如 $\boldsymbol{v}_{\mathrm{r}}=0$ (零阶)，我们可以使用量子力学中发展的微扰方法来求解动生麦克斯韦方程组。在时间/频率空间中，动生麦克斯韦方程组的解可以使用 $\boldsymbol{v}_{\mathrm{r}}$ 阶的微扰理论逐阶推导出。使用迭代方法可以得到更高阶的解 [20,22]：

我们现在使用微扰理论来求解方程组 (7.35a)~(7.35d)，方法是将它们按 λ 参

数的顺序进行展开 ($\lambda = 1$)：

$$\boldsymbol{E} = \boldsymbol{E}_0 + \lambda\boldsymbol{E}_1 + \lambda^2\boldsymbol{E}_2 + \cdots \tag{7.44a}$$

$$\boldsymbol{D}' = \boldsymbol{D}'_0 + \lambda\boldsymbol{D}'_1 + \lambda^2\boldsymbol{D}'_2 + \cdots \tag{7.44b}$$

$$\boldsymbol{H} = \boldsymbol{H}_0 + \lambda\boldsymbol{H}_1 + \lambda^2\boldsymbol{H}_2 + \cdots \tag{7.44c}$$

$$\boldsymbol{B} = \boldsymbol{B}_0 + \lambda\boldsymbol{B}_1 + \lambda^2\boldsymbol{B}_2 + \cdots \tag{7.44d}$$

将方程组 (7.44a)~(7.44b) 代入方程组 (7.35a)~(7.35d) 中，相同的 λ 阶的对应方程如下。

对于零阶项，

$$\nabla \cdot \boldsymbol{D}'_0 = \rho_0 \tag{7.45a}$$

$$\nabla \cdot \boldsymbol{B}_0 = 0 \tag{7.45b}$$

$$\nabla \times \boldsymbol{E}_0 = -\frac{\partial}{\partial t}\boldsymbol{B}_0 \tag{7.45c}$$

$$\nabla \times \boldsymbol{H}_0 = \boldsymbol{J} + \frac{\partial}{\partial t}\boldsymbol{D}'_0 \tag{7.45d}$$

其中，

$$\rho_0 = \rho - \nabla \cdot \boldsymbol{P}_{\mathrm{s}} \tag{7.45e}$$

$$\boldsymbol{J}_0 = \boldsymbol{J} + \rho\boldsymbol{v} + \nabla \times (\boldsymbol{v}_{\mathrm{r}} \times \boldsymbol{P}_{\mathrm{s}}) + \frac{\partial}{\partial t}\boldsymbol{P}_{\mathrm{s}} \tag{7.45f}$$

方程组 (7.45a)~(7.45d) 具有经典麦克斯韦方程组的形式，可以使用教科书中介绍的各种方法来求解，例如矢量势、赫兹矢量等。

对于一阶项，

$$\nabla \cdot \boldsymbol{D}'_1 = 0 \tag{7.46a}$$

$$\nabla \cdot \boldsymbol{B}_1 = 0 \tag{7.46b}$$

$$\nabla \times \boldsymbol{E}_1 = \boldsymbol{F}_1 - \frac{\partial}{\partial t}\boldsymbol{B}_1 \tag{7.46c}$$

$$\nabla \times \boldsymbol{H}_1 = \boldsymbol{J}_1 + \frac{\partial}{\partial t}\boldsymbol{D}'_1 \tag{7.46d}$$

其中，

$$\boldsymbol{F}_1 = -\nabla \times (\boldsymbol{v}_{\mathrm{r}} \times \boldsymbol{B}_0) \tag{7.46e}$$

$$\boldsymbol{J}_1 = \nabla \times (\boldsymbol{v}_{\mathrm{r}} \times \boldsymbol{D}_0') \tag{7.46f}$$

通过对方程 (7.46c) 和 (7.46d) 进行 $\nabla\times$,如果有这两个近似的本构关系 $\boldsymbol{D}_1' = \varepsilon \boldsymbol{E}_1$，$\boldsymbol{B}_1 = \mu \boldsymbol{H}_1$，我们可以得到

$$\nabla^2 \boldsymbol{E}_1 - \mu\varepsilon \frac{\partial^2}{\partial t^2}\boldsymbol{E}_1 = -\nabla \times \boldsymbol{F}_1 + \mu \frac{\partial}{\partial t}\boldsymbol{J}_1 \tag{7.47a}$$

$$\nabla^2 \boldsymbol{H}_1 - \mu\varepsilon \frac{\partial^2}{\partial t^2}\boldsymbol{H}_1 = -\nabla \times \boldsymbol{J}_1 - \varepsilon \frac{\partial}{\partial t}\boldsymbol{F}_1 \tag{7.47b}$$

除了齐次部分的解外，方程 (7.47a) 和 (7.47b) 的特解 $\boldsymbol{E}_{1\mathrm{s}}$ 和 $\boldsymbol{H}_{1\mathrm{s}}$ 如下：

$$\boldsymbol{E}_{1\mathrm{s}}(\boldsymbol{r}, t) = \frac{1}{4\pi}\iiint \frac{1}{|\boldsymbol{r}-\boldsymbol{r}'|}\left[\nabla' \times \boldsymbol{F}_1(\boldsymbol{r}', t') - \mu \frac{\partial}{\partial t'}\boldsymbol{J}_1(\boldsymbol{r}', t')\right] \mathrm{d}\boldsymbol{r}' \tag{7.48a}$$

$$\boldsymbol{H}_{1\mathrm{s}}(\boldsymbol{r}, t) = \frac{1}{4\pi}\iiint \frac{1}{|\boldsymbol{r}-\boldsymbol{r}'|}\left[\nabla' \times \boldsymbol{J}_1(\boldsymbol{r}', t') + \mu \frac{\partial}{\partial t'}\boldsymbol{F}_1(\boldsymbol{r}', t')\right] \mathrm{d}\boldsymbol{r}' \tag{7.48b}$$

其中，t' 是延迟时间，$t' = t - \sqrt{\mu\varepsilon}|\boldsymbol{r}-\boldsymbol{r}'|$。总的解必须与边界条件相匹配。需要注意的是，包括时间延迟在内的计算可以使用 Jackson 书在 7.5 节中介绍的方法 [14]。

对于二阶项，

$$\nabla \cdot \boldsymbol{D}_2' = 0 \tag{7.49a}$$

$$\nabla \cdot \boldsymbol{B}_2 = 0 \tag{7.49b}$$

$$\nabla \times \boldsymbol{E}_2 = \boldsymbol{F}_2 - \frac{\partial}{\partial t}\boldsymbol{B}_2 \tag{7.49c}$$

$$\nabla \times \boldsymbol{H}_2 = \boldsymbol{J}_2 + \frac{\partial}{\partial t}\boldsymbol{D}_2' \tag{7.49d}$$

其中，

$$\boldsymbol{F}_2 = -\nabla \times (\boldsymbol{v}_{\mathrm{r}} \times \boldsymbol{B}_1) \tag{7.49e}$$

$$\boldsymbol{J}_2 = \nabla \times (\boldsymbol{v}_{\mathrm{r}} \times \boldsymbol{D}_1') \tag{7.49f}$$

同样的道理，我们得到

$$\nabla^2 \boldsymbol{E}_2 - \mu\varepsilon \frac{\partial^2}{\partial t^2}\boldsymbol{E}_2 = -\nabla \times \boldsymbol{F}_2 + \mu \frac{\partial}{\partial t}\boldsymbol{J}_2 \tag{7.50a}$$

$$\nabla^2 \boldsymbol{H}_2 - \mu\varepsilon \frac{\partial^2}{\partial t^2}\boldsymbol{H}_2 = -\nabla \times \boldsymbol{J}_2 - \varepsilon \frac{\partial}{\partial t}\boldsymbol{F}_2 \tag{7.50b}$$

这两个方程的特解 $\boldsymbol{E}_{2s}$ 和 $\boldsymbol{H}_{2s}$ 如下：

$$\boldsymbol{E}_{2s}(\boldsymbol{r},t)=\frac{1}{4\pi}\iiint\frac{1}{|\boldsymbol{r}-\boldsymbol{r}'|}\left[\nabla'\times\boldsymbol{F}_2(\boldsymbol{r}',t')-\mu\frac{\partial}{\partial t'}\boldsymbol{J}_2(\boldsymbol{r}',t')\right]\mathrm{d}\boldsymbol{r}' \tag{7.51a}$$

$$\boldsymbol{H}_{2s}(\boldsymbol{r},t)=\frac{1}{4\pi}\iiint\frac{1}{|\boldsymbol{r}-\boldsymbol{r}'|}\left[\nabla'\times\boldsymbol{J}_2(\boldsymbol{r}',t')+\mu\frac{\partial}{\partial t'}\boldsymbol{F}_2(\boldsymbol{r}',t')\right]\mathrm{d}\boldsymbol{r}' \tag{7.51b}$$

我们还可以计算更高阶项的结果。总的解需要满足边界条件。

7.10.2 频域空间中的微扰理论

一般来说，介电常数是与频率有关的，而不是常数。为了将频率纳入整个理论，我们在时域和频域空间中使用傅里叶变换和傅里叶反变换，定义如下：

$$a(\boldsymbol{r},\omega)=\int_{-\infty}^{\infty}\mathrm{d}t\mathrm{e}^{\mathrm{i}\omega t}a(\boldsymbol{r},t) \tag{7.52a}$$

$$a(\boldsymbol{r},t)=\frac{1}{2\pi}\int_{-\infty}^{\infty}\mathrm{d}\omega\mathrm{e}^{-\mathrm{i}\omega t}a(\boldsymbol{r},\omega) \tag{7.52b}$$

引入频域空间的目的是简化电位移场 $\boldsymbol{D}'$ 与电场 $\boldsymbol{E}$、磁场 $\boldsymbol{H}$ 和磁通密度 $\boldsymbol{B}$ 之间的关系，如下所示：

$$\boldsymbol{D}'(\boldsymbol{r},\omega)=\varepsilon(\omega)\boldsymbol{E}(\boldsymbol{r},\omega) \tag{7.53a}$$

$$\boldsymbol{B}(\boldsymbol{r},\omega)=\mu(\omega)\boldsymbol{H}(\boldsymbol{r},\omega) \tag{7.53b}$$

值得注意的是，我们仍然使用最简单的本构关系，而不考虑对介质运动的修正。注意，除了变量之外，我们使用相同的符号来表示实空间和倒空间。对 7.10.1 节的方程进行傅里叶变换，并使用微扰法，我们得到：

对于零阶项，

$$\nabla\cdot\boldsymbol{D}_0'(\boldsymbol{r},\omega)=\rho_0(\boldsymbol{r},\omega) \tag{7.54a}$$

$$\nabla\cdot\boldsymbol{B}_0(\boldsymbol{r},\omega)=0 \tag{7.54b}$$

$$\nabla\times\boldsymbol{E}_0(\boldsymbol{r},\omega)=\mathrm{i}\omega\boldsymbol{B}_0(\boldsymbol{r},\omega) \tag{7.54c}$$

$$\nabla\times\boldsymbol{H}_0(\boldsymbol{r},\omega)=\boldsymbol{J}_0(\boldsymbol{r},\omega)-\mathrm{i}\omega\boldsymbol{D}_0'(\boldsymbol{r},\omega) \tag{7.54d}$$

对于一阶项，

$$\nabla\cdot\boldsymbol{D}_1'(\boldsymbol{r},\omega)=0 \tag{7.55a}$$

$$\nabla \cdot \boldsymbol{B}_1(\boldsymbol{r},\omega) = 0 \tag{7.55b}$$

$$\nabla \times \boldsymbol{E}_1(\boldsymbol{r},\omega) = \boldsymbol{F}_1(\boldsymbol{r},\omega) + \mathrm{i}\omega \boldsymbol{B}_1(\boldsymbol{r},\omega) \tag{7.55c}$$

$$\nabla \times \boldsymbol{H}_1(\boldsymbol{r},\omega) = \boldsymbol{J}_1(\boldsymbol{r},\omega) - \mathrm{i}\omega \boldsymbol{D}_1'(\boldsymbol{r},\omega) \tag{7.55d}$$

可以推导出下面的方程：

$$\nabla^2 \boldsymbol{E}_1(\boldsymbol{r},\omega) + \mu\varepsilon\omega^2 \boldsymbol{E}_1(\boldsymbol{r},\omega) = -\nabla \times \boldsymbol{F}_1(\boldsymbol{r},\omega) - \mathrm{i}\omega \boldsymbol{J}_1(\boldsymbol{r},\omega) \tag{7.56a}$$

$$\nabla^2 \boldsymbol{H}_1(\boldsymbol{r},\omega) + \mu\varepsilon\omega^2 \boldsymbol{H}_1(\boldsymbol{r},\omega) = -\nabla \times \boldsymbol{J}_1(\boldsymbol{r},\omega) + \mathrm{i}\omega \boldsymbol{F}_1(\boldsymbol{r},\omega) \tag{7.56b}$$

场的全解由两部分组成：齐次解和特解 $\boldsymbol{E}_{1\mathrm{s}}$ 和 $\boldsymbol{H}_{1\mathrm{s}}$，满足

$$\boldsymbol{E}_{1\mathrm{s}}(\boldsymbol{r},\omega) = \frac{1}{4\pi}\iiint \frac{\exp\left[\mathrm{i}\omega\sqrt{\mu\varepsilon}\,|\boldsymbol{r}-\boldsymbol{r}'|\right]}{|\boldsymbol{r}-\boldsymbol{r}'|}\left[\nabla' \times \boldsymbol{F}_1(\boldsymbol{r}',\omega) + \mathrm{i}\omega \boldsymbol{J}_1(\boldsymbol{r}',\omega)\right]\mathrm{d}\boldsymbol{r}' \tag{7.57a}$$

$$\boldsymbol{H}_{1\mathrm{s}}(\boldsymbol{r},\omega) = \frac{1}{4\pi}\iiint \frac{\exp\left[\mathrm{i}\omega\sqrt{\mu\varepsilon}\,|\boldsymbol{r}-\boldsymbol{r}'|\right]}{|\boldsymbol{r}-\boldsymbol{r}'|}\left[\nabla' \times \boldsymbol{J}_1(\boldsymbol{r}',\omega) - \mathrm{i}\omega \boldsymbol{F}_1(\boldsymbol{r}',\omega)\right]\mathrm{d}\boldsymbol{r}' \tag{7.57b}$$

对于二阶项，

$$\nabla \cdot \boldsymbol{D}_2'(\boldsymbol{r},\omega) = 0 \tag{7.58a}$$

$$\nabla \cdot \boldsymbol{B}_2(\boldsymbol{r},\omega) = 0 \tag{7.58b}$$

$$\nabla \times \boldsymbol{E}_2(\boldsymbol{r},\omega) = \boldsymbol{F}_2(\boldsymbol{r},\omega) + \mathrm{i}\omega \boldsymbol{B}_2(\boldsymbol{r},\omega) \tag{7.58c}$$

$$\nabla \times \boldsymbol{H}_2(\boldsymbol{r},\omega) = \boldsymbol{J}_2(\boldsymbol{r},\omega) - \mathrm{i}\omega \boldsymbol{D}_2'(\boldsymbol{r},\omega) \tag{7.58d}$$

类似地，

$$\nabla^2 \boldsymbol{E}_2(\boldsymbol{r},\omega) + \mu\varepsilon\omega^2 \boldsymbol{E}_2(\boldsymbol{r},\omega) = -\nabla \times \boldsymbol{F}_2(\boldsymbol{r},\omega) - \mathrm{i}\omega \boldsymbol{J}_2(\boldsymbol{r},\omega) \tag{7.59a}$$

$$\nabla^2 \boldsymbol{H}_2(\boldsymbol{r},\omega) + \mu\varepsilon\omega^2 \boldsymbol{H}_2(\boldsymbol{r},\omega) = -\nabla \times \boldsymbol{J}_2(\boldsymbol{r},\omega) + \mathrm{i}\omega \boldsymbol{F}_2(\boldsymbol{r},\omega) \tag{7.59b}$$

场的全解由两部分组成：齐次解和特解 $\boldsymbol{E}_{2\mathrm{s}}$ 和 $\boldsymbol{H}_{2\mathrm{s}}$，满足

$$\boldsymbol{E}_{2\mathrm{s}}(\boldsymbol{r},\omega) = \frac{1}{4\pi}\iiint \frac{\exp\left[\mathrm{i}\omega\sqrt{\mu\varepsilon}\,|\boldsymbol{r}-\boldsymbol{r}'|\right]}{|\boldsymbol{r}-\boldsymbol{r}'|}\left[\nabla' \times \boldsymbol{F}_2(\boldsymbol{r}',\omega) + \mathrm{i}\omega \boldsymbol{J}_2(\boldsymbol{r}',\omega)\right]\mathrm{d}\boldsymbol{r}' \tag{7.60a}$$

$$\boldsymbol{H}_{2\mathrm{s}}(\boldsymbol{r},\omega) = \frac{1}{4\pi}\iiint \frac{\exp\left[\mathrm{i}\omega\sqrt{\mu\varepsilon}\,|\boldsymbol{r}-\boldsymbol{r}'|\right]}{|\boldsymbol{r}-\boldsymbol{r}'|}\left[\nabla' \times \boldsymbol{J}_2(\boldsymbol{r}',\omega) - \mathrm{i}\omega \boldsymbol{F}_2(\boldsymbol{r}',\omega)\right]\mathrm{d}\boldsymbol{r}' \tag{7.60b}$$

7.10.3 矢量势方法

7.10.3.1 假设

我们现在给出在物体的运动由刚性平移项主导,并且旋转和空间相关项 $\boldsymbol{v}_t(\boldsymbol{r},t)$ 较小的情况下，动生麦克斯韦方程组的求解方法。这种情况发生在介质做高加速度的运动且形状可变时，因此，使用标准矢量进行计算，我们可以得到

$$\begin{aligned}\nabla\times(\boldsymbol{v}_\mathrm{r}\times\boldsymbol{B})&=\boldsymbol{v}_\mathrm{r}(\nabla\cdot\boldsymbol{B})-\boldsymbol{B}(\nabla\cdot\boldsymbol{v}_\mathrm{r})+(\boldsymbol{B}\cdot\nabla)\boldsymbol{v}_\mathrm{r}-(\boldsymbol{v}_\mathrm{r}\cdot\nabla)\boldsymbol{B}\\&=-\boldsymbol{B}(\nabla\cdot\boldsymbol{v}_\mathrm{r})+(\boldsymbol{B}\cdot\nabla)\boldsymbol{v}_\mathrm{r}-(\boldsymbol{v}_\mathrm{r}\cdot\nabla)\boldsymbol{B}\\&\approx-(\boldsymbol{v}_\mathrm{r}\cdot\nabla)\boldsymbol{B}\end{aligned}\tag{7.61a}$$

$$\begin{aligned}\nabla\times(\boldsymbol{v}_\mathrm{r}\times\boldsymbol{D})&=\boldsymbol{v}_\mathrm{r}(\nabla\cdot\boldsymbol{D})-\boldsymbol{D}(\nabla\cdot\boldsymbol{v}_\mathrm{r})+(\boldsymbol{D}\cdot\nabla)\boldsymbol{v}_\mathrm{r}-(\boldsymbol{v}_\mathrm{r}\cdot\nabla)\boldsymbol{D}\\&=\boldsymbol{v}_\mathrm{r}\rho-\boldsymbol{D}(\nabla\cdot\boldsymbol{v}_\mathrm{r})+(\boldsymbol{D}\cdot\nabla)\boldsymbol{v}_\mathrm{r}-(\boldsymbol{v}_\mathrm{r}\cdot\nabla)\boldsymbol{D}\\&\approx\rho\boldsymbol{v}_\mathrm{r}-(\boldsymbol{v}_\mathrm{r}\cdot\nabla)\boldsymbol{D}\end{aligned}\tag{7.61b}$$

方程组 (7.35a)~(7.35d) 变成

$$\nabla\cdot\boldsymbol{D}'=\rho_\mathrm{a}\tag{7.62a}$$

$$\nabla\cdot\boldsymbol{B}=0\tag{7.62b}$$

$$\nabla\times\boldsymbol{E}\approx-\frac{\mathrm{D}}{\mathrm{D}t}\boldsymbol{B}\tag{7.62c}$$

$$\nabla\times\boldsymbol{H}\approx\boldsymbol{J}_\mathrm{a}+\frac{\mathrm{D}}{\mathrm{D}t}\boldsymbol{D}'\tag{7.62d}$$

其中，

$$\frac{\mathrm{D}}{\mathrm{D}t}=\frac{\partial}{\partial t}-(\boldsymbol{v}_\mathrm{r}\cdot\nabla)\tag{7.62e}$$

$$\rho_\mathrm{a}=\rho-\nabla\cdot\boldsymbol{P}_\mathrm{s}\tag{7.62f}$$

$$\boldsymbol{J}_\mathrm{a}=\boldsymbol{J}+\rho\boldsymbol{v}_t+\frac{\mathrm{D}}{\mathrm{D}t}\boldsymbol{P}_\mathrm{s}\tag{7.62g}$$

能量守恒定律变为

$$-\frac{\mathrm{D}}{\mathrm{D}t}u-\nabla\cdot\boldsymbol{S}=\boldsymbol{E}\cdot\boldsymbol{J}\tag{7.63a}$$

$$\frac{\mathrm{D}}{\mathrm{D}t}u=\boldsymbol{E}\cdot\frac{\mathrm{D}\boldsymbol{D}'}{\mathrm{D}t}+\boldsymbol{H}\cdot\frac{\mathrm{D}\boldsymbol{B}}{\mathrm{D}t}\tag{7.63b}$$

$\boldsymbol{E}\cdot\boldsymbol{J}$ 是一个源项，它将能量从电磁场传递到与场相互作用的带电介质，或者反过来，带电介质的机械能相应地增加 (或减少)。

7.10.3.2 求解

我们现在推导矢量势 $\boldsymbol{A}$ 和 φ，得到

$$\boldsymbol{B}=\nabla\times\boldsymbol{A} \tag{7.64a}$$

我们定义了一个新的静电学标量势 φ，有

$$\boldsymbol{E}=-\nabla\varphi-\frac{\mathrm{D}}{\mathrm{D}t}\boldsymbol{A} \tag{7.64b}$$

为了简化，我们使用 $\boldsymbol{D}'=\varepsilon\boldsymbol{E}$ 和 $\boldsymbol{B}=\mu\boldsymbol{H}$ 这两个近似的本构关系。将方程 (7.64a) 和 (7.64b) 代入方程组 (7.62a)~(7.62d) 中，我们得到

$$\nabla^2\boldsymbol{A}-\varepsilon\mu\frac{\mathrm{D}^2}{\mathrm{D}t^2}\boldsymbol{A}=-\mu\boldsymbol{J} \tag{7.65a}$$

$$\nabla^2\varphi-\varepsilon\mu\frac{\mathrm{D}^2}{\mathrm{D}t^2}\varphi=-\frac{\rho}{\varepsilon} \tag{7.65b}$$

其中

$$\begin{aligned}\frac{\mathrm{D}^2}{\mathrm{D}t^2}&=\left[\frac{\partial}{\partial t}-(\boldsymbol{v}_{\mathrm{r}}\cdot\nabla)\right]\left[\frac{\partial}{\partial t}-(\boldsymbol{v}_{\mathrm{r}}\cdot\nabla)\right]\\&=\frac{\partial^2}{\partial t^2}-2\left(\boldsymbol{v}_{\mathrm{r}}\cdot\nabla\right)\frac{\partial}{\partial t}+(\boldsymbol{v}_{\mathrm{r}}\cdot\nabla)(\boldsymbol{v}_{\mathrm{r}}\cdot\nabla)\approx\frac{\partial^2}{\partial t^2}-2\left(\boldsymbol{v}_{\mathrm{r}}\cdot\nabla\right)\frac{\partial}{\partial t}\end{aligned}$$

并且必须满足洛伦兹规范：

$$\nabla\cdot\boldsymbol{A}+\varepsilon\mu\frac{\mathrm{D}}{\mathrm{D}t}\varphi=0 \tag{7.65c}$$

这些是 $\boldsymbol{A}$ 和 φ 的非齐次波动方程，它们是非线性微分方程，其总解可能必须通过数值方法来求解，并且总解必须满足方程组 (7.37a)~(7.37d) 中定义的边界条件。

7.10.3.3 扩展的四维空间

假设旋转和空间相关项 $\boldsymbol{v}_t(\boldsymbol{r},t)$ 较小时，根据上两节的讨论，我们可以给出动生麦克斯韦方程组的相应张量表达式。我们现在使用电动力学中以下物理量的经典表达式，得到电磁场的反对称强度张量 [11] 为

$$F^{\alpha\beta}=\xi^{\alpha}A^{\beta}-\xi^{\beta}A^{\alpha} \tag{7.66a}$$

$$F_{\alpha\beta} = \xi_\alpha A_\beta - \xi_\beta A_\alpha \tag{7.66b}$$

其中 $\alpha, \beta = (1,2,3,4)$，新定义的运算符如下：

$$\xi^\alpha = \left(\frac{1}{c}\frac{\mathrm{D}}{\mathrm{D}t}, -\nabla\right) \tag{7.67a}$$

$$\xi_\alpha = \left(\frac{1}{c}\frac{\mathrm{D}}{\mathrm{D}t}, \nabla\right) \tag{7.67b}$$

$$A^\alpha = (c\varphi, \boldsymbol{A}) \tag{7.67c}$$

$$A_\alpha = (c\varphi, -\boldsymbol{A}) \tag{7.67d}$$

我们可以证明

$$F^{\alpha\beta} = \begin{pmatrix} 0 & -E_x/c & -E_y/c & -E_z/c \\ E_x/c & 0 & -B_z & B_y \\ E_y/c & B_z & 0 & -B_x \\ E_z/c & -B_y & B_x & 0 \end{pmatrix} \tag{7.68a}$$

$$F_{\alpha\beta} = \begin{pmatrix} 0 & E_x/c & E_y/c & E_z/c \\ -E_x/c & 0 & -B_z & B_y \\ -E_y/c & B_z & 0 & -B_x \\ -E_z/c & -B_y & B_x & 0 \end{pmatrix} \tag{7.68b}$$

其中，$c = c_m = 1/(\mu\varepsilon)^{1/2}$。我们可以证明：

$$\xi_\alpha F^{\alpha\beta} = \mu J^\beta \tag{7.69}$$

其中 $J^\beta = (c\rho_a, \boldsymbol{J}_a)$。这就是动生麦克斯韦方程组。需要注意的是，方程 (7.69) 除了运算符号 ∂_α 被 ξ_α 取代外，其余的与经典麦克斯韦方程组相同。但必须指出，这是在特殊的条件和假设条件下才成立的，而非普遍现象。

7.10.3.4 拉格朗日函数

我们现在推导动生麦克斯韦方程组的拉格朗日算符 L。假设 Λ 是系统 $\Lambda(A_\alpha, \xi_\alpha A_\beta)$ 的拉格朗日密度的函数，我们得到

$$\delta\int_{-\infty}^{\infty} L\mathrm{d}t = \delta\iint_{-\infty}^{\infty} \Lambda\left(A_{\alpha'}\xi_\alpha A_\beta\right)\mathrm{d}\boldsymbol{r}\mathrm{d}t = 0 \tag{7.70}$$

可以得到

$$\iint_{-\infty}^{\infty}\left[\frac{\partial \Lambda}{\partial A_\alpha}\delta A_\alpha+\frac{\partial \Lambda}{\partial\left(\xi_\alpha A_\beta\right)}\delta\left(\xi_\alpha A_\beta\right)\right]\mathrm{d}\boldsymbol{r}\mathrm{d}t=0 \tag{7.71}$$

现在我们来看第二项，并分别在 (ct, x, y, z) (例如，$(x_0,\ x_1,\ x_2,\ x_3)$) 上进行积分，同时考虑函数在无穷远处会消失。如果介质运动是仅与时间相关的刚性平移 $\delta\boldsymbol{v}(t)$，我们可以得到

$$\iint_{-\infty}^{\infty}\left(\frac{\partial \Lambda}{\partial A_\alpha}\delta A_\alpha\right)\mathrm{d}\boldsymbol{r}\mathrm{d}t-\iint_{-\infty}^{\infty}\left\{\xi_\alpha\left[\frac{\partial \Lambda}{\partial\left(\xi_\alpha A_\beta\right)}\right]\delta A_\beta\right\}\mathrm{d}\boldsymbol{r}\mathrm{d}t=0 \tag{7.72}$$

我们得到如下拉格朗日关系：

$$\frac{\partial \Lambda}{\partial A_\beta}-\xi_\alpha\frac{\partial \Lambda}{\partial\left(\xi_\alpha A_\beta\right)}=0 \tag{7.73}$$

电磁场的拉格朗日密度由下式给出 [5]

$$\Lambda=F^{\alpha\beta}F_{\alpha\beta}+\mu J^\alpha A_\alpha \tag{7.74}$$

将方程 (7.74) 代入方程 (7.73) 中，我们可得到动生麦克斯韦方程组

$$\xi_\alpha F^{\alpha\beta}=\mu J^\beta \tag{7.75}$$

7.10.4 近似方法

如果介质的运动速度在惯性系中是一个常数，则可以很容易地从慢速极限下的狭义相对论中推导出 $\boldsymbol{E}'=\boldsymbol{E}+\boldsymbol{v}_0\times\boldsymbol{B}$ 这个关系。我们现在考虑物体的运动具有恒定分量 $\boldsymbol{v}_0$ 和时变旋转分量 $\boldsymbol{v}_\mathrm{r}$ 的情况

$$\boldsymbol{v}(\boldsymbol{r},t)=\boldsymbol{v}_0+\boldsymbol{v}_\mathrm{r}(\boldsymbol{r},t) \tag{7.76}$$

其中，$\boldsymbol{v}_\mathrm{r}(\boldsymbol{r},t)$ 项既包含旋转也包含刚性平移的小分量。我们现在考虑平动速度是主要分量以致 $v_\mathrm{r}\ll v_0$ (图 7.7) 的情况。选择恒定的运动速度作为基本参考系，使我们能够引入非惯性系的近似本构关系 [11]。如果我们使用恒速运动推导出近似的本构关系：

$$\boldsymbol{D}\approx\varepsilon\boldsymbol{E}-\varepsilon\boldsymbol{v}_0\times\boldsymbol{B} \tag{7.77a}$$

$$\boldsymbol{H}\approx\boldsymbol{B}/\mu+\varepsilon\boldsymbol{v}_0\times\boldsymbol{E} \tag{7.77b}$$

一般情况下的麦克斯韦方程组变为

$$\varepsilon\nabla\cdot\boldsymbol{E}=\rho+\varepsilon\nabla\cdot(\boldsymbol{v}_0\times\boldsymbol{B}) \tag{7.78a}$$

$$\nabla \cdot \boldsymbol{B} = 0 \tag{7.78b}$$

$$\nabla \times (\boldsymbol{E} + \boldsymbol{v}_{\mathrm{r}} \times \boldsymbol{B}) = -\frac{\partial}{\partial t}\boldsymbol{B} \tag{7.78c}$$

$$\begin{aligned}\nabla \times (\boldsymbol{B}/\mu + \varepsilon\boldsymbol{v}_0 \times \boldsymbol{E} - \varepsilon\boldsymbol{v}_{\mathrm{r}} \times \boldsymbol{E}) &= \boldsymbol{J}_{\mathrm{f}} + \rho\boldsymbol{v}_0 + \frac{\partial}{\partial t}(\varepsilon\boldsymbol{E} - \varepsilon\boldsymbol{v}_0 \times \boldsymbol{B}) \\ &\approx \boldsymbol{J}_{\mathrm{f}} + \rho\boldsymbol{v}_0 + \varepsilon\frac{\partial}{\partial t}\boldsymbol{E} + \varepsilon\boldsymbol{v}_0 \times (\nabla \times \boldsymbol{E})\end{aligned}$$

因为

$$\nabla \times (\boldsymbol{v}_0 \times \boldsymbol{E}) = \boldsymbol{v}_0(\nabla \cdot \boldsymbol{E}) - (\boldsymbol{v}_0 \cdot \nabla)\boldsymbol{E}$$

$$\nabla(\boldsymbol{v}_0 \cdot \boldsymbol{E}) = (\boldsymbol{v}_0 \cdot \nabla)\boldsymbol{E} + \boldsymbol{v}_0 \times (\nabla \times \boldsymbol{E})$$

$$\boldsymbol{v}_0 \times (\nabla \times \boldsymbol{E}) = \nabla(\boldsymbol{v}_0 \cdot \boldsymbol{E}) - (\boldsymbol{v}_0 \cdot \nabla)\boldsymbol{E} = \nabla(\boldsymbol{v}_0 \cdot \boldsymbol{E}) + \nabla \times (\boldsymbol{v}_0 \times \boldsymbol{E}) - \rho\boldsymbol{v}_0/\varepsilon$$

我们可以得到

$$\nabla \times (\boldsymbol{B}/\mu - \varepsilon\boldsymbol{v}_{\mathrm{r}} \times \boldsymbol{E}) = \boldsymbol{J} + \varepsilon\nabla(\boldsymbol{v}_0 \cdot \boldsymbol{E}) + \varepsilon\frac{\partial}{\partial t}\boldsymbol{E} \tag{7.78d}$$

方程组 (7.78a)~(7.78d) 具有 $(\boldsymbol{E}, \boldsymbol{B})$ 变量，可以通过经典方法来近似求解。需要指出的是，方程 (7.78d) 中有一个额外的电流项 $\varepsilon\nabla(\boldsymbol{v}_0 \cdot \boldsymbol{E})$。基于能量守恒的讨论 (方程 (7.38b))，这一项是分布在介质中的电荷的机械运动所贡献的电流。

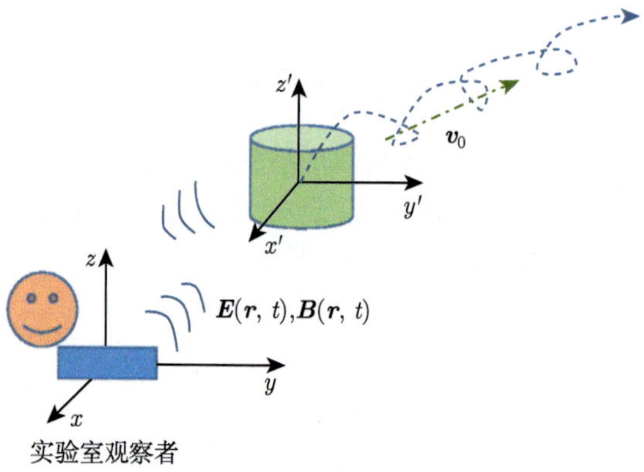

图 7.7 将非惯性运动分解为惯性系中的运动加上非惯性系中校正项的近似方法的示意图

7.11 动生麦克斯韦方程组在时域空间的形式解

7.11.1 本构关系的一般方法

在动生麦克斯韦方程组中的四个变量 $\boldsymbol{E}, \boldsymbol{D}, \boldsymbol{B}$ 和 $\boldsymbol{H}$ 是相互关联的。对于均匀的运动介质，这四个变量之间的关系由本构关系来描述。对于狭义相对论中匀速运动的观察者，本构关系可以在不考虑介质色散的情况下推导出来。如果运动速度很低，即 $v \ll c$，在伽利略时空观下，我们可以近似得到 [8]

$$\boldsymbol{D} \approx \varepsilon \boldsymbol{E} + \varepsilon\mu \boldsymbol{v} \times \boldsymbol{H} \tag{7.79a}$$

$$\boldsymbol{B} \approx \mu \boldsymbol{H} - \varepsilon\mu \boldsymbol{v} \times \boldsymbol{E} \tag{7.79b}$$

请注意，与参考文献 [8] 相比，我们将 $\varepsilon\mu - \varepsilon_0\mu_0$ 替换为 $\varepsilon\mu$，因为我们认为这种差异来源于介质存在情况下在自由空间的洛伦兹变换，这在理论上可能会造成混淆。如果 ε 和 μ 是常数且不依赖于频率，则方程 (7.79) 成立。然而，对于加速运动的实际介质，这种关系尚不清楚。为了便于计算，我们现在假设相同的本构关系也适用于描述加速运动介质的瞬时本构关系，将 $\boldsymbol{v}$ 替换为 $\boldsymbol{v}_t$，得到

$$\boldsymbol{D} \approx \varepsilon \boldsymbol{E} + \varepsilon\mu \boldsymbol{v}_t \times \boldsymbol{H} \tag{7.80a}$$

$$\boldsymbol{B} \approx \mu \boldsymbol{H} - \varepsilon\mu \boldsymbol{v}_t \times \boldsymbol{E} \tag{7.80b}$$

这里我们选择本构关系中电荷的总运动速度。将方程 (7.80a)~(7.80b) 代入动生麦克斯韦方程组中，忽略速度的二阶项，我们得到 [24]

$$\nabla \cdot (\varepsilon \boldsymbol{E} + \varepsilon\mu \boldsymbol{v}_t \times \boldsymbol{H}) = \rho \tag{7.81a}$$

$$\nabla \cdot (\mu \boldsymbol{H} - \varepsilon\mu \boldsymbol{v}_t \times \boldsymbol{E}) = 0 \tag{7.81b}$$

$$\nabla \times (\boldsymbol{E} + \mu \boldsymbol{v}_{\mathrm{r}} \times \boldsymbol{H}) \approx -\frac{\partial}{\partial t}(\mu \boldsymbol{H} - \varepsilon\mu \boldsymbol{v}_t \times \boldsymbol{E}) \tag{7.81c}$$

$$\nabla \times (\boldsymbol{H} - \varepsilon \boldsymbol{v}_{\mathrm{r}} \times \boldsymbol{E}) \approx \boldsymbol{J}_t + \frac{\partial}{\partial t}(\varepsilon \boldsymbol{E} + \varepsilon\mu \boldsymbol{v}_t \times \boldsymbol{H}) \tag{7.81d}$$

其中，$\boldsymbol{J}_t = \boldsymbol{J} + \rho \boldsymbol{v}$。我们现在使用矢量计算来推导最终解的方程，应用卷积计算，对方程 (7.81d) 进行 $\nabla\times$，并使用以下一般关系式

$$\nabla \times (\nabla \times \boldsymbol{a}) = \nabla(\nabla \cdot \boldsymbol{a}) - \nabla^2 \boldsymbol{a} \tag{7.82}$$

利用 $\nabla \cdot \boldsymbol{H}$ 对方程 (7.81d) 进行推导，从方程 (7.81d) 的左侧可以得到

$$\begin{aligned}\nabla\times[\nabla\times(\boldsymbol{H}-\varepsilon\boldsymbol{v}_{\mathrm{r}}\times\boldsymbol{E})]&=\nabla(\nabla\cdot\boldsymbol{H})-\nabla^2\boldsymbol{H}-\varepsilon\nabla\times[\nabla\times(\boldsymbol{v}_{\mathrm{r}}\times\boldsymbol{E})]\\&=\varepsilon\nabla[\nabla\cdot(\boldsymbol{v}_t\times\boldsymbol{E})]-\nabla^2\boldsymbol{H}-\varepsilon\nabla[\nabla\cdot(\boldsymbol{v}_{\mathrm{r}}\times\boldsymbol{E})]\\&\quad+\varepsilon\nabla^2(\boldsymbol{v}_{\mathrm{r}}\times\boldsymbol{E})\end{aligned}\tag{7.83}$$

从方程 (7.81d) 的右侧可以得到

$$\begin{aligned}&\nabla\times\boldsymbol{J}_t+\varepsilon\frac{\partial}{\partial t}[\nabla\times\boldsymbol{E}+\mu\nabla\times(\boldsymbol{v}_t\times\boldsymbol{H})]\\&=\nabla\times\boldsymbol{J}_t+\varepsilon\frac{\partial}{\partial t}\left[-\mu\nabla\times(\boldsymbol{v}_{\mathrm{r}}\times\boldsymbol{H})-\frac{\partial}{\partial t}(\mu\boldsymbol{H}-\varepsilon\mu\boldsymbol{v}_t\times\boldsymbol{E})+\mu\nabla\times(\boldsymbol{v}_t\times\boldsymbol{H})\right]\\&=\nabla\times\boldsymbol{J}_t-\mu\varepsilon\frac{\partial^2}{\partial t^2}\boldsymbol{H}+\varepsilon\mu\frac{\partial}{\partial t}[\nabla\times(\boldsymbol{v}\times\boldsymbol{H})]+\varepsilon\mu\frac{\partial^2}{\partial t^2}[\varepsilon(\boldsymbol{v}_t\times\boldsymbol{E})]\end{aligned}\tag{7.84}$$

联合方程 (7.83) 和 (7.84) 可以得到

$$\begin{aligned}-\nabla^2\boldsymbol{H}+\mu\varepsilon\frac{\partial^2}{\partial t^2}\boldsymbol{H}=&\nabla\times\boldsymbol{J}_t+\varepsilon\mu\frac{\partial^2}{\partial t^2}[\varepsilon(\boldsymbol{v}_t\times\boldsymbol{E})]+\varepsilon\mu\frac{\partial}{\partial t}[\nabla\times(\boldsymbol{v}\times\boldsymbol{H})]\\&-\varepsilon\nabla[\nabla\cdot(\boldsymbol{v}\times\boldsymbol{E})]-\varepsilon\nabla^2(\boldsymbol{v}_{\mathrm{r}}\times\boldsymbol{E})\end{aligned}\tag{7.85}$$

出于同样的道理，我们可以推导出 $\boldsymbol{E}$ 的类似方程。因此，我们得到关于 $\boldsymbol{E}$ 和 $\boldsymbol{H}$ 的两个耦合方程：

$$-\nabla^2\boldsymbol{E}+\mu\varepsilon\frac{\partial^2}{\partial t^2}\boldsymbol{E}\approx-\mu\frac{\partial}{\partial t}\boldsymbol{J}_t-\nabla\rho/\varepsilon-\boldsymbol{X}(\boldsymbol{E},\boldsymbol{H},\boldsymbol{r},t)\tag{7.86a}$$

$$-\nabla^2\boldsymbol{H}+\mu\varepsilon\frac{\partial^2}{\partial t^2}\boldsymbol{H}\approx\nabla\times\boldsymbol{J}_t+\boldsymbol{Y}(\boldsymbol{E},\boldsymbol{H},\boldsymbol{r},t)\tag{7.86b}$$

其中，

$$\begin{aligned}\boldsymbol{X}(\boldsymbol{E},\boldsymbol{H},\boldsymbol{r},t)=&\varepsilon\mu\frac{\partial^2}{\partial t^2}(\mu\boldsymbol{v}_t\times\boldsymbol{H})-\varepsilon\mu\frac{\partial}{\partial t}\nabla\times(\boldsymbol{v}\times\boldsymbol{E})\\&-\mu\nabla[\nabla\cdot(\boldsymbol{v}\times\boldsymbol{H})]-\mu\nabla^2(\boldsymbol{v}_{\mathrm{r}}\times\boldsymbol{H})\end{aligned}\tag{7.87a}$$

$$\begin{aligned}\boldsymbol{Y}(\boldsymbol{E},\boldsymbol{H},\boldsymbol{r},t)=&\varepsilon\mu\frac{\partial^2}{\partial t^2}[\varepsilon(\boldsymbol{v}_t\times\boldsymbol{E})]+\varepsilon\mu\frac{\partial}{\partial t}[\nabla\times(\boldsymbol{v}\times\boldsymbol{H})]\\&-\varepsilon\nabla[\nabla\cdot(\boldsymbol{v}\times\boldsymbol{E})]-\varepsilon\nabla^2(\boldsymbol{v}_{\mathrm{r}}\times\boldsymbol{E})\end{aligned}\tag{7.87b}$$

这两个耦合方程 (7.87a) 和 (7.87b) 将用于下面的讨论。

值得注意的是，介质运动在产生电磁感应的方程中引入了许多“电荷”和“电流”项。因此，介质运动是产生电磁辐射的源，如方程 (7.87a) 和 (7.87b) 所示，但它们在空间中的传输和反射受到方程 (7.86a) 和 (7.86b) 左侧的经典波动方程的约束。

7.11.2 忽略介质色散时在时域空间的求解

方程组 (7.86a) 和 (7.86b) 的总解由齐次解和特解组成：

$$\boldsymbol{E}(\boldsymbol{r},t)=\boldsymbol{E}_{\mathrm{h}}(\boldsymbol{r},t)+\boldsymbol{E}_{\mathrm{s}}(\boldsymbol{r},t) \tag{7.88a}$$

$$\boldsymbol{H}(\boldsymbol{r},t)=\boldsymbol{H}_{\mathrm{h}}(\boldsymbol{r},t)+\boldsymbol{H}_{\mathrm{s}}(\boldsymbol{r},t) \tag{7.88b}$$

齐次解满足

$$-\nabla^2\boldsymbol{E}_{\mathrm{h}}+\mu\varepsilon\frac{\partial^2}{\partial t^2}\boldsymbol{E}_{\mathrm{h}}=0 \tag{7.89a}$$

$$-\nabla^2\boldsymbol{H}_{\mathrm{h}}+\mu\varepsilon\frac{\partial^2}{\partial t^2}\boldsymbol{H}_{\mathrm{h}}=0 \tag{7.89b}$$

方程组具有通解如下：

$$\boldsymbol{E}_{\mathrm{h}}(\boldsymbol{r},t)=\frac{1}{2\pi}\int_{-\infty}^{\infty}\mathrm{d}\omega[\alpha(\omega)\exp(\mathrm{i}\boldsymbol{K}\cdot\boldsymbol{r}-\mathrm{i}\omega t)+\beta(\omega)\exp(-\mathrm{i}\boldsymbol{K}\cdot\boldsymbol{r}-\mathrm{i}\omega t)] \tag{7.90a}$$

$$\boldsymbol{H}_{\mathrm{h}}(r,t)=\frac{1}{2\pi}\int_{-\infty}^{\infty}\mathrm{d}\omega[\tau(\omega)\exp(\mathrm{i}\boldsymbol{K}\cdot\boldsymbol{r}-\mathrm{i}\omega t)+\xi(\omega)\exp(-\mathrm{i}\boldsymbol{K}\cdot\boldsymbol{r}-\mathrm{i}\omega t)] \tag{7.90b}$$

波矢量 $+\boldsymbol{K}$ 和 $-\boldsymbol{K}$ 表示正向波和反向波，$K=\omega(\mu\varepsilon)^{1/2}$。$\alpha(\omega)$，$\beta(\omega)$，$\tau(\omega)$ 和 $\xi(\omega)$ 这些系数由边界条件来决定。

方程组 (7.86a) 和 (7.86b) 的特解可通过格林函数法得到 (请参考 Jackson 书 7.5 节)：

$$\boldsymbol{E}_{\mathrm{s}}(\boldsymbol{r},t)=-\frac{1}{4\pi}\iiint\frac{1}{|\boldsymbol{r}-\boldsymbol{r}'|}\left[\mu\frac{\partial}{\partial t'}\boldsymbol{J}_t(\boldsymbol{r}',t')+\nabla'\rho(\boldsymbol{r}',t')/\varepsilon+\boldsymbol{X}(\boldsymbol{E},\boldsymbol{H},\boldsymbol{r}',t')\right]\mathrm{d}\boldsymbol{r}' \tag{7.91a}$$

$$\boldsymbol{H}_{\mathrm{s}}(\boldsymbol{r},t)=\frac{1}{4\pi}\iiint\frac{1}{|\boldsymbol{r}-\boldsymbol{r}'|}[\nabla'\times\boldsymbol{J}_t(\boldsymbol{r}',t')+\boldsymbol{Y}(\boldsymbol{E},\boldsymbol{H},\boldsymbol{r}',t')]\,\mathrm{d}\boldsymbol{r}' \tag{7.91b}$$

其中，t' 是延迟时间，$t'=t-\sqrt{\mu\varepsilon}|\boldsymbol{r}-\boldsymbol{r}'|$。这两个方程是积分方程，只能使用迭代法求解。

尽管动生麦克斯韦方程组提供了关于系统电磁学的完整描述，但它们的求解是至关重要的，仅在非常简单的情况下才能得到解析解。对于大多数工程应用，数值计算是必不可少的。由于该理论是在 $v\ll c$ 的低速情况下推导的，因而我们可

以扩展 v_r 阶的全解。考虑到由传导电流 $\boldsymbol{J}$ 和空间自由电荷 ρ 激发的静态介质的主要贡献，$v_r=0$ 时的项可以作为零阶项。我们可以使用微扰方法，动生麦克斯韦方程组的解可以通过 v_r 阶的微扰理论来进行逐阶推导。使用迭代法可得到更高阶的解。将方程组 (7.86a) 和 (7.86b) 的解和齐次解的系数按 λ 参数的顺序进行展开 $(\lambda=1)$，对应于介质运动速度 v_r 阶，

$$\boldsymbol{E}=\boldsymbol{E}_0+\lambda\boldsymbol{E}_1+\lambda^2\boldsymbol{E}_2+\cdots \tag{7.92a}$$

$$\boldsymbol{H}=\boldsymbol{H}_0+\lambda\boldsymbol{H}_1+\lambda^2\boldsymbol{H}_2+\cdots \tag{7.92b}$$

$$\alpha=\alpha_0+\lambda\alpha_1+\lambda^2\alpha_2+\cdots \tag{7.92c}$$

$$\beta=\beta_0+\lambda\beta_1+\lambda^2\beta_2+\cdots \tag{7.92d}$$

$$\tau=\tau_0+\lambda\tau_1+\lambda^2\tau_2+\cdots \tag{7.92e}$$

$$\xi=\xi_0+\lambda\xi_1+\lambda^2\xi_2+\cdots \tag{7.92f}$$

将方程组 (7.88) 代入方程组 (7.92)，再代入到方程组 (7.91a) 和 (7.91b) 中，相同的 λ 阶的相应方程如下：

对于零阶项，

$$\begin{aligned}\boldsymbol{E}_0(\boldsymbol{r},t)=&\frac{1}{2\pi}\int_{-\infty}^{\infty}\mathrm{d}\omega\left[\alpha_0(\omega)\exp\left(\mathrm{i}\boldsymbol{K}\cdot\boldsymbol{r}-\mathrm{i}\omega t\right)+\beta_0(\omega)\exp\left(-\mathrm{i}\boldsymbol{K}\cdot\boldsymbol{r}-\mathrm{i}\omega t\right)\right]\\&-\frac{1}{4\pi}\iiint\frac{\boldsymbol{1}}{|\boldsymbol{r}-\boldsymbol{r}'|}\left[\mu\frac{\partial}{\partial t'}\boldsymbol{J}_t\left(\boldsymbol{r}',t'\right)+\nabla'\rho\left(\boldsymbol{r}',t'\right)/\varepsilon\right]\mathrm{d}\boldsymbol{r}'\end{aligned} \tag{7.93a}$$

$$\begin{aligned}\boldsymbol{H}_0(\boldsymbol{r},t)=&\frac{1}{2\pi}\int_{-\infty}^{\infty}\mathrm{d}\omega\left[\tau_0(\omega)\exp(\mathrm{i}\boldsymbol{K}\cdot\boldsymbol{r}-\mathrm{i}\omega t)+\xi_0(\omega)\exp(-\mathrm{i}\boldsymbol{K}\cdot\boldsymbol{r}-\mathrm{i}\omega t)\right]\\&+\frac{1}{4\pi}\iiint\frac{1}{|\boldsymbol{r}-\boldsymbol{r}'|}\left[\nabla'\times\boldsymbol{J}_t\left(\boldsymbol{r}',t'\right)\right]\mathrm{d}\boldsymbol{r}'\end{aligned} \tag{7.93b}$$

使用方程组 (7.91a) 和 (7.91b) 的迭代方法，将零阶 $\boldsymbol{E}_0$ 和 $\boldsymbol{H}_0$ 的总解替换为 $\boldsymbol{X}$ 和 $\boldsymbol{Y}$ 的 $\boldsymbol{E}$ 和 $\boldsymbol{H}$，我们得到一阶解：

$$\begin{aligned}\boldsymbol{E}_1(\boldsymbol{r},t)=&\frac{1}{2\pi}\int_{-\infty}^{\infty}\mathrm{d}\omega\left[\alpha_1(\omega)\exp(\mathrm{i}\boldsymbol{K}\cdot\boldsymbol{r}-\mathrm{i}\omega t)+\beta_1(\omega)\exp(-\mathrm{i}\boldsymbol{K}\cdot\boldsymbol{r}-\mathrm{i}\omega t)\right]\\&-\frac{1}{4\pi}\iiint\frac{1}{|\boldsymbol{r}-\boldsymbol{r}'|}\left[\boldsymbol{X}\left(\boldsymbol{E}_0\left(\boldsymbol{r}',t'\right),\boldsymbol{H}_0\left(\boldsymbol{r}',t'\right),\boldsymbol{r}',t'\right)\right]\mathrm{d}\boldsymbol{r}'\end{aligned} \tag{7.94a}$$

$$\boldsymbol{H}_1(\boldsymbol{r},t)=\frac{1}{2\pi}\int_{-\infty}^{\infty}\mathrm{d}\omega\left[\tau_1(\omega)\exp(\mathrm{i}\boldsymbol{K}\cdot\boldsymbol{r}-\mathrm{i}\omega t)+\xi_1(\omega)\exp(-\mathrm{i}\boldsymbol{K}\cdot\boldsymbol{r}-\mathrm{i}\omega t)\right]$$

$$+\frac{1}{4\pi}\iiint\frac{1}{|\boldsymbol{r}-\boldsymbol{r}'|}\left[\boldsymbol{Y}\left(\boldsymbol{E}_0\left(\boldsymbol{r}',t'\right),\boldsymbol{H}_0\left(\boldsymbol{r}',t'\right),\boldsymbol{r}',t'\right)\right]\mathrm{d}\boldsymbol{r}' \tag{7.94b}$$

将零阶 $\boldsymbol{E}_0$ 和 $\boldsymbol{H}_0$ 的总解替换为 $\boldsymbol{X}$ 和 $\boldsymbol{Y}$ 的 $\boldsymbol{E}$ 和 $\boldsymbol{H}$，将零阶和一阶 $\boldsymbol{E}_0+\boldsymbol{E}_1$ 和 $\boldsymbol{H}_0+\boldsymbol{H}_1$ 的总解替换为方程组 (7.91a) 和 (7.91b) 中的 $\boldsymbol{E}$ 和 $\boldsymbol{H}$ 的全解，使用迭代方法，我们得到二阶解

$$\begin{aligned}\boldsymbol{E}_2(\boldsymbol{r},t)=&\frac{1}{2\pi}\int_{-\infty}^{\infty}\mathrm{d}\omega\left[\alpha_2(\omega)\exp(\mathrm{i}\boldsymbol{K}\cdot\boldsymbol{r}-\mathrm{i}\omega t)+\alpha_2(\omega)\exp(-\mathrm{i}\boldsymbol{K}\cdot\boldsymbol{r}-\mathrm{i}\omega t)\right]\\&-\frac{1}{4\pi}\iiint\frac{1}{|\boldsymbol{r}-\boldsymbol{r}'|}[\boldsymbol{X}(\boldsymbol{E}_0\left(\boldsymbol{r}',t'\right)+\boldsymbol{E}_1\left(\boldsymbol{r}',t'\right),\boldsymbol{H}_0\left(\boldsymbol{r}',t'\right)\\&+\boldsymbol{H}_1\left(\boldsymbol{r}',t'\right),\boldsymbol{r}',t')]\mathrm{d}\boldsymbol{r}'\end{aligned} \tag{7.95a}$$

$$\begin{aligned}\boldsymbol{H}_2(\boldsymbol{r},t)=&\frac{1}{2\pi}\int_{-\infty}^{\infty}\mathrm{d}\omega\left[\tau_2(\omega)\exp(\mathrm{i}\boldsymbol{K}\cdot\boldsymbol{r}-\mathrm{i}\omega t)+\xi_2(\omega)\exp(-\mathrm{i}\boldsymbol{K}\cdot\boldsymbol{r}-\mathrm{i}\omega t)\right]\\&+\frac{1}{4\pi}\iiint\frac{1}{|\boldsymbol{r}-\boldsymbol{r}'|}[\boldsymbol{Y}(\boldsymbol{E}_0\left(\boldsymbol{r}',t'\right)+\boldsymbol{E}_1\left(\boldsymbol{r}',t'\right),\boldsymbol{H}_0\left(\boldsymbol{r}',t'\right)\\&+\boldsymbol{H}_1\left(\boldsymbol{r}',t'\right),\boldsymbol{r}',t')]\mathrm{d}\boldsymbol{r}'\end{aligned} \tag{7.95b}$$

使用相同的方法可以推导出更高阶的解，这在数值上是很容易完成的。

7.11.3 在时域空间的边界条件

介质界面处的边界条件之前已经推导出来。如果在边界处相遇的两种介质中的场由下标 a 和 b 表示，则全边界条件为

$$(\boldsymbol{D}_\mathrm{a}-\boldsymbol{D}_\mathrm{b})\cdot\boldsymbol{n}=\sigma \tag{7.96a}$$

$$(\boldsymbol{B}_\mathrm{a}-\boldsymbol{B}_\mathrm{b})\cdot\boldsymbol{n}=0 \tag{7.96b}$$

$$\boldsymbol{n}\times(\boldsymbol{E}_\mathrm{a}-\boldsymbol{E}_\mathrm{b}+\boldsymbol{v}_\mathrm{ra}\times\boldsymbol{B}_\mathrm{a}-\boldsymbol{v}_\mathrm{rb}\times\boldsymbol{B}_\mathrm{b})=0 \tag{7.96c}$$

$$\boldsymbol{n}\times(\boldsymbol{H}_\mathrm{a}-\boldsymbol{H}_\mathrm{b}-\boldsymbol{v}_\mathrm{ra}\times\boldsymbol{D}_\mathrm{a}+\boldsymbol{v}_\mathrm{rb}\times\boldsymbol{D}_\mathrm{b})=\boldsymbol{K}_\mathrm{s}+\sigma\boldsymbol{v}_\mathrm{s} \tag{7.96d}$$

其中，$\boldsymbol{n}$ 是边界法线方向，$\boldsymbol{K}_\mathrm{s}$ 是表面电流密度，σ 是表面自由电荷密度，$\boldsymbol{v}_\mathrm{s}$ 是介质平行于边界的运动速度。

对于运动介质，特别是旋转运动的介质，边界法线方向 $\boldsymbol{n}$ 与时间相关。在这种情况下，为了使用边界条件，我们必须忽略介质的色散关系。使用运动介质的本构关系式 (7.80a) 和 (7.80b)，边界条件变为 [24]

$$(\varepsilon_\mathrm{a}\boldsymbol{E}_\mathrm{a}-\varepsilon_\mathrm{b}\boldsymbol{E}_\mathrm{b}+\varepsilon_\mathrm{a}\mu_\mathrm{a}\boldsymbol{v}_\mathrm{ta}\times\boldsymbol{H}_\mathrm{a}-\varepsilon_\mathrm{b}\mu_\mathrm{b}\boldsymbol{v}_{t\mathrm{b}}\times\boldsymbol{H}_\mathrm{b})\cdot\boldsymbol{n}=\sigma \tag{7.97a}$$

$$(\mu_a \boldsymbol{H}_a - \mu_b \boldsymbol{H}_b - \varepsilon_a\mu_a \boldsymbol{v}_{ta} \times \boldsymbol{E}_a + \varepsilon_b\mu_b \boldsymbol{v}_{tb} \times \boldsymbol{E}_b) \cdot \boldsymbol{n} = 0 \tag{7.97b}$$

$$\boldsymbol{n} \times (\boldsymbol{E}_a - \boldsymbol{E}_b + \mu_a \boldsymbol{v}_{ra} \times \boldsymbol{H}_a - \mu_b \boldsymbol{v}_{rb} \times \boldsymbol{H}_b) \approx 0 \tag{7.97c}$$

$$\boldsymbol{n} \times (\boldsymbol{H}_a - \boldsymbol{H}_b - \varepsilon_a \boldsymbol{v}_{ra} \times \boldsymbol{E}_a + \varepsilon_b \boldsymbol{v}_{rb} \times \boldsymbol{E}_b) \approx \boldsymbol{K}_s + \sigma \boldsymbol{v}_s \tag{7.97d}$$

现在我们使用方程组 (7.92a)~(7.92f) 中给出的 $\boldsymbol{E}$ 和 $\boldsymbol{H}$ 的不同阶，将相应的边界条件进行不同阶展开：

对于零阶项，

$$(\varepsilon_a \boldsymbol{E}_{a0} - \varepsilon_b \boldsymbol{E}_{b0}) \cdot \boldsymbol{n} = \sigma \tag{7.98a}$$

$$(\mu_a \boldsymbol{H}_{a0} - \mu_b \boldsymbol{H}_{b0}) \cdot \boldsymbol{n} = 0 \tag{7.98b}$$

$$\boldsymbol{n} \times (\boldsymbol{E}_{a0} - \boldsymbol{E}_{b0}) \approx 0 \tag{7.98c}$$

$$\boldsymbol{n} \times (\boldsymbol{H}_{a0} - \boldsymbol{H}_{b0}) \approx \boldsymbol{K}_s + \sigma \boldsymbol{v}_s \tag{7.98d}$$

对于一阶项，

$$(\varepsilon_a \boldsymbol{E}_{a1} - \varepsilon_b \boldsymbol{E}_{b1} + \varepsilon_a\mu_a \boldsymbol{v}_{ta} \times \boldsymbol{H}_{a0} - \varepsilon_b\mu_b \boldsymbol{v}_{tb} \times \boldsymbol{H}_{b0}) \cdot \boldsymbol{n} = 0 \tag{7.99a}$$

$$(\mu_a \boldsymbol{H}_{a1} - \mu_b \boldsymbol{H}_{b1} - \varepsilon_a\mu_a \boldsymbol{v}_{ta} \times \boldsymbol{E}_{a0} + \varepsilon_b\mu_b \boldsymbol{v}_{tb} \times \boldsymbol{E}_{b0}) \cdot \boldsymbol{n} = 0 \tag{7.99b}$$

$$\boldsymbol{n} \times (\boldsymbol{E}_{a1} - \boldsymbol{E}_{b1} + \mu_a \boldsymbol{v}_{ra} \times \boldsymbol{H}_{a0} - \mu_b \boldsymbol{v}_{rb} \times \boldsymbol{H}_{b0}) = 0 \tag{7.99c}$$

$$\boldsymbol{n} \times (\boldsymbol{H}_{a1} - \boldsymbol{H}_{b1} - \varepsilon_a \boldsymbol{v}_{ra} \times \boldsymbol{E}_{a0} + \varepsilon_b \boldsymbol{v}_{rb} \times \boldsymbol{E}_{b0}) = 0 \tag{7.99d}$$

以方程 (7.99d) 为例，由零阶系数表示的介质运动对一阶场的贡献是介质运动对邻近场的贡献，例如近场电磁辐射。

对于二阶项，

$$(\varepsilon_a \boldsymbol{E}_{a2} - \varepsilon_b \boldsymbol{E}_{b2} + \varepsilon_a\mu_a \boldsymbol{v}_{ta} \times \boldsymbol{H}_{a1} - \varepsilon_b\mu_b \boldsymbol{v}_{tb} \times \boldsymbol{H}_{b1}) \cdot \boldsymbol{n} = 0 \tag{7.100a}$$

$$(\mu_a \boldsymbol{H}_{a2} - \mu_b \boldsymbol{H}_{b2} - \varepsilon_a\mu_a \boldsymbol{v}_{ta} \times \boldsymbol{E}_{a1} + \varepsilon_b\mu_b \boldsymbol{v}_{tb} \times \boldsymbol{E}_{b1}) \cdot \boldsymbol{n} = 0 \tag{7.100b}$$

$$\boldsymbol{n} \times (\boldsymbol{E}_{a2} - \boldsymbol{E}_{b2} + \mu_a \boldsymbol{v}_{ra} \times \boldsymbol{H}_{a1} - \mu_b \boldsymbol{v}_{rb} \times \boldsymbol{H}_{b1}) = 0 \tag{7.100c}$$

$$\boldsymbol{n} \times (\boldsymbol{H}_{a2} - \boldsymbol{H}_{b2} - \varepsilon_a \boldsymbol{v}_{ra} \times \boldsymbol{E}_{a1} + \varepsilon_b \boldsymbol{v}_{rb} \times \boldsymbol{E}_{b1}) = 0 \tag{7.100d}$$

利用同样的方法，我们还可以计算更高阶项的结果。

需要指出，动生麦克斯韦方程组用于运动介质内部，而在真空空间的介质外，控制方程是经典的麦克斯韦方程组。因此，为场论和相对论建立的所有理论在真空中仍然有效，并且与物理学中经典的众所周知的事实没有差异，例如光速的不变性。在实验室坐标系中，在真空或静止介质中，我们可以使用经典的麦克斯韦方程组，它们的解与静止介质所描述的边界条件是相匹配的。

7.12 动生麦克斯韦方程组在频域空间的解

7.12.1 包含本构关系和介质色散的一般方法

一般来说，介电常数与频率有关，因此色散关系很复杂。为了简化，我们忽略了它们的动量依赖性，假设只有频率很重要。因此，实际材料的一般色散关系可通过卷积关系给出。

$$\boldsymbol{D}(\boldsymbol{r},t)=\int_{-\infty}^{\infty}\varepsilon\left(t-t'\right)\boldsymbol{E}\left(\boldsymbol{r},t'\right)\mathrm{d}t' \tag{7.101a}$$

$$\boldsymbol{B}\left(\boldsymbol{r},t\right)=\int_{-\infty}^{\infty}\mu\left(t-t'\right)\boldsymbol{H}\left(\boldsymbol{r},t'\right)\mathrm{d}t' \tag{7.101b}$$

这类关系是相当普遍的，它适用于磁性的介质。$\boldsymbol{D}\left(\boldsymbol{r},t\right)=\varepsilon\boldsymbol{E}(\boldsymbol{r},t)$ 的一般处理只有在 ε 与频率 ω 无关时才有效。对于铁电或压电晶体等非均质材料，介电常数 $\varepsilon(\omega)$ 可使用张量来描述，具体取决于介质的取向。

此外，我们现在考虑真实介质的本构关系。如果忽略介电常数对动量传递项 $\boldsymbol{q}$ 的依赖性，对于简单的线性介质，在频域空间中，对于实验室坐标系中的静态介质，我们可以得到

$$\boldsymbol{D}\left(\boldsymbol{r},\omega\right)=\varepsilon\left(\omega\right)\boldsymbol{E}\left(\boldsymbol{r},\omega\right) \tag{7.102a}$$

$$\boldsymbol{B}(\boldsymbol{r},\omega)=\mu(\omega)\boldsymbol{H}(\boldsymbol{r},\omega) \tag{7.102b}$$

注意，除了变量之外，为了符号的简化，我们使用相同的符号来表示实空间和倒空间。

为了将频率纳入整个理论，我们使用了傅里叶变换和傅里叶反变换。现在我们使用最初根据匀速运动推导出来的运动介质的本构关系。这里，我们近似地将其用于理论推导，并运用傅里叶变换对方程 (7.80a) 和 (7.80b) 进行理论推导

$$\boldsymbol{D}(\boldsymbol{r},\omega)\approx\varepsilon(\omega)\boldsymbol{E}(\boldsymbol{r},\omega)+\varepsilon(\omega)\mu(\omega)\boldsymbol{v}_t(\omega)\times*\boldsymbol{H}(\boldsymbol{r},\omega) \tag{7.103a}$$

$$\boldsymbol{B}(\boldsymbol{r},\omega)\approx\mu(\omega)\boldsymbol{H}(\boldsymbol{r},\omega)-\varepsilon(\omega)\mu(\omega)\boldsymbol{v}_t(\omega)\times*\boldsymbol{E}(\boldsymbol{r},\omega) \tag{7.103b}$$

其中，$\times*$ 表示向量叉积和卷积计算，定义如下：

$$\int_{-\infty}^{\infty}\mathrm{d}t\mathrm{e}^{\mathrm{i}\omega t}\boldsymbol{a}(\boldsymbol{r},t)\times\boldsymbol{b}(\boldsymbol{r},t)=\int_{-\infty}^{\infty}\boldsymbol{a}\left(\boldsymbol{r},\omega-\omega'\right)\times\boldsymbol{b}\left(\boldsymbol{r},\omega'\right)\mathrm{d}\omega'\equiv\boldsymbol{a}(\boldsymbol{r},\omega)\times*\boldsymbol{b}(\boldsymbol{r},\omega) \tag{7.103c}$$

卷积是针对频率的，旋度是针对空间 $\boldsymbol{r}$ 的。同样，我们也定义了点积

$$\int_{-\infty}^{\infty} \mathrm{d}t\mathrm{e}^{\mathrm{i}\omega t}\boldsymbol{a}(\boldsymbol{r},t)\cdot\boldsymbol{b}(\boldsymbol{r},t)=\int_{-\infty}^{\infty}\boldsymbol{a}\left(\boldsymbol{r},\omega-\omega'\right)\cdot\boldsymbol{b}\left(\boldsymbol{r},\omega'\right)\mathrm{d}\omega'\equiv\boldsymbol{a}(\boldsymbol{r},\omega)\cdot*\boldsymbol{b}(\boldsymbol{r},\omega) \tag{7.103d}$$

其中，$\cdot$ 和 $\times$ 是针对 $\boldsymbol{r}$ 的计算，$*$ 是关于 ω 的卷积计算。对动生麦克斯韦方程组进行傅里叶变换，使用方程 (7.103a) 和 (7.103b)，忽略速度的二阶项，我们得到

$$\nabla\cdot[\varepsilon(\omega)\boldsymbol{E}(\boldsymbol{r},\omega)+\varepsilon(\omega)\mu(\omega)\boldsymbol{v}_t(\omega)\times*\boldsymbol{H}(\boldsymbol{r},\omega)]=\rho(\boldsymbol{r},\omega) \tag{7.104a}$$

$$\nabla\cdot[\mu(\omega)\boldsymbol{H}(\boldsymbol{r},\omega)-\varepsilon(\omega)\mu(\omega)\boldsymbol{v}_t(\omega)\times*\boldsymbol{E}(\boldsymbol{r},\omega)]=0 \tag{7.104b}$$

$$\begin{aligned}\nabla\times[\boldsymbol{E}(\boldsymbol{r},\omega)+\mu(\omega)\boldsymbol{v}_{\mathrm{r}}(\omega)\times*\boldsymbol{H}(\boldsymbol{r},\omega)]\approx{}&\mathrm{i}\omega\mu(\omega)\boldsymbol{H}(\boldsymbol{r},\omega)-\varepsilon(\omega)\mu(\omega)\boldsymbol{v}_t(\omega)\\&\times*\boldsymbol{E}(\boldsymbol{r},\omega)\end{aligned} \tag{7.104c}$$

$$\begin{aligned}\nabla\times[\boldsymbol{H}(\boldsymbol{r},\omega)-\mu(\omega)\boldsymbol{v}_{\mathrm{r}}(\omega)\times*\boldsymbol{E}(\boldsymbol{r},\omega)]\approx{}&\boldsymbol{J}_t(\boldsymbol{r},\omega)-\mathrm{i}\omega[\varepsilon(\omega)\boldsymbol{E}(\boldsymbol{r},\omega)\\&+\varepsilon(\omega)\mu(\omega)\boldsymbol{v}_t(\omega)\times*\boldsymbol{H}(\boldsymbol{r},\omega)]\end{aligned} \tag{7.104d}$$

使用 7.11 节中提出的相同方法，可以从方程组 (7.104a) 和 (7.104d) 出发推导出以下方程 [24]：

$$\begin{aligned}-\nabla^2\boldsymbol{E}(\boldsymbol{r},\omega)-\varepsilon(\omega)\mu(\omega)\omega^2\boldsymbol{E}(\boldsymbol{r},\omega)\approx{}&\mathrm{i}\omega\mu(\omega)\boldsymbol{J}_{\mathrm{t}}(\boldsymbol{r},\omega)-\nabla\rho(\boldsymbol{r},\omega)/\varepsilon(\omega)\\&-\boldsymbol{X}(\boldsymbol{E},\boldsymbol{H},\boldsymbol{r},\omega)\end{aligned} \tag{7.105a}$$

$$-\nabla^2\boldsymbol{H}(\boldsymbol{r},\omega)-\varepsilon(\omega)\mu(\omega)\omega^2\boldsymbol{H}(\boldsymbol{r},\omega)\approx\nabla\times\boldsymbol{J}_t(\boldsymbol{r},\omega)+\boldsymbol{Y}(\boldsymbol{E},\boldsymbol{H},\boldsymbol{r},\omega) \tag{7.105b}$$

其中，

$$\begin{aligned}\boldsymbol{X}(\boldsymbol{E},\boldsymbol{H},\boldsymbol{r},\omega)={}&-\varepsilon(\omega)\mu(\omega)\omega^2\left[\mu(\omega)\boldsymbol{v}_t(\omega)\times*\boldsymbol{H}(\boldsymbol{r},\omega)\right]+\mathrm{i}\omega\mu(\omega)\varepsilon(\omega)\nabla\\&\times\left[\boldsymbol{v}(\omega)\times*\boldsymbol{E}(\boldsymbol{r},\omega)\right]-\mu(\omega)\nabla\left[\nabla\cdot(\boldsymbol{v}(\omega)\times*\boldsymbol{H}(\boldsymbol{r},\omega)\right]\\&-\mu(\omega)\nabla^2\left[\boldsymbol{v}_{\mathrm{r}}(\omega)\times*\boldsymbol{H}(\boldsymbol{r},\omega)\right]\end{aligned} \tag{7.106a}$$

$$\begin{aligned}\boldsymbol{Y}(\boldsymbol{E},\boldsymbol{H},\boldsymbol{r},\omega)={}&-\varepsilon(\omega)\mu(\omega)\omega^2\left[\varepsilon(\omega)\left(\boldsymbol{v}_t(\omega)\times*\boldsymbol{E}(\boldsymbol{r},\omega)\right)\right]-\mathrm{i}\omega\varepsilon(\omega)\mu(\omega)\nabla\\&\times\left[\boldsymbol{v}(\omega)\times*\boldsymbol{H}(\boldsymbol{r},\omega)\right]-\varepsilon(\omega)\nabla[\nabla\cdot(\boldsymbol{v}(\omega)\times*\boldsymbol{E}(\boldsymbol{r},\omega))]\\&-\varepsilon(\omega)\nabla^2\left[\boldsymbol{v}_{\mathrm{r}}(\omega)\times*\boldsymbol{E}(\boldsymbol{r},\omega)\right]\end{aligned} \tag{7.106b}$$

耦合方程组 (7.106a) 和 (7.106b) 将在 7.12.2 节进行求解。

7.12.2 一般求解

方程组 (7.105a) 和 (7.105b) 的全解是齐次解和特解之和：

$$\boldsymbol{E}(\boldsymbol{r},\omega)=\boldsymbol{E}_{\mathrm{h}}(\boldsymbol{r},\omega)+\boldsymbol{E}_{\mathrm{s}}(\boldsymbol{r},\omega) \tag{7.107a}$$

$$\boldsymbol{H}(\boldsymbol{r},\omega)=\boldsymbol{H}_{\mathrm{h}}(\boldsymbol{r},\omega)+\boldsymbol{H}_{\mathrm{s}}(\boldsymbol{r},\omega) \tag{7.107b}$$

波动方程的齐次解满足

$$\boldsymbol{E}_{\mathrm{h}}(\boldsymbol{r},\omega)=\alpha\exp(\mathrm{i}\boldsymbol{K}\cdot\boldsymbol{r})+\beta\exp(-\mathrm{i}\boldsymbol{K}\cdot\boldsymbol{r}) \tag{7.108a}$$

$$\boldsymbol{H}_{\mathrm{h}}(\boldsymbol{r},\omega)=\tau\exp(\mathrm{i}\boldsymbol{K}\cdot\boldsymbol{r})+\xi\exp(-\mathrm{i}\boldsymbol{K}\cdot\boldsymbol{r}) \tag{7.108b}$$

其用于说明正向和反向散射波。通过格林函数法 (请参考 Jackson 书)，方程组 (7.105a) 和 (7.105b) 的特解满足

$$\begin{aligned}\boldsymbol{E}_{\mathrm{s}}(\boldsymbol{r},\omega)=&-\frac{1}{4\pi}\iiint\frac{\exp\left[\mathrm{i}\omega\sqrt{\mu\varepsilon}\,|\boldsymbol{r}-\boldsymbol{r}'|\right]}{|\boldsymbol{r}-\boldsymbol{r}'|}[-\mathrm{i}\omega\mu(\omega)\boldsymbol{J}_t\left(\boldsymbol{r}',\omega\right)\\&+\nabla'\rho\left(\boldsymbol{r}',\omega\right)/\varepsilon(\omega)+\boldsymbol{X}\left(\boldsymbol{E}\left(\boldsymbol{r}',\omega\right),\boldsymbol{H}\left(\boldsymbol{r}',\omega\right),\boldsymbol{r}',\omega\right)]\mathrm{d}\boldsymbol{r}'\end{aligned} \tag{7.109a}$$

$$\begin{aligned}\boldsymbol{H}_{\mathrm{s}}(\boldsymbol{r},\omega)=&\frac{1}{4\pi}\iiint\frac{\exp\left[\mathrm{i}\omega\sqrt{\mu\varepsilon}\,|\boldsymbol{r}-\boldsymbol{r}'|\right]}{|\boldsymbol{r}-\boldsymbol{r}'|}[\nabla'\times\boldsymbol{J}_t\left(\boldsymbol{r}',\omega\right)\\&+\boldsymbol{Y}\left(\boldsymbol{E}\left(\boldsymbol{r}',\omega\right),\boldsymbol{H}\left(\boldsymbol{r}',\omega\right),\boldsymbol{r}',\omega\right)]\mathrm{d}\boldsymbol{r}'\end{aligned} \tag{7.109b}$$

现在我们使用 7.10 节中概述的微扰理论来推导运动速度阶的解。将方程组 (7.92a)~(7.92f) 的傅里叶变换代入方程组 (7.109a) 和 (7.109b) 中，不同阶的解如下：

对于零阶解，

$$\begin{aligned}\boldsymbol{E}_0(\boldsymbol{r},\omega)=&\alpha_0\exp(\mathrm{i}\boldsymbol{K}\cdot\boldsymbol{r})+\beta_0\exp(-\mathrm{i}\boldsymbol{K}\cdot\boldsymbol{r})-\frac{1}{4\pi}\iiint\frac{\exp\left[\mathrm{i}\omega\sqrt{\mu\varepsilon}\,|\boldsymbol{r}-\boldsymbol{r}'|\right]}{|\boldsymbol{r}-\boldsymbol{r}'|}\\&\times\left[-\mathrm{i}\omega\mu(\omega)\boldsymbol{J}_t\left(\boldsymbol{r}',\omega\right)+\nabla'\rho\left(\boldsymbol{r}',\omega\right)/\varepsilon(\omega)\right]\mathrm{d}\boldsymbol{r}'\end{aligned} \tag{7.110a}$$

$$\begin{aligned}\boldsymbol{H}_0(\boldsymbol{r},\omega)=&\tau_0\exp\left(\mathrm{i}\boldsymbol{K}\cdot\boldsymbol{r}'\right)+\xi_0\exp(-\mathrm{i}\boldsymbol{K}\cdot\boldsymbol{r})\\&+\frac{1}{4\pi}\iiint\frac{\exp\left[\mathrm{i}\omega\sqrt{\mu\varepsilon}\,|\boldsymbol{r}-\boldsymbol{r}'|\right]}{|\boldsymbol{r}-\boldsymbol{r}'|}\left[\nabla'\times\boldsymbol{J}_t\left(\boldsymbol{r}',\omega\right)\right]\mathrm{d}\boldsymbol{r}'\end{aligned} \tag{7.110b}$$

使用迭代方法，将零阶 $\boldsymbol{E}_0$ 和 $\boldsymbol{H}_0$ 的总解替换为 $\boldsymbol{X}$ 和 $\boldsymbol{Y}$ 的 $\boldsymbol{E}$ 和 $\boldsymbol{H}$，我们得到方程组 (7.109a) 和 (7.109b) 的一阶解：

$$\boldsymbol{E}_1(\boldsymbol{r},\omega)=\alpha_1\exp(\mathrm{i}\boldsymbol{K}\cdot\boldsymbol{r})+\beta_1\exp(-\mathrm{i}\boldsymbol{K}\cdot\boldsymbol{r})-\frac{1}{4\pi}\iiint\frac{\exp\left[\mathrm{i}\omega\sqrt{\mu\varepsilon}\,|\boldsymbol{r}-\boldsymbol{r}'|\right]}{|\boldsymbol{r}-\boldsymbol{r}'|}$$

$$\times \boldsymbol{X}\left(\boldsymbol{E}_0\left(\boldsymbol{r}',\omega\right),\boldsymbol{H}_0\left(\boldsymbol{r}',\omega\right),\boldsymbol{r}',\omega\right)\mathrm{d}\boldsymbol{r}' \tag{7.111a}$$

$$\boldsymbol{H}_1(\boldsymbol{r},\omega)=\tau_1(\omega)\exp(\mathrm{i}\boldsymbol{K}\cdot\boldsymbol{r})+\xi_1\exp(-\mathrm{i}\boldsymbol{K}\cdot\boldsymbol{r})+\frac{1}{4\pi}\iiint\frac{\exp\left[\mathrm{i}\omega\sqrt{\mu\varepsilon}\left|\boldsymbol{r}-\boldsymbol{r}'\right|\right]}{\left|\boldsymbol{r}-\boldsymbol{r}'\right|}$$

$$\times \boldsymbol{Y}\left(\boldsymbol{E}_0\left(\boldsymbol{r}',\omega\right),\boldsymbol{H}_0\left(\boldsymbol{r}',\omega\right),\boldsymbol{r}',\omega\right)\mathrm{d}\boldsymbol{r}' \tag{7.111b}$$

将零阶和一阶 $\boldsymbol{E}_0+\boldsymbol{E}_1$ 和 $\boldsymbol{H}_0+\boldsymbol{H}_1$ 的总解替换为方程组 (7.109a) 和 (7.109b) 中 $\boldsymbol{E}$ 和 $\boldsymbol{H}$ 的全解，使用迭代方法，我们得到二阶解：

$$\boldsymbol{E}_2(\boldsymbol{r},\omega)=\alpha_2\exp(\mathrm{i}\boldsymbol{K}\cdot\boldsymbol{r})+\beta_2\exp(-\mathrm{i}\boldsymbol{K}\cdot\boldsymbol{r})-\frac{1}{4\pi}\iiint\frac{\exp\left[\mathrm{i}\omega\sqrt{\mu\varepsilon}\left|\boldsymbol{r}-\boldsymbol{r}'\right|\right]}{\left|\boldsymbol{r}-\boldsymbol{r}'\right|}$$

$$\boldsymbol{X}\left(\boldsymbol{E}_0\left(\boldsymbol{r}',\omega\right)+\boldsymbol{E}_1\left(\boldsymbol{r}',\omega\right),\boldsymbol{H}_0\left(\boldsymbol{r}',\omega\right)+\boldsymbol{H}_1\left(\boldsymbol{r}',\omega\right),\boldsymbol{r}',\omega\right)\mathrm{d}\boldsymbol{r}' \tag{7.112a}$$

$$\boldsymbol{H}_2(\boldsymbol{r},\omega)=\tau_2\exp(\mathrm{i}\boldsymbol{K}\cdot\boldsymbol{r})+\xi_2\exp(-\mathrm{i}\boldsymbol{K}\cdot\boldsymbol{r})+\frac{1}{4\pi}\iiint\frac{\exp\left[\mathrm{i}\omega\sqrt{\mu\varepsilon}\left|\boldsymbol{r}-\boldsymbol{r}'\right|\right]}{\left|\boldsymbol{r}-\boldsymbol{r}'\right|}$$

$$\boldsymbol{Y}\left(\boldsymbol{E}_0\left(\boldsymbol{r}',\omega\right)+\boldsymbol{E}_1\left(\boldsymbol{r}',\omega\right),\boldsymbol{H}_0\left(\boldsymbol{r}',\omega\right)+\boldsymbol{H}_1\left(\boldsymbol{r}',\omega\right),\boldsymbol{r}',\omega\right)\mathrm{d}\boldsymbol{r}' \tag{7.112b}$$

利用同样的方法，我们还可以计算更高阶项的结果。现在的关键问题是齐次解的系数，这将由边界条件决定，如下所述。

7.12.3 在频域空间的边界条件

我们现在将边界条件外推到频域空间。对于运动介质，边界法线方向 $\boldsymbol{n}$ 可能与时间有关。我们对方程组 (7.97a)~(7.97d) 进行傅里叶变换，可以得到 [24]

$$[\varepsilon_{\mathrm{a}}(\omega)\boldsymbol{E}_{\mathrm{a}}(\boldsymbol{r},\omega)-\varepsilon_{\mathrm{b}}(\omega)\boldsymbol{E}_{\mathrm{b}}(\boldsymbol{r},\omega)+\varepsilon_{\mathrm{a}}(\omega)\mu_{\mathrm{a}}(\omega)\boldsymbol{v}_{t\mathrm{a}}(\boldsymbol{r},\omega)\times*\boldsymbol{H}_{\mathrm{a}}(\boldsymbol{r},\omega)$$

$$-\varepsilon_{\mathrm{b}}(\omega)\mu_{\mathrm{b}}(\omega)\boldsymbol{v}_{t\mathrm{b}}(\boldsymbol{r},\omega)\times*\boldsymbol{H}_{\mathrm{b}}(\boldsymbol{r},\omega)]\cdot*\boldsymbol{n}(\boldsymbol{r},\omega)=\sigma(\boldsymbol{r},\omega) \tag{7.113a}$$

$$[\mu_{\mathrm{a}}(\omega)\boldsymbol{H}_{\mathrm{a}}(\boldsymbol{r},\omega)-\mu_{\mathrm{b}}(\omega)\boldsymbol{H}_{\mathrm{b}}(\boldsymbol{r},\omega)-\varepsilon_{\mathrm{a}}(\omega)\mu_{\mathrm{a}}(\omega)\boldsymbol{v}_{t\mathrm{a}}(\boldsymbol{r},\omega)\times*\boldsymbol{E}_{\mathrm{a}}(\boldsymbol{r},\omega)$$

$$+\varepsilon_{\mathrm{b}}(\omega)\mu_{\mathrm{b}}(\omega)\boldsymbol{v}_{t\mathrm{b}}(\boldsymbol{r},\omega)\times*\boldsymbol{E}_{\mathrm{b}}(\boldsymbol{r},\omega)]\cdot*\boldsymbol{n}(\boldsymbol{r},\omega)=0 \tag{7.113b}$$

$$\boldsymbol{n}(\boldsymbol{r},\omega)\times*[\boldsymbol{E}_{\mathrm{a}}(\boldsymbol{r},\omega)-\boldsymbol{E}_{\mathrm{b}}(\boldsymbol{r},\omega)+\mu_{\mathrm{a}}(\omega)\boldsymbol{v}_{\mathrm{ra}}(\boldsymbol{r},\omega)\times*\boldsymbol{H}_{\mathrm{a}}(\boldsymbol{r},\omega)$$

$$-\mu_{\mathrm{b}}(\omega)\boldsymbol{v}_{\mathrm{rb}}(\boldsymbol{r},\omega)\times*\boldsymbol{H}_{\mathrm{b}}(\boldsymbol{r},\omega)]\approx 0 \tag{7.113c}$$

$$\boldsymbol{n}(\boldsymbol{r},\omega)\times*[\boldsymbol{H}_{\mathrm{a}}(\boldsymbol{r},\omega)-\boldsymbol{H}_{\mathrm{b}}(\boldsymbol{r},\omega)-\varepsilon_{\mathrm{a}}(\omega)\boldsymbol{v}_{\mathrm{ra}}(\boldsymbol{r},\omega)\times*\boldsymbol{E}_{\mathrm{a}}(\boldsymbol{r},\omega)$$

$$+\varepsilon_{\mathrm{b}}(\omega)\boldsymbol{v}_{\mathrm{rb}}(\boldsymbol{r},\omega)\times*\boldsymbol{E}_{\mathrm{b}}(\boldsymbol{r},\omega)]\approx\boldsymbol{K}_{\mathrm{s}}(\boldsymbol{r},\omega)+\sigma(\boldsymbol{r},\omega)*\boldsymbol{v}_{\mathrm{s}}(\boldsymbol{r},\omega) \tag{7.113d}$$

这里，方程组 (7.113a)~(7.113d) 中定义了 $\cdot*$ 和 $\times*$ 的计算，$*$ 是关于 ω 的卷积计算。现在我们使用方程组 (7.92a)~(7.92f) 中给出的 $\boldsymbol{E}$ 和 $\boldsymbol{H}$ 的不同阶，进行傅里叶变换，则相应的边界条件可进行不同阶展开。每阶的结果如下：

对于零阶项，

$$[\varepsilon_{\rm a}(\omega)\boldsymbol{E}_{\rm a0}(\boldsymbol{r},\omega)-\varepsilon_{\rm b}(\omega)\boldsymbol{E}_{\rm b0}(\boldsymbol{r},\omega)]\cdot*\boldsymbol{n}(\boldsymbol{r},\omega)=\sigma(\boldsymbol{r},\omega) \tag{7.114a}$$

$$[\mu_{\rm a}(\omega)\boldsymbol{H}_{\rm a0}(\boldsymbol{r},\omega)-\mu_{\rm b}(\omega)\boldsymbol{H}_{\rm b0}(\boldsymbol{r},\omega)]\cdot*\boldsymbol{n}(\boldsymbol{r},\omega)=0 \tag{7.114b}$$

$$\boldsymbol{n}(\boldsymbol{r},\omega)\times*[\boldsymbol{E}_{\rm a0}(\boldsymbol{r},\omega)-\boldsymbol{E}_{\rm b0}(\boldsymbol{r},\omega)]\approx 0 \tag{7.114c}$$

$$\boldsymbol{n}(\boldsymbol{r},\omega)\times*[\boldsymbol{H}_{\rm a0}(\boldsymbol{r},\omega)-\boldsymbol{H}_{\rm b0}(\boldsymbol{r},\omega)]\approx\boldsymbol{K}_{\rm s}(\boldsymbol{r},\omega)+\sigma(\boldsymbol{r},\omega)*\boldsymbol{v}_{\rm s}(\boldsymbol{r},\omega) \tag{7.114d}$$

对于一阶项，

$$\begin{aligned}&[\varepsilon_{\rm a}(\omega)\boldsymbol{E}_{\rm a1}(\boldsymbol{r},\omega)-\varepsilon_{\rm b}(\omega)\boldsymbol{E}_{\rm b1}(\boldsymbol{r},\omega)+\varepsilon_{\rm a}(\omega)\mu_{\rm a}(\omega)\boldsymbol{v}_{\rm ta}(\boldsymbol{r},\omega)\times*\boldsymbol{H}_{\rm a0}(\boldsymbol{r},\omega)\\&\quad-\varepsilon_{\rm b}(\omega)\mu_{\rm b}(\omega)\boldsymbol{v}_{\rm tb}(\boldsymbol{r},\omega)\times*\boldsymbol{H}_{\rm b0}(\boldsymbol{r},\omega)]\cdot*\boldsymbol{n}(\boldsymbol{r},\omega)=0\end{aligned} \tag{7.115a}$$

$$\begin{aligned}&[\mu_{\rm a}(\omega)\boldsymbol{H}_{\rm a1}(\boldsymbol{r},\omega)-\mu_{\rm b}(\omega)\boldsymbol{H}_{\rm b1}(\boldsymbol{r},\omega)-\varepsilon_{\rm a}(\omega)\mu_{\rm a}(\omega)\boldsymbol{v}_{\rm ta}(\boldsymbol{r},\omega)\times*\boldsymbol{E}_{\rm a0}(\boldsymbol{r},\omega)\\&\quad+\varepsilon_{\rm b}(\omega)\mu_{\rm b}(\omega)\boldsymbol{v}_{\rm tb}(\boldsymbol{r},\omega)\times*\boldsymbol{E}_{\rm b0}(\boldsymbol{r},\omega)]\cdot*\boldsymbol{n}(\boldsymbol{r},\omega)=0\end{aligned} \tag{7.115b}$$

$$\begin{aligned}&\boldsymbol{n}(\boldsymbol{r},\omega)\times*[\boldsymbol{E}_{\rm a1}(\boldsymbol{r},\omega)-\boldsymbol{E}_{\rm b1}(\boldsymbol{r},\omega)+\mu_{\rm a}(\omega)\boldsymbol{v}_{\rm ra}(\boldsymbol{r},\omega)\times*\boldsymbol{H}_{\rm a0}(\boldsymbol{r},\omega)\\&\quad-\mu_{\rm b}(\omega)\boldsymbol{v}_{\rm rb}(\boldsymbol{r},\omega)\times*\boldsymbol{H}_{\rm b0}(\boldsymbol{r},\omega)]\approx 0\end{aligned} \tag{7.115c}$$

$$\begin{aligned}&\boldsymbol{n}(\boldsymbol{r},\omega)\times*[\boldsymbol{H}_{\rm a1}(\boldsymbol{r},\omega)-\boldsymbol{H}_{\rm b1}(\boldsymbol{r},\omega)-\varepsilon_{\rm a}(\omega)\boldsymbol{v}_{\rm ra}(\boldsymbol{r},\omega)\times*\boldsymbol{E}_{\rm a0}(\boldsymbol{r},\omega)\\&\quad+\varepsilon_{\rm b}(\omega)\boldsymbol{v}_{\rm rb}(\boldsymbol{r},\omega)\times*\boldsymbol{E}_{\rm b0}(\boldsymbol{r},\omega)]\approx 0\end{aligned} \tag{7.115d}$$

对于二阶项，

$$\begin{aligned}&[\varepsilon_{\rm a}(\omega)\boldsymbol{E}_{\rm a2}(\boldsymbol{r},\omega)-\varepsilon_{\rm b}(\omega)\boldsymbol{E}_{\rm b2}(\boldsymbol{r},\omega)+\varepsilon_{\rm a}(\omega)\mu_{\rm a}(\omega)\boldsymbol{v}_{\rm ta}(\boldsymbol{r},\omega)\times*\boldsymbol{H}_{\rm a1}(\boldsymbol{r},\omega)\\&\quad-\varepsilon_{\rm b}(\omega)\mu_{\rm b}(\omega)\boldsymbol{v}_{\rm tb}(\boldsymbol{r},\omega)\times*\boldsymbol{H}_{\rm b1}(\boldsymbol{r},\omega)]\cdot*\boldsymbol{n}(\boldsymbol{r},\omega)=0\end{aligned} \tag{7.116a}$$

$$\begin{aligned}&[\mu_{\rm a}(\omega)\boldsymbol{H}_{\rm a2}(\boldsymbol{r},\omega)-\mu_{\rm b}(\omega)\boldsymbol{H}_{\rm b2}(\boldsymbol{r},\omega)-\varepsilon_{\rm a}(\omega)\mu_{\rm a}(\omega)\boldsymbol{v}_{\rm ta}(\boldsymbol{r},\omega)\times*\boldsymbol{E}_{\rm a1}(\boldsymbol{r},\omega)\\&\quad+\varepsilon_{\rm b}(\omega)\mu_{\rm b}(\omega)\boldsymbol{v}_{\rm tb}(\boldsymbol{r},\omega)\times*\boldsymbol{E}_{\rm b1}(\boldsymbol{r},\omega)]\cdot*\boldsymbol{n}(\boldsymbol{r},\omega)=0\end{aligned} \tag{7.116b}$$

$$\begin{aligned}&\boldsymbol{n}(\boldsymbol{r},\omega)\times*[\boldsymbol{E}_{\rm a2}(\boldsymbol{r},\omega)-\boldsymbol{E}_{\rm b2}(\boldsymbol{r},\omega)+\mu_{\rm a}(\omega)\boldsymbol{v}_{\rm ra}(\boldsymbol{r},\omega)\times*\boldsymbol{H}_{\rm a1}(\boldsymbol{r},\omega)\\&\quad-\mu_{\rm b}(\omega)\boldsymbol{v}_{\rm rb}(\boldsymbol{r},\omega)\times*\boldsymbol{H}_{\rm b1}(\boldsymbol{r},\omega)]\approx 0\end{aligned} \tag{7.116c}$$

$$\boldsymbol{n}(\boldsymbol{r},\omega)\times*[\boldsymbol{H}_{\rm a2}(\boldsymbol{r},\omega)-\boldsymbol{H}_{\rm b2}(\boldsymbol{r},\omega)-\varepsilon_{\rm a}(\omega)\boldsymbol{v}_{\rm ra}(\boldsymbol{r},\omega)\times*\boldsymbol{E}_{\rm a1}(\boldsymbol{r},\omega)$$

$$+\,\varepsilon_{\rm b}(\omega)\boldsymbol{v}_{\rm rb}(\boldsymbol{r},\omega)\times *\boldsymbol{E}_{\rm b1}(\boldsymbol{r},\omega)]\approx 0 \tag{7.116d}$$

利用同样的方法，我们还可以计算更高阶项的结果。

7.13 与狭义相对论的关系

7.13.1 真空中的运动和运动物体

一般来说，发展运动介质系统的电动力学有两种基本方法 (图 7.8)。第一种方法是通过爱因斯坦的相对论和闵可夫斯基的本构方程，这是形成场论的基础。相对论方法非常适用于描述自由空间中的电磁行为，特别是对于不考虑介质边界的空间的情况，因此光速在真空中保持不变。

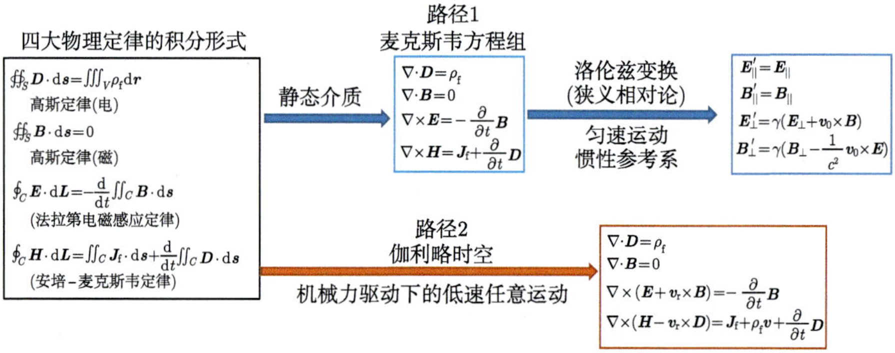

图 7.8 发展运动介质系统的电动力学的两种基本方法：通过洛伦兹变换的狭义相对论来研究自由空间中点电荷的电磁现象；通过伽利略时空的四大物理定律的积分形式直接推导的动生麦克斯韦方程组，适用于具有特定尺寸和形状，甚至具有加速度的运动介质的情况。这可能是工程应用中最有效的方法

第二种方法基于伽利略变换，该变换在工程应用中表现良好。运动的物体或介质具有形状、体积和边界。动生麦克斯韦方程组是通过忽略相对论效应来描述任意速度、沿复杂轨迹运动的介质的电磁行为。这两种方法各有其独特用途，并且它们彼此共存，互不冲突。

7.13.2 麦克斯韦方程组在运动介质中是协变的吗

如果点电荷在真空中以任意速度运动，没有任何边界，则其电场和磁场可以使用李纳–维谢尔 (Lienard-Wiechert) 势来计算。移动电荷的电场包含两部分：不依赖于加速度的广义库仑场 (也称为速度场) 和与加速度成比例的辐射场。一组移动点电荷产生的自由电荷分布和瞬时电流由下式给出：

$$\rho=\sum_i q_i\delta\left(\boldsymbol{r}-\boldsymbol{r}_i(t)\right) \tag{7.117a}$$

$$\boldsymbol{J}=\sum_i q_i\boldsymbol{v}_i(t)\delta\left(\boldsymbol{r}-\boldsymbol{r}_i(t)\right) \tag{7.117b}$$

其中，$\boldsymbol{r}_i(t)$ 和 $\boldsymbol{v}_i(t)$ 分别是点电荷 q_i 的瞬时位置和运动速度。通过将方程 (7.117a) 和 (7.117b) 代入李纳–维谢尔势，可以计算出空间的场分布。

点电荷只是一个没有体积和边界的点。洛伦兹变换是处理真空中运动点电荷电动力学的理想方法。然而，介质不仅是点电荷的聚集，而是由具有特殊对称性、几何体、形状和大小的原子组成的。由于其独特的晶体结构和化学性质，介质通常具有介电、电、磁和弹性特性。因此，它具有不同的电、光、热和机械性能。对于表面带有静电荷的运动介质，李纳–维谢尔势的方法不能用于计算其电磁场。这就是我们必须扩展麦克斯韦方程组来研究可能依赖于时间甚至空间的运动介质/物体的电磁行为的原因之一。

为了在电磁理论中表示介质/材料的特性，电磁激励分别通过电极化 ($\boldsymbol{P}$) 和磁极化 ($\boldsymbol{M}$) 来描述，这一描述方式早在一个多世纪前就已发展起来。加深我们对运动介质电动力学的理解是一个重要的研究项目，通常是通过宏观麦克斯韦方程组和闵可夫斯基材料方程来解决。一般来说，如果运动介质是可变形的或者处于液态，其速度的不均匀性会导致折射率的不均一性。如果介质处于静态，则电磁波的传播由介电常数 (ε)、磁导率 (μ) 和电导率 (σ) 这三个参数来决定。但这些参数中的每一个都在很大程度上取决于我们正在考虑的电磁波的频率。不同频率的电磁波在真空中以相同的速度传播，但由于介电色散，它们与介质的相互作用是不同的。因此，介电常数、磁导率和/或折射率的变化会导致介质的电磁辐射发生散射。

上述讨论可能表明，如果空间中存在复杂的介质分布，则麦克斯韦方程组的协变性可能不成立。如果点电荷相关的电磁现象和观测是在真空中进行的，那么麦克斯韦方程组完全满足洛伦兹协变性，否则协变性可能就无法满足。

此外，我们现在考虑介质的本构和色散关系。如果忽略介电常数对动量传递项 $\boldsymbol{q}$ 的依赖性，对于简单的线性介质，在频域空间中，我们可以得到

$$\boldsymbol{D}(\boldsymbol{r},\omega)=\varepsilon(\omega)\boldsymbol{E}(\boldsymbol{r},\omega) \tag{7.118a}$$

在时域空间，使用傅里叶反变换，可以得到

$$\boldsymbol{D}(\boldsymbol{r},t)=\int_{-\infty}^{\infty}\varepsilon\left(t-t'\right)\boldsymbol{E}\left(\boldsymbol{r},t'\right)\mathrm{d}t' \tag{7.118b}$$

这意味着，如果我们考虑电介质的各向异性及其频率依赖性，电位移矢量 $\boldsymbol{D}$ 和电场 $\boldsymbol{E}$ 之间的本构关系不能简单处理成 $\boldsymbol{D}(\boldsymbol{r},t)=\varepsilon\boldsymbol{E}(\boldsymbol{r},t)$，除非 ε 是一个恒定常数。因此，在一般情况下，麦克斯韦方程组的协变性在真空中完全成立，但在电介质中可能不成立，除非介质的特性与激发频率 ω 无关，这意味着没有色散依

赖性。这种情况可能不适用于实际的材料。例如，在水中红光和绿光的传播速度就不一样。对于铁电或压电晶体等非均一材料，介电 $\varepsilon(\omega)$ 用张量来表示，它取决于介质的取向。因此，对于自由空间发生的电磁现象，麦克斯韦方程组的协变性是完全成立的，而有介质时就不一定了。这一点一定要清楚，否则就会出错。

7.13.3 关于洛伦兹变换

狭义相对论是基于两个假设提出的：① 在惯性系中物理定律都采取相同的表达形式；② 真空中的光速在惯性系中都是相同的。狭义相对论是关于不同的观察者彼此做恒速运动时，描述他们对同一物理事件的观察所得结果的理论。所以，若所有电磁现象都在自由空间中，洛伦兹变换是准确的。

洛伦兹变换中的一个关键物理量是光速 c，因为空间和时间是统一的。如果所有运动的点电荷都在真空中，c_0 应该是真空中的光速，这种情况很简单，因为点电荷没有体积和边界，它们可以用一组具有电荷密度和相关电流的点来表示 (方程 (7.118a) 和 (7.118b))。由于洛伦兹变换的使用，麦克斯韦方程组是协变的。

然而，对于有介质存在情况，问题就复杂了。如果整个空间充满均匀的无色散的介质，光速为 $c_{\mathrm{m}}=c_0/n$，其中 n 是折射率，则介质内的相应洛伦兹变换为 [5]

$$x'_{\mathrm{m}}=\gamma_{\mathrm{m}}\left(x-v_0 t\right),\quad y'_{\mathrm{m}}=y,\quad z'_{\mathrm{m}}=z \tag{7.119a}$$

$$t'_{\mathrm{m}}=\gamma_{\mathrm{m}}\left(t-x v_0/c_{\mathrm{m}}^2\right) \tag{7.119b}$$

$$\gamma_{\mathrm{m}}=1/\left(1-v_0^2/c_{\mathrm{m}}^2\right)^{1/2} \tag{7.119c}$$

或者

$$x=\gamma_{\mathrm{m}}\left(x'_{\mathrm{m}}+v_0 t'_{\mathrm{m}}\right),\quad y=y'_{\mathrm{m}},\quad z=z'_{\mathrm{m}} \tag{7.120a}$$

$$t=\gamma_{\mathrm{m}}\left(t'_{\mathrm{m}}+x'_{\mathrm{m}} v_0/c_{\mathrm{m}}^2\right) \tag{7.120b}$$

现在让我们考虑另一种情况，在运动坐标系 S' 中 $x'>0$ 区域的空间中填充均匀的线性介质，并且它以恒定的速度 v_0 运动。$x'<0$ 处的区域是真空的，如何构造洛伦兹变换以确保它在介质边界处是空间和时间连续的呢？在实际工程应用中，部分空间被电介质/物体填充，部分空间是真空的，那么洛伦兹变换的正确表达式是什么呢？在这种情况下，我们如何表达空间和时间的统一呢？这些问题都有待研究。或者，它可能表明洛伦兹变换仅适用于真空情况，如果空间中存在介质边界，它的应用性就要重新考虑了。

如图 7.9 所示，对于一个更复杂的情况，涉及运动速度远小于光速的加速运动，Bob 在实验室坐标系中观察到的电磁场和 Alice 观察到的电磁场可能不能通过洛伦兹变换直接相关联。Bob 用来描述电磁行为的方程是：自由空间中的经典麦克斯韦方程组；对于运动物体内部的空间，采用动生麦克斯韦方程组。在与运动物体一起运动的 Alice 所在的参考系中，由于介质对 Alice 来说是静止的，所以 Alice 要使用的电磁行为是整个空间的麦克斯韦方程组。介质内外的方程的全解必须满足边界条件。

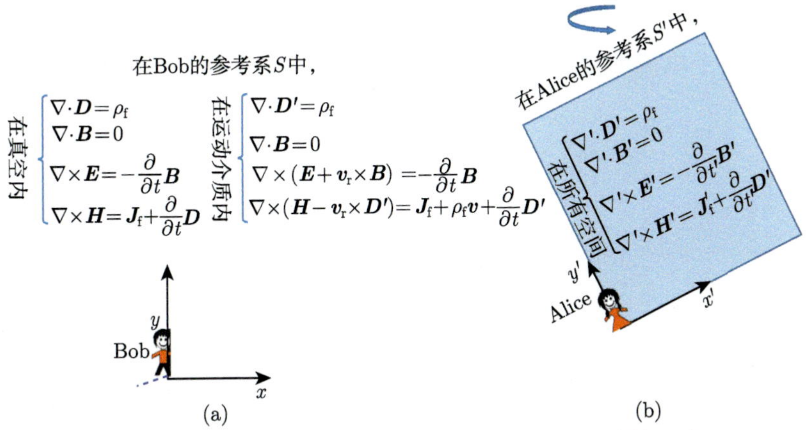

图 7.9 在 Bob 所在的参考系中，有一个物体/介质正在做加速和旋转运动。(a) Bob 用来描述电磁行为的方程是：自由空间中的经典麦克斯韦方程组；对于运动物体内部的空间，采用动生麦克斯韦方程组。(b) 在与运动物体一起运动的 Alice 所在的参考系中，由于介质对 Alice 来说是静止的，所以 Alice 要使用的电磁行为是整个空间的麦克斯韦方程组。介质内外的方程的全解必须满足边界条件

7.14 与现有理论的比较

7.14.1 闵可夫斯基公式

对于由形状和体积与时间无关的介质/物体组成的系统，如果系统沿直线恒速运动，则在静止参考系和运动参考系中观察到的场在 $\boldsymbol{v}_0 \ll c$ 时可以通过闵可夫斯基公式相关联起来：

$$\boldsymbol{E}' \approx \boldsymbol{E} + \boldsymbol{v}_0 \times \boldsymbol{B} \tag{7.121a}$$

$$\boldsymbol{B}' \approx \boldsymbol{B} - \boldsymbol{v}_0 \times \boldsymbol{E}/c^2 \tag{7.121b}$$

$$\boldsymbol{D}' \approx \boldsymbol{D} + \boldsymbol{v}_0 \times \boldsymbol{H}/c^2 \tag{7.121c}$$

$$\boldsymbol{H}' \approx \boldsymbol{H} - \boldsymbol{v}_0 \times \boldsymbol{D} \tag{7.121d}$$

闵可夫斯基理论最适用于相对实验室坐标系不发生变形、旋转或加速运动的介质。在这种情况下，实验室坐标系和运动坐标系都是惯性坐标系，因此麦克斯韦方程

的协变性能够保持。然而，这种理论可能不适用于变形、加速运动的介质。在这种情况下，就需要动生麦克斯韦方程组理论。

7.14.2 Chu 公式

Chu 提出的理论是针对一种可能具有可变形状和加速运动的介质的情况。他的主要想法是考虑由运动介质引入的额外电流源 [25]。他在安培–麦克斯韦定律中特别引入了一个电流项来表示介质运动产生的电流，扩展的麦克斯韦方程组由下式给出：

$$\varepsilon_0 \nabla \cdot \boldsymbol{E} = \rho - \nabla \cdot \boldsymbol{P} \tag{7.122a}$$

$$\mu_0 \nabla \cdot \boldsymbol{H} = 0 \tag{7.122b}$$

$$\nabla \times \boldsymbol{E} = -\mu_0 \frac{\partial}{\partial t} \boldsymbol{H} \tag{7.122c}$$

$$\nabla \times \boldsymbol{H} = \boldsymbol{J} + \boldsymbol{J}_p + \frac{\partial}{\partial t}(\varepsilon_0 \boldsymbol{E} + \boldsymbol{P}) \tag{7.122d}$$

其中

$$\boldsymbol{J}_p = -\nabla \times (\boldsymbol{v} \times \boldsymbol{P}) \tag{7.122e}$$

Chu 通过考虑运动诱导的介质极化来处理运动介质，从而在安培–麦克斯韦定律中出现额外的电流项 $\boldsymbol{J}_p$，而三个方程的其余部分没有变化。他仅通过考虑积分表面的运动边界对安培–麦克斯韦定律积分形式中的介质极化项 $\boldsymbol{P}$ 的影响来推导出这个电流项 [26]：

$$\oint_C \boldsymbol{H} \cdot \mathrm{d}\boldsymbol{L} = \iint_s \boldsymbol{J} \cdot \mathrm{d}\boldsymbol{s} + \varepsilon_0 \frac{\mathrm{d}}{\mathrm{d}t} \iint_s \boldsymbol{E} \cdot \mathrm{d}\boldsymbol{s} + \frac{\mathrm{d}}{\mathrm{d}t} \iint_s \boldsymbol{P} \cdot \mathrm{d}\boldsymbol{s} \tag{7.123}$$

Chu 的理论与动生麦克斯韦方程组有两点不同。第一，Chu 在利用微分方程 (7.123) 给出的数学恒等式推导 $\frac{\mathrm{d}}{\mathrm{d}t} \iint_s \boldsymbol{P} \cdot \mathrm{d}\boldsymbol{s}$ 时，仅考虑了边界表面的运动，但从通量定律出发，计算 $\frac{\mathrm{d}}{\mathrm{d}t} \iint_s \boldsymbol{E} \cdot \mathrm{d}\boldsymbol{s}$ 和法拉第定律中 $\frac{\mathrm{d}}{\mathrm{d}t} \iint_s \boldsymbol{B} \cdot \mathrm{d}\boldsymbol{s}$ 时，未考虑由于介质边界发生变化所引入的相关项，导致整个数学计算并不够系统和一致。因此，在方程 (7.122d) 中，丢失了磁场项 $\varepsilon_0 \nabla \times (\boldsymbol{v} \times \boldsymbol{E})$ 中的电场校正项，这可能会忽略介质在运动时对电场的“衍射效应”。第二，如方程 (7.122d) 所示，他使用实验室坐标系中的磁场 $\boldsymbol{H}$ 来代替运动坐标系中的磁场 $\boldsymbol{H}'$，如方程 (7.122c) 所示。这种处理方法使用了实验室坐标系的安培定律来代替运动坐标系中的安培定律。我们认为，这两点可能是他的理论方法的主要缺点，对于处理可能具有可变形状和加速运动介质的电磁行为，动生麦克斯韦方程组比 Chu 公式更完整、更全面。文献 [25] 给出了闵可夫斯基理论和 Chu 公式之间的比较。

7.14.3 王氏公式

为了便于表达，我们将动生麦克斯韦方程组方程简称为王氏公式 [5]：

$$\nabla \cdot \boldsymbol{D} = \rho \tag{7.124a}$$

$$\nabla \cdot \boldsymbol{B} = 0 \tag{7.124b}$$

$$\nabla \times (\boldsymbol{E} + \boldsymbol{v}_{\mathrm{r}} \times \boldsymbol{B}) = -\frac{\partial}{\partial t}\boldsymbol{B} \tag{7.124c}$$

$$\nabla \times (\boldsymbol{H} - \boldsymbol{v}_{\mathrm{r}} \times \boldsymbol{D}) = \boldsymbol{J} + \rho\boldsymbol{v} + \frac{\partial}{\partial t}\boldsymbol{D} \tag{7.124d}$$

现在，让我们假设一种简单的情况，介质以 $\boldsymbol{v}(t)$ 的速度发生刚性平移，没有旋转或形状变形，因此 $\boldsymbol{v}_{\mathrm{r}} = 0$。在这种情况下，方程组 (7.124a)~(7.124d) 变为

$$\nabla \cdot \boldsymbol{D} = \rho \tag{7.125a}$$

$$\nabla \cdot \boldsymbol{B} = 0 \tag{7.125b}$$

$$\nabla \times \boldsymbol{E} = -\frac{\partial}{\partial t}\boldsymbol{B} \tag{7.125c}$$

$$\nabla \times \boldsymbol{H} = \boldsymbol{J} + \rho\boldsymbol{v} + \frac{\partial}{\partial t}\boldsymbol{D} \tag{7.125d}$$

这组方程与标准麦克斯韦方程组完全相同，只是在安培–麦克斯韦定律中引入了传导电流。因此，即使介质以刚性平移的方式运动，甚至做加速运动，麦克斯韦方程组也会保持不变。如果介质运动在惯性参考系中是恒定的，那么王氏公式的结果与低速近似下的闵可夫斯基理论的结果完全一致。

我们现在考虑用两个量表示场的王氏公式的近似本构关系。从相对论所得结论方程 (7.114b) 和 (7.114d) 开始，我们使用介质在静止坐标系中的本构关系，即 $\boldsymbol{D}' = \varepsilon\boldsymbol{E}$，$\boldsymbol{B}' = \mu\boldsymbol{H}$，在低速近似下，可得到

$$\boldsymbol{D} \approx \varepsilon\boldsymbol{E} + (\varepsilon\mu - \varepsilon_0\mu_0)\,\boldsymbol{v} \times \boldsymbol{H} \tag{7.126a}$$

$$\boldsymbol{B} \approx \mu\boldsymbol{H} - (\varepsilon\mu - \varepsilon_0\mu_0)\,\boldsymbol{v} \times \boldsymbol{E} \tag{7.126b}$$

需要注意的是，$(\varepsilon\mu - \varepsilon_0\mu_0)$ 项可能是处理有运动介质的情况时使用了适用于真空中的洛伦兹变换的结果，这个处理方法是否完全合理有待研究。在伽利略时空中，当光速 $c = 1/(\varepsilon_0\mu_0)^{1/2} \to \infty$ 时，相应的本构关系近似为

$$\boldsymbol{D} \approx \varepsilon\boldsymbol{E} + \varepsilon\mu\boldsymbol{v} \times \boldsymbol{H} \tag{7.127a}$$

$$\boldsymbol{B} \approx \mu\boldsymbol{H} - \varepsilon\mu\boldsymbol{v} \times \boldsymbol{E} \tag{7.127b}$$

7.15 动生麦克斯韦方程组的创新贡献

本章系统地综述了用于描述多运动介质电磁现象的动生麦克斯韦方程组的理论体系。现将基本理论进展总结如下：

(a) 从四大物理定律的积分表达式出发, 基于伽利略时空观，推导出用来描述具有加速度的低速运动的介质的动生麦克斯韦方程组。

(b) 动生麦克斯韦方程组用于揭示一般运动物体的电磁场动力学，其中介质可具有随时间变化的体积、形状和边界，并且运动速度的场 $\boldsymbol{v}_{\mathrm{r}}(\boldsymbol{r},t)$ 可以是时间和空间的函数。

(c) 通过忽略相对论效应，动生麦克斯韦方程组适用于揭示机械力–电–磁系统的电动力学。

(d) 由于输入了外部机械能，电和磁的总能量并不守恒；然而，整个封闭系统的总能量是守恒的。

(e) 带电运动介质被视为产生电磁辐射 (运动产生的电磁场) 的来源。在运动介质中产生的电磁波可以用动生麦克斯韦方程组来描述，它在空间中的传播满足麦克斯韦方程组；它们的通解在介质界面处满足边界条件。

(f) 与相对论电动力学的方法不同，麦克斯韦方程组是协变的，实验室坐标系和共同运动坐标系中的电磁场通过洛伦兹变换相互关联。动生麦克斯韦方程组适用于在实验室坐标系中观察的情况，而介质以复杂的速度沿着不同的轨迹运动。换句话说，所有场都可用实验室坐标系中的变量来表示，这对于描述工程问题更有用，打破了传统的利用坐标变化处理方法的限制。

(g) 因为介质内的光速 c_{m} 通常低于 c_0，所以即使介质在运动，也不必担心超过真空中的光速 c_0。一旦在机械驱动的介质系统中产生了电磁波，无论介质是否运动，它在介质外的传播都由经典的麦克斯韦方程组来描述。

(h) 动生麦克斯韦方程组可以描述流体/液体介质的电动力学，这些方程组可以描述在非惯性系中具有加速度，且体积、形状和边界随时间变化的带有机械驱动系统的电磁现象。

(i) 如果介质以恒定速度运动，$\boldsymbol{v}$ 为常数，且 $\boldsymbol{v}_{\mathrm{r}}=0$，则动生麦克斯韦方程组自动恢复到经典麦克斯韦方程组的格式，因此与现有理论在逻辑上保持一致。

(j) 如果介质的平移速度是个恒定速度，$\boldsymbol{v}=\boldsymbol{v}_0$，利用洛伦兹变换，动生麦克斯韦方程组可以和相对论耦合起来描述高速运动且旋转的物体的电磁现象。这种方法把动生麦克斯韦方程组拓展到了有相对论效应的情况，显著扩大了它的应用范畴。

(k) 麦克斯韦方程组是通过假设物体/介质相对于观察者处于静止状态而推导

出来的。因此，在洛伦兹变换下，麦克斯韦方程组的协变性得以保留。然而，由于动生麦克斯韦方程组是通过假设物体相对于观察者发生加速运动而得出的，所以它们在洛伦兹变换下可能是不协变的。因此，如果空间中没有介质边界，洛伦兹变换是适用的。当将洛伦兹变换扩展到存在介质边界的情况时，理论可能会面临挑战。这有待进一步研究解决。

与经典的麦克斯韦方程组相比，动生麦克斯韦方程组做出了以下贡献：

(1) 加速运动的非惯性参考系与匀速直线运动的惯性参考系；

(2) 费曼提出的包括“反通量法则”的电磁理论与不包括“反通量法则”的电磁理论；

(3) 多个运动介质的电动力学问题与单个运动介质的电动力学问题；

(4) 全场 (近场和远场) 电动力学与远场加部分近场的电动力学。

许多传统的研究更关注电磁波的远距离传输、反射等电磁现象, 如无线通信和传播、天线、雷达等，通过麦克斯韦方程组的特解来展示。电流源的运动状态和产生电流的机械作用对附近电磁场分布的影响被忽略了。这种近场效应对于短程无线传感中的新技术应用非常重要。动生麦克斯韦方程组为工程应用提供了一种准确实用的方法，可以系统地研究远场电磁行为和近场电磁行为。

动生麦克斯韦方程组是电磁发电机/电动机理论和电磁波理论的统一 (图 7.10)。电磁发电机的理论是利用转子的旋转来切割磁场，从而将机械能转化为电能。最

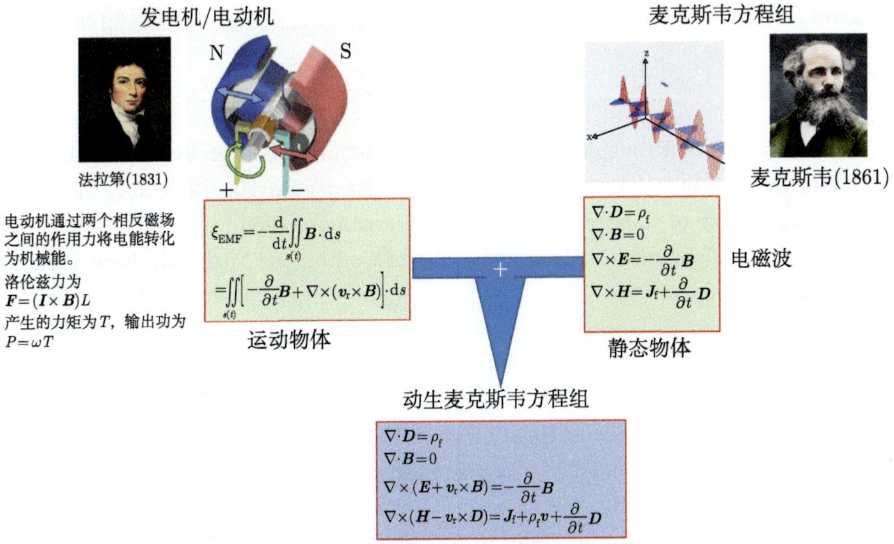

图 7.10 动生麦克斯韦方程组是电磁发电机/电动机理论和电磁波理论的统一，因而可以计算整个空间的电磁场。动生麦克斯韦方程组可以计算运动物体附近的电磁场分布，这是经典的麦克斯韦方程组没有完全覆盖的区域。这也是动生麦克斯韦方程组对电动力学基础的贡献

重要的是传导线圈携带的电流和电压，而忽略了辐射到附近空间的电磁波。麦克斯韦方程组是关于在提供振荡电流的情况下辐射的电磁波。一旦观测点靠近电磁发电机，转子的旋转将占主导地位，麦克斯韦方程组就可以预测金属线中传导的电流引起的电磁行为，但它可能无法精确预测旋转转子对附近磁场的影响。而动生麦克斯韦方程组把两个区域的电磁现象有机地统一起来，弥补了历史遗留下来的一个“灰区”。

7.16 总　　结

在经典电动力学中，运动总是指两个观察者在惯性参考系中的相对运动，因而麦克斯韦方程组的协变性在洛伦兹变换下分别在两个空间中得以保持。对于电磁系统来说，能量是守恒的。由于真空中光速的不变性，描述自由空间中带电粒子电磁行为的理论可以用狭义相对论很好地描述。然而，对于工程应用，介质具有形状和大小，并可能会加速运动，在外部机械触发下，一个系统可能有多个相关或独立的运动物体。本章介绍了描述这种电场–磁场–机械力场系统中电磁现象的理论。我们主要介绍低速近似 ($v \ll c$) 下的动生麦克斯韦方程组。我们的结论是，需要用动生麦克斯韦方程组来描述运动物体内部的电动力学，该物体不仅可以做加速的平移运动，还可以做旋转运动。经典的麦克斯韦方程组用于描述没有局部运动的介质区域中的电动力学。这两个区域的全解满足边界条件，因此物体的旋转会影响到附近的电磁场。我们还介绍了求解动生麦克斯韦方程组的理论方法。

参考文献

[1] Minkowski H. The Principle of Relativity[M]. Calcutta: University Press, 1920.
[2] Minkowski H. Das Relativitätsprinzip[J]. Annalen der Physik, 1915, 352: 927.
[3] Pauli W. Theory of Relativity[M]. London: Pergamon, 1958.
[4] Landau L D, Lifshitz E M. Electrodynamics of Continuous Media[M]. New York: Pergamon Press, 1984.
[5] Wang Z L, Shao J. Recent progress on Maxwell's equations for a mechano-driven medium system for multi-moving-objects/media[J]. Electromagnetic Science, 2023, 2: 0020171.
[6] Born M. Einstein's Theory of Relativity[M]. New York: Dover Publications, 1962.
[7] Le Bellac M, Lévy-Leblond J M. Galilean electromagnetism[J]. Nuovo Cim B, 1973, 14: 217.
[8] Rousseaux G. Forty years of Galilean Eelectromagnetism (1973–2013)[J]. Eur Phys J Plus, 2013, 128: 81.
[9] Levy-Leblond J M. Une nouvelle limite non-relativiste du groupe de Poincare[J]. Ann. Inst. Henri Poncare, Section A: Physique Theorique, 1965, 3: 1-12.

[10] Feynman R P. The Feynman Lectures on Physics, Vol. II: Mainly Electromagnetism and Matter[M]. New York: Basic Books, 2011.

[11] Wang Z L. The expanded Maxwell's equations for a mechano-driven media system that moves with acceleration[J]. Int. J. Mod. Phys., 2023, 37: 2350159.

[12] Wang Z L. Maxwell's equations for a mechano-driven, shape-deformable, charged media system, slowly moving at an arbitrary velocity field $\boldsymbol{v}(\boldsymbol{r},t)$[J]. J. Phys. Commun., 2022, 6: 085013.

[13] Rozov A. Maxwell's equations of slow moving media[J]. Z. Naturforsch, 2015, 70: 1019.

[14] Zhao K. Examples for Disapprove Flux Rule, University Physics[M]. Beijing: High Education Press, 1985.

[15] Zangwill A. Modern Electrodynamics[M]. Cambridge: Cambridge University Press, 2012.

[16] Jackson J D. Classical Electrodynamics[M]. 3rd ed. New York: John Wiley & Sons Inc., 1999.

[17] Thakkar V. Faraday's Law in Moving Media[EB/OL]. [2025-04-23]. https://www.researchgate.net/publication/299461167.

[18] Becker R. Electromagnetic fields and interactions[M]. Dover Publications, Chapter D IV, 1964.

[19] Wang Z L. On the first principle theory of nanogenerators from Maxwell's equations[J]. Nano Energy, 2020, 68: 104272.

[20] Wang Z L. On the expanded Maxwell's equations for moving charged media system-general theory, mathematical solutions and applications in TENG[J]. Mater. Today, 2022, 52: 348-363.

[21] Wang Z L. From contact electrification to triboelectric nanogenerators[J]. Rep. Prog. Phys., 2021, 84: 096502.

[22] Wang Z L. Maxwell's equations for a mechano-driven, shape-deformable, charged media system, slowly moving at an arbitrary velocity field $v(r,t)$[J]. J. Phys. Commun., 2022, 6: 085013.

[23] [2025-04-23] https://en.wikipedia.org/wiki/Covariant_formulation_of_classical_electromagnetism.

[24] Wang Z L. General solutions of the Maxwell's equations for a mechano-driven media system (MEs-f-MDMS)[J]. J. Phys. Commun., 2024, 8: 115004.

[25] Fano R M, Chu L C, Adler R B. Electromagnetic Fields, Energy and Forces[M]. New York: John Wiley & Sons, Inc., 1960.

[26] Penfield P, Hermann A H. Electrodynamics of Moving Media[M]. Cambridge, Massachusetts: The MIT Press, 1967.

第 8 章　工程技术中动生麦克斯韦方程组的等效电磁场理论

8.1　引　　言

在实际应用中，我们通常会遇到涉及旋转介质/物体的电磁学问题，例如发电机的转子所产生的电磁辐射。该系统由电场、磁场和机械力场之间的多场耦合组成。特别是，边界和不同介质的存在会使理论变得相当复杂，因此针对自由空间情况发展的相对论电磁理论可能难以直接应用于处理实际工程问题。在传统理论中，尽管转动速度非常慢，处理转动物体的电动力学常常归结于相对论效应。而相对论效应在高速运动下才明显，在低速下可以忽略不计。我们认为这是经典理论在这方面的一个缺陷，原因是经典麦克斯韦方程组在静态介质假设下是严格成立的。为了弥补这个短板，往往需要额外引入洛伦兹力作为第五个方程。本章从动生麦克斯韦方程组出发讨论如何描述这样的电磁现象。

第 7 章中，我们系统性地推导出了适用于低速运动 ($v \ll c$) 的动生麦克斯韦方程组 [1]，该方程组在伽利略时空下成立，适用于低速运动的情况。在本章中，我们假设介质运动没有平移运动，只有相对旋转或局部往复运动。在这种情况下，通过定义等效的电场和磁场，可以将动生麦克斯韦方程组简化为标准的麦克斯韦方程组的形式。我们将讨论该理论在一些工程技术中的应用, 并汇总了证明动生麦克斯韦方程组的相关实验结果。最后，动生麦克斯韦方程组被拓展到描述高速运动物体的相对论电磁学情况。

8.2　等效电磁场理论

在没有平移运动而只有转动运动的情况下：$\boldsymbol{v} = 0$, $\boldsymbol{v}_t(\boldsymbol{r}, t) = \boldsymbol{v}_{\mathrm{r}}(\boldsymbol{r}, t)$，动生麦克斯韦方程组 (7.81a)~(7.81d) 可以简化为 [2]

$$\varepsilon \nabla \cdot \boldsymbol{E}_{\mathrm{eff}} = \rho \tag{8.1a}$$

$$\mu \nabla \cdot \boldsymbol{H}_{\mathrm{eff}} = 0 \tag{8.1b}$$

$$\nabla \times \boldsymbol{E}_{\mathrm{eff}} \approx -\mu \frac{\partial}{\partial t} \boldsymbol{H}_{\mathrm{eff}} \tag{8.1c}$$

$$\nabla \times \boldsymbol{H}_{\mathrm{eff}} \approx \boldsymbol{J} + \varepsilon \frac{\partial}{\partial t} \boldsymbol{E}_{\mathrm{eff}} \tag{8.1d}$$

其中等效电磁场定义为

$$\boldsymbol{E}_{\mathrm{eff}} = \boldsymbol{E} + \mu \boldsymbol{v}_{\mathrm{r}} \times \boldsymbol{H} \tag{8.2a}$$

$$\boldsymbol{H}_{\mathrm{eff}} = \boldsymbol{H} - \varepsilon \boldsymbol{v}_{\mathrm{r}} \times \boldsymbol{E} \tag{8.2b}$$

简并后的动生麦克斯韦方程组 (8.1a)~(8.1d) 和经典的麦克斯韦方程组具有同样的形式。这具有很重要的物理意义: 介质的运动是产生电磁波的来源之一; 由于介质的运动，磁场会给电场产生一额外的部分，同时，电场也会给磁场产生额外的部分，最后形成电场–磁场–机械力场共同作用的等效电磁场，而等效电磁场和物质的作用满足麦克斯韦方程组，所产生的电场波的反射、散射和传播满足经典的麦克斯韦方程组。这就揭示了运动介质电动力学的物理本质。等效电磁场的引入把电–磁–机械力三场的耦合统一起来，同时也扩展了经典麦克斯韦方程组的应用范畴。方程组 (8.1a)~(8.1d) 的解满足如下边界条件:

$$(\varepsilon_{\mathrm{a}} \boldsymbol{E}_{\mathrm{eff,a}} - \varepsilon_{\mathrm{b}} \boldsymbol{E}_{\mathrm{eff,b}}) \cdot \boldsymbol{n} = \sigma \tag{8.3a}$$

$$(\mu_{\mathrm{a}} \boldsymbol{H}_{\mathrm{eff,a}} - \mu_{\mathrm{b}} \boldsymbol{H}_{\mathrm{eff,b}}) \cdot \boldsymbol{n} = 0 \tag{8.3b}$$

$$\boldsymbol{n} \times (\boldsymbol{E}_{\mathrm{eff,a}} - \boldsymbol{E}_{\mathrm{eff,\ b}}) \approx 0 \tag{8.3c}$$

$$\boldsymbol{n} \times (\boldsymbol{H}_{\mathrm{eff,a}} - \boldsymbol{H}_{\mathrm{eff,b}}) \approx \boldsymbol{K}_{\mathrm{s}} + \sigma \boldsymbol{v}_{\mathrm{s}} \tag{8.3d}$$

从方程 (8.2a)~(8.2d) 我们可以近似得到

$$\boldsymbol{E} \approx \boldsymbol{E}_{\mathrm{eff}} - \mu \boldsymbol{v}_{\mathrm{r}} \times \boldsymbol{H}_{\mathrm{eff}} - \mu\varepsilon \boldsymbol{v}_{\mathrm{r}} (\boldsymbol{v}_{\mathrm{r}} \cdot \boldsymbol{E}_{\mathrm{eff}}) \tag{8.4a}$$

$$\boldsymbol{H} \approx \boldsymbol{H}_{\mathrm{eff}} + \varepsilon \boldsymbol{v}_{\mathrm{r}} \times \boldsymbol{E}_{\mathrm{eff}} - \mu\varepsilon \boldsymbol{v}_{\mathrm{r}} (\boldsymbol{v}_{\mathrm{r}} \cdot \boldsymbol{H}_{\mathrm{eff}}) \tag{8.4b}$$

相应的能量守恒定律可以从方程 (8.1) 推出：

$$-\frac{\partial}{\partial t} u_{\mathrm{eff}} - \nabla \cdot \boldsymbol{S}_{\mathrm{eff}} = \boldsymbol{E}_{\mathrm{eff}} \cdot \boldsymbol{J} \tag{8.5a}$$

其中坡印亭矢量 $\boldsymbol{S}_{\mathrm{eff}}$ 为

$$\boldsymbol{S}_{\mathrm{eff}} = \boldsymbol{E}_{\mathrm{eff}} \times \boldsymbol{H}_{\mathrm{eff}} \tag{8.5b}$$

等效电磁场的能量密度 u_{eff} 为

$$u_{\text{eff}} = \frac{1}{2}(\varepsilon E_{\text{eff}}^2 + \mu H_{\text{eff}}^2) \tag{8.5c}$$

式 (8.5) 与电磁系统的能量守恒定律相同，只是其中的 $\boldsymbol{E}$ 和 $\boldsymbol{H}$ 分别被替换为 $\boldsymbol{E}_{\text{eff}}$ 和 $\boldsymbol{H}_{\text{eff}}$。因此，体积内由等效电磁场表示的内部电磁场能量的减少，加上从体积表面辐射出的电磁波能量的速率，等于场对外部自由电流和自由电荷所做的功率，再加上介质空间运动引起的电磁能量密度的变化。等效电磁场包括了介质加速运动所贡献的能量。因此，介质运动的贡献可以被视为产生电磁波的"源"，而随后这些电磁波与介质系统的相互作用满足标准的麦克斯韦方程组。这是因为介质运动会不可避免地产生洛伦兹力，从而影响该区域的电磁现象。这一现象最早被费曼指出为"反磁通"的例子，现在被完美地包括在动生麦克斯韦方程组中。根据方程 (8.1a)~(8.1d)，在有转动物体和自由空间中的电磁场想象的空间关联可以用图 8.1 来表示，其中所有的场都可以用经典麦克斯韦方程组描述，只是场的函数在真空中和不动的介质中是 $(\boldsymbol{E}, \boldsymbol{H})$，而在转动的介质体内为 ($\boldsymbol{E}_{\text{eff}}$ 和 $\boldsymbol{H}_{\text{eff}}$)。两种定义的场满足边界条件方程 (8.3)。

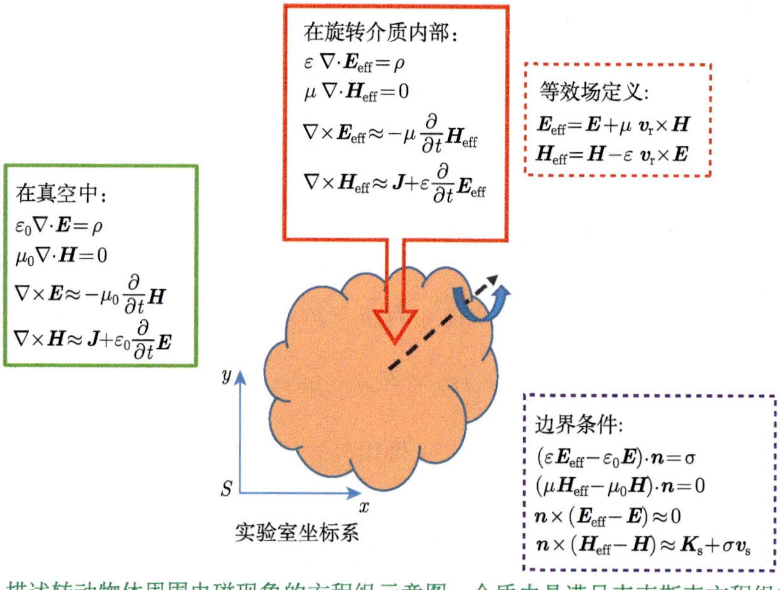

图 8.1　描述转动物体周围电磁现象的方程组示意图。介质内是满足麦克斯韦方程组的等效电磁场，体外是常规的电磁场，两种场的耦合关联式和相应的边界条件都给出来了 [2]

8.3 等效电磁场理论在时间空间的特解

利用解麦克斯韦方程组的标量势 φ 和矢量势 $\boldsymbol{A}$ 的方法 (见 7.10.3.2 节)，方程组 (8.1a)~(8.1d) 的特解为 [2]

$$\begin{aligned}\boldsymbol{H}_{\text{effs}} &= \frac{1}{\mu}\nabla\times\boldsymbol{A}_{\text{s}} = \frac{1}{4\pi}\nabla\times\iiint\frac{1}{|\boldsymbol{r}-\boldsymbol{r}'|}\boldsymbol{J}(\boldsymbol{r}',t')\mathrm{d}\boldsymbol{r}'\\ &= \frac{1}{4\pi}\iiint\nabla\times\left[\frac{1}{|\boldsymbol{r}-\boldsymbol{r}'|}\boldsymbol{J}(\boldsymbol{r}',t')\right]\mathrm{d}\boldsymbol{r}'\\ &= \frac{1}{4\pi}\iiint\frac{1}{|\boldsymbol{r}-\boldsymbol{r}'|}[\nabla'\times\boldsymbol{J}(\boldsymbol{r}',t)]|_{t=t'}\mathrm{d}\boldsymbol{r}' \end{aligned} \tag{8.6a}$$

其中我们用到了数学全等式 $\nabla\dfrac{1}{|\boldsymbol{r}-\boldsymbol{r}'|} = -\nabla'\dfrac{1}{|\boldsymbol{r}-\boldsymbol{r}'|}$, $[\nabla'\times\boldsymbol{J}(\boldsymbol{r}',t)]|_{t=t'}$，其中算子只作用在 $\boldsymbol{r}'$ 而不作用在 t'。等效电磁场为

$$\begin{aligned}\boldsymbol{E}_{\text{effs}} &= -\nabla\varphi_{\text{s}} - \frac{\partial}{\partial t}\boldsymbol{A}_{\text{s}}\\ &= -\frac{1}{4\pi\varepsilon}\nabla\iiint\frac{1}{|\boldsymbol{r}-\boldsymbol{r}'|}\rho(\boldsymbol{r}',t')\mathrm{d}\boldsymbol{r}' - \frac{\mu}{4\pi}\frac{\partial}{\partial t}\iiint\frac{1}{|\boldsymbol{r}-\boldsymbol{r}'|}\boldsymbol{J}(\boldsymbol{r}',t')\mathrm{d}\boldsymbol{r}'\\ &= -\frac{1}{4\pi}\iiint\frac{1}{|\boldsymbol{r}-\boldsymbol{r}'|}\left\{[\nabla'\rho(\boldsymbol{r}',t)/\varepsilon]|_{t=t'} + \mu\frac{\partial}{\partial t'}\boldsymbol{J}(\boldsymbol{r}',t')\right\}\mathrm{d}\boldsymbol{r}' \end{aligned} \tag{8.6b}$$

根据式 (8.4a) 和 (8.4b)，从等效电磁场可以推出电场和磁场的特解为

$$\begin{aligned}\boldsymbol{E}_{\text{s}} = -\frac{1}{4\pi}\Bigg\{&\iiint\frac{1}{|\boldsymbol{r}-\boldsymbol{r}'|}\left\{\mu\frac{\partial}{\partial t'}\boldsymbol{J}(\boldsymbol{r}',t') + [\nabla'\rho(\boldsymbol{r}',t)/\varepsilon]|_{t=t'}\right\}\mathrm{d}\boldsymbol{r}'\\ &+\mu\boldsymbol{v}_{\text{r}}\times\iiint\frac{1}{|\boldsymbol{r}-\boldsymbol{r}'|}[\nabla'\times\boldsymbol{J}(\boldsymbol{r}',t)]\Big|_{t=t'}\mathrm{d}\boldsymbol{r}'\\ &-\mu\varepsilon\boldsymbol{v}_{\text{r}}\left[\boldsymbol{v}_{\text{r}}\cdot\iiint\frac{1}{|\boldsymbol{r}-\boldsymbol{r}'|}\left\{\mu\frac{\partial}{\partial t'}\boldsymbol{J}(\boldsymbol{r}',t') + [\nabla'\rho(\boldsymbol{r}',t)/\varepsilon]|_{t=t'}\right\}\mathrm{d}\boldsymbol{r}'\right]\Bigg\} \end{aligned} \tag{8.7a}$$

$$\begin{aligned}\boldsymbol{H}_{\text{s}} = &\frac{1}{4\pi}\iiint\frac{1}{|\boldsymbol{r}-\boldsymbol{r}'|}[\nabla'\times\boldsymbol{J}(\boldsymbol{r}',t)]\Big|_{t=t'}\mathrm{d}\boldsymbol{r}' - \frac{\varepsilon}{4\pi}\boldsymbol{v}_{\text{r}}\\ &\times\iiint\frac{1}{|\boldsymbol{r}-\boldsymbol{r}'|}\left\{\mu\frac{\partial}{\partial t'}\boldsymbol{J}(\boldsymbol{r}',t') + [\nabla'\rho(\boldsymbol{r}',t)/\varepsilon]|_{t=t'}\right\}\mathrm{d}\boldsymbol{r}'\\ &-\frac{\mu\varepsilon}{4\pi}\boldsymbol{v}_{\text{r}}\left\{\boldsymbol{v}_{\text{r}}\cdot\iiint\frac{1}{|\boldsymbol{r}-\boldsymbol{r}'|}[\nabla'\times\boldsymbol{J}(\boldsymbol{r}',t)]\Big|_{t=t'}\right\}\mathrm{d}\boldsymbol{r}' \end{aligned} \tag{8.7b}$$

注意：特解 + 齐次解是通解，通解满足边界条件。

8.4 等效电磁场理论在频率空间的特解

在频率空间，根据 7.12 节的相关讨论，方程组 (8.1a)~(8.1d) 变为 [2]

$$\varepsilon(\omega)\nabla\cdot\boldsymbol{E}_{\mathrm{eff}}(\boldsymbol{r},\omega)=\rho(\boldsymbol{r},\omega) \tag{8.8a}$$

$$\mu(\omega)\nabla\cdot\boldsymbol{H}_{\mathrm{eff}}(\boldsymbol{r},\omega)=0 \tag{8.8b}$$

$$\nabla\times\boldsymbol{E}_{\mathrm{eff}}(\boldsymbol{r},\omega)\approx\mathrm{i}\omega\mu(\omega)\boldsymbol{H}_{\mathrm{effs}}(\boldsymbol{r},\omega) \tag{8.8c}$$

$$\nabla\times\boldsymbol{H}_{\mathrm{eff}}(\boldsymbol{r},\omega)\approx\boldsymbol{J}_t(\boldsymbol{r}-\omega)-\mathrm{i}\omega\varepsilon(\omega)\boldsymbol{E}_{\mathrm{eff}}(\boldsymbol{r},\omega) \tag{8.8d}$$

其中等效电磁场定义为

$$\boldsymbol{E}_{\mathrm{eff}}(\boldsymbol{r},\omega)=\boldsymbol{E}(\boldsymbol{r},\omega)+\mu(\omega)\boldsymbol{v}_{\mathrm{r}}(\boldsymbol{r},\omega)\times*\boldsymbol{H}(\boldsymbol{r},\omega) \tag{8.9a}$$

$$\boldsymbol{H}_{\mathrm{eff}}(\boldsymbol{r},\omega)=\boldsymbol{H}(\boldsymbol{r},\omega)-\varepsilon(\omega)\,\boldsymbol{v}_{\mathrm{r}}(\boldsymbol{r},\omega)\times*\boldsymbol{E}(\boldsymbol{r},\omega) \tag{8.9b}$$

等效电磁场满足的边界条件为

$$[\varepsilon_{\mathrm{a}}(\omega)\boldsymbol{E}_{\mathrm{efff,\ a}}(\boldsymbol{r},\omega)-\varepsilon_{\mathrm{b}}(\omega)\boldsymbol{E}_{\mathrm{eff,b}}(\boldsymbol{r},\omega)]\cdot*\boldsymbol{n}(\boldsymbol{r},\omega)=\sigma \tag{8.10a}$$

$$[\mu_{\mathrm{a}}(\omega)\boldsymbol{H}_{\mathrm{eff,a}}(\boldsymbol{r},\omega)-\mu_{\mathrm{b}}(\omega)\boldsymbol{H}_{\mathrm{eff,\ b}}(\boldsymbol{r},\omega)]\cdot*\boldsymbol{n}(\boldsymbol{r},\omega)=0 \tag{8.10b}$$

$$\boldsymbol{n}(\boldsymbol{r},\omega)\times*[\boldsymbol{E}_{\mathrm{eff,a}}(\boldsymbol{r},\omega)-\boldsymbol{E}_{\mathrm{efff,\ b}}(\boldsymbol{r},\omega)]\approx0 \tag{8.10c}$$

$$\boldsymbol{n}(\boldsymbol{r},\omega)\times*[\boldsymbol{H}_{\mathrm{eff,a}}(\boldsymbol{r},\omega)-\boldsymbol{H}_{\mathrm{eff,\ b}}(\boldsymbol{r},\omega)]\approx\boldsymbol{K}_{\mathrm{s}}(\boldsymbol{r},\omega)+\sigma(\boldsymbol{r},\omega)*\boldsymbol{v}_{\mathrm{s}}(\boldsymbol{r},\omega) \tag{8.10d}$$

这些结果和麦克斯韦方程组的结果具有同样的格式，其就可以利用已经建立起来的标准方法求解。我们利用基于矢量势 $\boldsymbol{\Pi}$ 和标量势 φ 的方法，可将等效电磁场表达为

$$\boldsymbol{H}_{\mathrm{eff}}(\boldsymbol{r},\omega)=\frac{1}{\mu(\omega)}\nabla\times\boldsymbol{\Pi}(\boldsymbol{r},\omega) \tag{8.11a}$$

$$\boldsymbol{E}_{\mathrm{eff}}(\boldsymbol{r},\omega)=-\nabla\varphi(\boldsymbol{r},\omega)+\mathrm{i}\omega\boldsymbol{\Pi}(\boldsymbol{r},\omega) \tag{8.11b}$$

代入方程组 (8.8a)~(8.8d), 我们可以得到

$$\nabla^2\boldsymbol{\Pi}(\boldsymbol{r},\omega)+\omega^2\varepsilon(\omega)\,\mu(\omega)\boldsymbol{\Pi}(\boldsymbol{r},\omega)=-\mu(\omega)\boldsymbol{J}(\boldsymbol{r},\omega) \tag{8.12a}$$

$$\nabla^2\varphi(\boldsymbol{r},\omega)+\omega^2\varepsilon(\omega)\,\mu(\omega)\varphi(\boldsymbol{r},\omega)=-\frac{\rho(\boldsymbol{r},\omega)}{\varepsilon(\omega)} \tag{8.12b}$$

并且满足洛伦兹条件:

$$\nabla\cdot\boldsymbol{\Pi}(\boldsymbol{r},\omega)-\mathrm{i}\omega\varepsilon(\omega)\,\mu(\omega)\varphi(\boldsymbol{r},\omega)=0 \tag{8.12c}$$

方程 (8.12) 是典型的亥姆霍兹方程，其特解为

$$\boldsymbol{\Pi}_{\mathrm{s}}(\boldsymbol{r},\omega)=\frac{\mu(\omega)}{4\pi}\iiint\frac{\exp\left[\mathrm{i}\omega\sqrt{\mu\varepsilon}\,|\boldsymbol{r}-\boldsymbol{r}'|\right]}{|\boldsymbol{r}-\boldsymbol{r}'|}\boldsymbol{J}\left(\boldsymbol{r}',\omega\right)\mathrm{d}\boldsymbol{r}' \tag{8.13a}$$

$$\varphi_{\mathrm{s}}(\boldsymbol{r},\omega)=\frac{1}{4\pi\varepsilon\omega}\iiint\frac{\exp\left[\mathrm{i}\omega\sqrt{\mu\varepsilon}\,|\boldsymbol{r}-\boldsymbol{r}'|\right]}{|\boldsymbol{r}-\boldsymbol{r}'|}\rho\left(\boldsymbol{r}',\omega\right)\mathrm{d}\boldsymbol{r}' \tag{8.13b}$$

对应的等效电磁场的特解为

$$\begin{aligned}\boldsymbol{E}_{\mathrm{effs}}(\boldsymbol{r},\omega)&=-\nabla\varphi_{\mathrm{s}}(\boldsymbol{r},\omega)+\mathrm{i}\omega\boldsymbol{\Pi}_{\mathrm{s}}(\boldsymbol{r},\omega)\\&=\frac{1}{4\pi}\iiint\frac{\exp\left[\mathrm{i}\omega\sqrt{\mu\varepsilon}\,|\boldsymbol{r}-\boldsymbol{r}'|\right]}{|\boldsymbol{r}-\boldsymbol{r}'|}\left[\mathrm{i}\omega\mu(\omega)\boldsymbol{J}\left(\boldsymbol{r}',\omega\right)-\nabla'\rho\left(\boldsymbol{r}',\omega\right)/\varepsilon(\omega)\right]\mathrm{d}\boldsymbol{r}'\end{aligned} \tag{8.14a}$$

$$\begin{aligned}\boldsymbol{H}_{\mathrm{effs}}(\boldsymbol{r},\omega)&=\frac{1}{\mu(\omega)}\nabla\times\boldsymbol{\Pi}_{\mathrm{s}}(\boldsymbol{r},\omega)\\&=\frac{1}{4\pi}\iiint\frac{\exp\left[\mathrm{i}\omega\sqrt{\mu\varepsilon}\,|\boldsymbol{r}-\boldsymbol{r}'|\right]}{|\boldsymbol{r}-\boldsymbol{r}'|}\left[\nabla'\times\boldsymbol{J}\left(\boldsymbol{r}',\omega\right)\right]\mathrm{d}\boldsymbol{r}'\end{aligned} \tag{8.14b}$$

8.5 等效电磁场的亥姆霍兹方程理论

8.5.1 时间空间求解

8.5.1.1 一般情况

在工程应用中，有很多情况是介质只有旋转或局部往复运动而没有平移运动：$\boldsymbol{v}=0$。在这种情况下，从方程 (8.1) 出发，通过矢量运算 (参考 7.11.1 节)，我们得到

$$\left(-\nabla^2+\mu\varepsilon\frac{\partial^2}{\partial t^2}\right)\boldsymbol{E}_{\mathrm{eff}}\approx-\mu\frac{\partial}{\partial t}\boldsymbol{J}-\nabla\rho/\varepsilon \tag{8.15a}$$

$$\left(-\nabla^2+\mu\varepsilon\frac{\partial^2}{\partial t^2}\right)\boldsymbol{H}_{\mathrm{eff}}\approx\nabla\times\boldsymbol{J} \tag{8.15b}$$

其中等效电磁场可以定义为

$$\boldsymbol{E}_{\mathrm{eff}}=\boldsymbol{E}+\mu\boldsymbol{v}_{\mathrm{r}}\times\boldsymbol{H} \tag{8.16a}$$

$$\boldsymbol{H}_{\mathrm{eff}}=\boldsymbol{H}-\varepsilon\boldsymbol{v}_{\mathrm{r}}\times\boldsymbol{E} \tag{8.16b}$$

方程 (8.15a) 和 (8.15b) 是典型的波动方程形式，可以用我们常见的方法来求解。其齐次解为

$$\boldsymbol{E}_{\mathrm{effh}}=\boldsymbol{E}_{\mathrm{h}}+\mu\boldsymbol{v}_{\mathrm{r}}\times\boldsymbol{H}_{\mathrm{h}}$$

$$= \frac{1}{2\pi}\int_{-\infty}^{\infty} \mathrm{d}\omega \left[\alpha'(\omega)\exp(\mathrm{i}\boldsymbol{K}\cdot\boldsymbol{r}-\mathrm{i}\omega t)+\beta'(\omega)\exp(-\mathrm{i}\boldsymbol{K}\cdot\boldsymbol{r}-\mathrm{i}\omega t)\right] \tag{8.17a}$$

$$\boldsymbol{H}_{\mathrm{effh}} = \boldsymbol{H}_{\mathrm{h}} - \varepsilon\boldsymbol{v}_{\mathrm{r}}\times\boldsymbol{E}_{\mathrm{h}}$$

$$= \frac{1}{2\pi}\int_{-\infty}^{\infty} \mathrm{d}\omega \left[\tau'(\omega)\exp(\mathrm{i}\boldsymbol{K}\cdot\boldsymbol{r}-\mathrm{i}\omega t)+\xi'(\omega)\exp(-\mathrm{i}\boldsymbol{K}\cdot\boldsymbol{r}-\mathrm{i}\omega t)\right] \tag{8.17b}$$

特殊解为

$$\boldsymbol{E}_{\mathrm{effs}} = \boldsymbol{E}_{\mathrm{s}} + \mu\boldsymbol{v}_{\mathrm{r}}\times\boldsymbol{H}_{\mathrm{s}} = -\frac{1}{4\pi}\iiint \frac{1}{|\boldsymbol{r}-\boldsymbol{r}'|}\left[\mu\frac{\partial}{\partial t'}\boldsymbol{J}(\boldsymbol{r}',t')+\nabla'\rho(\boldsymbol{r}',t')/\varepsilon\right]\mathrm{d}\boldsymbol{r}' \tag{8.18a}$$

$$\boldsymbol{H}_{\mathrm{effs}} = \boldsymbol{H}_{\mathrm{s}} - \varepsilon\boldsymbol{v}_{\mathrm{r}}\times\boldsymbol{E}_{\mathrm{s}} = \frac{1}{4\pi}\iiint \frac{1}{|\boldsymbol{r}-\boldsymbol{r}'|}[\nabla'\times\boldsymbol{J}(\boldsymbol{r}',t')]\mathrm{d}\boldsymbol{r}' \tag{8.18b}$$

利用 $\boldsymbol{v}_{\mathrm{r}}\times\boldsymbol{E}_{\mathrm{eff}}$, $\boldsymbol{v}_{\mathrm{r}}\cdot\boldsymbol{H}_{\mathrm{eff}}$ 类型的计算，从方程组 (8.18a) 和 (8.18b), 我们可以推导出场 $\boldsymbol{E}$ 和 $\boldsymbol{H}$ 的解：

$$\boldsymbol{E} = \left[\boldsymbol{E}_{\mathrm{eff}} - \mu\boldsymbol{v}_{\mathrm{r}}\times\boldsymbol{H}_{\mathrm{eff}} - \mu\varepsilon\boldsymbol{v}_{\mathrm{r}}\left(\boldsymbol{v}_{\mathrm{r}}\cdot\boldsymbol{E}_{\mathrm{eff}}\right)\right]/\left(1-\mu\varepsilon v_{\mathrm{r}}^2\right) \tag{8.19a}$$

$$\boldsymbol{H} = \left[\boldsymbol{H}_{\mathrm{eff}} + \varepsilon\boldsymbol{v}_{\mathrm{r}}\times\boldsymbol{E}_{\mathrm{eff}} - \mu\varepsilon\boldsymbol{v}_{\mathrm{r}}\left(\boldsymbol{v}_{\mathrm{r}}\cdot\boldsymbol{H}_{\mathrm{eff}}\right)\right]/\left(1-\mu\varepsilon v_{\mathrm{r}}^2\right) \tag{8.19b}$$

把方程 (8.17a) 和 (8.17b) 代入方程 (8.19a) 和 (8.19b), $\boldsymbol{E}$ 和 $\boldsymbol{H}$ 的齐次解为

$$\begin{aligned}\boldsymbol{E}_{\mathrm{h}} = {} & \frac{1}{2\pi\left(1-\mu\varepsilon v_{\mathrm{r}}^2\right)}\int_{-\infty}^{\infty}\mathrm{d}\omega\{[\alpha'(\omega)-\mu\boldsymbol{v}_{\mathrm{r}}\times\tau'(\omega)-\mu\varepsilon\boldsymbol{v}_{\mathrm{r}}\left(\boldsymbol{v}_{\mathrm{r}}\cdot\alpha'(\omega)\right)] \\ & \exp(\mathrm{i}\boldsymbol{K}\cdot\boldsymbol{r}-\mathrm{i}\omega t)\} + \frac{1}{2\pi\left(1-\mu\varepsilon v_{\mathrm{r}}^2\right)}\int_{-\infty}^{\infty}\mathrm{d}\omega\{[\beta'(\omega)-\mu\boldsymbol{v}_{\mathrm{r}}\times\xi'(\omega) \\ & -\mu\varepsilon\boldsymbol{v}_{\mathrm{r}}\left(\boldsymbol{v}_{\mathrm{r}}\cdot\beta'(\omega)\right)]\exp(-\mathrm{i}\boldsymbol{K}\cdot\boldsymbol{r}-\mathrm{i}\omega t)\}\end{aligned} \tag{8.20a}$$

$$\begin{aligned}\boldsymbol{H}_{\mathrm{h}} = {} & \frac{1}{2\pi\left(1-\mu\varepsilon v_{\mathrm{r}}^2\right)}\int_{-\infty}^{\infty}\mathrm{d}\omega\{[\tau'(\omega)+\varepsilon\boldsymbol{v}_{\mathrm{r}}\times\alpha'(\omega)-\mu\varepsilon\boldsymbol{v}_{\mathrm{r}}\left(\boldsymbol{v}_{\mathrm{r}}\cdot\tau'(\omega)\right)] \\ & \exp(\mathrm{i}\boldsymbol{K}\cdot\boldsymbol{r}-\mathrm{i}\omega t)\} + \frac{1}{2\pi\left(1-\mu\varepsilon v_{\mathrm{r}}^2\right)}\int_{-\infty}^{\infty}\mathrm{d}\omega\{[\xi'(\omega)+\varepsilon\boldsymbol{v}_{\mathrm{r}}\times\beta'(\omega) \\ & -\mu\varepsilon\boldsymbol{v}_{\mathrm{r}}\left(\boldsymbol{v}_{\mathrm{r}}\cdot\xi'(\omega)\right)]\exp(-\mathrm{i}\boldsymbol{K}\cdot\boldsymbol{r}-\mathrm{i}\omega t)\}\end{aligned} \tag{8.20b}$$

把方程 (8.18a) 和 (8.18b) 代入方程 (8.19a) 和 (8.19b), $\boldsymbol{E}$ 和 $\boldsymbol{H}$ 的特解为

$$\boldsymbol{E}_{\mathrm{s}} = -\frac{1}{4\pi\left(1-\mu\varepsilon v_{\mathrm{r}}^2\right)}\left\{\iiint\frac{1}{|\boldsymbol{r}-\boldsymbol{r}'|}\left[\mu\frac{\partial}{\partial t'}\boldsymbol{J}\left(\boldsymbol{r}',t'\right)+\nabla'\rho\left(\boldsymbol{r}',t'\right)/\varepsilon\right]\mathrm{d}\boldsymbol{r}'\right.$$

$$+\mu\boldsymbol{v}_{\mathrm{r}}\times\iiint\frac{1}{|\boldsymbol{r}-\boldsymbol{r}'|}\left[\nabla'\times\boldsymbol{J}\left(\boldsymbol{r}',t'\right)\right]\mathrm{d}\boldsymbol{r}'$$

$$-\mu\varepsilon\boldsymbol{v}_{\mathrm{r}}\left[\boldsymbol{v}_{\mathrm{r}}\cdot\iiint\frac{1}{|\boldsymbol{r}-\boldsymbol{r}'|}\left[\mu\frac{\partial}{\partial t'}\boldsymbol{J}\left(\boldsymbol{r}',t'\right)+\nabla'\rho\left(r',t'\right)/\varepsilon\right]\mathrm{d}\boldsymbol{r}'\right]\right\}\quad(8.21\mathrm{a})$$

$$\begin{aligned}\boldsymbol{H}_{\mathrm{s}}=&\frac{1}{4\pi\left(1-\mu\varepsilon v_{\mathrm{r}}^{2}\right)}\iiint\frac{1}{|\boldsymbol{r}-\boldsymbol{r}'|}\left[\nabla'\times\boldsymbol{J}\left(\boldsymbol{r}',t'\right)\right]\mathrm{d}\boldsymbol{r}'\\&-\frac{\varepsilon}{4\pi\left(1-\mu\varepsilon v_{\mathrm{r}}^{2}\right)}\boldsymbol{v}_{\mathrm{r}}\times\iiint\frac{1}{|\boldsymbol{r}-\boldsymbol{r}'|}\left[\mu\frac{\partial}{\partial t'}\boldsymbol{J}\left(\boldsymbol{r}',t'\right)+\nabla'\rho\left(\boldsymbol{r}',t'\right)/\varepsilon\right]\mathrm{d}\boldsymbol{r}'\\&-\frac{\mu\varepsilon}{4\pi\left(1-\mu\varepsilon v_{\mathrm{r}}^{2}\right)}\boldsymbol{v}_{\mathrm{r}}\left\{\boldsymbol{v}_{\mathrm{r}}\cdot\iiint\frac{1}{|\boldsymbol{r}-\boldsymbol{r}'|}\left[\nabla'\times\boldsymbol{J}\left(\boldsymbol{r}',t'\right)\right]\right\}\mathrm{d}\boldsymbol{r}'\end{aligned}\quad(8.21\mathrm{b})$$

最后的通解为 $\boldsymbol{E}=\boldsymbol{E}_{\mathrm{h}}+\boldsymbol{E}_{\mathrm{s}}$ 和 $\boldsymbol{E}=\boldsymbol{E}_{\mathrm{h}}+\boldsymbol{H}_{\mathrm{s}}$, 其中 α',β',τ' 和 ξ' 取决于边界条件。

8.5.1.2 柱坐标系中围绕 z 轴旋转的情况

在柱坐标系 $(\hat{R},\ \hat{\vartheta},\hat{z})$ 中, 旋转速度沿着 $\hat{\vartheta}$ 方向, $\boldsymbol{E}_{\mathrm{eff}}$ 和 $\boldsymbol{H}_{\mathrm{eff}}$ 可以由方程组 (8.16a) 和 (8.16b) 求解而得。这种情况在工程技术中时常发生。从方程组 (8.19a) 和 (8.19b)，我们得到

$$\boldsymbol{E}=\left[\left(E_{\mathrm{eff},R}-\mu v_{\mathrm{r}}H_{\mathrm{eff},z}\right)\hat{R}+\left(E_{\mathrm{eff},z}+\mu v_{\mathrm{r}}H_{\mathrm{eff},R}\right)\hat{z}\right]/\left(1-\mu\varepsilon v_{\mathrm{r}}^{2}\right)+E_{\mathrm{eff},\vartheta}\hat{\vartheta}\quad(8.22\mathrm{a})$$

$$\boldsymbol{H}=\left[\left(H_{\mathrm{eff},R}+\mu v_{\mathrm{r}}E_{\mathrm{eff},z}\right)\hat{R}+\left(H_{\mathrm{eff},z}-\mu v_{\mathrm{r}}E_{\mathrm{eff},R}\right)\hat{z}\right]/\left(1-\mu\varepsilon v_{\mathrm{r}}^{2}\right)+H_{\mathrm{eff},z}\hat{\vartheta}\quad(8.22\mathrm{b})$$

8.5.2 频率空间求解

在频率空间，利用 7.12 节的方法，我们可得

$$\left[-\nabla^{2}-\varepsilon(\omega)\mu(\omega)\omega^{2}\right]\boldsymbol{E}_{\mathrm{eff}}\left(\boldsymbol{r},\omega\right)\approx\mathrm{i}\omega\mu(\omega)\boldsymbol{J}(\boldsymbol{r},\omega)-\nabla\rho(\boldsymbol{r},\omega)/\varepsilon(\omega)\quad(8.23\mathrm{a})$$

$$\left[-\nabla^{2}-\varepsilon(\omega)\mu(\omega)\omega^{2}\right]\boldsymbol{H}_{\mathrm{eff}}(\boldsymbol{r},\omega)\approx\nabla\times\boldsymbol{J}(\boldsymbol{r},\omega)\quad(8.23\mathrm{b})$$

其中等效电磁场定义为

$$\boldsymbol{E}_{\mathrm{eff}}(\boldsymbol{r},\omega)=\boldsymbol{E}(\boldsymbol{r},\omega)+\mu(\omega)\boldsymbol{v}_{\mathrm{r}}(\boldsymbol{r},\omega)\times*\boldsymbol{H}(\boldsymbol{r},\omega)\quad(8.23\mathrm{c})$$

$$\boldsymbol{H}_{\mathrm{eff}}(\boldsymbol{r},\omega)=\boldsymbol{H}(\boldsymbol{r},\omega)-\varepsilon(\omega)\boldsymbol{v}_{\mathrm{r}}(\boldsymbol{r},\omega)\times*\boldsymbol{E}(\boldsymbol{r},\omega)\quad(8.23\mathrm{d})$$

方程的齐次解为

$$\boldsymbol{E}_{\mathrm{effh}}(\boldsymbol{r},\omega)=\alpha'\exp(\mathrm{i}\boldsymbol{K}\cdot\boldsymbol{r})+\beta'\exp(-\mathrm{i}\boldsymbol{K}\cdot\boldsymbol{r})\quad(8.24\mathrm{a})$$

$$\boldsymbol{H}_{\text{effh}}(\boldsymbol{r},\omega)=\tau'\exp(\mathrm{i}\boldsymbol{K}\cdot\boldsymbol{r})+\xi'\exp(-\mathrm{i}\boldsymbol{K}\cdot\boldsymbol{r}) \tag{8.24b}$$

方程 (8.23a) 和 (8.23b) 的特解为

$$\begin{aligned}\boldsymbol{E}_{\text{effs}}(\boldsymbol{r},\omega)&=\boldsymbol{E}_{\text{s}}(\boldsymbol{r},\omega)+\mu(\omega)\boldsymbol{v}_{\text{r}}(\boldsymbol{r},\omega)\times *\boldsymbol{H}_{\text{s}}(\boldsymbol{r},\omega)\\&=\frac{1}{4\pi}\iiint\frac{\exp\left[\mathrm{i}\omega\sqrt{\mu\varepsilon}\,|\boldsymbol{r}-\boldsymbol{r}'|\right]}{|\boldsymbol{r}-\boldsymbol{r}'|}\left[\mathrm{i}\omega\mu(\omega)\boldsymbol{J}\left(\boldsymbol{r}',\omega\right)-\nabla'\rho\left(\boldsymbol{r}',\omega\right)/\varepsilon(\omega)\right]\mathrm{d}\boldsymbol{r}'\end{aligned} \tag{8.25a}$$

$$\begin{aligned}\boldsymbol{H}_{\text{effs}}(\boldsymbol{r},\omega)&=\boldsymbol{H}_{\text{s}}(\boldsymbol{r},\omega)-\varepsilon(\omega)\boldsymbol{v}_{\text{r}}(\boldsymbol{r},\omega)\times *\boldsymbol{E}_{\text{s}}(\boldsymbol{r},\omega)\\&=\frac{1}{4\pi}\iiint\frac{\exp\left[\mathrm{i}\omega\sqrt{\mu\varepsilon}\,|\boldsymbol{r}-\boldsymbol{r}'|\right]}{|\boldsymbol{r}-\boldsymbol{r}'|}\left[\nabla'\times\boldsymbol{J}\left(\boldsymbol{r}',\omega\right)\right]\mathrm{d}\boldsymbol{r}'\end{aligned} \tag{8.25b}$$

场 $\boldsymbol{E}$ 和 $\boldsymbol{H}$ 有可能不能从方程 (8.22a) 和 (8.22b) 解析而得，但可以利用数值解而得到。

8.6 动生麦克斯韦方程组在工程电磁学中的应用

8.6.1 关于经典电动力学对于转动物体的电磁学现象的处理

我们现在考虑处理转动物体电磁现象的经典方法，如图 8.2 所示，一个转动的物体表面带有一定的电荷，我们的目的是求解空间中的电磁场分布。经典的方法是把这些电荷的运动等效为一个空间分布的电流，$\boldsymbol{J}=\rho\boldsymbol{v}_{\text{r}}$，按照静态介质的情况来处理边界条件。电磁场的分布满足经典麦克斯韦方程组：

$$\varepsilon\nabla\cdot\boldsymbol{E}=\rho \tag{8.26a}$$

$$\mu\nabla\cdot\boldsymbol{H}=0 \tag{8.26b}$$

$$\nabla\times\boldsymbol{E}\approx-\mu\frac{\partial}{\partial t}\boldsymbol{H} \tag{8.26c}$$

$$\nabla\times\boldsymbol{H}\approx\rho\boldsymbol{v}_{\text{r}}+\varepsilon\frac{\partial}{\partial t}\boldsymbol{E} \tag{8.26d}$$

这样的处理方式忽略了由介质运动所产生的洛伦兹力的“反通量”效应 (见 7.4 节)，这和实验有一定的偏差。

经典的处理方法似乎合理，但忽略了由于介质转动而产生的电场耦合。我们现在从动生麦克斯韦方程组来讨论这个问题。从方程 (8.1c) 和 (8.1d) 出发，

$$\nabla\times\boldsymbol{H}\approx\boldsymbol{J}+\varepsilon\frac{\partial}{\partial t}(\boldsymbol{E}+\mu\boldsymbol{v}_{\text{r}}\times\boldsymbol{H})+\varepsilon\nabla\times(\boldsymbol{v}_{\text{r}}\times\boldsymbol{E})$$

$$
\begin{aligned}
&= \boldsymbol{J} + \varepsilon\frac{\partial}{\partial t}\boldsymbol{E} + \varepsilon\mu\frac{\partial}{\partial t}(\boldsymbol{v}_{\rm r}\times\boldsymbol{H}) + \varepsilon[\boldsymbol{v}_{\rm r}(\nabla\cdot\boldsymbol{E}) \\
&\quad - \boldsymbol{E}(\nabla\cdot\boldsymbol{v}_{\rm r}) + (\boldsymbol{E}\cdot\nabla)\boldsymbol{v}_{\rm r} - (\boldsymbol{v}_{\rm r}\cdot\nabla)\boldsymbol{E}] \\
&\approx \boldsymbol{J} + \varepsilon\frac{\partial}{\partial t}\boldsymbol{E} + \rho\boldsymbol{v}_{\rm r} + \varepsilon\mu\frac{\partial}{\partial t}(\boldsymbol{v}_{\rm r}\times\boldsymbol{H}) \\
&\quad + \varepsilon[(\boldsymbol{E}\cdot\nabla)\boldsymbol{v}_{\rm r} - \boldsymbol{E}(\nabla\cdot\boldsymbol{v}_{\rm r}) - (\boldsymbol{v}_{\rm r}\cdot\nabla)\boldsymbol{E}]
\end{aligned}
\tag{8.27a}
$$

右边前两项是经典的处理方法，而后面的由于介质运动而贡献的“电流”项为

$$
\boldsymbol{J}_{\rm m} = \rho\boldsymbol{v}_{\rm r} + \varepsilon\mu\frac{\partial}{\partial t}(\boldsymbol{v}_{\rm r}\times\boldsymbol{H}) + \varepsilon[(\boldsymbol{E}\cdot\nabla)\boldsymbol{v}_{\rm r} - \boldsymbol{E}(\nabla\cdot\boldsymbol{v}_{\rm r}) - (\boldsymbol{v}_{\rm r}\cdot\nabla)\boldsymbol{E}] \tag{8.27b}
$$

现在我们可以讨论 $\rho v_{\rm r}$ 相对于最后一项的大小了：$\varepsilon|(\boldsymbol{v}_{\rm r}\cdot\nabla)\boldsymbol{E}|/\rho v_{\rm r} \sim \varepsilon|v_{\rm r}\frac{\partial}{\partial x}E|/\rho v_{\rm r} \sim 1$, 即两者具有相同的量级。在经典方法中，处理电动力学的方式是将旋转介质视为由 $\rho v_{\rm r}$ 产生的空间电流，但这种方法忽略了由磁感应到电感应所产生的项的贡献，这些项的形式为 $\left\{\varepsilon\mu\frac{\partial}{\partial t}(\boldsymbol{v}_{\rm r}\times\boldsymbol{H}) + \varepsilon[(\boldsymbol{E}\cdot\nabla)\boldsymbol{v}_{\rm r} - (\boldsymbol{v}_{\rm r}\cdot\nabla)\boldsymbol{E}]\right\}$。这些项与 $\rho\boldsymbol{v}_{\rm r}$ 项的贡献具有相同的数量级！这意味着经典方法中麦克斯韦方程组在 (8.26a)~(8.26d) 处理机械天线等情况时忽略了几项重要的贡献，因此必须使用完整的动生麦克斯韦方程组 (8.1a)~(8.1d)。

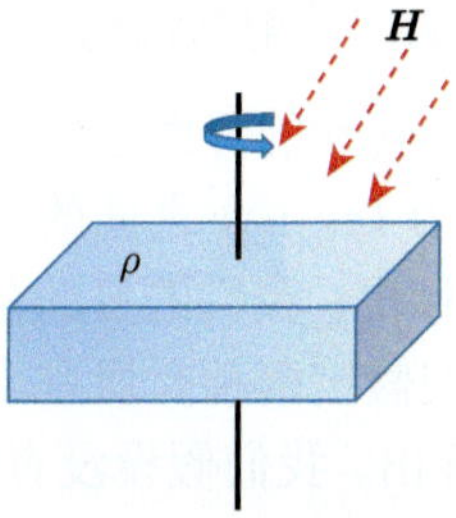

图 8.2 一个具有特定形状和非均匀表面电荷密度的旋转介质体的示意图

8.6.2 纳米发电机输出功率的计算

摩擦纳米发电机 (TENG) 是利用摩擦电效应和静电感应效应将机械能转化为电能的技术 [3]。表面电荷通过摩擦电效应而产生，电介质之间的相对运动产生的位移电流导致附着在电介质上的电极之间的电子产生流动，进而平衡由于介质相互运动所产生的电势降。对于 TENG 来说，在运动的电介质内部，如图 8.3 所示，根据方程 (8.27b)，运动感应的位移电流密度为

$$
\boldsymbol{J}_{\rm m} = \rho\boldsymbol{v}_{\rm r} + \varepsilon\mu\frac{\partial}{\partial t}(\boldsymbol{v}_{\rm r}\times\boldsymbol{H}) + \varepsilon[(\boldsymbol{E}\cdot\nabla)\boldsymbol{v}_{\rm r} - \boldsymbol{E}(\nabla\cdot\boldsymbol{v}_{\rm r}) - (\boldsymbol{v}_{\rm r}\cdot\nabla)\boldsymbol{E}] \tag{8.27c}
$$

其中，第一项是由于带电表面运动产生的电流，其余项是由于介质运动产生的场引起的。在 TENG 中观察到的总电流是 $\boldsymbol{J}_{\mathrm{m}}$ 在电极表面 (如图 8.3 所示的 A 电极) 上的积分：

$$I=\int_{\text{electrode}}\boldsymbol{J}_{\mathrm{m}}\cdot\mathrm{d}\boldsymbol{s} \tag{8.28}$$

两电极 A 和 B 之间的电动势由下式给出：

$$\xi_{\mathrm{EMF}}=\int_{\text{inside}}(\boldsymbol{E}+\mu\boldsymbol{v}_{\mathrm{r}}\times\boldsymbol{H})\cdot\mathrm{d}\boldsymbol{L}+\int_{\text{outside}}\boldsymbol{E}\cdot\mathrm{d}\boldsymbol{L} \tag{8.29}$$

其中，第一项积分沿电介质内部的电路路径，第二项积分沿自由空间中的电路路径。如果连接一个外部负载，则有 $\xi_{\mathrm{EMF}}=IR$.

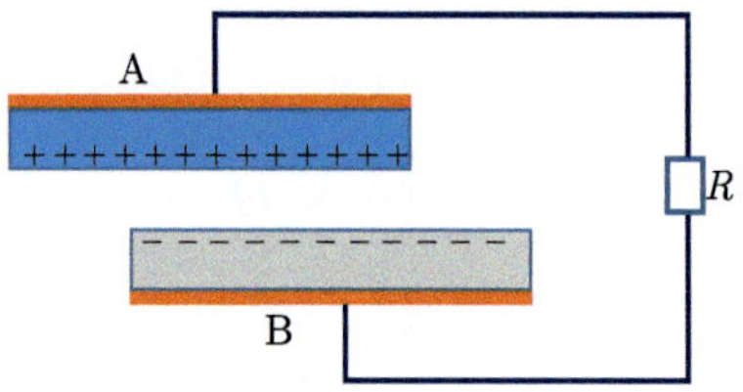

图 8.3 摩擦纳米发电机的基本结构及其相关的电力输出电路的示意图

8.6.3 应用：平面波在转动界面的反射和透射

我们现在考虑一平面波在一转动的界面上的反射。如图 8.4 所示，一束平面波照射在介质 $1(\varepsilon_1,\mu_1)$ 和介质 2 (ε_2,μ_2) 之间的平面界面上，介质系统以角速度 $\boldsymbol{\varpi}$ 绕 z 轴旋转，相应的角度已标出。我们的目的是研究由于界面转动给发射波场带来的校正。为简单起见，我们假设两种介质是半无限的，并且仅考虑电场平行于界面的情况，相应的场也已标出。我们假设没有空间电荷和自由电流，即 $\rho=0$ 和 $\boldsymbol{J}=0$。满足方程 (8.1a)~(8.1d) 的入射、反射和透射平面波的等效电磁场由以下公式给出：

$$\boldsymbol{E}_{\text{eff}}=\boldsymbol{E}_{\text{eff0}}\exp(\mathrm{i}\boldsymbol{K}\cdot\boldsymbol{r}+\mathrm{i}\omega t) \tag{8.30a}$$

$$\boldsymbol{E}'_{\text{eff}}=\boldsymbol{E}'_{\text{eff0}}\exp\left(\mathrm{i}\boldsymbol{K}'\cdot\boldsymbol{r}+\mathrm{i}\omega t\right) \tag{8.30b}$$

$$\boldsymbol{E}''_{\text{eff}}=\boldsymbol{E}''_{\text{eff0}}\exp\left(\mathrm{i}\boldsymbol{K}''\cdot\boldsymbol{r}+\mathrm{i}\omega t\right) \tag{8.30c}$$

$$\boldsymbol{H}_{\text{eff}}=\boldsymbol{H}_{\text{eff0}}\exp\left(\mathrm{i}\boldsymbol{K}\cdot\boldsymbol{r}+\mathrm{i}\omega t\right) \tag{8.30d}$$

$$\boldsymbol{H}'_{\text{eff}}=\boldsymbol{H}'_{\text{eff0}}\exp\left(\mathrm{i}\boldsymbol{K}'\cdot\boldsymbol{r}+\mathrm{i}\omega t\right) \tag{8.30e}$$

$$\boldsymbol{H}''_{\text{eff}} = \boldsymbol{H}''_{\text{eff0}} \exp\left(\mathrm{i}\boldsymbol{K}'' \cdot \boldsymbol{r} + \mathrm{i}\omega t\right) \tag{8.30f}$$

其中，波矢和平面波的幅度通过以下关系相互关联，为满足方程 (8.1a)~(8.1d) 及其相关的边界条件，它们之间的关系是

$$K = K' = \omega\sqrt{\mu_1\varepsilon_1}, \quad K'' = \omega\sqrt{\mu_2\varepsilon_2} \tag{8.31a}$$

$$E_{\text{eff0}}/H_{\text{eff0}} = \sqrt{\mu_1/\varepsilon_1}, \quad E'_{\text{eff0}}/H'_{\text{eff0}} = \sqrt{\mu_1/\varepsilon_1}, \quad E''_{\text{eff0}}/H''_{\text{eff0}} = \sqrt{\mu_2/\varepsilon_2} \tag{8.31b}$$

和 $\sin\theta_2 = \dfrac{c_2}{c_1}\sin\theta_1$, 从边界条件 (8.3a)~(8.3d) 出发:

$$H_{\text{eff0}}\cos\theta_1 - H'_{\text{eff0}}\cos\theta_1 = H''_{\text{eff0}}\cos\theta_2 \tag{8.32a}$$

$$E_{\text{eff0}} - E'_{\text{eff0}} = E''_{\text{eff0}} \tag{8.32b}$$

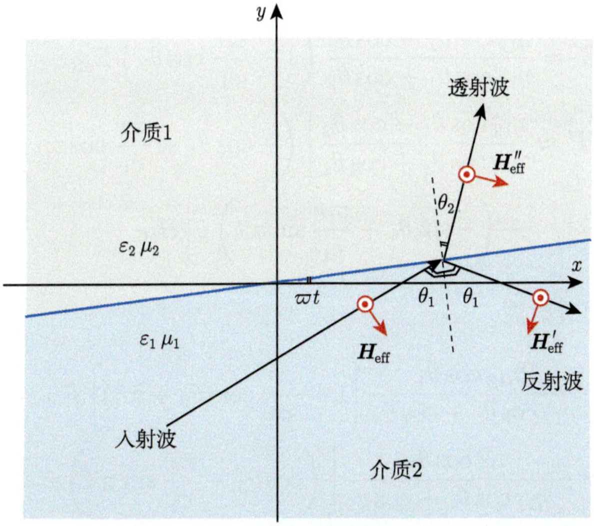

图 8.4　一束平面波入射到绕 z 轴旋转的两种介质界面上的示意图

由方程 (8.31) 和方程 (8.32), 我们可以推导出

$$E'_{\text{eff0}} = \frac{\eta_{12}\cos\theta_1 - \cos\theta_2}{\eta_{12}\cos\theta_1 + \cos\theta_2}E_{\text{eff0}} \tag{8.33a}$$

$$H'_{\text{eff0}} = \frac{\eta_{12}\cos\theta_1 - \cos\theta_2}{\eta_{12}\cos\theta_1 + \cos\theta_2}H_{\text{eff0}} \tag{8.33b}$$

$$E''_{\text{eff0}} = \frac{2\eta_{12}\cos\theta_1}{\eta_{12}\cos\theta_1 + \cos\theta_2}E_{\text{eff0}} \tag{8.33c}$$

$$H''_{\text{eff0}} = \frac{2\cos\theta_1}{\eta_{12}\cos\theta_1 + \cos\theta_2} H_{\text{eff0}} \tag{8.33d}$$

其中 $\eta_{12} = \sqrt{\varepsilon_1\mu_2/\varepsilon_2\mu_1}$ 和 $\theta_1 = \theta_0 + \varpi t, c_2 = \frac{1}{\sqrt{\mu_2\varepsilon_2}}, c_1 = \frac{1}{\sqrt{\mu_1\varepsilon_1}}$。从方程 (8.4a) 和 (8.4b) 出发, 对于空间电磁场的分布如下。

介质 1 中的入射波:

$$\boldsymbol{E} = \left[1 + \frac{\varpi r}{c_1}\cos(\theta_1 + \varpi t)\right] E_{\text{eff}}\hat{z} \tag{8.34a}$$

$$\boldsymbol{H} \approx \left[\left(\cos\theta_1 - \frac{\varpi r}{c_1}\cos\varpi t\right)\hat{x} - \left(\sin\theta_1 + \frac{\varpi r}{c_1}\sin\varpi t\right)\hat{y}\right] H_{\text{eff}} \tag{8.34b}$$

其中, $\hat{x}$、$\hat{y}$ 和 $\hat{z}$ 是分别沿 x、y 和 z 轴的单位矢量.

介质 1 中的反射波:

$$\boldsymbol{E}' = \frac{\eta_{12}\cos\theta_1 - \cos\theta_2}{\eta_{12}\cos\theta_1 + \cos\theta_2}\left(1 - \frac{\varpi r}{c_1}\cos\theta_0\right) E_{\text{eff}}\hat{z} \tag{8.35a}$$

$$\begin{aligned}\boldsymbol{H}' \approx \frac{\eta_{12}\cos\theta_1 - \cos\theta_2}{\eta_{12}\cos\theta_1 + \cos\theta_2}&\left[\left(-\cos\theta_1 + \frac{\varpi r}{c_1}\cos\varpi t\right)\hat{x}\right.\\ &\left.+\left(-\sin\theta_1 + \frac{\varpi r}{c_1}\sin\varpi t\right)\hat{y}\right] H_{\text{eff}}\end{aligned} \tag{8.35b}$$

介质 2 中的透射波:

$$\boldsymbol{E}'' = \frac{2\eta_{12}\cos\theta_1}{\eta_{12}\cos\theta_1 + \cos\theta_2}\left[1 + \frac{\varpi r}{c_2}\cos(\theta_2 + \varpi t)\right] E_{\text{eff}}\hat{z} \tag{8.36a}$$

$$\begin{aligned}\boldsymbol{H}'' \approx -\frac{2\cos\theta_1}{\eta_{12}\cos\theta_1 + \cos\theta_2}&\left[\left(\cos\theta_2 - \frac{\varpi r}{c_2}\sin\varpi t\right)\hat{x}\right.\\ &\left.+\left(-\sin\theta_2 + \frac{\varpi r}{c_2}\cos\varpi t\right)\hat{y}\right] H_{\text{eff}}\end{aligned} \tag{8.36b}$$

我们回顾一下，动生麦克斯韦方程组是在 $\varpi r \ll c$ 的近似条件下针对慢速运动介质推导的，因此界面旋转对介质边界反射和折射的修正非常小。无论如何，介质的运动可能会略微改变波的振幅。这意味着飞行物体的运动对反射波的影响非常小。如果接收器具有足够的灵敏度，应该可以测量物体的旋转状态，这可能对未来的虚拟现实技术有用。

8.7 拓展动生麦克斯韦方程组到高速运动物体——相对论效应

我们现在考虑一种情况，即在实验室参考系 S 中，介质的运动可以用沿直线的均匀平移速度和加速分量 $\boldsymbol{v}_0+\ \boldsymbol{v}_{\mathrm{r}}(\boldsymbol{r},t)$ 来描述，如图 8.5 所示。运动参考系 S' 相对于实验室参考系 S 的运动速度可以以恒定速度 $\boldsymbol{v}_0$ 来描述，一般情况下 $\boldsymbol{v}_0$ 不一定是低速。在这种情况下，我们必须考虑由于高速运动引起的相对论效应。在运动参考系 S' 中，加速分量相对于 S' 是低速运动，因此我们可以近似使用伽利略时空。我们的理论推导可以分为以下两步。

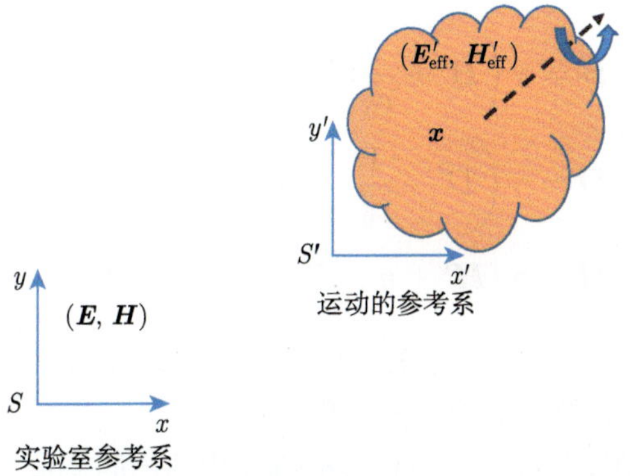

图 8.5 该示意图展示了一个相对于实验室参考系 S 以恒定速度 $\boldsymbol{v}_0$ 运动的参考系 S'。在运动参考系 S' 中，介质的旋转可以通过等效电磁场方法进行处理，而在实验室参考系中观测到的场则可以通过洛伦兹变换推导而得到

第一步, 在 S' 参考系 $(\boldsymbol{r}',t')$ 中, 只考虑介质的转动运动，不考虑其平移运动。根据等效电磁场理论，介质内的等效电磁场可以由下式来描述:

$$\nabla'\cdot\boldsymbol{D}'_{\mathrm{eff}}=\rho \tag{8.37a}$$

$$\nabla'\cdot\boldsymbol{B}'_{\mathrm{eff}}=0 \tag{8.37b}$$

$$\nabla'\times\boldsymbol{E}'_{\mathrm{eff}}\approx-\frac{\partial}{\partial t'}\boldsymbol{B}'_{\mathrm{eff}} \tag{8.37c}$$

$$\nabla'\times\boldsymbol{H}'_{\mathrm{eff}}\approx\boldsymbol{J}+\frac{\partial}{\partial t'}\boldsymbol{D}'_{\mathrm{eff}} \tag{8.37d}$$

其中等效电磁场定义为

$$\boldsymbol{D}'_{\mathrm{eff}}=\varepsilon\boldsymbol{E}'_{\mathrm{eff}} \tag{8.38a}$$

$$\boldsymbol{B}'_{\mathrm{eff}}=\mu\boldsymbol{H}'_{\mathrm{eff}} \tag{8.38b}$$

$$\boldsymbol{E}'_{\text{eff}} = \boldsymbol{E}' + \mu \boldsymbol{v}_{\text{r}} \times \boldsymbol{H}' \tag{8.38c}$$

$$\boldsymbol{H}'_{\text{eff}} = \boldsymbol{H}' - \varepsilon \boldsymbol{v}_{\text{r}} \times \boldsymbol{E}' \tag{8.38d}$$

这些方程可以根据标准的求解方法得到，该运动参考系中的电场 $(\boldsymbol{E}, \boldsymbol{H})$ 可以根据方程 (8.4a) 和 (8.4b) 得到。

第二步，我们可以使用洛伦兹变换来推导实验室参考系 S 中观察到的场与运动参考系 S' 中的场之间的关系。由于 S 和 S' 都是惯性参考系，麦克斯韦方程的协变性得以保持。在这种情况下，如果麦克斯韦方程是协变的，则可以使用洛伦兹变换推导出两个参考系中的场，我们先引用参考文献 [4] 给出的结果:

$$\boldsymbol{E} = \gamma \left(\boldsymbol{E}' - \boldsymbol{v} \times \boldsymbol{B}'\right) - (\gamma - 1)\, \boldsymbol{E}'_{\|} \tag{8.39a}$$

$$\boldsymbol{B} = \gamma \left(\boldsymbol{B}' + \frac{1}{c_0^2} \boldsymbol{v} \times \boldsymbol{E}'\right) - (\gamma - 1)\, \boldsymbol{B}'_{\|} \tag{8.39b}$$

$$\boldsymbol{D} = \gamma \left(\boldsymbol{D}' - \frac{1}{c_0^2} \boldsymbol{v} \times \boldsymbol{H}'\right) - (\gamma - 1)\, \boldsymbol{D}'_{\|} \tag{8.39c}$$

$$\boldsymbol{H} = \gamma \left(\boldsymbol{H}' + \boldsymbol{v} \times \boldsymbol{D}'\right) - (\gamma - 1)\, \boldsymbol{H}'_{\|} \tag{8.39d}$$

其中，$\boldsymbol{E}'_{\|}, \boldsymbol{B}'_{\|}, \boldsymbol{H}'_{\|}$ 和 $\boldsymbol{D}'_{\|}$ 分别是 $\boldsymbol{E}', \boldsymbol{B}', \boldsymbol{H}'$ 和 $\boldsymbol{D}'$ 平行于 $\boldsymbol{v}_0$ 的分量; c_0 是自由空间的光速. 这是经典教科书给出的结果。

现在，我们可以利用方程 (8.39a)~(8.39d) 中给出的关系，通过洛伦兹坐标变化将运动参考系中的等效电磁场 $(\boldsymbol{E}'_{\text{eff}}, \boldsymbol{H}'_{\text{eff}})$ 与实验室参考系中的场 $(\boldsymbol{E}, \boldsymbol{H})$ 关联起来。由于 $\boldsymbol{E}'_{\text{eff}}$ 和 $\boldsymbol{H}'_{\text{eff}}$ 的控制方程是标准的麦克斯韦方程组 (见方程 (8.1a)~(8.1d))，并且如果麦克斯韦方程的协变性在实验室参考系中对于 $(\boldsymbol{E}, \boldsymbol{H})$ 仍然成立，我们可以近似地使用洛伦兹变换推导出的关系，如自由空间中电磁场的方程 (8.39a)~(8.39d) 所示。通过将方程 (8.39a)~(8.39d) 中的 $\boldsymbol{E}', \boldsymbol{B}', \boldsymbol{H}'$ 和 $\boldsymbol{D}'$ 分别替换为 $\boldsymbol{E}'_{\text{eff}}, \boldsymbol{B}'_{\text{eff}}, \boldsymbol{H}'_{\text{eff}}$ 和 $\boldsymbol{D}'_{\text{eff}}$，我们得到在实验室坐标系中观察的电场：

$$\begin{aligned} \boldsymbol{E} &= \gamma \left(\boldsymbol{E}'_{\text{eff}} - \boldsymbol{v}_0 \times \boldsymbol{B}'_{\text{eff}}\right) - (\gamma - 1)\boldsymbol{E}'_{\text{eff},\|} \\ &= \gamma \left(\boldsymbol{E}'_{\text{eff}} - \mu \boldsymbol{v}_0 \times \boldsymbol{H}'_{\text{eff}}\right) - (\gamma - 1)\boldsymbol{E}'_{\text{eff},\|} \end{aligned} \tag{8.40a}$$

$$\begin{aligned} \boldsymbol{B} &= \gamma \left(\boldsymbol{B}'_{\text{eff}} + \frac{1}{c_0^2} \boldsymbol{v}_0 \times \boldsymbol{E}'_{\text{eff}}\right) - (\gamma - 1)\boldsymbol{B}'_{\text{eff},\|} \\ &= \gamma \left(\mu \boldsymbol{H}'_{\text{eff}} + \frac{1}{c_0^2} \boldsymbol{v}_0 \times \boldsymbol{E}'_{\text{eff}}\right) - \mu(\gamma - 1)\boldsymbol{H}'_{\text{eff},\|} \end{aligned} \tag{8.40b}$$

$$\boldsymbol{D} = \gamma \left(\boldsymbol{D}'_{\text{eff}} - \frac{1}{c_0^2} \boldsymbol{v}_0 \times \boldsymbol{H}'_{\text{eff}}\right) - (\gamma - 1)\boldsymbol{D}'_{\text{eff},\|}$$

$$= \gamma \left(\varepsilon \boldsymbol{E}'_{\text{eff}} - \frac{1}{c_0^2} \boldsymbol{v}_0 \times \boldsymbol{H}'_{\text{eff}} \right) - \boldsymbol{\varepsilon}(\gamma - 1)\boldsymbol{E}'_{\text{eff},\parallel} \tag{8.40c}$$

$$\boldsymbol{H} = \gamma \left(\boldsymbol{H}'_{\text{eff}} + \boldsymbol{v}_0 \times \boldsymbol{D}'_{\text{eff}} \right) - (\gamma - 1)\boldsymbol{H}'_{\text{eff},\parallel}$$

$$= \gamma \left(\boldsymbol{H}'_{\text{eff}} + \boldsymbol{\varepsilon} \boldsymbol{v}_0 \times \boldsymbol{E}'_{\text{eff}} \right) - (\gamma - 1)\boldsymbol{H}'_{\text{eff},\parallel} \tag{8.40d}$$

其中 $\gamma = (1 - v_0^2/c_0^2)^{-1/2}$。方程 (8.40a)~(8.40d) 把在低速运动下推导出的动生麦克斯韦方程组拓展到了考虑相对论效应具有高速运动物体的情况。这有可能大大扩展动生麦克斯韦方程组的应用范畴。

如果物体平移的速度远小于光速，即 $v_0 \ll c_0$，方程 (8.40a)~(8.40d) 可以近似为

$$\boldsymbol{E} \approx \boldsymbol{E}'_{\text{eff}} - \mu \boldsymbol{v}_0 \times \boldsymbol{H}'_{\text{eff}} \tag{8.41a}$$

$$\boldsymbol{B} \approx \mu \boldsymbol{H}'_{\text{eff}} + \frac{1}{c_0^2} \boldsymbol{v}_0 \times \boldsymbol{E}'_{\text{eff}} \tag{8.41b}$$

$$\boldsymbol{D} \approx \varepsilon \boldsymbol{E}'_{\text{eff}} - \frac{1}{c_0^2} \boldsymbol{v}_0 \times \boldsymbol{H}'_{\text{eff}} \tag{8.41c}$$

$$\boldsymbol{H} \approx \boldsymbol{H}'_{\text{eff}} + \varepsilon \boldsymbol{v}_0 \times \boldsymbol{E}'_{\text{eff}} \tag{8.41d}$$

8.8 验证动生麦克斯韦方程组的相关实验

8.8.1 伦琴和艾肯瓦尔德实验的解释

我们首先考虑历史上关于运动介质电动力学的相关实验。我们现在考虑电场是常数的简单情况，$\frac{\partial}{\partial t}\boldsymbol{D} = 0$，没有外部电流或电荷，方程 (8.1d) 变为 $\nabla \times \boldsymbol{H} \approx \nabla \times (\boldsymbol{v}_{\text{r}} \times \boldsymbol{D})$。这意味着，如果介质在电场内旋转，将产生磁场 $\boldsymbol{H} \approx \boldsymbol{v}_{\text{r}} \times \boldsymbol{D}$。这是伦琴和艾肯瓦尔德实验的结果，如图 8.6 所示 [5]。这样的实验通常列在狭义相对论的描述中。我们认为，由于运动速度极低，它们与狭义相对论无关，而是由方程 (8.1d) 描述的运动物体/介质的电磁作用的结果。

厚度为 d 的圆形硬橡胶盘安装在轴承上，可以绕垂直轴自由旋转，如图 8.6(a) 所示。径向宽度为 b 的金属环刚性地连接在其上下。每个金属环都在一个地方被一个狭窄的径向狭缝直接切割。两个金属环连接到电压源的端子，因此被充电至电势差 V。包括橡胶盘和金属环的装置现在可以作为一个整体进行旋转运动 (罗兰实验)。在任何情况下，我们都能计算如下的电荷：金属板上的真实表面电荷，$\sigma_1 = \varepsilon V/d$；硬橡胶盘上的表面电荷，$\sigma_2 = -(\varepsilon - 1)V/d$。如果盘和环都旋转放置，则上金属环沿着圆环的对流电流为 $vb\sigma_1$，其中 v 是圆环的线性转速，而硬橡胶的

相邻表面的电流为 $vb\sigma_2$。总之，我们得到一个对流电流 $vb(\sigma_1+\sigma_2)=vbV/d$。该电流由方程 (8.24) 右侧的第二项来表示。

或者，如果图 8.6(a) 所示的金属环未连接到橡胶盘，并且仅对橡胶盘施加旋转运动，金属环处于静止状态 (伦琴实验)，则电路的连接如图 8.6(b) 所示。在这种情况下，对流电流仅由橡胶盘表面的电荷运动产生，即 $-vb(\varepsilon-1)V/d$。

进一步，极化介质运动引起的局部磁场通过方程 (8.1d) 中的第二项 $-\nabla\times(\boldsymbol{v}_\mathrm{r}\times\boldsymbol{D})$ 来校正。在图 8.6(c) 所示的装置中，有一个旋转的硬橡胶盘。它在两个静止且未连接的金属环之间运动，金属环的上部由两个半圆形环组成。低的环接地，而两个上半部分连接到两个相等但相反的电势源 $+V$ 和 $-V$。一个可绕垂直轴自由旋转的专用轴心式磁化针位于旋转轴附近的圆盘上方，用于测量局部磁场。两个半环中的常规电流沿相反方向流动。由于两个半环下方空间中的极化是相反的，因此，由 $\left[\nabla\times(\boldsymbol{v}_\mathrm{r}\times\boldsymbol{D})+\dfrac{\partial}{\partial t}\boldsymbol{D}\right]$ 项表示的极化电流沿着平行于旋转轴的方向，例如，如图 8.6(c) 所示，从 a 流向 b(或从 b 流回 a')，根据电荷守恒需要让常规电流连续。或者，点 a' 可以被视为电荷汇，点 a 可以被认为是电荷源，由于位移电流的存在，电荷守恒是可能的。这里，极化电流属于位移电流，常规电流属于传导电流。

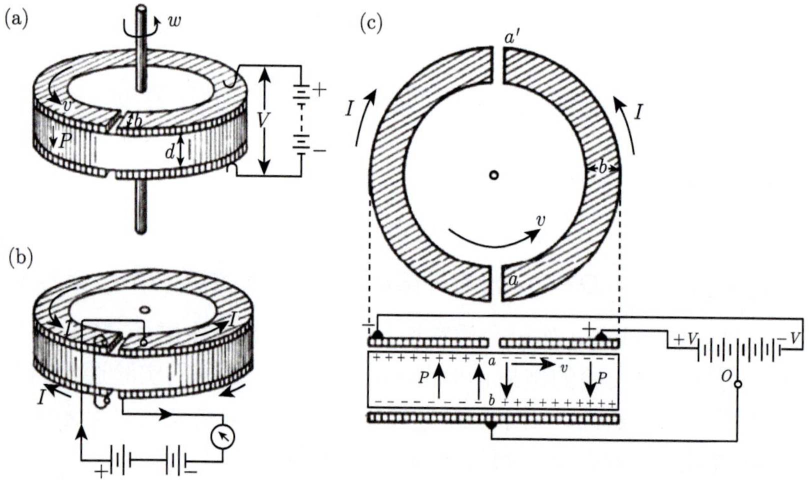

图 8.6 (a) 伦琴和艾肯瓦尔德实验的装置；(b) 产生与图 (a) 中相同磁场的常规电流 ($\rho\boldsymbol{v}$) 的测量。(c) $\left[\nabla\times(\boldsymbol{v}_\mathrm{r}\times\boldsymbol{D})+\dfrac{\partial}{\partial t}\boldsymbol{D}\right]$ 所表示的极化电流产生的磁场的测量方法 [5]

8.8.2 恒定磁场中转动介质盘的电磁辐射

费曼所举的反通量例子指的是在有大块导体存在的线路中，基于几何回来计算的磁通量不满足通量定律。根据这个例子，我们现在讨论一个在恒定磁场中旋转的、独立的、没有回路的金属盘所产生的电磁辐射。首先，实验中设计了一种行星齿轮结构，用以实现旋转金属圆盘的几何中心与静磁场的几何中心完全重合，见图 8.7(a)，在这种条件下金属圆盘的旋转将无法改变自身的磁通，并且实验中并没有连接旋转圆盘的中心和边缘形成等效的闭合回路，从而避免等效闭合回路中磁通变化所引起的等效磁通变化 [6]。其次，接收低频的电磁波信号使用了铜线圈耦合磁场的方式。为了更大程度上地减少铜线圈和馈线对信号的衰减，我们使用了 LCR 表来实现铜线圈以及馈线的阻抗匹配，从而实现电磁波信号的最大功率传输。

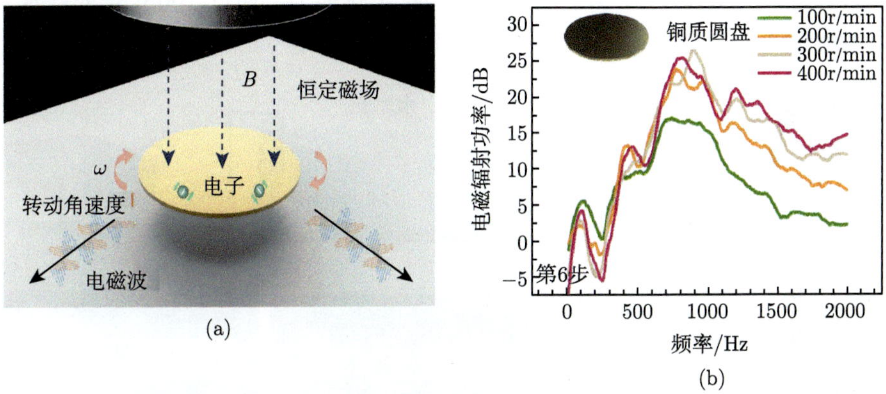

图 8.7 (a) 动生麦克斯韦方程组的电磁波实验原理图；(b) 旋转圆盘在恒定磁通下的电磁波信号 [6]

电磁波信号极易受到外界环境的干扰，为此我们从三个方面测量了可能受到的电磁干扰的来源，并对每种信号都做了定量记录。我们记录了环境中的电磁波信号在目标频段 (10Hz～2kHz) 长时平均的电磁波的频谱信号，还测量了无金属圆盘实验装置在正常工作下的电磁波频谱信号，将这个信号作为基本的背景噪声，从而进一步测量旋转金属圆盘产生的电磁波信号。

旋转的金属圆盘在静磁场中所产生的电磁波信号的中心频率为 805Hz、最大信号强度为 −70 dBm，并且整体信号强度与圆盘转速相关，同时电磁波的信号带宽也随着转速的升高而增加 (图 8.7(b))。这种实验结果是由于介质运动而产生的电磁辐射，与经典麦克斯韦方程组所预测的不符。恰恰相反，这个实验证明了动生麦克斯韦方程组的正确性。方程组中关于介质运动的项 $\nabla\times(\boldsymbol{v}_{\mathrm{r}}\times\boldsymbol{B})$ 和 $\nabla\times(\boldsymbol{v}_{\mathrm{r}}\times\boldsymbol{D})$ 是产生电磁波的源。即使在恒定磁场下，$\dfrac{\partial}{\partial t}\boldsymbol{B}=0$，也会产生一个相应的电场 $\boldsymbol{E}=-\boldsymbol{v}_{\mathrm{r}}\times\boldsymbol{B}$，而相应的磁场新增量为 $\Delta\boldsymbol{H}=\boldsymbol{v}_{\mathrm{r}}\times\boldsymbol{D}$。这就是实验中可以观察到电磁辐射的原因。由于金属盘可以产生高频的涡流电流，因此辐射的电磁波是多频叠加的结果。

8.8.3 声音触发的摩擦纳米发电机产生的水下电磁波传输

为了验证动生麦克斯韦方程组所预言的结论，我们演示了一种基于麦克斯韦位移电流的水下无线通信方法，利用麦克风式摩擦纳米发电机 (TENG) 将语音转换为电信号，此 TENG 连接到发射电极在水下产生了随时间变化的极化电场，水的另一端的接收电极处即可通过静电计探测到电流 (图 8.8(a))[7]。该麦克风式 TENG 由背面印刷导电油墨电极的氟化乙丙烯 (FEP) 薄膜和铝电极组成，油墨电极接地，铝电极与水中发射电极连接，采用单电极的工作模式。实验结果表明，TENG 产生的电流信号在水下具有良好的抗干扰能力。通过 100m 长的盐水管道后，电流信号的峰值比原始信号降低了 66%，但电信号的波形没有失真。

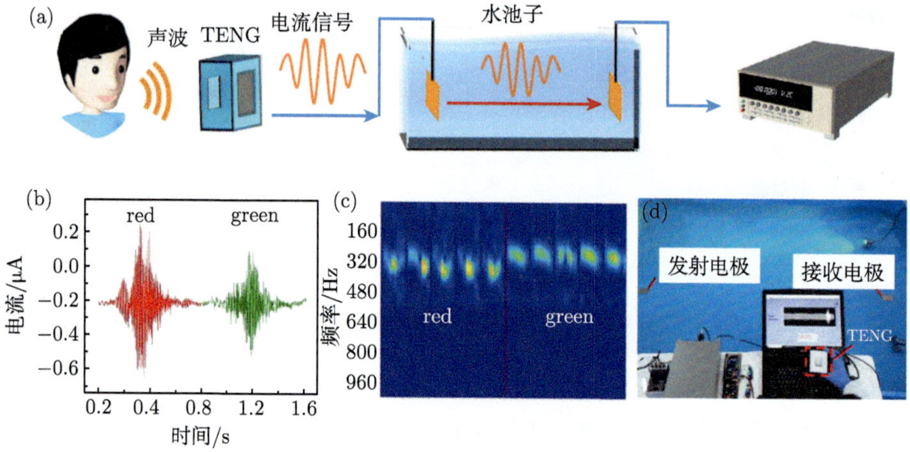

图 8.8 (a) 利用 TENG 将语音转换为电信号并通过麦克斯韦位移电流实现水下无线通信的示意图；(b) “red” 和 “green” 单词的接收电流信号；(c) “red” 和 “green” 的电流信号的短时傅里叶变换；(d) 无线语音控制的实验装置的照片 [7]

此外，我们展示了水下照明系统的无线控制的应用。包含语音信息的信号 (例如 “red” 和 “green” 单词) 在水中传输，并由静电计接收，电流信号如图 8.8(b) 所示。通过对信号进行短时傅里叶变换，可用神经网络算法区分 “red” 和 “green” 这两个单词 (图 8.8(c))。随后，这些单词被转换为数字信号来控制灯器的开关。这种方法可以应用于水下灯器的实时语音控制 (图 8.8(d))，并且 TENG 实现的整个水下通信都是自供电的。本工作提供了一种水下环境中的有效通信方法，它比传统的声波、光学和电磁通信具有更强的抗干扰能力，在复杂的水下环境中具有巨大的应用潜力。

8.8.4 利用摩擦纳米发电机产生的位移电流实现的无线功率传输

我们设计了一种新型的无电极摩擦纳米发电机，通过产生麦克斯韦位移电流实现无线的电力传输，来演示运动的介质可以产生电磁辐射能 [8]。该 TENG 由相对旋转运动的聚丙烯 (PP) 圆盘和聚甲基丙烯酸甲酯 (PMMA) 扇形，以及金属收集器组成。PP 圆盘和 PMMA 扇形的直径分别为 30cm 和 25cm，厚度均为 5mm。PP 圆盘和 PMMA 扇形之间的旋转摩擦可以在摩擦表面上产生相反的极化电荷，在旋转过程中，电荷分布的周期性变化引起空间电位移场发生周期性改变，从而产生依赖于空间位置的位移电流。该 TENG 基于位移电流将环境中的旋转机械能转化为电能，可以持续地为便携式的可穿戴电子设备供能 (图 8.9(a))。当金属收集器与 PP 圆盘间的垂直距离为 3cm，旋转速度为 1000r/min 时，该旋转 TENG 的开路电压达到 65V，短路电流密度达到 $7\mu A\cdot cm^{-2}$ (图 8.9(b) 和 (c))，并且此

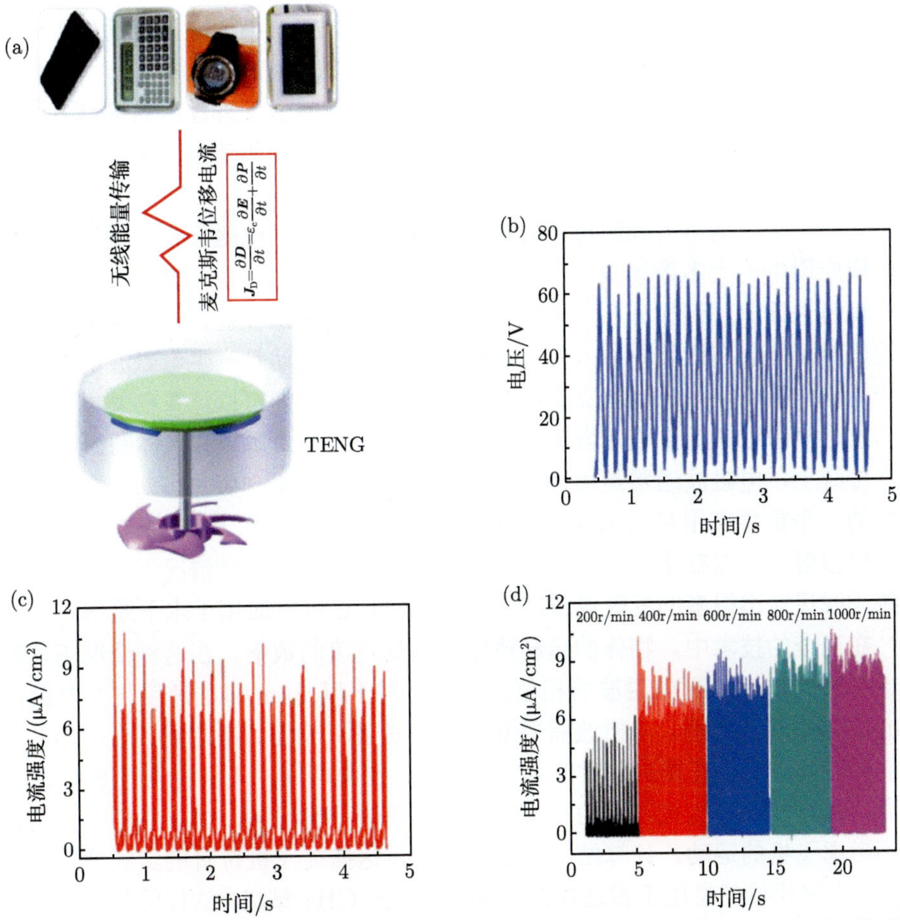

图 8.9 (a) 无电极旋转式 TENG 利用麦克斯韦位移电流实现无线能量传输并驱动便携式电子器件的示意图；(b)，(c) 无电极 TENG 的开路电压与短路电流密度；(d) 无电极 TENG 的短路电流密度与旋转速度的关系 [8]

电流密度随着旋转速度的增加成比例地增加 (图 8.9(d))，而电压的变化较为轻微。此外，实验结果表明无线能量传输的距离可达 18cm。本工作的创新发现为非接触式无线能量传输开辟了新的途径。

8.9　总结与潜在应用

在工程电磁学中，一个典型的情况是形状随时间变化的介质/物体的旋转。这种系统的电动力学由动生麦克斯韦方程组所描述。如果介质无平移速度，$\boldsymbol{v}=0$，只有转动速度 $\boldsymbol{v}_{\mathrm{r}}$，则动生麦克斯韦方程组的形式回归到经典麦克斯韦方程组的格式，但需要把电场和磁场分别用等效的电场和磁场代替。这说明介质的运动会导致电磁场的互相感应，这是洛伦兹力作用的结果。在这种情况下，动生麦克斯韦方程组的求解可以利用标准的求解经典麦克斯韦方程组的方法来进行。本章不但提出了相关的理论推导，同时在时间和频率空间中展示了方程组的求解方法，并给出了在几个领域中的理论应用。最后，我们综述了证明动生麦克斯韦方程组理论的相关实验进展。

之前，麦克斯韦方程组可以有效地计算静止介质的电磁行为，这涵盖了物理和工程应用中的大多数场景。加速运动物体产生的电磁辐射可以通过动生麦克斯韦方程组来计算，例如分布在发电机或风车周围的电磁辐射。在这种情况下，介质的旋转可能会在近场中引入额外的分量。物体的运动是产生电磁波的来源，波在空间的传播遵循经典的麦克斯韦方程组。因此，我们可以计算在发电机附近和风力发电机附近的低频电磁场辐射，进而研究它对电力系统和人体的影响。

传统上，电磁波通常是由通过开放天线的振荡电流产生的。动生麦克斯韦方程组的一个重要应用是利用介质的相对旋转 (如旋转模式 TENG) 产生低频电磁波，使辐射波可以在水等介质中传播到很远的距离。在这种情况下，可以通过比传统天线尺寸小得多的受限设备产生低频信号。这可以应用于水下通信。

在当今的技术中，物体的运动速度可以是声速的数倍。在这种情况下，物体的运动会严重影响到电磁波的相位。例如，对于以 3km/s 的速度飞行且距离为 100km 的喷气式飞机，电磁波需要 0.3ms 到达飞机表面。考虑到接收端信号处理所需的时间，最终花费的总时间为 $1\sim5$ms，在此期间，飞机将飞行 $3\sim15$m 的距离，这可能比喷气式飞机的长度还要长。在这种情况下，如果我们在理论建模中不考虑飞机的运动，计算结果可能与传统雷达捕捉飞机位置的实际情况相差甚远。如果将相位信息用于雷达探测，通信频率在 GHz 量级，这样的距离将产生巨大的相移。我们相信，在相位雷达中一定要考虑目标运动所产生的相位校正。在这种情况下，必然用到动生麦克斯韦方程组的理论。我们期待动生麦克斯韦方程组在工程中得到更多的应用。

此外，我们在此提出一个可能的假设，解释为什么在快速移动的火车上手机信号不如地面上的好。由于地球上所有物体 (如树木和建筑物) 都会因与流动空气的接触带电而具有表面电荷，一旦火车沿 x 方向移动，由于物体相对向后移动，会在 $-x$ 方向上产生电流。带电表面的效果相当于引入了一个电流 $\boldsymbol{J}_{\mathrm{m}}=\rho\boldsymbol{v}_{\mathrm{r}}$，这个电流可能是一个脉冲，因为变化的物体正在远离观察者。由于火车前进过程中地球上物体的大小和形状各不相同，因此电流也会随之变化。在这种情况下，环境中随时间变化的电流会产生低频电磁噪声，影响音频系统的质量。这种电流会在宽频谱范围内产生电磁辐射，很可能成为信号的环境噪声，从而影响接收信号的质量。但这只是一种假设，有待实验验证。

最后，如果介质的平移速度是恒定速度，即 $\boldsymbol{v}=\boldsymbol{v}_0$，利用洛伦兹变换，动生麦克斯韦方程组有可能和相对论耦合，来描述高速运动且旋转的物体的电磁现象。这种方法把动生麦克斯韦方程组拓展到了有相对论效应的情况，大大增大了它的应用范畴。

参考文献

[1] Wang Z L. The Maxwell's equations for a mechano-driven media system (MEs-f-MDMS)[J]. Advances in Physics: X, 2024, 9: 2354767.

[2] Wang Z L. Effective fields approach for the Maxwell's equations for a mechano-driven media system toward engineering applications[J]. Electromagnetic Science, in press [EB/OL]. http://arxiv.org/abs/2306.02535.

[3] Wang Z L. From conctact electrication to triboelectric nanogenerators[J]. (Review) Report on Progress in Physics, 2021, 84: 096502.

[4] Rousseaux G. Forty years of Galilean Eelectromagnetism (1973–2013)[J]. Eur Phys J Plus, 2013, 128: 81.

[5] Becker R. Electromagnetic Fields and Interactions[M]. Dover Publications, Chapter D IV, 1964.

[6] Shang Y, Cao L N Y, Su E, et al. Dynamics of Electromagnetic Waves Generation by a Rotating Dielectric Disc in a Constant Magnetic Field – A Revisit to Feynman's "Anti-flux" Examples[J]. AIP Advances, 2015, 15: 035349.

[7] Zhao H, Xu M, Shu M, et al. Underwater wireless communication via TENG-generated Maxwell's displacement current[J]. Nature Communications, 2022, 13: 3325.

[8] Cao X, Zhang M, Huang J R, et al. Inductor-free wireless energy delivery via Maxwell's displacement current from an electrodeless triboelectric nanogenerator[J]. Advanced Materials, 2018, 30: 1704078.

附录 A　基本向量计算

基本公式：

$$\boldsymbol{a}\cdot(\boldsymbol{b}\times\boldsymbol{c})=\boldsymbol{b}\cdot(\boldsymbol{c}\times\boldsymbol{a})=\boldsymbol{c}\cdot(\boldsymbol{a}\times\boldsymbol{b})$$

$$\boldsymbol{a}\times(\boldsymbol{b}\times\boldsymbol{c})=(\boldsymbol{a}\cdot\boldsymbol{c})\,\boldsymbol{b}-(\boldsymbol{a}\cdot\boldsymbol{b})\,\boldsymbol{c}$$

$$(\boldsymbol{a}\times\boldsymbol{b})\cdot(\boldsymbol{c}\times\boldsymbol{d})=(\boldsymbol{a}\cdot\boldsymbol{c})\,(\boldsymbol{b}\cdot\boldsymbol{d})-(\boldsymbol{a}\cdot\boldsymbol{d})\,(\boldsymbol{b}\cdot\boldsymbol{c})$$

$$\nabla\times\nabla\psi=0$$

$$\nabla\cdot(\nabla\times\boldsymbol{a})=0$$

$$\nabla\times(\nabla\times\boldsymbol{a})=\nabla\,(\nabla\cdot\boldsymbol{a})-\nabla^2\boldsymbol{a}$$

$$\nabla\cdot(\psi\boldsymbol{a})=\boldsymbol{a}\cdot\nabla\psi+\psi\nabla\cdot\boldsymbol{a}$$

$$\nabla\times(\psi\boldsymbol{a})=\nabla\psi\times\boldsymbol{a}+\psi\nabla\times\boldsymbol{a}$$

$$\nabla\,(\boldsymbol{a}\cdot\boldsymbol{b})=(\boldsymbol{a}\cdot\nabla)\,\boldsymbol{b}+(\boldsymbol{b}\cdot\nabla)\,\boldsymbol{a}+\boldsymbol{a}\times(\nabla\times\boldsymbol{b})+\boldsymbol{b}\times(\nabla\times\boldsymbol{a})$$

$$\nabla\cdot(\boldsymbol{a}\times\boldsymbol{b})=\boldsymbol{b}\cdot(\nabla\times\boldsymbol{a})-\boldsymbol{a}\cdot(\nabla\times\boldsymbol{b})$$

$$\nabla\times(\boldsymbol{a}\times\boldsymbol{b})=\boldsymbol{a}\,(\nabla\cdot\boldsymbol{b})-\boldsymbol{b}\,(\nabla\cdot\boldsymbol{a})+(\boldsymbol{b}\cdot\nabla)\,\boldsymbol{a}-(\boldsymbol{a}\cdot\nabla)\boldsymbol{b}$$

向量微积分定理：以下公式中，ϕ, ψ 和 $\boldsymbol{A}$ 是良态标量或矢量函数，V 表示一个三维体，其体积元记作 d^3x，S 表示 V 的封闭二维表面边界，其面积元记作 $\mathrm{d}a$，$\mathrm{d}a$ 处的单位外法向向量记作 $\boldsymbol{n}$。

$$\int_V\nabla\cdot\boldsymbol{A}\mathrm{d}^3x=\int_S\boldsymbol{A}\cdot\boldsymbol{n}\mathrm{d}a\quad(\text{散度定理})$$

$$\int_V\nabla\psi\mathrm{d}^3x=\int_S\psi\boldsymbol{n}\mathrm{d}a$$

$$\int_V\nabla\psi\mathrm{d}^3x=\int_S\psi\boldsymbol{n}\mathrm{d}a$$

$$\int_V\nabla\times\boldsymbol{A}\mathrm{d}^3x=\int_S\boldsymbol{n}\times\boldsymbol{A}\mathrm{d}a$$

$$\int_V\left(\phi\nabla^2\psi+\nabla\phi\cdot\nabla\psi\right)\mathrm{d}^3x=\int_S\phi\boldsymbol{n}\cdot\nabla\psi\mathrm{d}a\quad(\text{格林第一公式})$$

$$\int_V\left(\phi\nabla^2\psi-\psi\nabla^2\phi\right)\mathrm{d}^3x=\int_S(\phi\nabla\psi-\psi\nabla\phi)\cdot\boldsymbol{n}\mathrm{d}a\quad(\text{格林定理})$$

以下公式中，S 表示一个开放表面，边界轮廓为 C, 其线单元记作 d$\boldsymbol{I}$. S 的法向向量 $\boldsymbol{n}$ 通过右手螺旋定则定义，与 C 的环线积分相关。

$$\int_S (\nabla \times \boldsymbol{A}) \cdot \boldsymbol{n} \mathrm{d}a = \oint_C \boldsymbol{A} \cdot \mathrm{d}\boldsymbol{I} \quad \text{(斯托克斯定理)}$$

$$\int_S \boldsymbol{n} \times \nabla\psi \, \mathrm{d}a = \oint_C \psi \, \mathrm{d}\boldsymbol{I}$$

附录 B

如图 B1 所示，考虑通过三维空间的面 $\boldsymbol{s}(t)$ 的一个向量 $\boldsymbol{C}(\boldsymbol{r})$ 的通量，其数学积分计算表达式为

$$\Phi(t)=\iint\limits_{\boldsymbol{s}(t)}\boldsymbol{C}(\boldsymbol{r},t)\cdot\mathrm{d}\boldsymbol{s} \tag{B1}$$

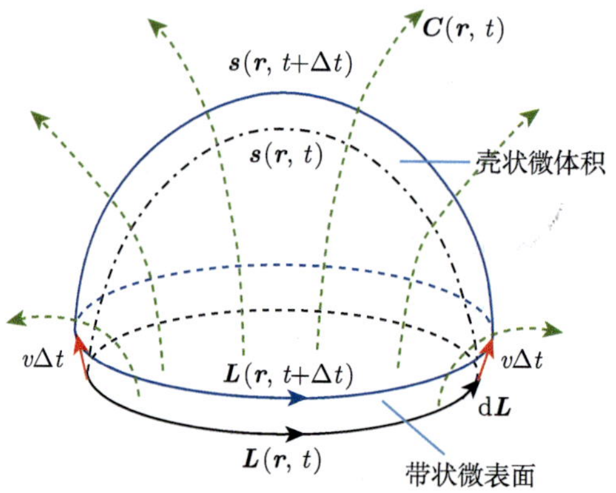

图 B1　从时刻 t 到 $t+\Delta t$，一个体积单元及其表面的运动示意图，其中将使用壳状微体积单位（thin shell volume unit）和带状微表面单位（belt-like surface area unit）进行数学推导

为了计算通量 $\Phi(t)$ 的时间微分，首先考虑时刻 t 上的一个小增量 Δt，并将积分区域进行变换。统一得到

$$\begin{aligned}\Phi(t+\Delta t)-\Phi(t)&=\iint\limits_{\boldsymbol{s}(t+\Delta t)}\boldsymbol{C}(\boldsymbol{r},t+\Delta t)\cdot\mathrm{d}\boldsymbol{s}-\iint\limits_{\boldsymbol{s}(t)}\boldsymbol{C}(\boldsymbol{r},t)\cdot\mathrm{d}\boldsymbol{s}\\&=\iint\limits_{\boldsymbol{s}(t+\Delta t)}[\boldsymbol{C}(\boldsymbol{r},t+\Delta t)-\boldsymbol{C}(\boldsymbol{r},t)]\cdot\mathrm{d}\boldsymbol{s}+\delta\end{aligned} \tag{B2a}$$

其中

$$\delta=\iint\limits_{\boldsymbol{s}(t+\Delta t)}[\boldsymbol{C}(\boldsymbol{r},t)]\cdot\mathrm{d}\boldsymbol{s}-\iint\limits_{\boldsymbol{s}(t)}\boldsymbol{C}(\boldsymbol{r},t)\cdot\mathrm{d}\boldsymbol{s} \tag{B2b}$$

参照图 B1 所示的模型，通过 $V(t)+\Delta V$ 的表面积分减去初始体积 $\boldsymbol{V}(t)$ 的表面积分，其中

ΔV 是介质运动引起的在 V 上方的薄壳体积，我们可以得到

$$\left\{\iint\limits_{\boldsymbol{s}(t+\Delta t)}[\boldsymbol{C}(\boldsymbol{r},t)]\cdot \mathrm{d}\boldsymbol{s}+\iint\limits_{\boldsymbol{L}(t)}\boldsymbol{C}(\boldsymbol{r},t)\cdot[\mathrm{d}\boldsymbol{L}\times\boldsymbol{v}(\boldsymbol{r},t)\Delta t]\right\}-\iint\limits_{\boldsymbol{s}(t)}\boldsymbol{C}(\boldsymbol{r},t)\cdot\mathrm{d}\boldsymbol{s} \tag{B3}$$

其中第二项是由于介质运动而在底面上产生的环带面积分。定义环带的回路为 $\boldsymbol{L}$，边长为 $\boldsymbol{v}(\boldsymbol{r},t)\Delta t$，因此面积元可以记作 $(\mathrm{d}\boldsymbol{s}=\mathrm{d}\boldsymbol{L}\times\boldsymbol{v}(\boldsymbol{r},t)\Delta t)$。考虑到图 A1 中的底盘表面共有部分，基于方程 (B2b) 中的定义并结合斯托克斯定理，将闭合曲面的表面积分转换为体积积分，可以得到

$$\begin{aligned}
&\delta+\iint\limits_{\boldsymbol{L}(t)}\boldsymbol{C}(\boldsymbol{r},t)\cdot[\mathrm{d}\boldsymbol{L}\times\boldsymbol{v}(\boldsymbol{r},t)\Delta t]\\
&=\iiint\limits_{V+\Delta V}\nabla\cdot\boldsymbol{C}(\boldsymbol{r},t)\,\mathrm{d}\boldsymbol{r}-\iiint\limits_{V}\nabla\cdot\boldsymbol{C}(\boldsymbol{r},t)\,\mathrm{d}\boldsymbol{r}=\iiint\limits_{\Delta V}\nabla\cdot\boldsymbol{C}(\boldsymbol{r},t)\,\mathrm{d}\boldsymbol{r}\\
&=\iiint\limits_{\Delta V}\nabla\cdot\boldsymbol{C}(\boldsymbol{r},t)\,(\boldsymbol{v}(\boldsymbol{r},t)\Delta t\cdot\mathrm{d}\boldsymbol{s})
\end{aligned}\tag{B4}$$

其中 $(\boldsymbol{v}(\boldsymbol{r},t)\Delta t)\cdot\mathrm{d}\boldsymbol{s}$ 表示壳体的体积元。通过从方程 (B4) 中求解 δ，可以得到

$$\begin{aligned}
\delta&=\iiint\limits_{\Delta V}\nabla\cdot\boldsymbol{C}(\boldsymbol{r},t)\,(\boldsymbol{v}(\boldsymbol{r},t)\Delta t\cdot\mathrm{d}\boldsymbol{s})-\iint\limits_{\boldsymbol{L}(t)}\boldsymbol{C}(\boldsymbol{r},t)\cdot[\mathrm{d}\boldsymbol{L}\times\boldsymbol{v}(\boldsymbol{r},t)\Delta t]\\
&=\iiint\limits_{\Delta V}\nabla\cdot\boldsymbol{C}(\boldsymbol{r},t)\,\boldsymbol{v}(\boldsymbol{r},t)\cdot\mathrm{d}\boldsymbol{s}\Delta t-\iint\limits_{\boldsymbol{L}(t)}\boldsymbol{v}(\boldsymbol{r},t)\times\boldsymbol{C}(\boldsymbol{r},t)\cdot\mathrm{d}\boldsymbol{L}\Delta t
\end{aligned}\tag{B5}$$

将方程 (B5) 代入方程 (B2a)，得到

$$\begin{aligned}
\frac{\mathrm{d}}{\mathrm{d}t}\varPhi(t)&=\frac{\mathrm{d}}{\mathrm{d}t}\iint\limits_{\boldsymbol{s}(t)}\boldsymbol{C}(\boldsymbol{r},t)\cdot\mathrm{d}\boldsymbol{s}=\lim_{\Delta t\to 0}\frac{\varPhi(t+\Delta t)-\varPhi(t)}{\Delta t}\\
&=\iint\limits_{\boldsymbol{s}(t)}\left\{\frac{\partial}{\partial t}\boldsymbol{C}(\boldsymbol{r},t)+[\nabla\cdot\boldsymbol{C}(\boldsymbol{r},t)]\boldsymbol{v}(\boldsymbol{r},t)-\nabla\times[\boldsymbol{v}(\boldsymbol{r},t)\times\boldsymbol{C}(\boldsymbol{r},t)]\right\}\cdot\mathrm{d}\boldsymbol{s}
\end{aligned}\tag{B6}$$

方程 (B6) 是适用于任意向量 $\boldsymbol{C}$ 和介质表面的通用数学方程，将在后续推导中广泛使用。